铁路职业教育铁道部规划教材
（中　专）

电工与电子技术基础

林宏裔　主　编
李晓红　副主编
雷雪芳　主　审

中国铁道出版社
2017年·北　京

内 容 简 介

全书共分十五章，包括电工技术、电子技术和电力电子等三大部分。主要内容包括：电路的基本概念和基本定律、直流电阻电路、电容和电感元件、单相正弦交流电路、三相交流电路、互感与变压器、常用半导体元件、放大电路、运算放大器及其应用、低频功率放大电路、直流电源、数字电路基础、组合逻辑电路、触发器和时序逻辑电路、晶闸管整流技术等。

本教材适合铁道车辆、机车以及电气化铁道供电等专业中专学生使用，也可作为培训用书。

图书在版编目(CIP)数据

电工与电子技术基础/林宏裔主编.—北京:中国铁道出版社,2007.8 (2017.7重印)

铁路职业教育铁道部规划教材

ISBN 978-7-113-08261-1

Ⅰ.电… Ⅱ.林… Ⅲ.①电工技术—职业教育—教材②电子技术—职业教育—教材 Ⅳ.TM TN

中国版本图书馆 CIP 数据核字(2007)第 134221 号

书　　名：电工与电子技术基础

作　　者：林宏裔 主编

责任编辑：阚济存　　电话：010-51873133　　电子信箱：td51873133@163.com

封面设计：陈东山

责任校对：马　丽

责任印刷：金洪泽

出版发行：中国铁道出版社

地　　址：北京市西城区右安门西街 8 号　　邮政编码：100054

网　　址：www.tdpress.com　　电子邮箱：发行部 ywk@tdpress.com

总编办 zbb@tdpress.com

印　　刷：三河市宏盛印务有限公司

版　　次：2007 年 8 月第 1 版　2017 年 7 月第 11 次印刷

开　　本：787mm×1 092mm　1/16　印张：19.25　字数：474 千

书　　号：ISBN 978-7-113-08261-1

定　　价：35.00 元

前　　言

本书是根据铁道部2007年颁发的《中等专业学校铁路职业教育电气化铁道供电专业教学指导计划》中主干课程《电工与电子技术基础教学基本要求》，并参照有关行业的职业技能鉴定规范及中级技术工人等级标准编写的铁路职业教育铁道部规划教材。

全书共分十五章，包括电路、电子技术和电力电子技术三大部分。主要内容包括：电路的基本概念和基本定律、直流电阻电路、电容和电感元件、单相正弦交流电路、三相交流电路、互感与变压器、常用半导体元件、放大电路、运算放大器及其应用、低频功率放大电路、直流电源、数字电路基础、组合逻辑电路、触发器和时序逻辑电路、晶闸管整流技术等。通过对本书的学习，使学生具备电气化铁道供电专业的高素质劳动者和中初级专门人才所必需的电工电子技术基本知识及基本技能，初步具有解决实际问题的能力，为学习专业知识和专业技能打下基础。

本书在编写过程中依据中等职业成人教育的培养目标，围绕电气化铁道供电专业行业的特点，紧扣教学大纲的内容和要求，注意吸收当前电工电子技术领域中的新知识、新技术、新工艺、新方法，力求教材内容与时俱进。

由于本课程的实践性较强，在选取教材内容时，从岗位的实际需要出发，本着干什么学什么，最大限度学以致用的原则。对基础知识和基本理论以必需、够用、实用为度，在讲清基础知识、基本理论、元器件结构和工作原理的基础上，重点介绍在实际生产中的应用。全书共安排了20个技能训练，旨在进一步强化学生的实际操作能力，满足学生参加电工电子技术等级考核的需要。

本书每节后都有教学评价用于检查每一次教学效果，每章后都有本章小结。

考虑到目前中等专业学校学生的实际，尽量降低知识难度，对一些教学要求较高的教学内容及技能训练内容可根据本学校教学实际选择使用。

本书在文字表述上力求简明扼要、通俗易懂；尽可能多的采用插图，以求直观形象，图文并茂，让学生容易理解和接受。

本教材适用于3年制电气化铁道供电专业及相关专业，也可作为职业岗位培训教材。总教学时数为180学时，各部分内容的课时分配建议如下：

序　号	教 学 内 容	课时分配建议		
		理论教学	实践教学	合　　计
1	电路的基本概念与基本定律	12	4	16
2	直流电阻电路	14	4	18
3	电容和电感元件	8	0	8
4	单相正弦交流电路	16	4	20

续上表

序　号	教 学 内 容	课时分配建议		
		理论教学	实践教学	合　　计
5	三相交流电路	8	4	12
6	互感与变压器	8	2	10
7	常用半导体元件	8	4	12
8	放大电路	12	4	16
9	运算放大器及其应用	6	2	8
10	低频功率放大电路	6	2	8
11	直流电源	4	2	6
12	数字电路基础	12	2	14
13	组合逻辑电路	6	2	8
14	触发器与时序逻辑电路	8	2	10
15	晶闸管整流技术	8	2	10
机　　动		4	0	4
合　　计		140	40	180

本书由北京铁路电气化学校林宏裔主编，太原铁路机械学校李晓红副主编。各部分编写分工如下：第一、二章由武汉铁路司机学校徐亚辉编写；第三、四章由北京铁路电气化学校金玉萍编写；第五章第一节到第五节、第六章由北京铁路电气化学校常国兰编写；第七、九章由北京铁路电气化学校李凤玲编写；第十三、十四章由北京铁路电气化学校徐宝平编写；第五章第六节、第八、十一、十二章由李晓红编写；第十、十五章由林宏裔编写；全书由林宏裔统稿。本书通过铁道部中等职业教育教材审定委员会审定，由西安铁路职业技术学院雷雪芳主审。大家对书稿提出了很多宝贵意见，在此表示衷心感谢。

由于编者水平有限，书中难免存在缺点与错误，诚恳欢迎读者批评指正。

编者

2007 年 8 月

目 录

第一章

电路的基本概念和基本定律

电路是电工技术和电子技术的基础，它是为学习后面的电子电路、电机电路及控制电路打基础的。本章主要介绍电路的基本组成、电路中常用元件及常用物理量、电压和电流的参考与实际方向的关系、电压与电位的关系。在实训部分通过学生的动手操作加深学生对所学理论知道的理解，熟悉一些常用电工测量的方法和测量仪器仪表的使用方法及注意事项。

第一节　电路和电路模型

【知识目标】

1. 了解电路的概念和电路的基本组成，理解各部分的作用。
2. 理解和掌握理想元件和电路模型的概念。

【能力目标】

1. 能够识别和画出常用理想元件的图形符号。
2. 能够画出常用简单电路的电路图。

一、电路的作用及组成

电路是各种电气器件按一定方式连接起来组成的总体，它提供电流通过的路径。电路由电源、负载和中间环节三个部分组成，以形成电流的闭合通路。电路可以用电路图来表示，图中的设备元件用国家统一规定的符号表示。电路图中常用的一部分图形符号如表 1-1 所示。工程上用的电路图可分为原理接线图和实物接线图（也称装配图）两种。由于原理接线图可以方便、清楚地表示出电路组成部分的接法，因而被广泛使用。通常所说的电路图都是指的原理接线图。图 1-1 是一个手电筒的电路图。

表 1-1　部分电工图形符号

[开关符号]	开关	[铁芯线圈符号]	铁芯线圈	[电容符号]	电容
[电池符号]	电池	[电阻符号]	电阻	A	电流表
[线圈符号]	线圈	[电位器符号]	电位器	V	电压表

续上表

	二极管	○	端子		电灯
	接地		连接导线 不连接导线		
	接机壳		熔断器		

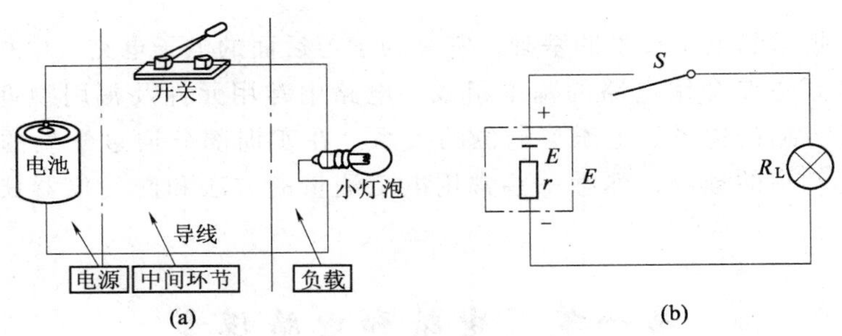

图 1-1　手电筒电路图

电路中各部分的作用如下：

1. 电源：电源是电路中提供能源的设备，它把非电能转换为电能。常见的电源有干电池、蓄电池、发电机等。

2. 负载(用电器)：是电路中的用电设备。它们是将电能转换成其他形式能量的元器件或设备，如电灯可以把电能转换成光能，扬声器可以将电能转换成为声能。

3. 中间环节：其作用是把电源和负载连接起来以形成闭合回路，并对整个电路实行控制、保护及测量。如连接导线、控制电器(如开关等)、保护电器(如熔断器等)、测量仪表(如电流表等)。

电路种类繁多，由直流电源供电的称为直流电路；由交流电源供电的称为交流电路；由晶体管放大元件构成将信号进行放大的称为放大电路等等。此外，在一个完整的电路(全电路)中，电源内部的电路称为内电路；电源外部的电路称为外电路。

二、电路模型

组成实际电路的元器件，其电磁性能比较复杂。例如白炽灯，主要电磁性能是消耗电能为电阻的特性；同时由于灯丝中有电流通过周围还要产生磁场，因此白炽灯又具有电感的特性。又如电感线圈，它的主要电磁性能是储存磁场能量，突出表现为电感性；但是由于线圈是用实际导线缠绕而成的，必然表现出电阻的性质。再如电源的作用是为电路提供能量，但由于本身也对电流起到阻碍作用，即具有电阻的性质。各个器件的各种电磁性能交织在一起，给分析电路造成困难。为了简化电路的分析和计算，我们通常只考虑各器件的主要电磁性能，而忽略其次要性能，这样就得到了只具有某种单一性能的实际器件的理想化模型，称之为理想元件。常用的理想元件有电阻元件、电感元件、电容元件和电源元件等，这些元件分别用相应的单一参数来表征，如表征电阻元件的参数是电阻 R，表征电感元件的参数是电感 L 等。通常采用的电路元件有：电阻元件、电感元件、电容元件、理想电压源、理想电流源。前三种元件均不产生能量，称为无源元件，后两种元件是电路中提供能量的元件，称为有源元件。元件有线性和非线性之分，线性元件的参数是常数，与所施加的电压和电流无关。

图 1-2 列出了一些常用理想元件的图形符号。

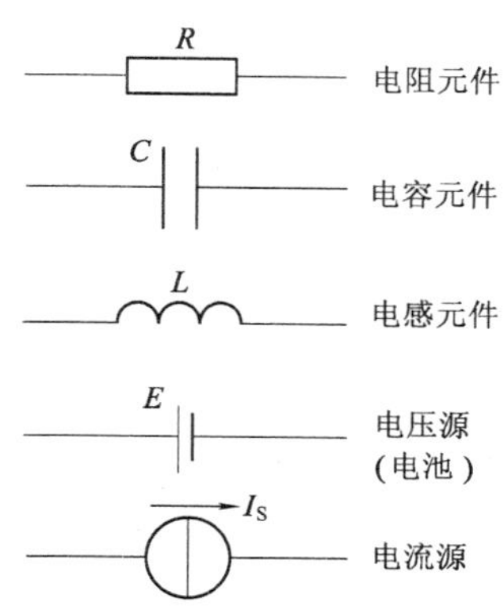

图 1-2　常用理想元件的图形符号

用理想元件来表示实际的电路器件或设备，并用理想导线将它们连接起来就得到实际电路的电路模型。如图 1-1(b)就是图 1-1(a)的电路模型。在图 1-1(b)中，E 和 r 分别表示电池的电动势和内阻，R_L 表示小灯泡，S 表示开关，各个理想元件之间用理想导线来连接。

用理想元件建立电路模型，能大大简化实际电路的分析计算。建立电路模型时，其外部特性应与实际设备、器件尽量接近。同一设备或器件在不同条件下可能会有不同的电路模型。电路模型是实际电路的近似，近似程度要求越高，则电路模型越复杂。本课程主要借助于电路模型，来阐述电路的基本规律和基本分析方法。今后所说的电路主要是指这种电路模型。

电路有三种状态，我们通过图 1-3 所示的电路来说明。

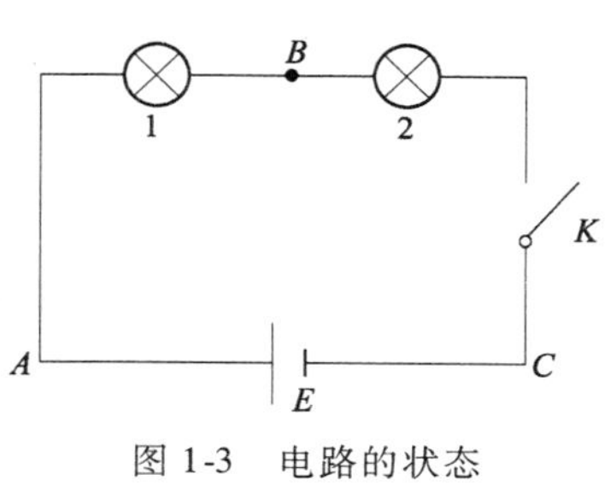

图 1-3　电路的状态

（1）通路：即开关 S 闭合，构成闭合回路，电路中有电流流过。

（2）开路：开关 S 断开或电路一处断开，被切断的电路中没有电流流过，开路也称为断路。

（3）短路：在图 1-3 中，若 A、B 两点用导线直接接通，则称为负载 1 被短路。若 A、C 两点用导线直接接通，则称为负载全部短路，或称为电源被短路。短路也称捷路，此时电源提供的电流将比通路时大很多倍，因而一般不允许短路。

教学评价

一、填　空

1. 电流所流过的路径称为________，它具有通路、短路和________三种状态。它由电源、________和负载三个部分组成。

2. 电源是____________________的装置。

3. 常用的理想元件有电阻元件、________元件、________元件和电源元件。

二、综合题

1. 请画出常用理想元件的图形符号。

2. 简述电路的组成。

第二节　电流、电压及其参考方向

【知识目标】

1. 理解电压、电流的定义及其方向的规定。

2. 掌握电压、电流的测量方法。

【能力目标】

1. 能够根据电流的大小选择合适的导线。

2. 能够求解电压、电位、电流的大小。

一、电　流

(一) 电流

要了解电流的实质，应从物质内部结构进行分析。我们知道，任何物质都是有分子组成，分子是由原子组成，而原子又是由带正电的原子核和带负电的电子组成。在通常状况下，原子核所带的正电荷数等于核外电子所带的负电荷数，所以原子是中性的，不显电性，物质也不显带电的性能。当人们给予一定外加条件时(如接上电源)，就能迫使金属或某些溶液中的电子发生有规则的运动。

电荷有规则的定向运动称为电流。在金属导体中，电流是电子在外电场作用下有规则地运动形成的。在某些液体或气体中，电流则是正离子或负离子在外电场作用下有规则运动形成的。导体中的这种电流也称为传导电流。

电流的强弱程度用电流强度(简称电流)这个物理量来表示。电流强度的大小取决于在一定时间内通过导体横截面电荷量的多少。如果在同一时间内通过导体截面的电荷量越多，就表示导体中的电流越强。如在 t 秒(s)内通过导体横截面的电量为 Q 库仑(C)，则电流强度 I 就可用下式表示：

$$I = \frac{Q}{t} \tag{1-1}$$

如果在 1s 内通过导体横截面的电量为 1C，则导体中的电流强度就是 1 安培，简称安，以符号 A 表示。除安培外，常用的电流单位还有千安(kA)、毫安(mA)和微安(μA)。它们之间的换算如表 1-2 所示。

表 1-2　单位换算

中文代号	吉	兆	千	百	十	个	分	厘	毫	丝	忽	微	纳	皮
国际代号	G	M	k	h	da	—	d	c	m	dm	cm	μ	n	p
倍乘数	10^9	10^6	10^3	10^2	10	—	10^{-1}	10^{-2}	10^{-3}	10^{-4}	10^{-5}	10^{-6}	10^{-7}	10^{-8}

电路中的电流大小，可以用电流表(安培表)进行测量，如图 1-4 所示。测量时应注意以下几点：

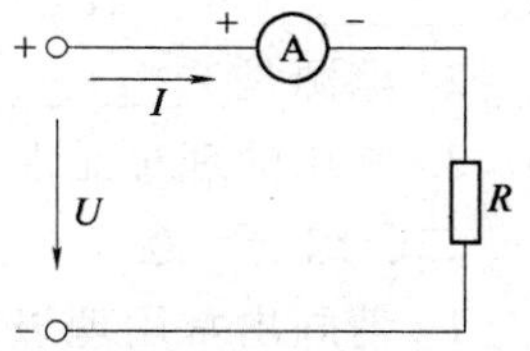

1. 对交、直流应分别使用交流电流表和直流电流表。

2. 电流表必须串接到被测量的电路中。

3. 直流电流表表壳接线柱上标明的“+”“-”记号，应和电路的极性相一致，不能接错，否则指针要反转，严重的甚至损坏仪表。

图 1-4　直流电流的测量

4. 合理选择电流表的量程。如果量程选用不当，例如用电流表小量程去测量大电流，就会烧坏电流表；若用大量程电流表去测量小电流，会影响测量的准确度。在进行电流测量时，一般要先估计被测电流的大小，再选择电流表的量程。若无法估计，可先用电流表的最大量程测量，当指针偏转不到 1/3 刻度时，再改用较小挡去测量，直到测得正确数值为止。

【例 1-1】 某导体在 5min 内均匀通过的电荷量为 4.5C，求导体中的电流是多少 mA？

【解】

$$I=\frac{Q}{t}=\frac{4.5}{5\times60}=0.015\text{A}=15\text{mA}$$

在不同的导电物质中，形成电流的运动电荷可以是正电荷，也可以是负电荷，甚至两者都有。为统一起见，规定以正电荷移动的方向为电流的方向。按照这一规定可以知道，在金属导体中电子移动方向与电流的方向相反；在酸、碱、盐溶液中的正离子移动方向就是电流的方向，而负离子移动的方向与电流的方向相反。

在分析或计算电路时，常常要求出电流的方向。但当电路比较复杂时，某段电路中电流的实际方向往往难以确定，此时可先假定电流的参考方向(也称正方向)，然后列方程求解，当解出的电流为正值时，就认为电流实际方向与参考方向一致，如图 1-5(a)所示。反之，当电流为负值时，就认为电流方向与参考方向相反，如图 1-5(b)所示。

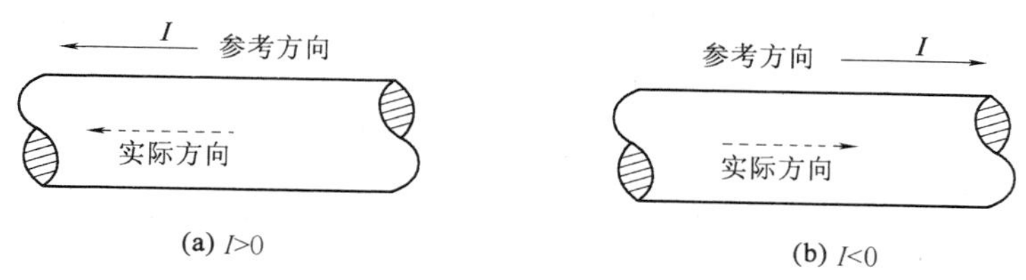

图 1-5　电流的正负

常见的电流分为直流电流和交流电流两种。电流的方向固定不变的叫做直流电流。当电流的方向不变，大小也不变时，这种直流电叫做稳恒直流电；当方向不变，而大小随时间改变的直流电叫做脉动直流电。方向和大小随时间作周期性变化的电流叫做交流电，如图 1-6 所示。

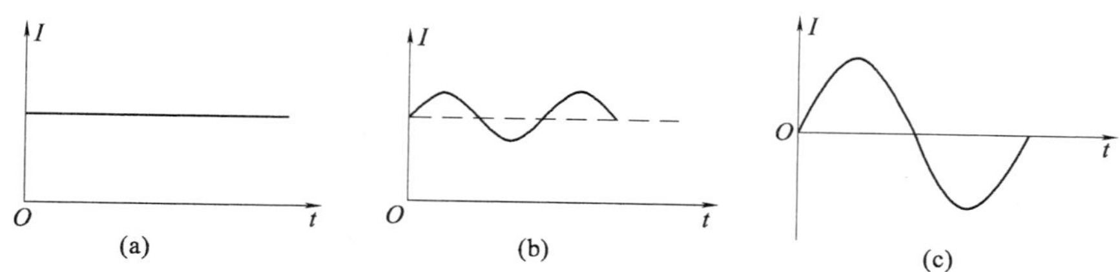

图 1-6　稳恒直流电流、脉动电流与交流电流

（二）电流密度

在实际工作中，有时要选择导线的粗细(横截面)，这就涉及电流密度这一概念。所谓电流密度是指当电流在导体的截面上均匀分布时，该电流与导体横截面积的比值。用字母 J 表示，其数学表达式为：

$$J=\frac{I}{S}\tag{1-2}$$

上式中当电流用 A 作单位、横截面积用 mm^2 作单位时，电流密度的单位是 A/mm^2。

选择合适的导线横截面积就是使导线的电流密度在允许的范围内，保证用电量和用电安全。导线允许的电流密度随导体横截面积的不同而不同。例如，1mm^2、2.5mm^2 铜导线的 J 取 6A/mm^2，而 120mm^2 铜导线的 J 取 2.3A/mm^2。当导线中通过的电流超过允许值时，导线将过热，甚至着火发生事故。

【例 1-2】 某照明电路需要通过 21A 的电流，问应采取多粗的铜导线？(设 $J=6\text{A/mm}^2$)

【解】 因为

$$J=\frac{I}{S}$$

所以

$$S=\frac{I}{J}=\frac{21}{6}=3.5\text{mm}^2$$

二、电位及电压

（一）电位

生活实践告诉人们，水总是由高处往低处流，高处的水位高，低处的水位低。与此类似，电路中各点均有一定的电位，在外电路中电流是从高电位流向低地位。另外，在讲高度时，总有一个计算高度的起点，通常以海平面作为基准参考面。电路中讲电位也必须有一个计算电位的起点，这个点叫做参考点。通常把参考点的电位规定为零。因此参考点又称为零电位点。有了参考点后，电路中某点的电位即为该点到参考点之间的电压。电位的文字符号用带下标的字母 V 表示，如 V_A，即表示 A 点的电位。

一般选大地作为参考点（零电位点）。在电子仪器和设备中又常把金属外壳或电路的公共接点的电位规定为零电位。零电位的符号有三种：“⏚”表示接大地，“ ”或“⊥”表示接机壳或公共接点。

电位的单位为 V。必须特别注意，电路中任意点电位的大小与参考点的选择有直接关系，例如在图 1-7 中，如以 A 点为参考点，则 $V_A=0\text{V}$，$V_B=3\text{V}$，$V_C=9\text{V}$；如以 B 点为参考点，则 $V_B=0$，$V_A=-3\text{V}$，$V_C=6\text{V}$。

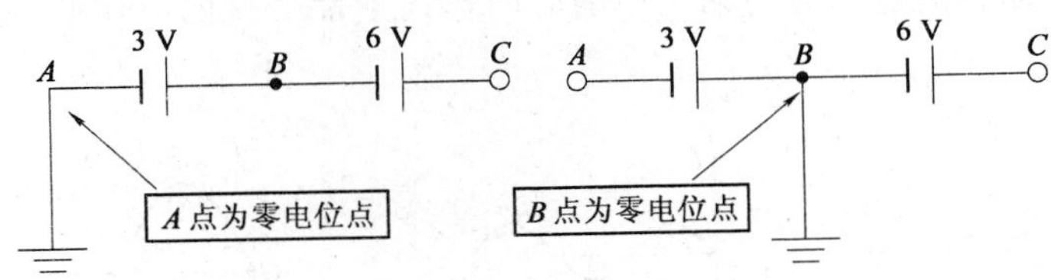

图 1-7　电位的参考点

闭合电路中各点电位高低的不同是靠电源的作用而形成的。如果没有电源的作用，也就不称其为闭合电路，也就不存在高电位和低电位的概念。正如自来水供水系统是水泵的作用把水从水平面提升到高处一样。

在电子电路中，为了使电路简明，常常将电源省略不画，而在电源端用电位（或电动势）的极性和数值标出。图 1-8 图表示 A 点接电源 E_1 的正极，故用“$+E_1$”（也可用“$+V_1$”）表示，C 点接另一电源 E_2 的负极，故用“$-E_2$”表示。如画出完整电路图，则如图（b）所示。

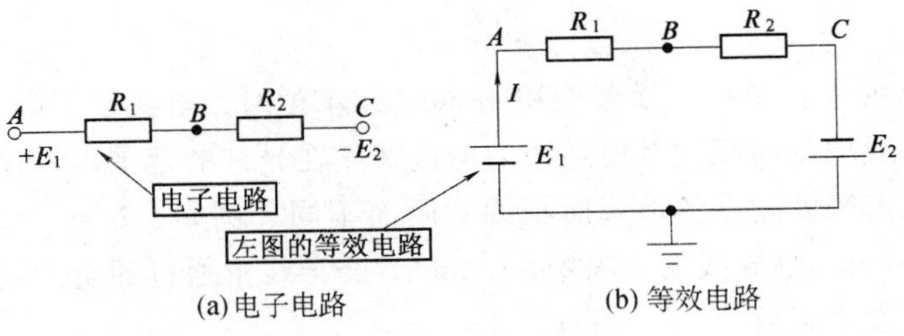

(a) 电子电路　(b) 等效电路

图 1-8　电子电路图中的电源表示法及等效电路图

（二）电压（电位差）

水位差是形成水流的原因，同样电位差是形成电流的原因。当然水流和电流在本质上是两种不同的运动形式。

电路中某两点之间的电位差称为电压，即

$$U_{AB} = V_A - V_B \tag{1-3}$$

电压是衡量电场力做功本领大小的物理量。两点之间的电压在数值等于单位正电荷在电场力作用下从一点移到另一点时所做的功，即

$$U_{AB} = \frac{W_{AB}}{Q} \tag{1-4}$$

如图 1-9 所示，在电场中若电场力将点电荷 Q 从 A 点移动到 B 点，所做的功为 W_{AB}，则功 W_{AB} 与电荷 Q 的比值就是 A、B 两点之间的电压。若电场力将 1 库仑的电荷从 A 点移动到 B 点，所做的功是 1J，则 AB 两点之间的电压大小就是 1 伏特，简称伏，用符号 V 表示。除伏特以外，常用的电压单位还有千伏（kV）、毫伏（mV）和微伏（μV）。

电压和电流一样，不仅有大小，而且有方向，即有正负。电压的方向规定为由高电位端指向低电位端。对于负载来说，规定电流流进端为电压的正端，电流流出端为电压的负端，电压的方向为由正指向负。

电压的方向在电路图中有两种表示方法，一种用箭头表示，如图 1-10（a）所示；另一种用极性符号表示，如图 1-10（b）所示。

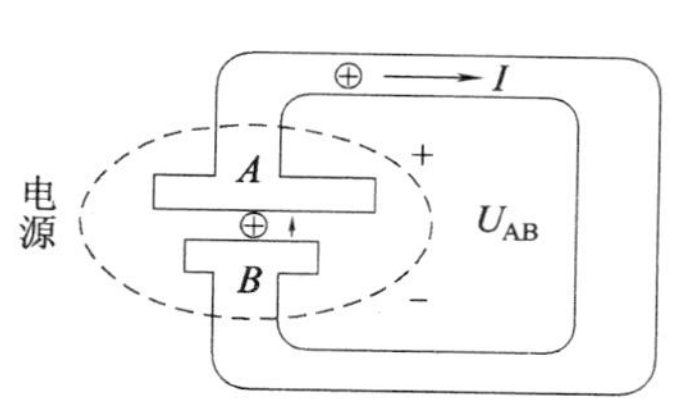

图 1-9　电源中电场力做功

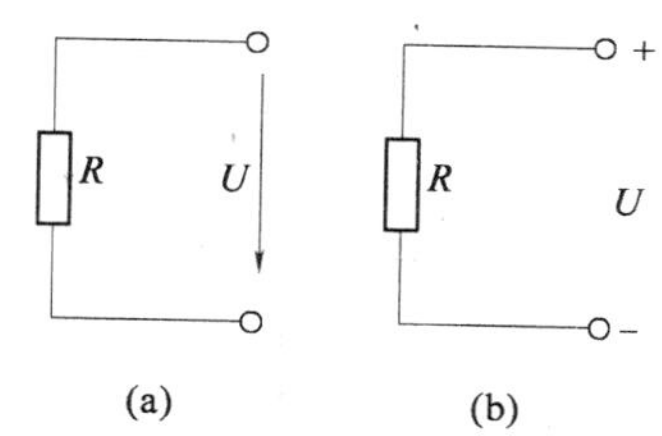

图 1-10　电压的方向

在分析电路时往往难以确定电压的实际方向，此时可任意假设电压的参考方向，再根据计算所得值的正、负来确定电压的实际方向，如图 1-11 所示。

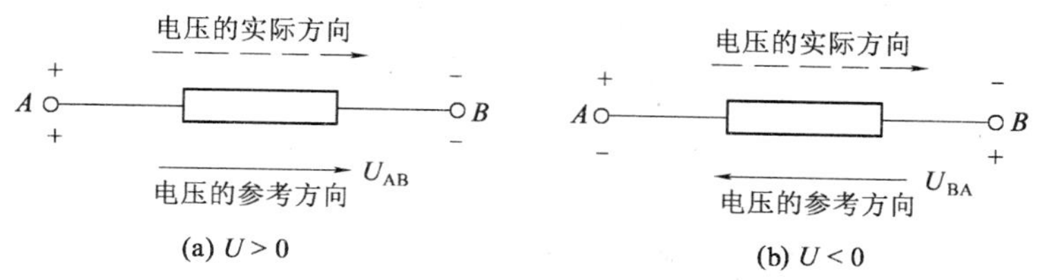

图 1-11　电压的参考方向和它的实际方向

对一段电路或一个元件上的电压参考方向和电流的参考方向，可以独立地任意指定。但是为了方便起见，我们常采用关联参考方向。所谓关联参考方向，就是电流参考方向应与电压的参考方向一致，即在外电路中，电流应从高电位端流向低电位端，如图 1-12（a）所示。这样在电路图上就只需要标出电流的参考方向或电压的参考极性中任一种就可以了，如图 1-12（b）、（c）所示。

电路中任意两点之间的电压大小，可用电压表（伏特表）进行测量，如图 1-13 所示。测

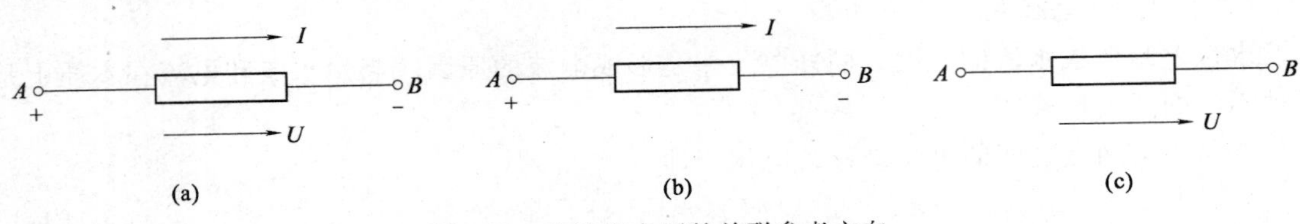

图 1-12　电流和电压的关联参考方向

量时应注意以下几点：

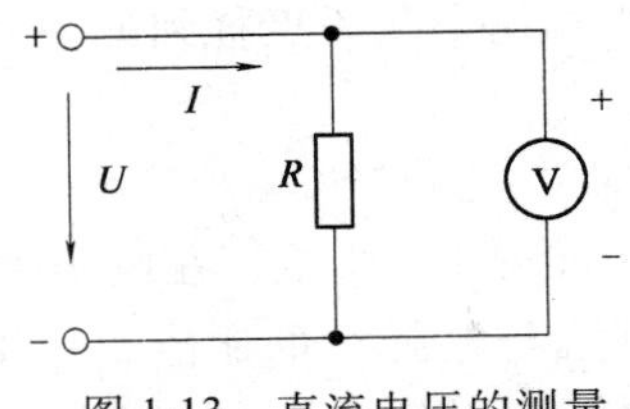

图 1-13　直流电压的测量

1. 对交、直流电压应分别采用交流电压表和直流电压表。

2. 电压表必须跨接（并联）在被测电路的两端。

3. 直流电压表的表壳接线柱上标明的“+”“−”记号，应和被测两点的电位相一致，即正端（+）接高电位，表的负端（−）接低电位，不能接错，否则指针要反转，并有可能使电压表损坏。

4. 合理选择电压表的量程，其方法和电流表相同。

应该注意：电路中任意两点之间的电压与参考点的选择无关。例如在图 1-7 中，若以 A 为参考点，则 $U_{CA}=V_C-V_A=9-0=9(\text{V})$；若以 B 为参考点，则 $U_{CA}=V_C-V_A=6-(-3)=9(\text{V})$。

教 学 评 价

一、填　　空

1. 规定________定向运动的方向为电流方向。金属导体中自由电子的定向运动方向与电流方向是________的。

2. 通过一个电阻的电流是 5A，经过 3min，通过这个电阻横截面的电荷量是________C。

3. 在电路中，A、B 两点的电位分别为 V_A、V_B，则 A、B 两点间的电压 $U_{AB}=$________。

4. 电位是________值，它的大小随________的改变而改变，电位的单位是________。电压是________值。

二、计 算 题

1. 一盏电灯中流过的电流是 100mA，合多少 A？5min 通过它的电量是多少？

2. 在图 1-14 所示的电路中，已知 $V_A=9\text{V}$，$V_B=-6\text{V}$，$V_C=5\text{V}$，$V_D=0\text{V}$，试求 U_{AB}、U_{BC}、U_{AC}、U_{BD} 各为多少？

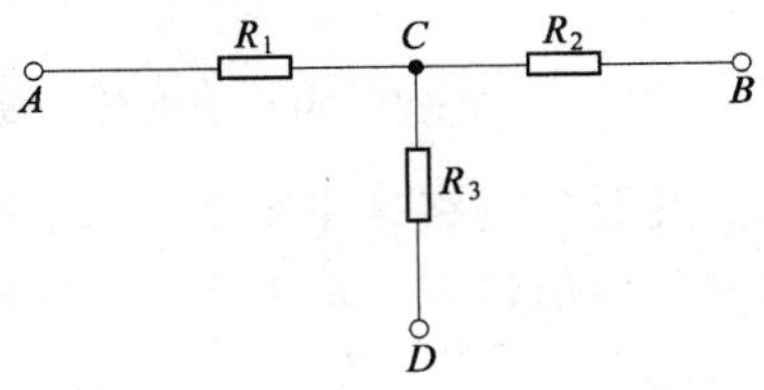

图　1-14

第三节　电源和电动势

【知识目标】

1. 了解电源和电动势的概念。

2. 理解电动势方向的规定。

【能力目标】

能够画出电动势的图形符号。

一、电　　源

我们知道，在自然状态下，水的流动总是从高水位处流向低水位处的。同样，在电场力的作用下，正电荷总是从高电位移向低电位的。对带有正、负电荷的两个极板(带电体)来说，如果只有电场力对电荷的作用，那么由于电荷的不断移动和正、负电荷的不断中和，势必改变电荷的分布；随着时间的推移，正、负极板是的电荷将很快减少，其间的电场也迅速减弱。因此，处于电场内导体中的电流只能是短暂的瞬间。

为了维持导体中的电流，就必须有一个能保持正、负极板间有一定电场的装置，这个装置就是电源(如发电机、电池等)。

电源是把其他形式的能转换成电能的装置。电源种类很多，如：干电池或蓄电池把化学能转换成电能；光电池把太阳能转化成电能；发电机把机械能转化成电能等等。电源正极电位高，负极电位低，接通负载后，外电路中电流从高电位流向低电位；在电源内部电流则从负极流向正极。

二、电源电动势

在电场力的作用下，正电荷总是由高电位经过负载移动到低电位，如图 1-15 所示。当正电荷由极板 A 经外电路移到极板 B 时，与极板 B 上的负电荷中和，使 A、B 极板上聚集的正、负电荷数减少，两极板间电位差随之减少，电流随之减小，直至正、负电荷完全中和，电流中断。要保证电路中有持续不断的电流，A、B 极板间必须有一个与电场力 F_2 的方向相反的非静电力 F_1 存在，它能把正电荷从 B 极板源源不断地移到 A 极板，保证 A、B 两极板间电压不变，电路中才能有持续不变的电流。这种存在于电源内部的非静电力性质的力 F_1 叫做电源力。

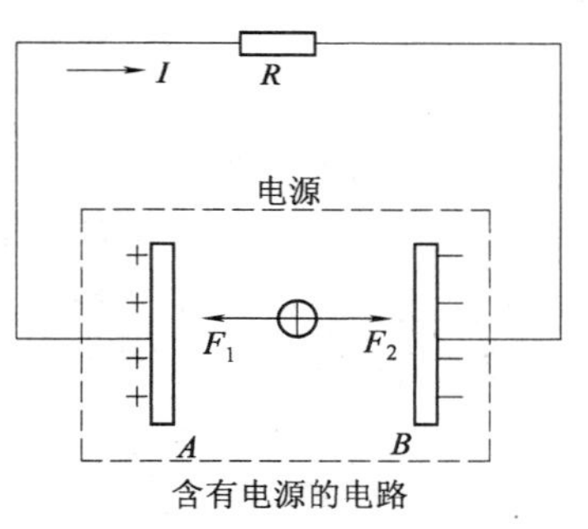

图 1-15　含有电源的电路

在电源内部，电源力不断把正电荷从低电位移到高电位。在这个过程中，电源力要反抗电场力做功，这个做功过程就是电源将其他形式的能转换成电能的过程。对于不同的电源，电源力在移动同一数量的电荷时所做的功是不同的，因而将其他形式的能量转换成电场能量的数量也是不同的。为了衡量不同电源转换能量的本领，我们把在电源力的作用下，将单位正电荷从电源负极(低电位点)移向正极(高电位点)所做的功，叫做这个电源的电动势，用符号 E 表示。即

$$E = \frac{W}{q} \tag{1-5}$$

式中　W——电源力移动正电荷所做的功，J；

q——电源力移动的电荷量，C；

E——电源电动势，V。

由于电源内部电源力由负极指向正极，因此电源电动势的方向规定为由电源的负极(低电位)指向正极(高电位)。因此，在电动势的方向上电位是逐点升高的。图 1-16(a)，(b)分别表示直流电动势的两种图形符号。

在电源内部的电路中，电源力移动正电荷形成电流，电流的方向是从负极指向正极；在

图 1-16　直流电动势的图形符号

电源外部的电路中，电场力移动正电荷形成电流，电流方向是从正极指向负极。

对于一个电源来说，既有电动势，又有端电压。电动势只存在于电源内部；而端电压则是加在外电路两端的电压，其方向由正极指向负极。一般情况下，电源的端电压总是低于电源内部的电动势，只有当电源开路时，电源的端电压才与电源的电动势相等。

特别应当指出的是电动势与电压是两个物理意义不同的物理量。电动势存在于电源内部，是衡量电源力做功本领的物理量；电压存在于电源的内、外部，是衡量电场力做功本领的物理量。电动势的方向从负极指向正极，即电位升高的方向；电压的方向是从正极指向负极，即电位降低的方向。但电压和电动势的单位都是 V。

教 学 评 价

一、填 空 题

1. 把________的能转换成________能的设备叫电源。在电源内部电源力把正电荷从电源的________极移到电源的________极。

2. 在外电路，电流由________极流向________极，是________力做功；在内电路，电流由________极流向________极，是________力做功。

二、计 算 题

在电源内部，电源力做了 12J 的功，将 8C 的正电荷由负极移到正极，问该电源的电动势应为多少？若要将 12C 的正电荷由负极移到正极，那么电源力要做多大的功？

第四节　电阻和电阻定律

【知识目标】

1. 了解电阻的含义和超导现象。
2. 理解电阻定律。

【能力目标】

能熟练运用电阻定律计算电阻的大小。

一、电　　阻

当电流通过金属导体时，作定向运动的自由电子会与金属中的带电粒子发生碰撞。可见，导体对电荷的定向运动有阻碍作用。导体对电流的阻力小，说明它的导电能力强；导体对对流的阻力大，它的导电能力就差。电阻就是反映导体对电流起阻碍作用大小的一个物理量。

电阻用字母 R 或 r 表示。电阻的单位是欧姆，简称欧，用字母 Ω 表示。

当导体两端的电压是 1V，导体内通过的电流是 1A 时，这段导体的电阻就是 1Ω。除欧姆外，常用的电阻单位有千欧(kΩ)和兆欧(MΩ)。

二、电阻定律

导体的电阻是客观存在的，它的大小不随导体两端电压大小而变化。即使没有电压，导体仍然有电阻。在温度一定时，一个导体电阻的大小，主要由两种因素决定。一是导体所用材料的导电性能；其次和导体的尺寸有关。

实验证明，在一定的温度下，同一种材料的导体电阻，与导体的长度成正比，与导体的横截面积成反比。这就是电阻定律。该定律的数学表达式为：

$$R=\frac{\rho L}{S} \tag{1-6}$$

式中的 ρ 是与导体材料性质有关的物理量，称为电阻率或电阻系数。电阻率通常是指在 20℃时，长 1m 而横截面积是 $1mm^2$ 的某种材料的电阻值。当 L、S、R 的单位分别是 m、m^2、Ω 时，ρ 的单位是 Ω · m。表 1-3 列出了几种常用材料的电阻率。

由表 1-3 可知，除贵重金属银之外，铜、铝的电阻率小，是理想的导电材料。所以广泛的用来绕制各种电气设备的线圈，制作各种导线等而康铜、锰铜等合金材料的电阻率比铜铝大得多，因此是制作电阻丝的好材料，如线绕电阻、可变电阻器、电阻箱和电烙铁芯等元件或设备。

表 1-3　几种常用材料的电阻率和电阻温度系数(20℃)

用　途	材 料 名 称	电阻率 ρ(Ω · m)	平均电阻温度系数 α(1/℃)
导电材料	银	1.6×10^{-8}	0.003 8
	铜	1.7×10^{-8}	0.004 0
	铝	2.9×10^{-8}	0.004 2
	低碳钢	12×10^{-8}	0.006 0
	铁	$(13\sim30)\times10^{-8}$	0.006 0
电阻材料	锰铜	42×10^{-8}	0.000 005
	康铜	49×10^{-8}	0.000 005
	镍铬合金	110×10^{-8}	0.000 13
	铁铬铝合金	140×10^{-8}	0.000 05

由表 1-3 可知，各种金属材料的电阻率不一样。除贵重金属银之外，铜、铝的电阻率很小，即对电流的阻碍作用小，是理想的导电材料，所以广泛地用来绕制各种电气设备的线圈，制作各种导线等。电阻率比较高的材料主要用来制造各种电阻元件。例如镍铬合金及铁铬铝合金的电阻率较高，并有长期承受高温的能力，因此常用来制造各种电热器件的发热电阻丝。常见的滑线电阻、绕线电阻等也用镍铬合金制造。

【例 1-3】 试计算横截面积为 $5mm^2$，长度为 200m 的铜导线和康铜线的电阻。

【解】 查表 1-3 得：

铜的电阻率：　$\rho=1.7\times10^{-8}\Omega\cdot m$

康铜的电阻率：　　　　　　$\rho = 49 \times 10^{-8}\Omega \cdot \mathrm{m}$

根据电阻定律 $R = \frac{\rho L}{S}$ 可以算出：

$$R_{铜} = \frac{\rho L}{S} = 1.7 \times 10^{-8} \times \frac{200}{5 \times 10^{-6}} = 0.68(\Omega)$$

$$R_{康铜} = \frac{\rho L}{S} = 49 \times 10^{-8} \times \frac{200}{5 \times 10^{-6}} = 19.6(\Omega)$$

电阻的倒数叫电导，用 G 表示，它的单位为西门子。即

$$G = \frac{1}{R} \tag{1-7}$$

导电性能好的材料电阻小，电导 G 大。

导体的电阻大小还与温度有关，一般金属导体的电阻随温度升高而增加，而碳和电解质的溶液的电阻，将随温度升高而减少。即在不同温度下，同一导体的电阻也不同，它们的关系可用下式计算：

$$R_2 = R_1[1 + \alpha(t_2 - t_1)] \tag{1-8}$$

式中 R_1 为导体对应于温度 t_1 时的电阻；R_2 为导体对应于温度 t_2 时的电阻 α 为导体的电阻温度系数，见表 1-3。温度系数是当温度上升（或下降）1℃时，所增加（或减少）的电阻与原来电阻的比值，单位是 1/℃。

工程上广泛采用公式（1-8）来测量电机、变压器的温升。

【例 1-4】 某电动机在未运转前测量其线圈（铜线）的电阻 $R_1 = 3.7\Omega$，此时周围的环境温度为 $t_1 = 20℃$，电动机通电运转 1h 后，由于电动机发热而使温度上升，测得此时的电阻 $R_2 = 4.5\Omega$，求此时电动机线圈的温度及温升。

【解】 由表 1-3 可知：铜的 $\alpha = 0.004$

根据 $R_2 = R_1[1 + \alpha(t_2 - t_1)]$ 得

$$t_2 = \frac{R_2 - R_1}{\alpha R_1} + t_1 = \frac{4.5 - 3.7}{0.004 \times 3.7} + 20 = 74(℃)$$

则线圈的温升　　　　　　$\Delta t = t_2 - t_1 = 74 - 20 = 54(℃)$

三、超　导

现代科学研究发现：某些金属的电阻随温度的下降而不断地减小，当温度降到一定值（称临界温度）时，其电阻将突然降到零，具有上述性质的材料称为超导体。

超导现象虽然在 20 世纪 20 年代就被发现，但由于没有找到合适的超导材料，以及受低温技术的限制，长期没有得到应用，20 世纪 60 年代起人们才开始积极研究，主要是寻找临界温度较高的超导材料。目前，在超导技术研究方面我国已居世界前列。1989 年初，我国科学家首先研制出临界温度高达 132K 的材料，是当时国际上的最高纪录。1991 年 8 月，我国北京大学化学系、物理系与中科院物理所合作，又研制成功一种新型超导体 K_3C_6。超导转变温度远高于现已发现的其他各种有机超导体。

目前超导技术已广泛地应用于原子能、计算机、航空探测等技术领域，在发电设备、电动机及输电系统的应用也越来越广泛。

教 学 评 价

一、填 空 题

1. 导体对电流的________叫导体的电阻。当温度一定时，导体的电阻决定于导体的________、________和________等因素，其计算公式为________。

2. 把一定长度导线的直径减半，其电阻值将变为原来的________倍。

二、综 合 题

1. 导体电阻的大小与哪些因素有关？

2. 一根铝导线长 100m，横截面积为 $1mm^2$，这根导线的电阻是多大？

第五节　欧 姆 定 律

【知识目标】

理解欧姆定律的含义。

【能力目标】

能熟练运用欧姆定律分析电路。

一、部分电路欧姆定律

部分电路欧姆定律的内容是：在不包含电源的电路中，流过导体的电流与这段导体两端的电压成正比，与导体的电阻成反比。即：

$$I=\frac{U}{R} \tag{1-9}$$

式中　I——导体中的电流，A；

U——导体两端的电压，V；

R——导体的电阻，Ω。

欧姆定律揭示了电路中电流、电压、电阻三者之间的联系，是电路分析的基本定律之一，实际应用非常广泛。

【例 1-5】　已知某 100W 的白炽灯在电压 220V 时正常发光，此时通过的电流是 0.455A，试求该灯泡工作时的电阻。

【解】　因为

$$I=\frac{U}{R}$$

所以

$$R=\frac{U}{I}=\frac{220}{0.455}\approx 484(\Omega)$$

【例 1-6】　在一根导体两端加 12V 电压时，测得通过它的电流为 0.3A，求这个导体的电阻。当加在这个导体两端电压变为 240V 时，其电阻为多少？通过它的电流是多少？

【解】　(1) 由 $I=\frac{U}{R}$ 得：

$$R=\frac{U}{I}=\frac{12}{0.3}=40(\Omega)$$

(2) 当加 240V 电压时，电阻值不变，还是 40Ω。

(3) 当加 240V 电压时，通过它的电流为：

$$I' = \frac{U}{R} = \frac{240}{40} = 6(\text{A})$$

二、全电路欧姆定律

全电路是指内电路和外电路组成的闭合电路的整体，如图 1-17 所示。图中的虚线框代表一个电源的内部电路，称为内电路。电源内部一般都是有电阻的，这个电阻称为内电阻，简称内阻，用符号 r 或者 R_0 表示。内电阻也可以不单独画出，而在电源符号旁边注明内电阻的数值。

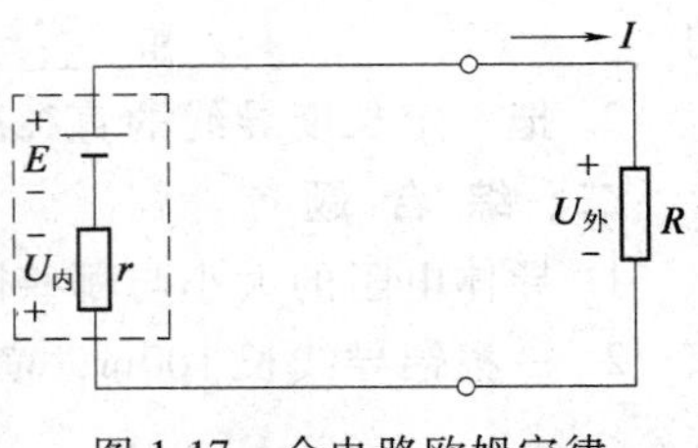

图 1-17　全电路欧姆定律

全电路欧姆定律的内容是：在全电路中电流强度与电源的电动势成正比，与整个电路的内、外电阻之和成反比。其数学表达式为：

$$I = \frac{E}{R + r} \tag{1-10}$$

式中　E——电源的电动势，V；

R——外电路(负载)电阻，Ω；

r——内电路电阻，Ω；

I——电路中的电流，A。

由式(1-10)可得到：

$$E = IR + Ir = U_{外} + U_{内} \tag{1-11}$$

式中，$U_{内}$ 是电源内阻的电压降，$U_{外}$ 是电源向外电路的输出电压，也称电源的端电压。因此，全电路欧姆定律又可以表述为：电源电动势在数值上等于闭合电路中内外电路电压降之代数和。

三、电路的三种状态

根据全电路欧姆定律，再来分析电路在三种不同的状态下，电源端电压与输出电流之间的关系。

外电路两端的电压又称为路端电压，简称端电压。

1. 通路

如图 1-18 所示，开关 S 接通“1”号位置，电路处于通路状态。电路中的电流为

$$I = \frac{E}{R + r}$$

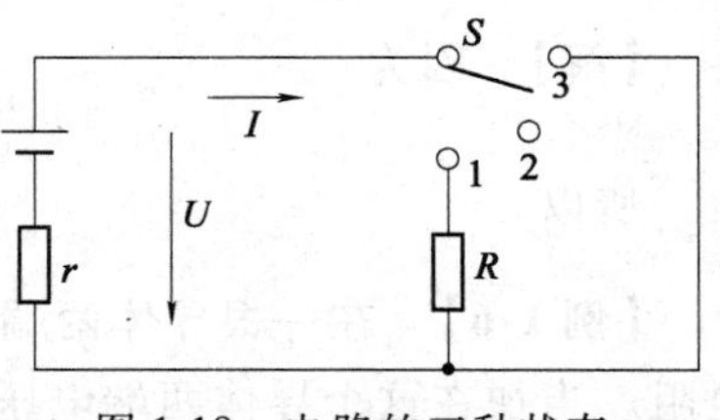

图 1-18　电路的三种状态

端电压与输出电流的关系为：

$$U_{外} = E - U_{内} = E - Ir \tag{1-12}$$

式(1-11)表明，当电源具有一定值的内阻时，端电压总是小于电源电动势；当电源电动势和内阻一定时，端电压随输出电流的增大而下降。这种电源端电压随输出(负载)电流的变化关系，称为电源的外特性。

通常把通过大电流的负载称为大负载，把通过小电流的负载称为小负载。这样，由外特性曲线可知：在电源的内阻一定时，电路接大负载时，端电压下降较多；电路接小负载时，

端电压下降较少。

2. 开路(断路)

在图1-17中，开关S接通“2”号位置，电路处于开路状态。在开路状态下，负载电阻$R\to\infty$或电路中某处的连接导线断线，则电路中的电流$I=0$，内阻压降$U_{内}=I\times r=0$，$U_{外}=E-I\times r=E$，即电源的开路电压等于电源电动势。

3. 短路

图1-17中，开关S接通“3”号位置，电源被短接，电路中短路电流$I_{短}=E/r$。由于电源内阻一般都很小，所以$I_{短}$极大，此时，电源对外输出电压$U=E-I_{短}\times r=0$。

短路电流极大，不仅会损坏导线、电源和其他电器设备，甚至还会引起火灾，因此，短路是严重的故障状态，必须严格禁止，避免发生。在电路中常串接保护装置，如熔断器等。一旦电路发生短路故障，能自动切断电路，起到安全保护作用。

电路三种状态下各物理量的关系如表1-4所示。

表1-4　电路在三种状态下各物理量的关系

电路状态	电　流	电　压	电源产生功率	负载功率
断路	$I=0$	$U=E$	$P_E=0$	$P_R=0$
通路	$I=\frac{E}{R+r}$	$U=E-Ir$	$P_E=EI$	$P_R=UI$
短路	$I=I_{短}=\frac{E}{r}$	$U=0$	$P_E=I_{短}^2r$	$P_R=0$

【例1-7】 如图1-19所示，不计电压表和电流表内阻对电路的影响，求开关在不同位置时，电压表和电流表的读数各为多少?

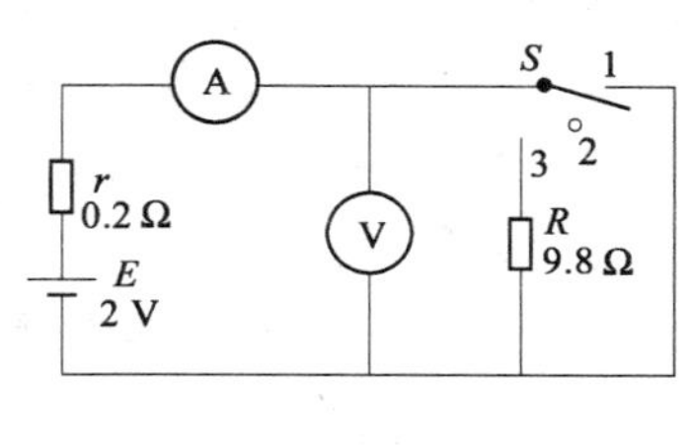

图　1-19

【解】 1. 开关接“1”号位置：电路处于短路状态，电压表的读数为零；电流表中流过短路电流$I_{短}=\frac{E}{r}=\frac{2}{0.2}=10(A)$。

2. 开关接“2”号位置：电路处于断路状态，电压表的读数为电源电动势的数值，即2V；电流表无电流流过，即$I_{断}=0$。

3. 开关接“3”号位置：电路处于通路状态，电流表的读数$I=\frac{E}{R+r}=\frac{2}{9.8+0.2}=0.2(A)$，电压表的读数$U=IR=0.2\times9.8=1.96(V)$。

教学评价

一、填空题

1. 部分电路欧姆定律的内容是________________________，其数学表达式为________________。

2. 全电路欧姆定律的内容是________________________，其数学表达式为________________。

3. 图 1-20 示出了三个电阻的电流随电阻两端电压变化的曲线，由曲线可知电阻________的阻值最大，________的阻值最小。

4. 电源电动势 $E=4.5\text{V}$，内阻 $r=0.5\Omega$，负载电阻 $R=4\Omega$，则电路中电流 $I=$________A，路端电压 $U=$________V。

二、计 算 题

1. 电源的电动势 $E=2\text{V}$，与 $R=9\Omega$ 的负载电阻连接成闭合回路，测得电源两端的电压为 1.8V，求电源的内阻 r_0。

2. 图 1-21 所示电路中，$R_1=14\Omega$，$R_2=29\Omega$，当开关 S 与 "1" 接通时，电路中的电流为 1A；当开关 S 与 "2" 接通时，电路中的电流为 0.5A，求电源的电动势和内阻。

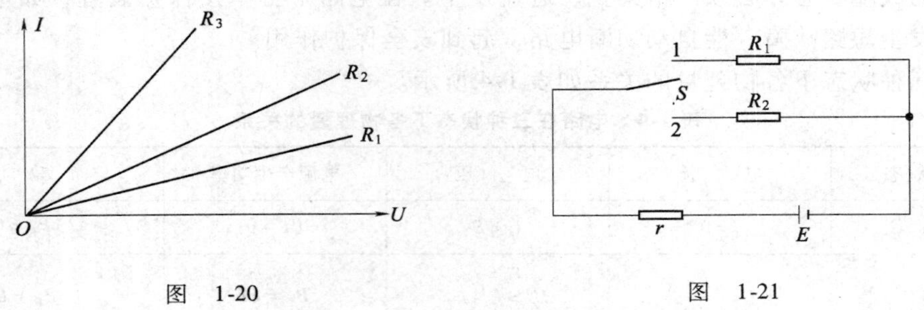

图 1-20　　图 1-21

第六节　电功率和电能

【知识目标】

1. 了解电能的概念，了解电流热效应的应用和危害。
2. 理解电功率的概念。

【能力目标】

能熟练计算电功、电功率。

一、电流的功

一个闭合的电路，存在着能量的转换。电源把其他形式的能量转换为电能；电路负载在端电压的作用下经由导线通过电流，使电动机转动、电炉发热等，又把电能转换成机械能、热能等而做功。我们把电流通过负载所做的功，叫做电功，用字母 W 表示。这说明电功是由电能获得的，而电能的消耗又通过电流做功表现出来，电能和电功是同一事物的两种形态。因此，我们用电流做功的大小来度量电能的消耗。电功的大小与加在负载两端的电压和通过负载的电流有关。

根据公式：$I=\dfrac{Q}{t}$，$U=\dfrac{W}{Q}$，$I=\dfrac{U}{R}$，可得到电功的数学表达式：

$$W=UQ=IUt=I^2Rt=\frac{U^2t}{R} \tag{1-13}$$

式中　U——加在负载上的电压，V；

I——流过负载的电流，A；

R——电阻，Ω；

t——时间，s；

W——电功，J；

Q——电量，C。

电功的国际单位是焦耳(J)，简称焦。在实际工作中，常用的单位是千瓦时(kW · h)，也称“度”。“度”与“焦耳”的换算关系为：

$$1\text{ 度} = 3.6 \times 10^6 \text{J}$$

二、电 功 率

电流在单位时间内所做的功，称为电功率，简称功率。用字母 P 表示，其数学表达式为：

$$P = \frac{W}{t} \tag{1-14}$$

在上式中，若电功的单位是 J，时间单位为 s，则电功率的单位是 J/s。J/s 又称瓦特，简称瓦，用字母 W 表示。在实际工作中，电功率的常用单位还有千瓦(kW)、毫瓦(mW)等。根据式(1-12)可得到电功率的常见计算公式：

$$P = IU = I^2R = \frac{U^2}{R} \tag{1-15}$$

由式(1-15)可知：

1. 当负载电阻一定时，由 $P = I^2R = \frac{U^2}{R}$ 可知，电功率与电流的平方或电压的平方成正比。

2. 当流过负载的电流一定时，由 $P = I^2R$ 可知，电功率与电阻成正比。由于串联电路流过同一电流，则串联电阻的功率与各电阻的阻值成正比。

3. 当加在负载两端的电压一定时，由 $P = \frac{U^2}{R}$ 可知，电功率与电阻成反比。因并联电路中各电阻两端的电压相等，所以各电阻的功率与各电阻的阻值成反比。

三、电流的热效应

当电流通过导体时，由于导体具有一定的电阻而发热，使电能转变成热能，这种现象叫做电流的热效应。

实验证明，电流通过导体所产生的热量，和电流的平方、导体电阻及通过电流的时间成正比，这叫做焦耳-楞次定律。其数学表达式为：

$$Q = I^2Rt \tag{1-16}$$

式中　Q——热量，J；

I——电流，A；

R——电阻，Ω；

t——时间，s。

电流的热效应有利也有弊。利用这一现象可制成许多电器，如电炉、电烙铁、电熨斗等；但热效应会使导线发热、电器设备温度升高等，若温度超过规定值，会加速绝缘材料的老化变质，从而引起导线漏电或短路，甚至烧毁设备。为此人们对各种用电设备都规定有一定的电压、电流或功率值。这些规定的数值叫做用电设备的额定值。如灯泡上标明是 220V，100W，就是它的额定值。一般元器件和设备的额定值都标在其明显位置。

【例 1-8】 阻值为100Ω、额定功率为1W的电阻两端所允许加的最大电压为多少？允许流过的电流又是多少？

【解】 由 $P=\frac{U^2}{R}=I^2R$ 得：

$$U=\sqrt{PR}=\sqrt{1\times100}=10(\mathrm{V})$$

$$I=\sqrt{P/R}=\sqrt{1/100}=0.1(\mathrm{A})$$

教学评价

一、填 空

1. 某导体的电阻是1Ω，通过它的电流是1A，那么在1min内通过导体横截面的电量是________C；电流做的功是________J；产生的热量是________J；它消耗的功率是________。

2. 电流流过导体产生的热量跟________、________和________成正比。这个规律叫________定律。

3. 电流在________内所做的功叫电功率。额定值为“220V，40W”的白炽灯，灯丝的热电阻的阻值为________Ω。如果把它接到110V的电源上，它实际消耗的功率为________。

二、计 算

1. 一个灯泡接在电压是220V的电路中，通过灯泡的电流是0.5A，通电时间是1h，它消耗了多少电能？合多少度电？

2. 已知某电阻丝的长度为2m，横截面积为1mm²，流过电流为3A。求该电阻丝在1min内发出的热量。（该电阻丝的 $\rho=1.2\times10^{-6}\Omega\cdot\mathrm{m}$）

第七节 电源的最大输出功率

【知识目标】

理解电源和负载匹配关系。

【能力目标】

能运用电源输出最大功率的条件分析电路。

在一个接有负载的含源闭合回路中，电源在向负载提供电流的同时，又不断地向负载传输功率。由于电源内阻的存在，因而电源提供的总功率由内阻上消耗的功率与外接负载获得的功率两部分所组成。如果内阻上消耗的功率较大，那么负载得到的功率就较小，即电源的输出功率就较小。

在如图1-22(a)所示的电路中，通过前面所学知识，可知：

如果负载电阻 R 太大或太小都不能使负载得到大的功率。当负载电阻很大时，电路接近于开路状态；而当负载电阻很小时，电路接近于短路状态。显然，负载在开路及短路两种状态下都不会获得功率。故 R 从很小逐渐增大到极大的变化过程中，必有某一电阻值的负载，能从电源获得最大的功率。怎样才能使负载获得较大的功率呢？

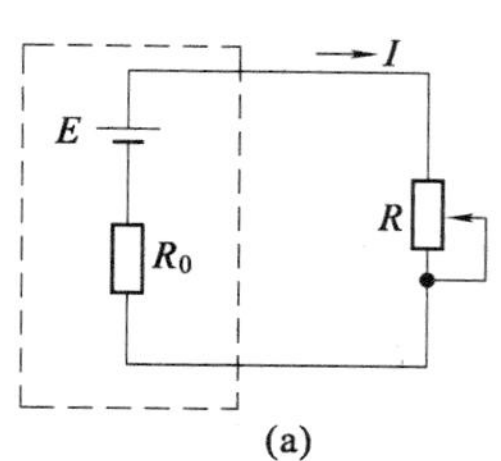

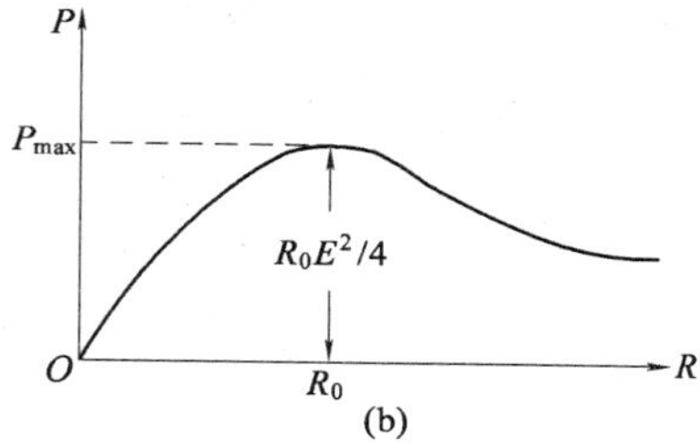

图 1-22　负载获得最大功率的条件

$$P=I^2R=\left(\frac{E}{R+R_0}\right)^2\times R=\frac{E^2R}{R^2+R_0^2+2RR_0}=\frac{E^2R}{(R-R_0)^2+4RR_0}=\frac{E^2}{\frac{(R-R_0)^2}{R}+4R_0}$$

上式中，E 和 R_0 一般认为是常量，因此只有当分母最小时，负载才获得最大功率，即 $R=R_0$ 时，负载的功率 P 达到最大，即电源的输出功率最大。

因此，负载获得最大功率(即电源输出最大功率)的条件是负载电阻等于电源内阻，即 $R=R_0$。负载功率(或电源输出功率)随负载电阻 R 变化的关系曲线，如图 1-22(b)所示。

负载的最大功率为：

$$P_m=\frac{E^2}{4R_0} \tag{1-17}$$

在无线电技术中，把负载电阻等于电源内阻的状态叫做负载匹配。负载匹配时，负载(如扬声器)可以获得最大功率。

当负载获得最大功率时，由于 $R=R_0$，因而内阻上消耗的功率和负载消耗的功率相等，这时效率只有 50%，显然是不高的。在电子技术中，主要矛盾在于使负载获得最大功率，效率高低已属于次要问题，因而电路总是尽可能工作在 $R=R_0$ 附近。与此相反，在电力系统中，主要目的是要有效地传输电能，降低电源内阻及输电线路上的损耗，提高效率，希望尽可能地减少电源内部的损失以节省电力，而不是去追求负载获得最大的功率，故必须使得 $I^2R_0 \ll I^2R$，即 $R_0 \ll R$。

【例 1-9】 在图 1-23 所示电路中，$R_1=2\Omega$，电源电动势 $E=10V$，内阻 $r=0.5\Omega$，R_P 为可变电阻。可变电阻 R_P 的阻值为多大时，它才可获得最大功率？R_P 消耗的最大功率为多少？

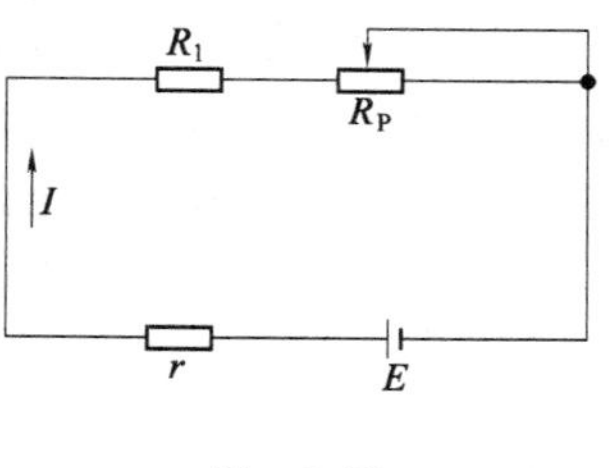

图 1-23

【解】 要使可变电阻 R_P 获得最大功率，可将 (R_1+r) 视为内阻。根据负载获得最大功率的条件可知：

$$R_P=R_1+r=2+0.5=2.5(\Omega)$$

当 $R_P=2.5\Omega$ 时，消耗的最大功率为

$$P_m=\frac{E^2}{4R_0}=\frac{10^2}{4\times2.5}=10(W)$$

教 学 评 价

一、填　空

1. 当负载电阻可变时，负载获得最大功率的条件是________，负载获得的最大功率为________。

2. 在无线电技术中，把________状态叫做负载匹配。

3. 在图 1-24 所示电路中，电源电动势为 $E=20\text{V}$，内阻 $r=1\Omega$，$R_1=3\Omega$，R_P 为可变电阻，$R_P=$________时，可获得最大功率，最大功率 $P_m=$________。

二、计　算

在图 1-25 所示电路中，已知 $E=12\text{V}$，$R_0=0.2\Omega$，$R_1=4.8\Omega$，$R_3=7\Omega$，问电阻 R_2 为多大时，可从电路中获得最大功率？最大功率是多少？

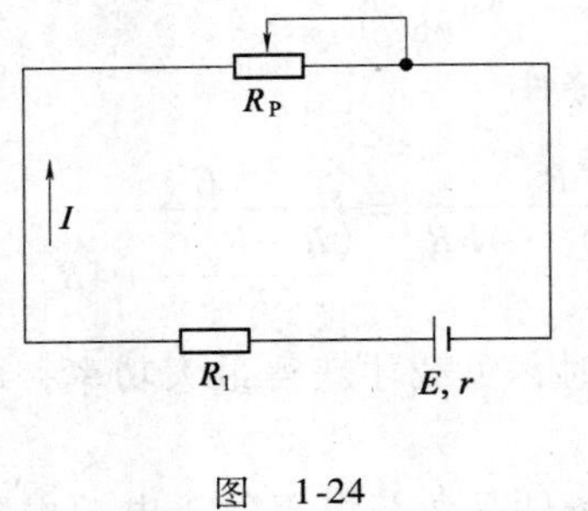

图　1-24

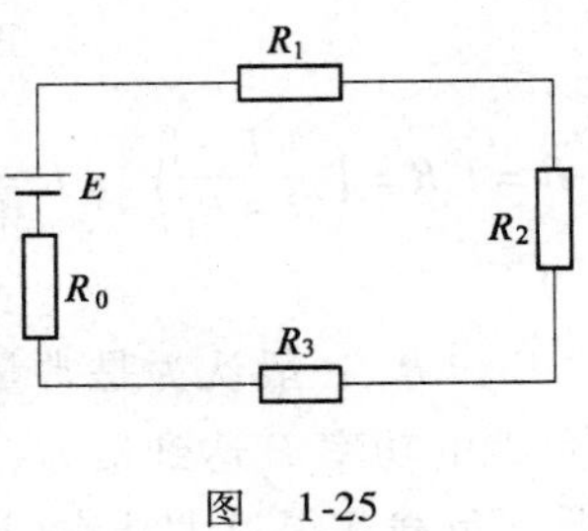

图　1-25

第八节　电压源和电流源

【知识目标】

理解电压源和电流源的伏安特性，掌握两种实际电源的电路模型及其伏安特性。

【能力目标】

能识别并画出理想电流源、电压源的符号。

发电机、电池都是实际的电源。任何一个实际的电源，可以用两种不同的形式来表示：一种是以电压的形式来表示，称为电压源，一种是用电流的形式来表示，称为电流源。

一、电 压 源

凡具有恒定不变的电动势和内电阻的电源，则称为电压源，通常用一个电动势 E 和内电阻 R_0 相串联来表示，如图 1-26(a)所示。图 1-26(b)表示电压源与电路相连接。从图 1-26(b)可以看出电压源的输出电压 U 与输出电流 I 之间的函数关系是

$$U=E-IR_0$$

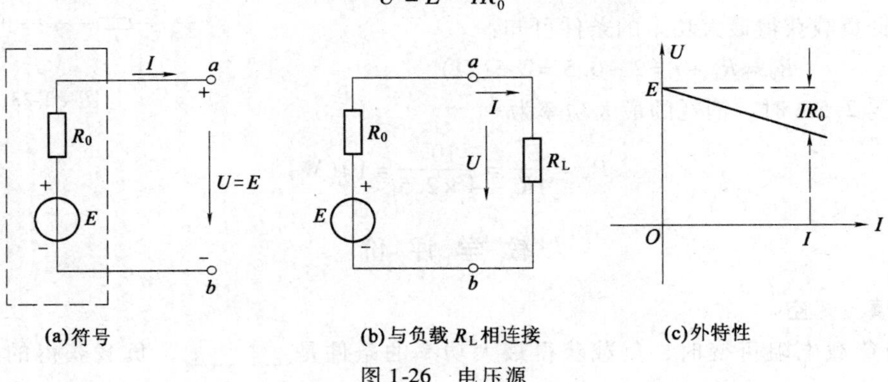

(a)符号　(b)与负载 R_L 相连接　(c)外特性

图 1-26　电压源

用函数曲线来表示，则如图 1-25(c)所示，称为电压源的外特性，它表示电压源的端电

压与输出电流之间的关系。

当电压源开路时，输出电流 $I=0$，输出电压在数值上等于电源的电动势，即 $U=E$。

当电压源接上任意负载时，输出电压在数值上小于电源的电动势，相差的是内阻压降 IR_0，外电路电阻 R_L 减小，输出电流 I 增加，输出电压 U 下降。

当电压源被短路时，外接电阻 $R_L=0$，输出电压 $U=0$，电动势全部作用于内电阻 R_0 上，此时电流 $I_S=E/R_0$，I_S 称为短路电流。

从电压源的外特性可以看出，当内电阻 R_0 愈小时，在输出电流发生变化时，则输出电压的变化就愈小，或者说输出电压愈稳定；当内电阻 $R_0=0$ 时，则输出电压为一常数，即 $U=E$。我们把内电阻等于零的电压源称为理想电压源，或称恒压源。这样我们可以将电压源看成恒压源与内电阻相串联。

理想电压源的特点是：

1. 电源两端的电压是恒定的，不随外接电阻 R_L 而变化。
2. 输出电流 I 随外接电阻 R_L 而变化。

理想电压源的电路及符号如图 1-27(a)所示，它的外特性是在 U-I 平面坐标系中，与横轴(电流轴)平行的一条直线，如图 1-27(b)所示。

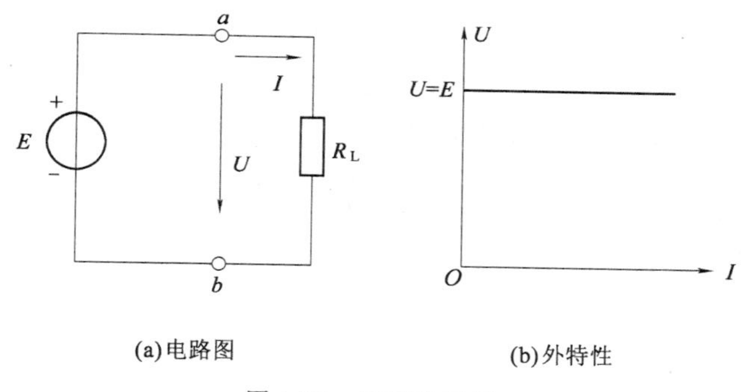

(a)电路图　　(b)外特性

图 1-27　理想电压源

理想电压源空载时，输出电流 $I=0$；短路时，输出电流 $I=\infty$。这说明，在实际应用中，当电压源短路时，电源将产生很大的短路电流，应该避免。

理想电压源是理想的电源，在使用中，如果一个电源的内电阻远比负载电阻小，即 $R_0 \ll R_L$，则内电阻压降 IR_0 远小于输出电压 U，输出电压 U 与电源电动势 E 基本相等，这种电压源就可以认为是一种理想的电压源。如通常用的稳压电源。

二、电 流 源

在分析和计算电路时，除用电压源外，还常常用电流源。电流源和电压源不同，它提供恒定不变的电流 I_S。这种电源通常就用恒定电流 I_S 和内电阻 R_0 相并联来表示的，称为电流源，如图 1-28(a)所示。

电流源可以说是一种能“产生”电流的装置，例如光电池在一定照度的光线照射下，就能激发出电流，光电池若接上负载 R_L，如图 1-28(b)所示，就能够向外电路提供一定数量的电流。激发电流与照度成正比。然而光激发的电流不能全部流向外电路，其中一部分电流在光电池内部流动而损耗，或者说，一部分能量消耗在内电阻 R_0 上。

从图 1-28(b)中可以看出，电流源的输出电流与输出电压的函数关系是：

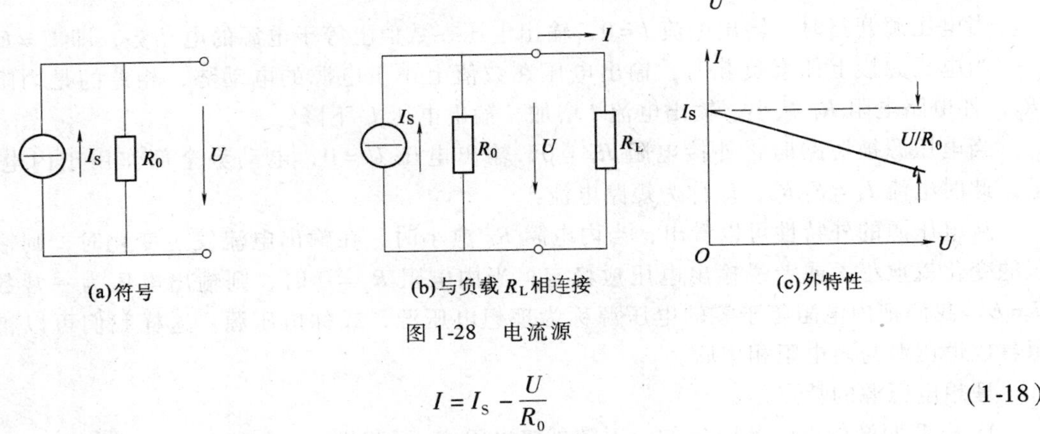

图 1-28　电流源

$$I = I_S - \frac{U}{R_0} \tag{1-18}$$

用函数曲线来表示则如图 1-28(c)所示，称为电流源的外特性。

当电流源短路时，输出电压 $U=0$，则输出电流 $I=I_S$。

当电流源接上任意负载时，电流源的电流 I_S 不能全部输送至外电流，有一部分通过内电阻 R_0，当外电路电阻 R_L 增大时，电流源的输出电压增高，而输出电流随之减小。

电流源空载时，输出电流 $I=0$，电流源电流 I_S 全部通过内电阻 R_0，这时输出电压 $U=I_SR_0$。

由图 1-28(b)可知，内电阻 R_0 越大，输出电压变化时，输出电流的变化就越小，即输出电流越稳定。当内电阻 R_0 等于无穷大时，则输出电流为一常数，即 $I=I_S$。我们把内电阻为无穷大的电流源称为理想电流源，或称恒流源。

理想电流源的特点是：

1. 输出电流是恒定的，即 $I=I_S$，与输出电压无关；
2. 它的输出电压随外接电阻 R_L 而变化。

理想电流源的电路及符号如图 1-29(a)所示，它的外特性是在 U-I 平面坐标系中与纵轴(电压轴)平行的一条直线，如图 1-29(b)所示。

理想电流源在短路时，输出电压 $U=0$；空载时，输出电压 $U=\infty$。这说明，在实际应用中，当电流源开路时，其两端电压很高，应该避免。

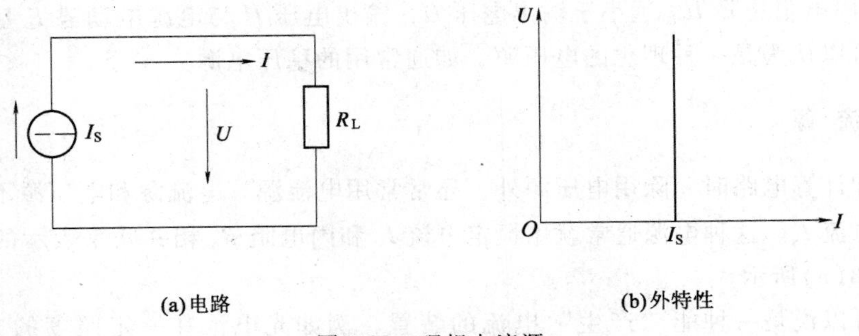

图 1-29　理想电流源

理想的电流源是理想电源，实际是不存在的。如果一个电源的内电阻 R_0 远大于负载电阻 R_L，即 $R_0 >> R_L$ 时，则 $I \approx I_S$，电流 I 基本稳定，我们就可以认为是一个理想的电流源。晶体管就可以认为是一个理想电流源。

教 学 评 价

一、填　　空

1. 理想电压源的内阻 R_0 =________，理想电流源的内阻 R_0 =________。

2. 电压源的输出电压 U 与输出电流 I 之间的函数关系是________，电流源的输出电压 U 与输出电流 I 之间的函数关系是________。

二、综 合 题

1. 分别画出理想电压源和电流源的图形符号。

2. 理想电压源和电流源各有什么特点？

技能训练一　认 识 实 训

一、实训目的

1. 了解电工及电子实训目的、进行方法和实训的有关规章制度。
2. 验证欧姆定律。
3. 掌握直流稳压电源和电流表、电压表的使用方法。

二、实训设备

直流稳压电源	1 台
直流电流表	1 块
直流电压表	1 块
可变电阻	1 个
十进位电阻箱	1 个

三、实训步骤

1. 介绍实训安全规则及实训中应注意事项。

2. 练习直流稳压电源的使用

（1）将直流稳压电源的电源插头插入交流 220V 插座内，打开电源面板上的电源开关，这时指示灯亮。

（2）在两组输出中任选一组输出，并将电压粗调先置于第一挡位，再将电压细调逆时针旋到头。此时输出的电压值为此挡位的最小值。然后再顺时针旋转细调旋钮，直至到头，此时输出电压为该挡位的最大值。在技表 1-1 中记录以上数值。

（3）更换电压粗调挡位并重复以上过程，直至测完。

技表 1-1　直流稳压电源的使用

电压挡位		Ⅰ	Ⅱ	Ⅲ	Ⅳ	Ⅴ
调压范围	U_{min}(V)					
	U_{max}(V)					

3. 验证欧姆定律

(1) 打开稳压电源，调节输出电压为 8V，然后关闭电源。

(2) 按技图 1-1 接线，R 取值为 50Ω，将可变电阻调到最大。

(3) 检查无误后，打开稳压电源的开关。慢慢地调节可变电阻阻值的大小，分别测量出 $U=1\text{V}$，$U=5\text{V}$，$U=8\text{V}$、$U=15\text{V}$ 时的电流值，并记录在技表 1-2 中。

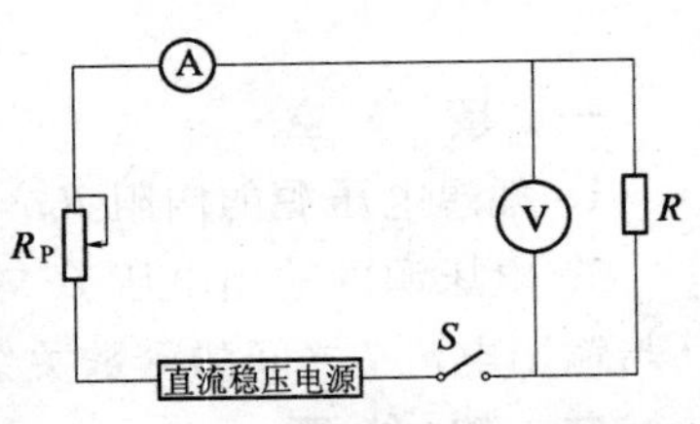

技图 1-1 欧姆定律的验证实验

技表 1-2 欧姆定律的验证

顺　序	电压值(V)	电流值(A)	U/I
1	1		
2	5		
3	8		
4	15		

(4) 计算各不同电压值时 $\frac{U}{I}$ 的数值，并与 R 值比较，进而验证欧姆定律。

(5) 经老师检查数据合格后，关闭电源，拆线整理。所有器材归放到原来位置，经实验室验收后，方可离开实验室。

四、注意事项

1. 验证欧姆定律时，注意直流电压表和直流电流表的极性、量程及接法。
2. 调节稳压电源的输出电压时，不要带负载调节。

技能训练二　直流电路电压和电位的测量

一、实训目标

1. 通过训练加深学生对电位、电压及其相互关系的理解。
2. 掌握万用表的直流电压挡的使用，熟练掌握电位的测量方法。

二、实训器材

直流稳压电源	1 台
万用表	1 块
开关	1 个
各种阻值电阻	若干

三、实训步骤

1. 将稳压电源的输出分别调到 10V。关闭电源待用。
2. 按技图 2-1 接线，检查无误后，合上电源开关和开关 S。

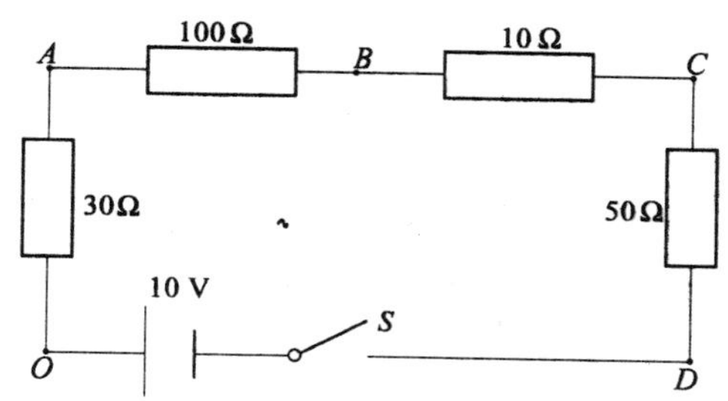

技图 2-1

3. 用万用表直流电压表测量各点电位。黑表笔接参考点 O。红表笔接待测各点，即可测得电位值，并记录于技表 2-1 中。

技表 2-1

项　目		V_A(V)	V_B(V)	V_C(V)	V_D(V)	U_{CD}(V)
技图 2-1	测量值					
	计算值					
技图 2-2	测量值					
	计算值					

4. 若测量值与计算值基本吻合，说明实验正确。可以打开电路开关 S，关闭电源开关。拆线并换接电路。

5. 按技图 2-2 接线。检查无误后，合上电源开关。重复步骤 3、4。

6. 经老师检查数据后，拆线并整理实验器材。经实验室认可后，方可离开。

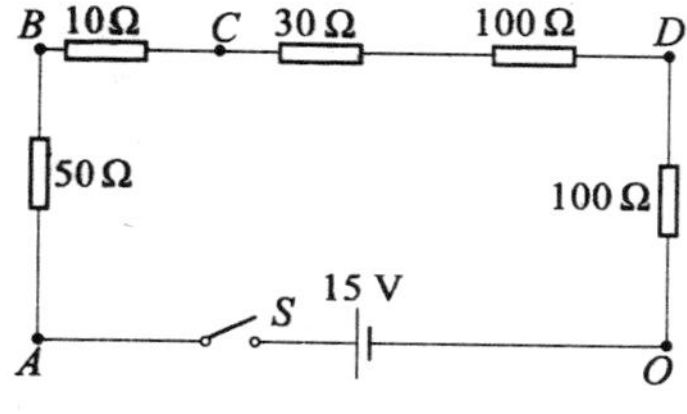

技图 2-2

四、实训注意事项

1. 注意电压表、电流表的量程、极性和接法。
2. 应注意稳压电源的接线。

一、电路的基本概念

1. 电路基本上是由电源、负载、连接导线、控制和保护装置四部分组成；实际电路器件理想化后，称为理想元件；理想化的元件用无阻导线适当组合连接起来表示实际电路，称为实际电路的电路模型。

2. 电荷的定向运动形成电流，单位时间内流过导体横截面的电荷量称为电流强度；两点间的电位差叫电压；电动势是衡量电源将非电能转换成电能本领的物理量。电流的实际方向：电源外部由高电位流向低电位，电流内部由低电位流向高电位；电压的实际方向是由高电位指向低电位；电动势的实际方向习惯规定为从电源的负极指向正极，或是从低电位指向高电位。

3. 参考方向是事先假定的电压或电流的方向，与实际方向既可能相同也可能相反。当参考方向与实际方向相同时，电压或电流为正值，否则为负值。

4. 电阻反映了导体对电流的阻碍作用，电阻的大小由导体自身的性质决定，与外加的电压、电流无关。

5. 电功率是衡量电路中电流做功快慢的物理量。

二、电阻元件

1. 电阻元件的伏安特性：线性电阻两端的电压与通过电阻的电流成正比。

2. 电阻定律：在温度不变的情况下，同一材料的电阻跟它的长度成正比，跟它的横截面积成反比。

三、其他常用概念和定律

1. 电路中的功率平衡：电源的功率(负功率)与负载的功率(正功率)总是相等的。

2. 电源的最大输出功率：当外电路的电阻与电源内阻相等时，即 $R = R_0$ 时，电源输出给外电路的功率取得最大值，最大值为：

$$P_{\mathrm{m}} = \frac{E^2}{4R_0}$$

3. 电压源和电流源

(1) 电压源就是指电源两端电压为恒定值的电源；电流源就是指能给电路提供恒定电流的电源。电压源和电流源都是理想的二端元件。

(2) 电压源模型就是把理想电压源与电阻串联，使电压源的电压值等于电源电动势，与电压源串联的电阻的阻值等于电源的内阻；电流源模型就是把理想电流源与电阻并联，使电流源的电流值等于电源电动势与电源内阻的比值，与电流源并联的电阻的阻值等于电源的内阻。电压源模型与电流模型之间可以进行等效互换。

4. 电路中电位的计算

(1) 电位和参考点：要想确定某点的电位，首先确定零电位点也就是参考点，其他各点与参考点的差值就叫做该点的电位。

(2) 电路中选择的参考点不同，各点电位不同。所以在计算电路中各点的电位时必须选择相同的参考点。

(3) 参考点不同，各点电位不同，但任意两点间的电压却是一定的，所以在计算电路的电压时参考点可以任意选择，但一经确定就不能改变。

第二章

直流电阻电路

直流电路在生产实际中有着广泛地应用。本章主要介绍简单直流电路的连接、电路的基本特点、基本定律及一般的计算方法。电压表、电流表量程的扩大是电阻串、并联电路的应用，基尔霍夫定律是电路的基本定律。学习用支路电流法、叠加定理、戴维宁定理分析电路。这些方法、定律和定理不仅适用于直流电阻电路，而且也适用于正弦交流电路。

第一节　电阻的串联、并联与混联

【知识目标】

1. 掌握电阻串、并联电路的特点。
2. 掌握并会使用分压公式和分流公式。

【能力目标】

1. 培养分析简单串联、并联电路的能力。
2. 运用所学知识，理论联系实际，理解电压表、电流表扩大量程的原理。

一、电阻的串联

图 2-1(a)所示为由三个电阻组成的无分支电路。在电路中，若两个或两个以上的电阻按顺序一个接一个地连成一串，使电流只有一条通路。电阻的这种连接方式叫做电阻的串联。

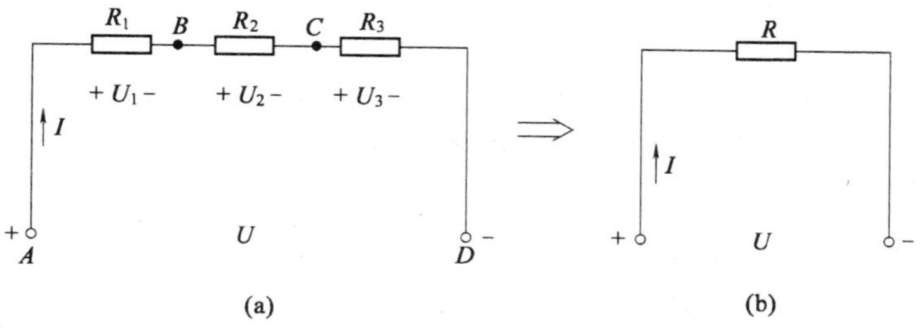

图 2-1　电阻串联

电阻串联电路具有下面一些特点：

1. 串联电路中流过每个电阻的电流都相等，即：

$$I = I_1 = I_2 = I_3 = \cdots = I_n \tag{2-1}$$

式中脚标 1、2、3…n 分别代表第 1、第 2、第 3，…第 n 个电阻(以下出现的含义相同)。

2. 串联电路两端的总电压等于各电阻两端的电压之和，即：

$$U = U_1 + U_2 + U_3 + \cdots + U_n \tag{2-2}$$

3. 串联电路的等效电阻(即总电阻)等于各串联电阻之和，即：

$$R = R_1 + R_2 + R_3 + \cdots R_n \tag{2-3}$$

在分析电路时，为了方便起见，常用一个电阻来代替几个串联电阻的总电阻，这个电阻叫等效电阻，图 2-1(b)就是等效电阻和等效后的电路。

若串联的 n 个电阻阻值相等(均为 R_0)，则式(2-2)和式(2-3)变为：

$$U = U_1 + U_2 + U_3 + \cdots + U_n = nU_n$$

$$R = R_1 + R_2 + R_3 + \cdots R_n = nR_0$$

4. 在串联电路中，各电阻上分配的电压与各电阻值成正比，即：

$$U_n = \frac{R_n}{R}U \tag{2-4}$$

上式中 R_n 越大，它所分配的电压 U_n 也越大。式(2-4)常被称为分压公式，R_n/R 称为分压比。在实际应用中，有时一个电源要供给几种不同的电压，这时常采用几个电阻串联的分压器来得到。

在计算中，经常遇到两个或三个电阻串联，它们的分压公式分别是：

$$\begin{cases} U_1 = \dfrac{R_1}{R_1 + R_2}U \\ U_2 = \dfrac{R_2}{R_1 + R_2}U \end{cases} \qquad \begin{cases} U_1 = \dfrac{R_1}{R_1 + R_2 + R_3}U \\ U_2 = \dfrac{R_2}{R_1 + R_2 + R_3}U \\ U_3 = \dfrac{R_3}{R_1 + R_2 + R_3}U \end{cases}$$

在实际工作中，电阻串联有如下应用：

1. 用几个电阻串联以获得较大的电阻。

2. 采用几个电阻串联构成分压器，使同一电源能供给几种不同数值的电压，如图 2-2所示。

3. 当负载的额定电压低于电源电压时，可用串联电阻的方法将负载接入电源。

4. 限制和调节电路中电流的大小。

5. 扩大电压表量程。

【例 2-1】 如图 2-2 所示的分压器中，已知 $U = 300\text{V}$，d 点是公共接点，$R_1 = 150\text{k}\Omega$，$R_2 = 100\text{k}\Omega$，$R_3 = 50\text{k}\Omega$，求输出电压 U_{bd}、U_{cd} 各为多少 V？

【解】

$$U_{\text{cd}} = U_3 = \frac{R_3}{R_1 + R_2 + R_3}U = \frac{50}{150 + 100 + 50} \times 300 = 50(\text{V})$$

$$U_{\text{bd}} = U_2 + U_3 = \frac{R_2}{R_1 + R_2 + R_3}U + U_3 = \frac{100}{150 + 100 + 50} \times 300 + 50 = 150(\text{V})$$

【例 2-2】 有一个表头(图 2-3)，它的满刻度电流 I_{a} 是 50μA(即允许通过的最大电流是 50μA)，内阻 R_{a} 是 3kΩ。若改装成量程(即测量范围)为 10V 的电压表，应串联多大电阻？

【解】 当表头满刻度时，表头两端的电压 U_{a} 为：

$$U_{\text{a}} = I_{\text{a}} \times R_{\text{a}} = 50 \times 10^{-6} \times 3 \times 10^3 = 0.15(\text{V})$$

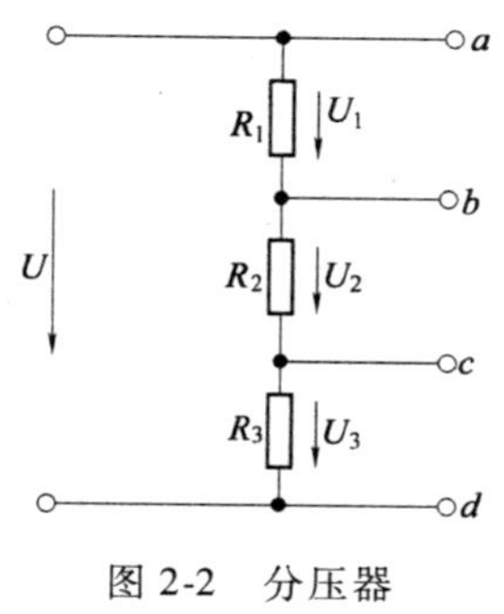

图 2-2　分压器

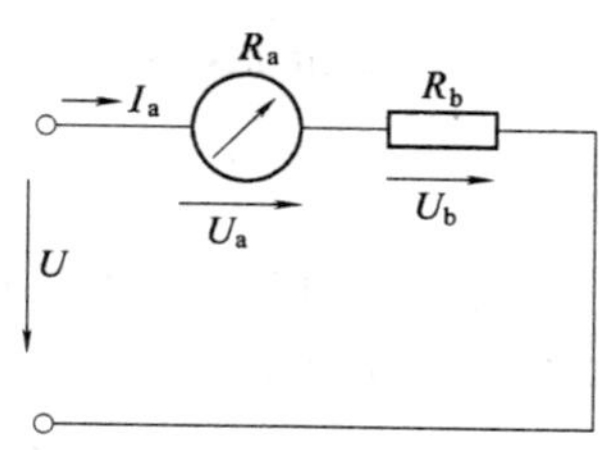

图 2-3　扩大电压表量程

显然用它直接测量 10V 电压是不行的，需要串联分压电阻以扩大测量范围(量程)。设量程扩大到 10V 需要串入的电阻为 R_b，则

$$R_b = \frac{U_b}{I_a} = \frac{U - U_a}{I_a} = \frac{10 - 0.15}{50 \times 10^{-6}} = 197(\mathrm{k\Omega})$$

即应串联 197kΩ 的电阻，才能把表头改装成量程为 10V 的电压表。

二、电阻的并联电路

图 2-4(a)所示为由三个电阻组成的分支电路，它是一个并联电路。两个或两个以上的电阻一端连在一起，另一端也连在一起，使每一电阻两端都承受同一电压的作用。电阻的这种连接方式叫做电阻的并联。

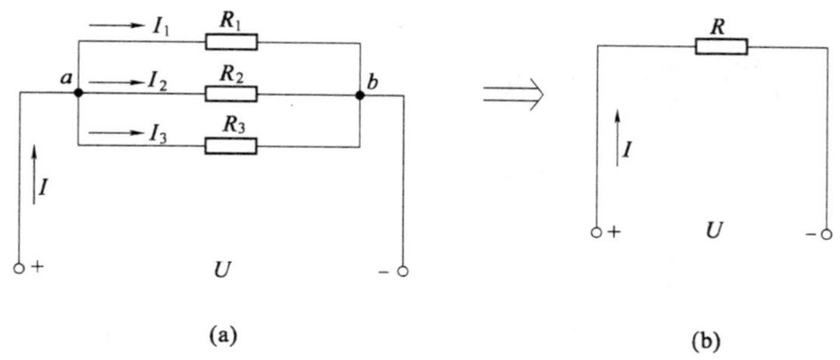

图 2-4　电阻的并联

电阻并联电路具有下面一些特点：

1. 并联电路中各电阻两端的电压相等，且等于电路两端的电压，即：

$$U = U_1 = U_2 = U_3 = \cdots = U_n \tag{2-5}$$

2. 并联电路中的总电流等于各电阻中的电流之和，即：

$$I = I_1 + I_2 + I_3 + \cdots + I_n \tag{2-6}$$

3. 并联电路的等效电阻(即总电阻)的倒数，等于各并联电阻的倒数之和，即：

$$\frac{1}{R} = \frac{1}{R_1} + \frac{1}{R_2} + \frac{1}{R_3} + \cdots + \frac{1}{R_n} \tag{2-7}$$

在并联电路的计算中，经常遇到两个或三个电阻并联的情况，根据式(2-7)可得出具体公式分别如下(公式中的//是并联记号)：

两个电阻并联　　$R = R_1 /\!/ R_2 = \dfrac{R_1 R_2}{R_1 + R_2}$

三个电阻并联 $R = R_1 /\!/ R_2 /\!/ R_3 = \dfrac{R_1R_2R_3}{R_1R_2 + R_2R_3 + R_3R_1}$

4. 在电阻并联电路中，各支路分配的电流与支路的电阻值成反比，即：

$$I_n = \frac{R}{R_n}I \qquad 其中\ R = R_1 /\!/ R_2 /\!/ R_3 /\!/ \cdots /\!/ R_n \tag{2-8}$$

上式中 R_n 越大，它所分配到的电流越小。式(2-8)常称为分流公式，R/R_n 称为分流比。在并联电路的计算中，最常用的是两条支路的分流公式，根据式(2-8)可得：

$$I_1 = \frac{R_2}{R_1 + R_2}I \qquad (R_1\ 支路的电流)$$

$$I_2 = \frac{R_1}{R_1 + R_2}I \qquad (R_2\ 支路的电流)$$

并联电路的应用也是十分广泛的。在实际工作中，电阻并联有如下应用：

1. 凡是额定工作电压相同的负载都采用并联的工作方式。这样每个负载都是一个可独立控制的回路，任意一个负载的正常启动或关断都不影响其他负载的使用。

2. 获得较小的电阻。

3. 扩大电流表的量程。

4. 可以采用几个电阻并联电路组成分流器，以提供各不相同的支路电流。

【例 2-3】 有一个 500Ω 的电阻，分别与 600Ω、500Ω、20Ω 的电阻并联，求并联后的等效电阻各等于多少？

【解】 根据两电阻并联公式直接计算

1. $R = 500 /\!/ 600 = \dfrac{500 \times 600}{500 + 600} \approx 273(\Omega)$

2. $R = 500 /\!/ 500 = \dfrac{500 \times 500}{500 + 500} = 250(\Omega)$

3. $R = 500 /\!/ 20 = \dfrac{500 \times 20}{500 + 20} \approx 20(\Omega)$

从上面的计算结果可以看出三个特点：第一，并联等效电阻总比任何一个分电阻都小；第二，若两个电阻相等，并联后等效电阻等于一个电阻的一半；第三，若两个相差很大的电阻并联，可以认为等效电阻近似等于小电阻值。因为电阻大的支路，电流很小，可以近似认为是开路。

【例 2-4】 有一表头，满刻度电流 $I_a = 50\mu A$，内阻 $R_a = 3k\Omega$。若把它改装成量程为 550μA 的电流表，应并联多大的电阻？

【解】 表头的满刻度电流只有 50μA，用它直接测量 550μA 的电流，显然是不行的，必须并联一个电阻进行分流，如图 2-5 所示。

分流电阻 R_x 需要分流的数值为：

$$I_b = I - I_a = 550 - 50 = 500(\mu A)$$

电阻 R_x 两端的电压 U_b 与表头两端的电压 U_a 是相等的，因此

$$U_b = U_a = I_a \cdot R_a = 50 \times 10^{-6} \times 3 \times 10^3 = 0.15(V)$$

$$R_x = \frac{U_b}{I_b} = \frac{0.15}{500 \times 10^{-6}} = 300(\Omega)$$

三、电阻的混联电路

在一个电路中，既有电阻的串联，又有电阻的并联，这种连接方式称为混合连接，简称混联，如图 2-6 所示。混联电路的串联部分具有串联电路的性质，并联部分具有并联电路的性质。

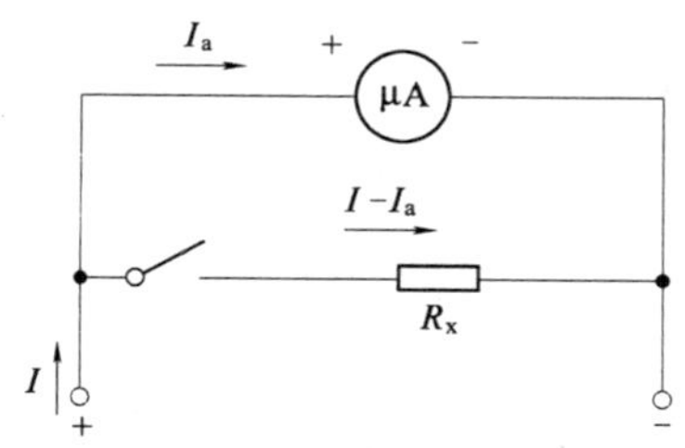

图 2-5　扩大电流表量程

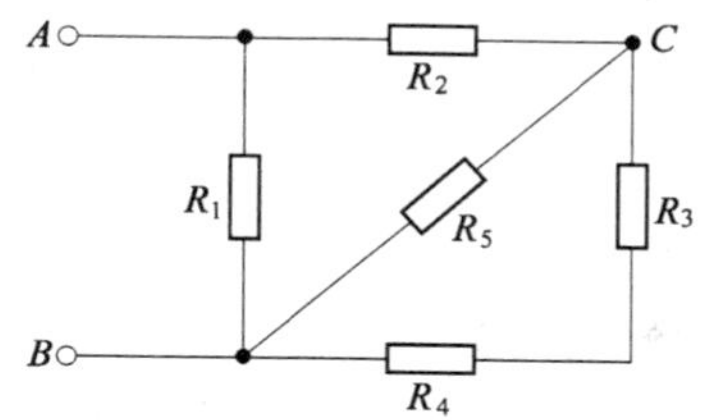

图 2-6　电阻混联电路

电阻混联电路的分析、计算方法和步骤如下：

分析混联电路时应把电阻的混联电路分解为若干个串联和并联关系的电路，然后在电路中各电阻的连接点上标注不同字母，再根据电阻串、并联的关系逐一化简、计算等效电阻，并做出等效电路图。

【例 2-5】　已知图 2-6 中的 $R_1=R_2=R_3=R_4=R_5=1\Omega$，求 A、B 间的等效电阻 R_{AB} 等于多少？

【解】　通过分析电路图，可画出图 2-7 所示的一系列等效电路，然后计算。

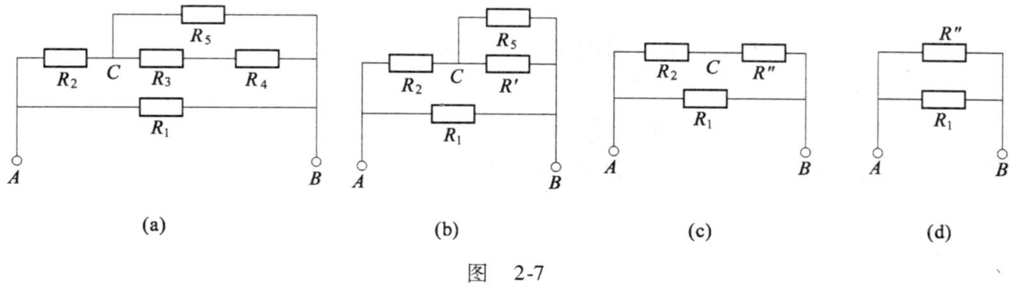

图　2-7

图(a)中 R_3 和 R_4 依次相连，中间无分支，它们是串联，其等效电阻为

$$R'=R_3+R_4=1+1=2(\Omega)$$

从图(b)看出，R_5 和 R'都接在相同的两点 BC 之间，它们是并联，其等效电阻为

$$R''=R_5/\!/R'=\frac{R_5R'}{R_5+R'}=\frac{1\times2}{1+2}=\frac{2}{3}(\Omega)$$

从图(c)看出，R_2 和 R''串联，等效电阻 $R'''=R_2+R''=1+\dfrac{2}{3}=\dfrac{5}{3}(\Omega)$

从图(d)看出，等效电阻 $R_{AB}=R_1/\!/R'''=\dfrac{1\times\dfrac{5}{3}}{1+\dfrac{5}{3}}=\dfrac{5}{8}(\Omega)$ 。

【例 2-6】　如图 2-8 所示，已知 $R_1=R_2=R_3=R$，求 A，D 间的总电阻 R_{AD}。

【解】　从电阻的连接关系中可看出，三个电阻为相互并联(图 2-9)，所以

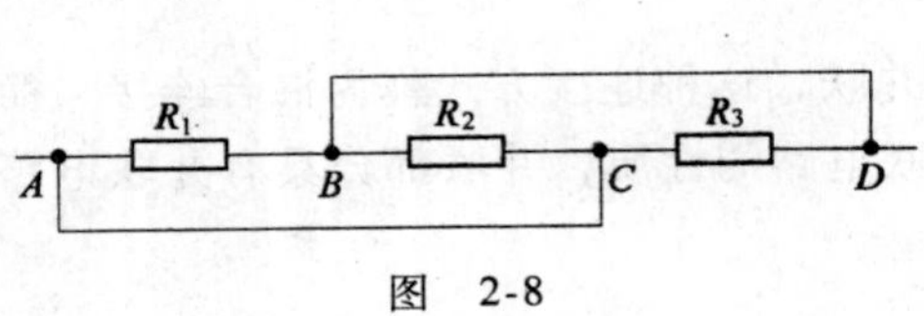

图 2-8

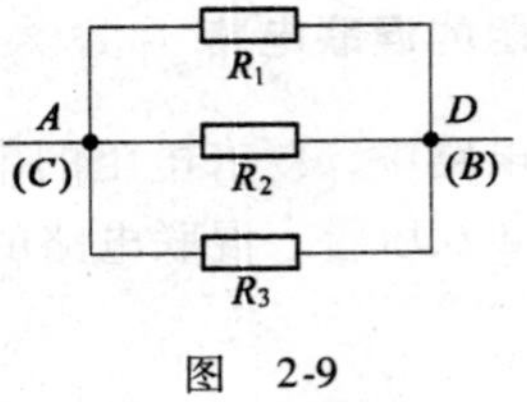

图 2-9

$$R_{AD}=R_1 /\!/ R_2 /\!/ R_3=\frac{R}{3}$$

教 学 评 价

一、填 空 题

1. 既有电阻________又有电阻________的电路叫混联电路。电阻串联时，等效电阻总是________其中任意一个电阻。

2. 已知电阻 $R_1=6\Omega$，$R_2=9\Omega$，两者串联起来接在电压恒定的电源上，通过 R_1、R_2 的电流之比为________，消耗功率之比为________。若将 R_1、R_2 并联起来接到同样的电源上通过 R_1、R_2 的电流之比为________，消耗功率之比为________。

3. 有三个电阻串联后接到电源两端，已知 $R_1=2R_2$，$R_2=2R_3$，R_2 两端的电压为 10V，则电源两端的电压为________ V(电源内阻为零)。

二、计 算 题

1. 如图 2-10 所示，已知流过 R_2 的电流 $I_2=2\text{A}$，试求总电流 I 等于多少？

2. 写出图 2-11 所示电路中两点之间的等效电阻 R_{AB}、R_{BC}、R_{BD}的表达式。

3. 在图 2-12 所示电路中，$R_1=R_2=R_3=2\Omega$，$R_4=4\Omega$，$U=6\text{V}$，分别求出开关 S 断开和闭合时，通过电阻 R_1 的电流和电功率。

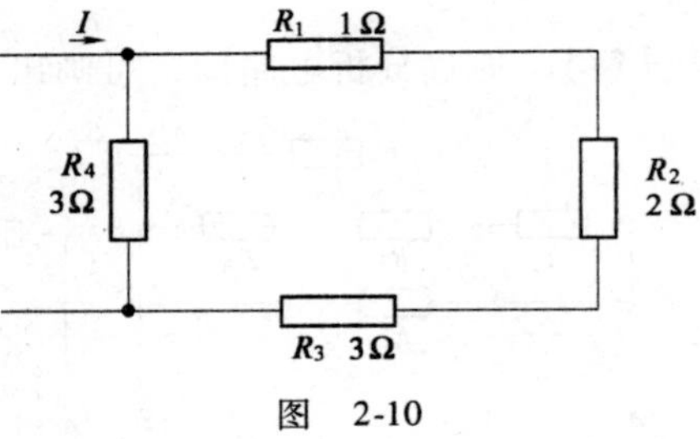

图 2-10

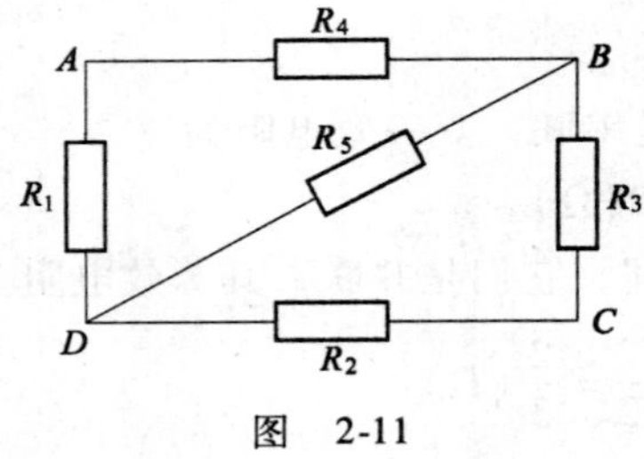

图 2-11

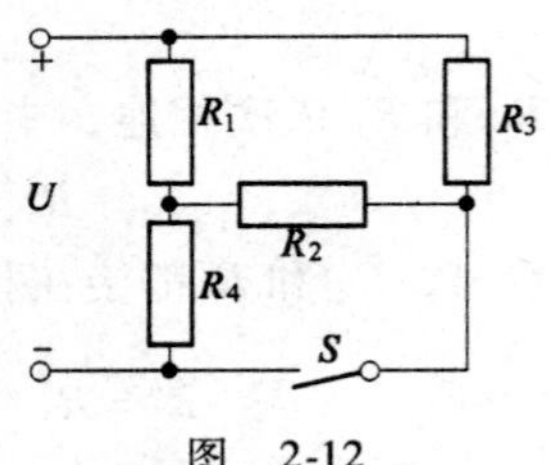

图 2-12

第二节 实际电源两种电源模型的等效变换

【知识目标】

了解同一电源两种表示模型及等效变换。

【能力目标】

掌握电流源与电压源的等效变换方法。

一、电路等效变换的概念

电路的等效变换，就是保持电路一部分电压、电流不变，而对其余部分进行适当的结构变化，用新电路结构代替原电路中被变换的部分电路。

图 2-13 所示两电路，若 $R = R_1 /\!/ R_2$，则两电路相互等效，可以进行等效变换。变换后，若两电路加相同的电压，则电流也相同。

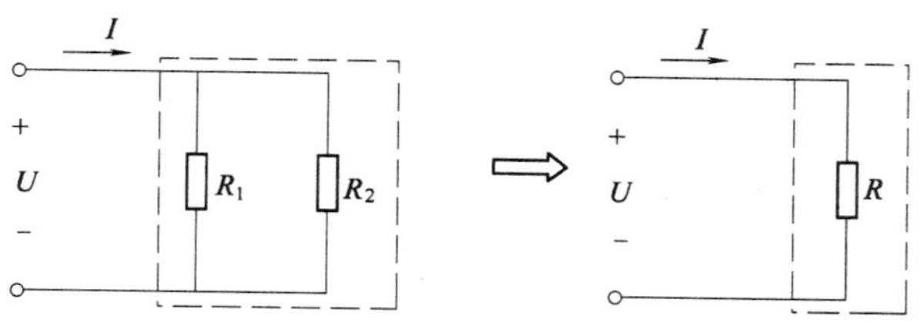

图 2-13 电阻的等效变换

二、电压源和电流源的等效变换

通过第一章的学习，我们知道一个实际的电源既可用电压源表示，也可用电流源表示，因此它们之间可以进行等效变换。

在进行电源的等效变换时，应注意以下几点：

1. 电压源和电流源的等效变换只能对外电路等效，对内电路是不等效。例如把电压源变换为电流源时，若电源的两端处于断路状态，这时从电压源来看，其输出的电流及电源内部的损耗均应等于零。但从电流源来看，R_0 上有电流 I_S 通过，电源内部有损耗，两者显然是不等效的。由此可见，所谓电源的等效变换，仅指对计算外电路的电压、电流等效。在图 2-14 所示电路中，电压源与电流源对外电路等效的条件为：

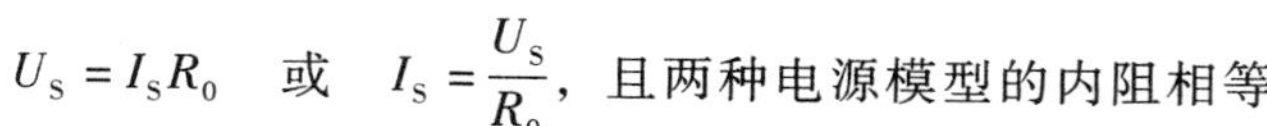

$U_S = I_S R_0$ 或 $I_S = \dfrac{U_S}{R_0}$，且两种电源模型的内阻相等

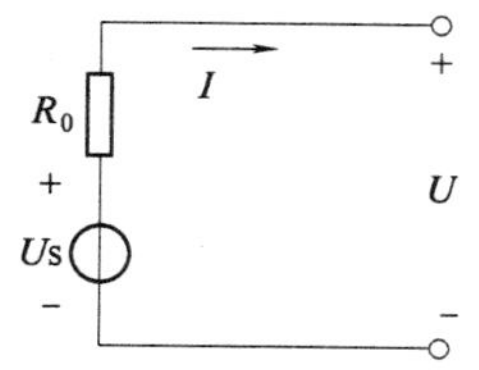

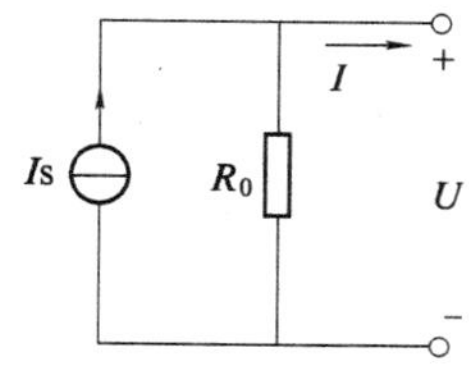

图 2-14 电源的等效电路

2. 把电压源变换为电流源时，电流源中的 I_S 等于电压源的输出端短路时的电流；I_S 的方向应与电压源对外电路输出的电流方向保持一致；电流源中的并联电阻与电压源的内电阻相等。

3. 把电流源变换为电压源时，电压源中的电动势 E 等于电流源输出端断路时的端电压；E 的方向应与电流源对外电路输出电流的方向保持一致；电压源中的内电阻与电流源中的并联电阻相等。

4. 恒压源和恒流源之间不能进行等效变换。因为把 $R_0 = 0$ 的电压源变换为电流源时，I_S 将变为无限大。同样，把 $G_0 = 0$ 的电流源变换为电压源时，E 将变为无限大，它们都不能得到有限值。

进行电压源和电流源等效变换时，不一定仅限于电源的内电阻。只要在恒压源电路上串联有电阻，或在恒流源的两端并联有电阻，则两者均可进行等效变换。

运用电压源和电流源等效变换的方法，可把多电源并联的复杂电路化简为简单电路，使计算简便。

【例 2-7】 如图 2-15(a)所示，设电路中的 $E_1 = 18\text{V}$，$E_2 = 15\text{V}$，$R_1 = 12\Omega$，$R_2 = 10\Omega$，$R_3 = 15\Omega$，求各电流值。

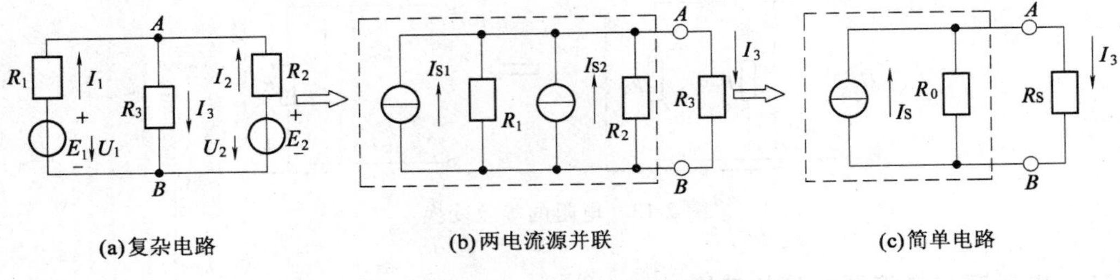

图 2-15　例 2-7 电路图

【解】 首先把图 2-15(a)中的两个电压源分别等效变换为电流源，如图 2-15(b)所示。然后再把两个电流源合并，化简为一个简单电源，如图 2-15(c)所示。由于

$$G_1 = \frac{1}{R_1} = \frac{1}{12}(\text{S}),\ G_2 = \frac{1}{R_2} = \frac{1}{10}(\text{S}),\ G_3 = \frac{1}{R_3} = \frac{1}{15}(\text{S}),$$

所以

$$G_0 = G_1 + G_2 = \frac{11}{60}(\text{S})$$

由

$$I_{\text{S1}} = \frac{18}{12}(\text{A}),\ I_{\text{S2}} = \frac{15}{10}(\text{A})$$

得

$$I_{\text{S1}} + I_{\text{S2}} = 3(\text{A})$$

根据分流公式可得外电路中的电流

$$I_3 = \frac{G_3}{G_0 + G_3} I_{\text{S}} = \frac{1/15}{15/60} \times 3 = \frac{60}{225} \times 3 = 0.8(\text{A})$$

$$U_{\text{AB}} = R_3 I_3 = 15 \times 0.8 = 12(\text{V})$$

根据 U_{AB} 及图 1-20(a)，可求得

$$I_1 = \frac{E_1 - U_{\text{AB}}}{R_1} = \frac{18 - 12}{12} = 0.5(\text{A})$$

$$I_2 = \frac{E_2 - U_{\text{AB}}}{R_2} = \frac{15 - 12}{10} = 0.3(\text{A})$$

教 学 评 价

一、填 空 题

1. 电压源与电流源的等效变换只对________等效，对________则不等效。

2. 理想电压源的内阻 R_0 = ________，理想电流源的内阻 R_0 = ________，它们之间________等效变换。

3. 电压源等效变换为电流源时，I_{S} = ________，内阻 r 数值________，由串联改为________。

二、计 算 题

1. 将图 2-16 所示的电压源等效变换成电流源。

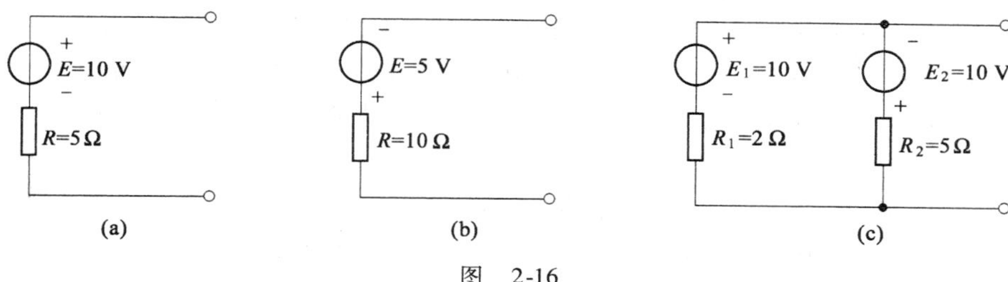

图　2-16

2. 将图 2-17 所示的电流源等效变换成电压源。

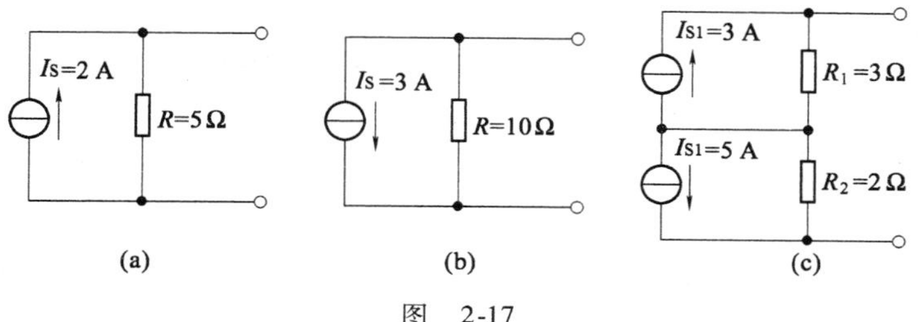

图　2-17

3. 在图 2-18 所示电路中，已知 $E_1=17\text{V}$，$r_1=1\Omega$，$E_2=34\text{V}$，$r_2=2\Omega$，$R=5\Omega$，试用电压源与电流源等效变换的方法求通过 R 的电流。

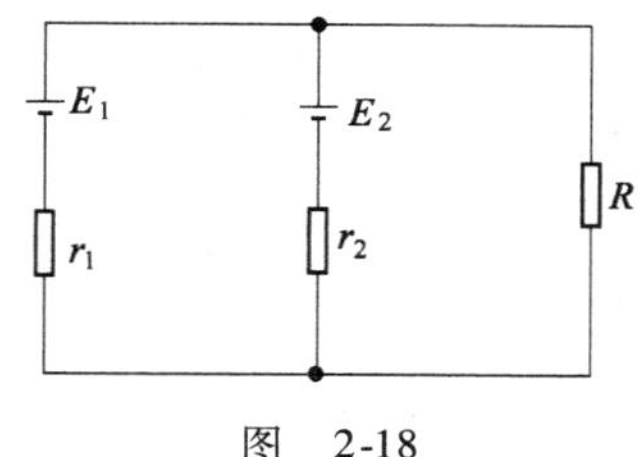

图　2-18

第三节　基尔霍夫定律

【知识目标】

1. 了解电路的常用术语：支路、节点、回路、网孔。
2. 理解基尔霍夫定律。

【能力目标】

会熟练应用基尔霍夫定律求解复杂电路。

能运用欧姆定律及电阻串、并联进行化简、计算的直流电路，叫简单直流电路。所谓复杂电路就是不能利用电阻串并联方法化简，然后应用欧姆定律进行分析的电路。应该注意，判断一个电路是简单电路还是复杂直流电路，应该依据上面的定义，而不能看电路中元件的多少。对于复杂电路单用欧姆定律来计算是不行的。分析、计算复杂电路的方法很多，但它们的主要依据是电路的两条基本定律——欧姆定律和基尔霍夫定律。基尔霍夫定律是由德国物理学家基尔霍夫(1824～1887 年)于 1847 年发表的。它既适用于直流电路，也适用于交流电路，对于含有电子元件的非线性电路也适用。

为了阐明该定律的含义，先介绍有关电路的几个基本术语。

1. 支路　由一个或几个元件依次相接构成的无分支电路叫支路。在同一支路内，流过所有元件的电流都相等。如图 2-19(a)中的 R_1 和 E_1 构成一条支路，R_3 却是一个元件构成一条支路。

2. 节点　三条或三条以上支路的交汇点叫节点。如图 2-19(b)中的 A、B、C、D 四个点都是节点。

3. 回路　电路中任意一个闭合路径都叫回路。一个回路可能只含有一条支路，也可能包含几条支路，如图 2-19(b)中 A-R_1-B-R_G-D-A 和 A-R_1-B-R_2-C-E-A 都是回路。

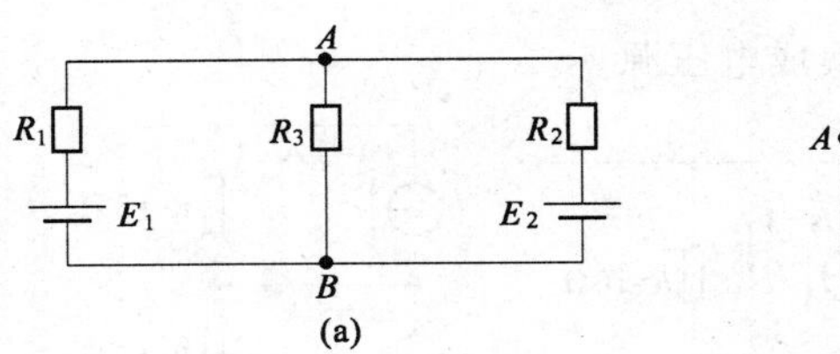

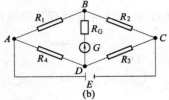

图 2-19　复杂电路

4. 网孔　中间不含支路的回路。如图 2-19(a)中的 A-R_3-B-E_1-R_1-A 及 A-R_2-E_2-B-R_3-A 都是网孔。

一、基尔霍夫第一定律

基尔霍夫第一定律又称节点电流定律。它指出：在任一瞬间，流进某一节点的电流之和恒等于流出该节点的电流之和。即

$$\sum I_{进} = \sum I_{出}$$

如在图 2-20 中，对于节点 A 有

$$I_1 + I_2 = I_3 + I_4 + I_5$$

可将上式改写成

$$I_1 + I_2 - I_3 - I_4 - I_5 = 0$$

因此得到 $\sum I = 0$。

即对任意一个节点来说，流入(或流出)该节点电流的代数和恒等于零。

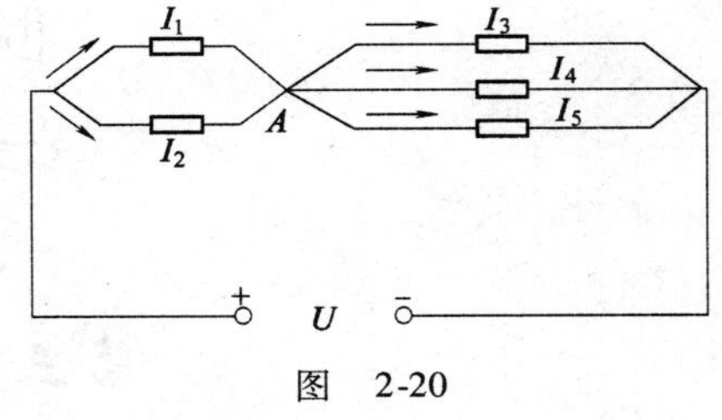

图　2-20

基尔霍夫第一定律是电流连续性的体现，在电路的任一节点上，不可能发生电荷的积累，即流入节点的总电量恒等于同一时间内从这个节点流出的总电量。

根据基尔霍夫第一定律，可列出任意一个节点的电流方程。在列节点电流方程前，首先要标定电流方向，其原则是：对于已知电流，按实际方向在图中标定，对未知电流的方向可先任意标定假设的参考方向。在电流方向标定好后，就可列出节点电流方程来进行计算。最后根据结算结果来确定未知电流的方向。当计算结果为正值时，未知电流的实际方向与标定的参考方向相同；当计算结果为负值时，未知电流的实际方向与标定的参考方向相反。

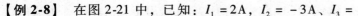

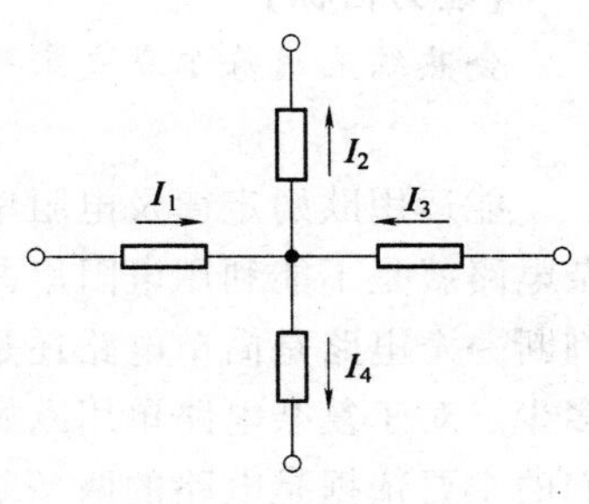

图　2-21

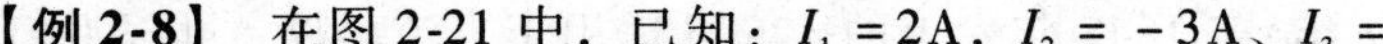

【例 2-8】　在图 2-21 中，已知：$I_1 = 2\text{A}$，$I_2 = -3\text{A}$、$I_3 =$

$-2A$。试求 I_4。

【解】 由基尔霍夫第一定律可知

$$I_1 - I_2 + I_3 - I_4 = 0$$

代入已知得

$$2 - (-3) + (-2) - I_4 = 0$$

解得

$$I_4 = 3A$$

式中括号外的正负号是由基尔霍夫第一定律根据电流的参考方向确定的，括号内数字前的正负号则是表示电流本身数值的正负。

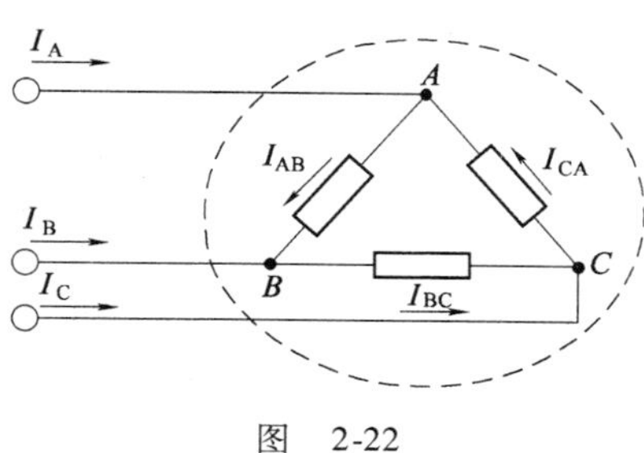

图 2-22

基尔霍夫第一定律可以推广应用于任一假设的闭合面。例如图 2-22 电路中闭合面所包围的是一个三角形电路，它有三个节点。应用基尔霍夫第一定律可以列出

$$I_A = I_{AB} - I_{CA}$$
$$I_B = I_{BC} - I_{AB}$$
$$I_C = I_{CA} - I_{BC}$$

上面三式相加得

$$I_A + I_B + I_C = 0$$

或
$$\sum I = 0$$

即流入此闭合曲面的电流恒等于流出该曲面的电流。

【例 2-9】 在图 2-23 中，已知 $I_1 = 5A$，$I_3 = 3A$，求 I_4。

【解】 根据基尔霍夫第一定律可知：流入闭合曲面的电流必等于流出曲面的电流。

因此 $I_1 = I_2 = 5A$

对于节点 b 有

$$I_3 + I_4 = I_2$$

所以 $I_4 = I_2 - I_3 = 5 - 3 = 2(A)$

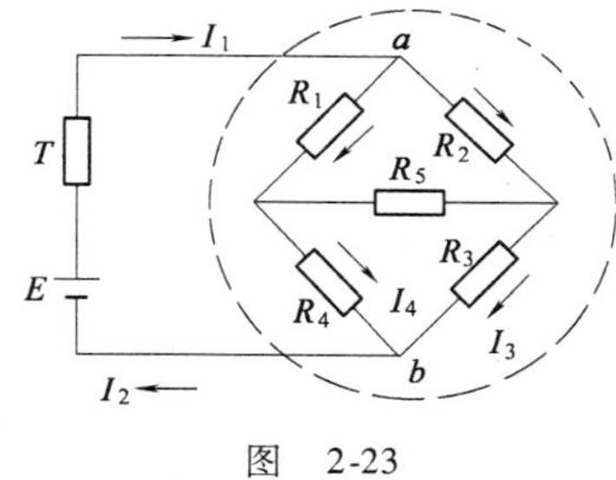

图 2-23

二、基尔霍夫第二定律

基尔霍夫第二定律又称回路电压定律。它指出：在任一闭合回路中，电动势的代数和恒等于各电阻上的电压降的代数和。用公式表示为

$$\sum E = \sum IR$$

根据这一定律列出的方程式叫回路电压方程式。列方程的方法是：

1. 先在图中任意选定未知电流的参考方向。

2. 任意选定回路的绕行方向。回路的绕行方向通常简称为回路方向。原则上是可以任意选取的，但是回路方向一旦确定后，在解题的过程中就不得改变，并以这个回路方向作为标准来确定各电动势和电压降的正负号。

3. 确定电阻电压降和电源电动势的符号。当电动势的方向与回路方向一致时为正，反之为负；当流过电阻的电流方向与回路方向一致时，电压降为正，反之为负。例如，在图 2-24 所示电路中，选定虚线方向为回路的方向，E_1 的方向与回路方向一致而取正，E_2 的方

向与回路方向相反而取负；I_1 的方向与回路方向一致而取正，I_2 的方向与回路方向相反而取负；根据基尔霍夫第二定律可得回路电压方程：

$$E_1 - E_2 = I_1R_1 - I_2R_2$$

可将上式写成：$$I_1R_1 - I_2R_2 + E_2 - E_1 = 0$$

因为 $$U_{CA} = I_1R_1,\ U_{AD} = -I_2R_2,\ U_{BD} = -E_2,\ U_{BC} = E_1$$

所以 $I_1R_1 - I_2R_2 + E_2 - E_1 = 0$ 可写成 $U_{CA} + U_{AD} + U_{DB} + U_{BC} = 0$

因此得到

$$\sum U = 0$$

即在任一闭合回路中，各段电路电压降的代数和恒等于零。

基尔霍夫第二定律不仅适用于由电源及电阻等实际元件组成的回路，也适用于不完全由实际元件组成的回路。如图 2-25 中的回路 A-B-R_4-R_2-A，其中 A 与 B 之间虽然断开，没有实际元件存在，但在 AB 间确有一定电压存在。此电压与该回路的其他电压仍满足基尔霍夫第二定律，即

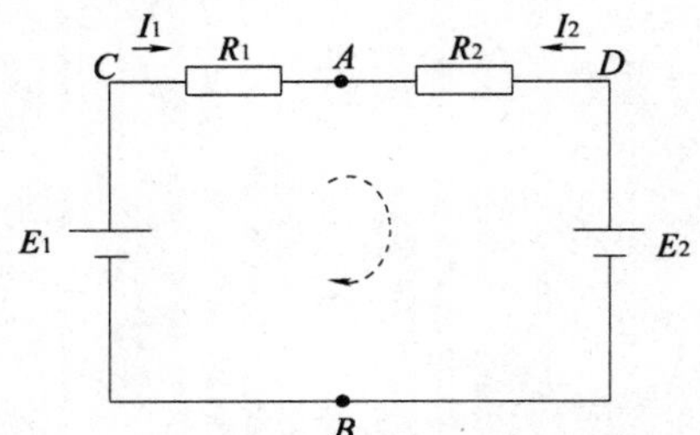

图 2-24 任一回路的各段电压降的代数和为零

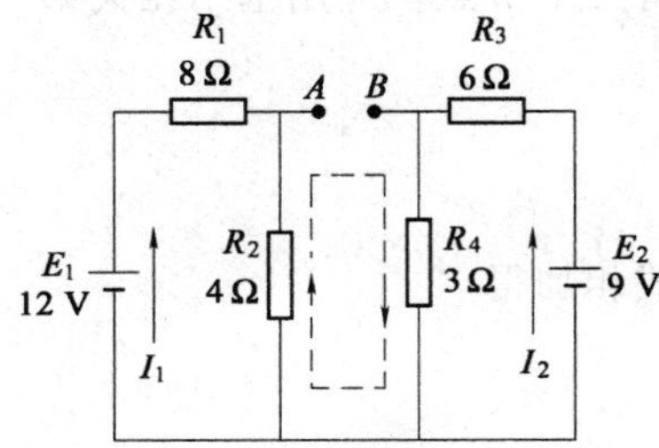

图 2-25 基尔霍夫第二定律推广应用

$$0 = U_{AB} - I_1R_2 + I_2R_4$$

【例 2-10】 在图 2-26 中，已知 $E_1 = 12\text{V}$，$E_2 = 15\text{V}$，$R_1 = 20\text{k}\Omega$，$R_2 = 10\text{k}\Omega$。求回路中电流的大小。

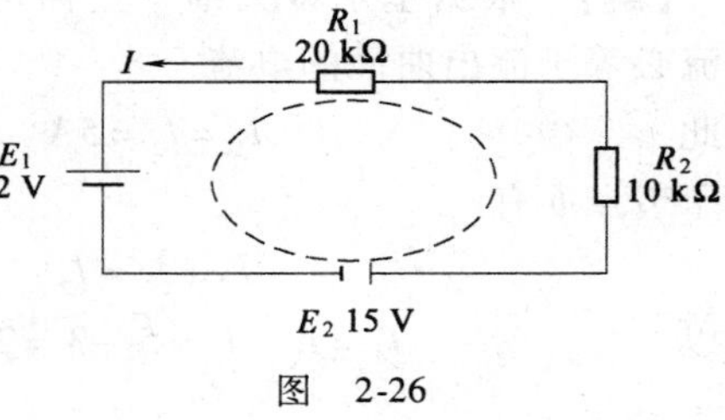

图 2-26

【解】 根据基尔霍夫第二定律可得：

$$E_2 - E_1 = I(R_2 + R_1)$$

$$I = \frac{E_2 - E_1}{R_1 + R_2} = \frac{15 - 12}{20 + 10} \times 10^{-3} = 1 \times 10^{-3}(\text{A}) = 1(\text{mA})$$

教 学 评 价

一、填 空 题

1. 应用基尔霍夫定律计算出某支路电流是正值，表明该支路电流的________方向与________方向相同；支路电流是负值，表明____________________。

2. 基尔霍夫第一定律又称为____________定律，其数学表达式为____________。

3. 基尔霍夫第二定律又称为____________定律，其数学表达式为____________。

4. 支路是指电路中由一个或几个元件依次相接构成的________电路。节点是指________条或________条以上支路的交汇点。

二、计 算 题

1. 如图 2-27 所示，已知 $E_1 = 3\text{V}$，$E_2 = 18\text{V}$，$R_1 = 250\Omega$，$R_3 = 400\Omega$，流过 R_1 的电流 $I_1 = 4\text{mA}$，求 R_2 的大小及流过 R_2 的电流的大小和方向。

2. 如图 2-28 所示，已知 $I_1=25\text{mA}$，$I_3=16\text{mA}$，$I_4=12\text{mA}$，求其余各支路中的电流。

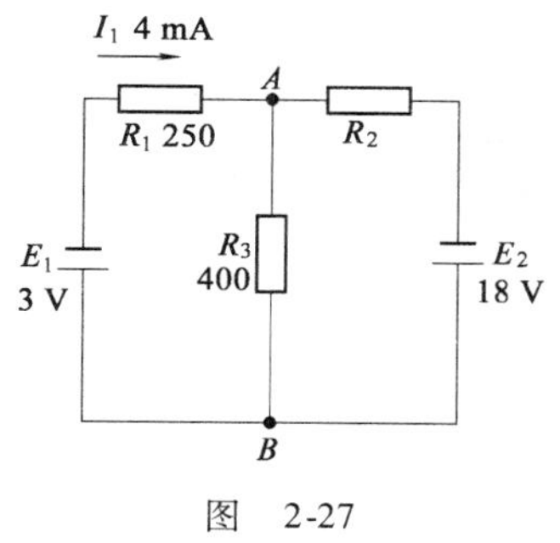

图　2-27

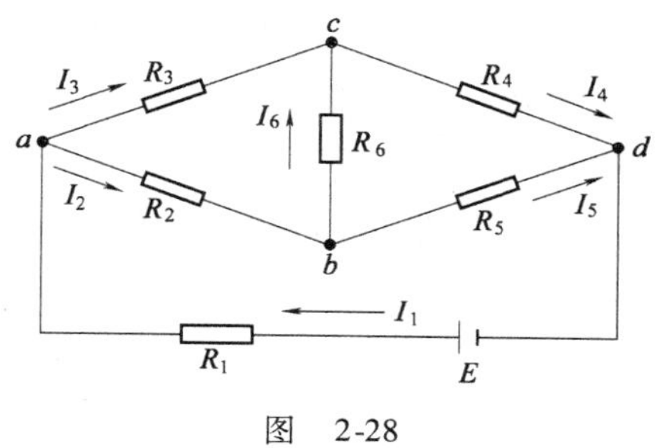

图　2-28

第四节　支路电流法

【知识目标】

了解支路电流法解题步骤。

【能力目标】

能熟练运用支路电流法求解复杂电路。

所谓支路电流法就是以支路电流为未知量，依据基尔霍夫定律列出方程组，然后解联立方程组，求得各支路电流。

支路电流法解题步骤如下：

1. 首先确定复杂电路中共有几条支路，几个节点。并在电路图的不同点上注以字母，以便表示不同的节点和回路的绕行方向。

2. 任意选定各支路电流的正方向，一条支路上只有一个电流。

3. 应用基尔霍夫第一定律，列出节点的电流方程式。如果电路有两个节点，则只能列出一个独立的方程式。对于一个具有 n 条支路、m 个节点($n>m$)的复杂直流电路，需要列出 n 个方程式来联立求解。而电路有 m 个节点时，则只能列出($m-1$)个独立的方程式。这样还缺 $n-(m-1)$ 个方程式。

4. 用基尔霍夫第二定律列出不足的方程式。在列回路电压方程式时，应先绘出或注明回路的绕行方向，以便确定 E 和 RI 前面的正、负号；若每次所取的回路能含有一个新支路(即其他方程式中没有利用过的支路)，则此回路电压方程式就是独立的。

5. 代入已知数据，解联立方程组，求出各支路电流的大小，并确定各支路电流的实际方向。计算结果为正值时，实际方向与参考方向相同；计算结果为负值时，实际方向与参考方向相反。

6. 验算。把求得的电流代入未写过的回路电压方程式中，以检验结果是否正确。

【例 2-11】　如图 2-29 所示电路中，已知 $E_1=15\text{V}$，$E_2=12\text{V}$，$R_1=1\Omega$，$R_2=0.5\Omega$，$R_3=10\Omega$，求各支路电流的大小。

【解】

(1) 电路中共有 3 条支路，2 个节点。并在电路图的节点处注以字母 A、B。

(2) 选定各支路电流的正方向，如图 2-29 所示。

(3) 应用基尔霍夫第一定律，列出节点的电流方程式。对于节点 b 有

$$I_1 + I_2 = I_3$$

(4) 用基尔霍夫第二定律列出不足的方程式。

在回路 $R_1 - R_2 - E_2 - E_1 - R_1$ 中

$$E_1 - E_2 = R_1 I_1 - R_2 I_2$$

在回路 $R_3 - E_2 - R_2 - R_3$ 中

$$E_2 = R_2 I_2 + R_3 I_3$$

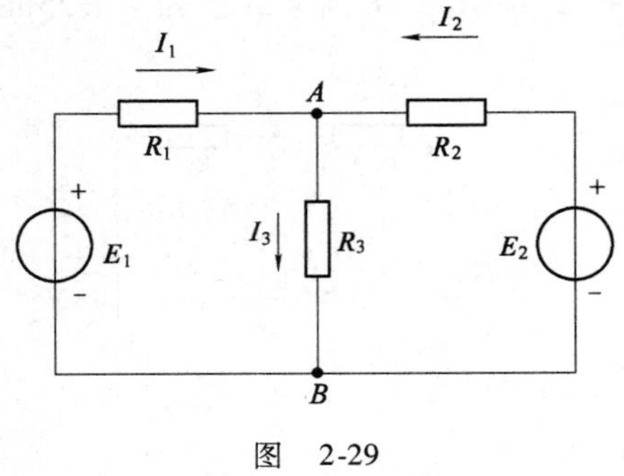

图 2-29

(5) 代入已知数据，解联立方程组，求出各支路电流的大小，并确定各支路电流的实际方向。

$$\begin{cases} I_1 + I_2 = I_3 \\ 15 - 12 = I_1 - 0.5I_2 \\ 12 = 0.5I_2 + 10I_3 \end{cases}$$

解得 $\begin{cases} I_1 = 2.42\text{A}(\text{实际方向与参考方向一致}) \\ I_2 = -1.16\text{A}(\text{实际方向与参考方向相反}) \\ I_3 = 1.26\text{A}(\text{实际方向与参考方向一致}) \end{cases}$

(6) 经验算，求解正确。

教 学 评 价

1. 在图 2-30 所示电路中，电路参数为已知，试列出求各支路电流所需的联立方程组。

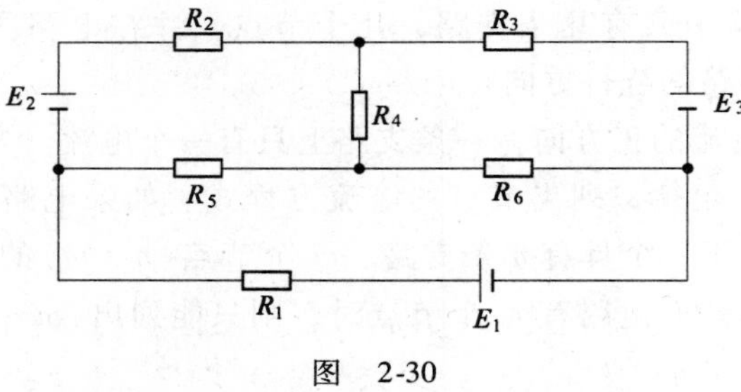

图 2-30

2. 在图 2-31 所示电路中，已知 $E_1 = 18\text{V}$，$E_2 = 9\text{V}$，$R_1 = R_2 = 1\Omega$，$R_3 = 4\Omega$，试求各支路电流。

3. 晶体三极管静态工作时的等效电路如图 2-32 所示。已知 $E_C = 12\text{V}$，$E_B = 3\text{V}$，$R_e = 1.5\text{k}\Omega$，$R_b = 7.5\text{k}\Omega$；$I_C = 5.1\text{mA}$，$I_B = 0.2\text{mA}$，试求电阻 R_{bc} 及 R_{be}。

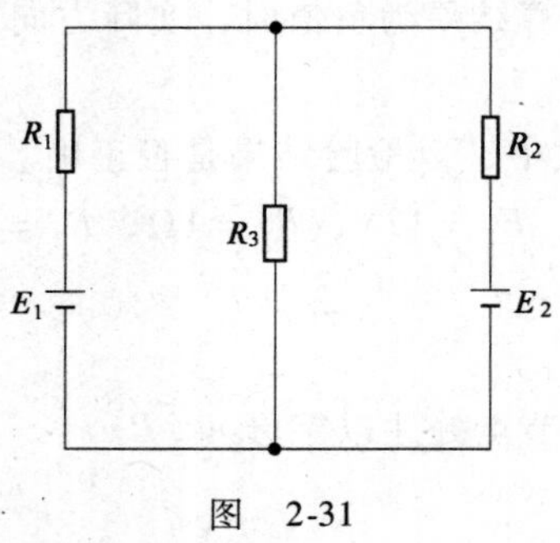

图 2-31

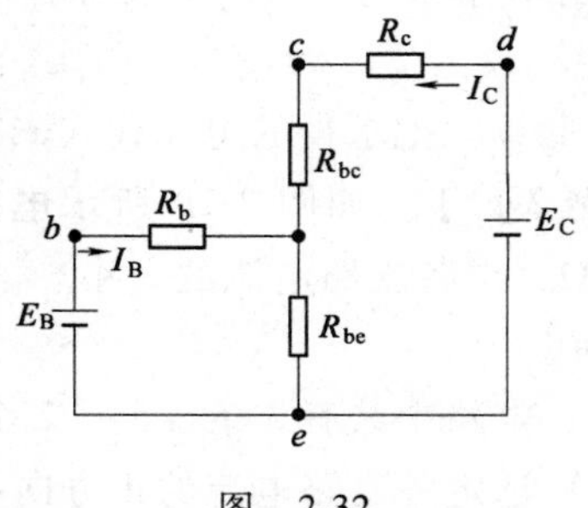

图 2-32

第五节　叠加定理

【知识目标】

1. 了解叠加定理。

2. 知道叠加定理的适用场合。

【能力目标】

会用叠加定理分析复杂电路。

电路的参数不随外加电压及通过其中的电流而变化，即电压和电流成正比的电路，叫做线性电路。叠加定理反映了线性电路的一个基本性质。

在图2-33(a)所示电路中，根据基尔霍夫第二定律$\sum E = \sum IR$得

$$I(R_1 + R_2 + R_3) = E_1 - E_2$$

即

$$I = \frac{E_1 - E_2}{R_1 + R_2 + R_3}$$

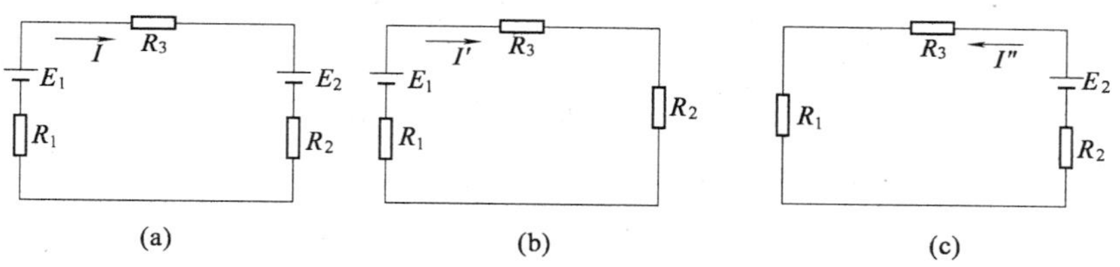

图　2-33

在图2-33(b)中，E_1单独作用(E_2置零)，电路中电流$I' = \frac{E_1}{R_1 + R_2 + R_3}$

在图2-33(c)中，E_2单独作用(E_1置零)，电路中电流$I'' = \frac{E_2}{R_1 + R_2 + R_3}$

这说明图2-33(a)所示电路中的电流I，可以看成E_1单独作用时产生的电流I'与E_2单独作用时产生的电流I''合成的结果。在线性电路中，因为电流正比于电动势，所以当复杂电路中有几个电动势同时作用时，任意一条支路中所通过的电流，都可以看成是由电路中各个电动势单独作用时分别在该支路中所产生的电流的代数和。求解复杂电路时，可将其化解成几个简单电路来研究，然后将计算结果叠加，求得原来电路电流、电压，这个原理就是叠加定理，即在有多个电动势的线性电路中，任意一条支路的电流或电压等于电路中各个电动势单独作用在该支路中所产生的电流或电压的代数和。在考虑各个电动势单独作用时，其余电动势为零，即除去其余电动势并用短路代替，电路内所有的电阻值(包括电源的内电阻)则保持不变。

【例2-12】　在图2-34(a)所示电路中，$E_1 = 12V$，$E_2 = 6V$，$R_1 = R_2 = R_3 = 2\Omega$，用叠加定理求各支路电流$I_1$、$I_2$、和$I_3$。

【解】

(1) 将复杂电路分解成几个简单电路，有几个电动势就分解为几个具有单一电动势的简单电路，并标出电流参考方向，如图2-34(b)、图2-34(c)所示。

(2) 对简单电路分析、计算，求出单一电动势作用时的各支路电流。

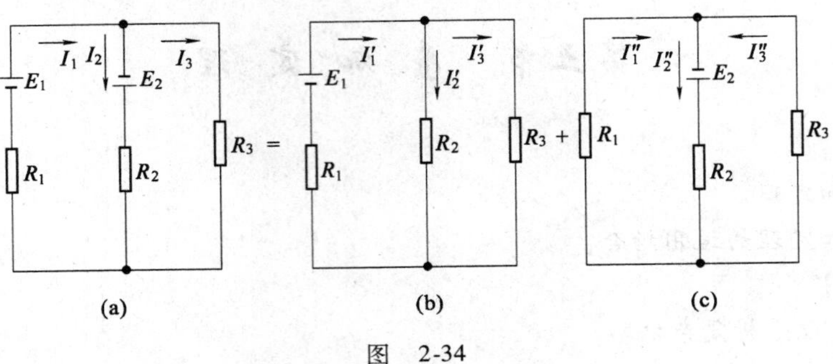

图 2-34

在图 2-34(b)中，E_1 单独作用时

$$I_1' = \frac{E_1}{R_1 + R_2 /\!/ R_3} = \frac{E_1}{R_1 + \dfrac{R_2 R_3}{R_2 + R_3}} = \frac{12}{2 + \dfrac{2 \times 2}{2+2}} = 4(\mathrm{A})$$

应用分流公式求出

$$I_2' = \frac{R_3}{R_2 + R_3} I_1' = \frac{2}{2+2} \times 4 = 2(\mathrm{A})$$

$$I_3' = I_1' - I_2' = 4 - 2 = 2(\mathrm{A})$$

在图 2-34(c)中，E_2 单独作用时

$$I_2'' = \frac{E_2}{R_2 + R_1 /\!/ R_3} = \frac{E_2}{R_2 + \dfrac{R_1 R_3}{R_1 + R_3}} = \frac{6}{2 + \dfrac{2 \times 2}{2+2}} = 2(\mathrm{A})$$

应用分流公式求出

$$I_1'' = \frac{R_3}{R_1 + R_3} I_2'' = \frac{2}{2+2} \times 2 = 1(\mathrm{A})$$

$$I_3'' = I_2'' - I_1'' = 2 - 1 = 1(\mathrm{A})$$

(3) 应用叠加定理求 E_1、E_2 共同作用时各支路电流

$$I_1 = I_1' + I_1'' = 4 + 1 = 5(\mathrm{A})$$

$$I_2 = I_2' + I_2'' = 2 + 2 = 4(\mathrm{A})$$

$$I_3 = I_3' - I_3'' = 2 - 1 = 1(\mathrm{A})$$

叠加定理不仅是线性电路的一个重要定理，而且是一个具有普遍意义的定理。在一个系统中，当原因和结果之间满足线性关系时，则这个系统中几个原因共同作用所产生的结果就等于每个原因单独作用时所产生的结果的总和。所以凡是能用数学的一次方程来描述其相互关系的物理量都具有可叠加性。特别应当指出的是叠加定理只适用于线性电路，只能用来计算电流和电压，不能计算功率。

【例 2-13】 在例 2-7 所示电路中已知：$E_1 = 18\mathrm{V}$，$E_2 = 15\mathrm{V}$，$R_1 = 12\Omega$，$R_2 = 10\Omega$，$R_3 = 15\Omega$，用叠加定理计算各电流值。

【解】 用叠加定理计算该电路时，可把该电路看成是两个电源单独作用的电路相叠加，如图 2-35 所示。

由图(b)可求得

$$I_1' = \frac{E_1}{R_1 + (R_2 /\!/ R_3)}$$

于是

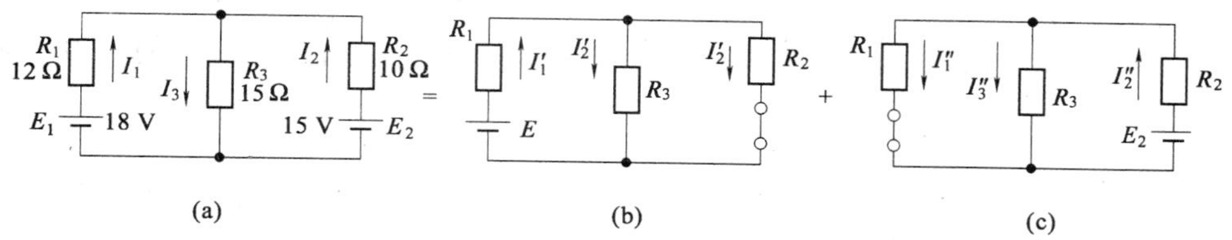

图　2-35

$$I_1' = \frac{E_1}{R_1 + (R_2 /\!/ R_3)} = \frac{18}{12 + \frac{10 \times 15}{10 + 15}} = \frac{18}{12 + 6} = 1(\text{A})$$

$$I_2' = \frac{R_3}{R_2 + R_3} I_1' = \frac{15}{10 + 15} \times 1 = 0.6(\text{A})$$

$$I_3' = \frac{R_2}{R_2 + R_3} I_1' = \frac{10}{10 + 15} \times 1 = 0.4(\text{A})$$

由图(c)可求得

$$I_2'' = \frac{E_2}{(R_1 /\!/ R_3) + R_2} = \frac{15}{\frac{12 \times 15}{12 + 15} + 10} = 0.9(\text{A})$$

$$I_1'' = \frac{R_3}{R_1 + R_3} I_2'' = \frac{15}{12 + 15} \times 0.9 = 0.5(\text{A})$$

$$I_3'' = \frac{R_1}{R_1 + R_3} I_2'' = \frac{12}{12 + 15} \times 0.9 = 0.4(\text{A})$$

根据以上计算可求得

$$I_1 = I_1' - I_1'' = 1 - 0.5 = 0.5(\text{A})$$

$$I_2 = I_2'' - I_2' = 0.9 - 0.6 = 0.3(\text{A})$$

$$I_3 = I_3' + I_3'' = 0.4 + 0.4 = 0.8(\text{A})$$

由计算可知，用叠加定理算得的结果与采用例 2-7 的方法所算得的结果完全相同。

上例是含有几个电压源的复杂电路。在应用叠加原理分析含有几个电流源的复杂电路时，可把该复杂电路中的电流看成是由几个电流源单独作用的电流相叠加。对于暂不考虑的恒流源，应令其处于断路状态。

综上所述，应用叠加定理计算复杂电流，有时要多次地计算串联和并联电阻，所以解题过程并不简便，但叠加定理表达了线性电路的基本性质。在分析和论证一些电路时，常要用到叠加定理。例如在电子电路中应用叠加定理来分析经过线性化以后的晶体管电路等。

教 学 评 价

一、填 空 题

1. 叠加定理只适用于________电路，只能用来计算________和________，不能计算________。

2. 叠加定理的内容是____。

二、计 算 题

在图 2-36 所示电路中，已知 $E_1=E_2=17\text{V}$，$R_1=2\Omega$，$R_2=1\Omega$，$R_3=5\Omega$，用叠加定理求各支路电流 I_1、I_2 和 I_3。

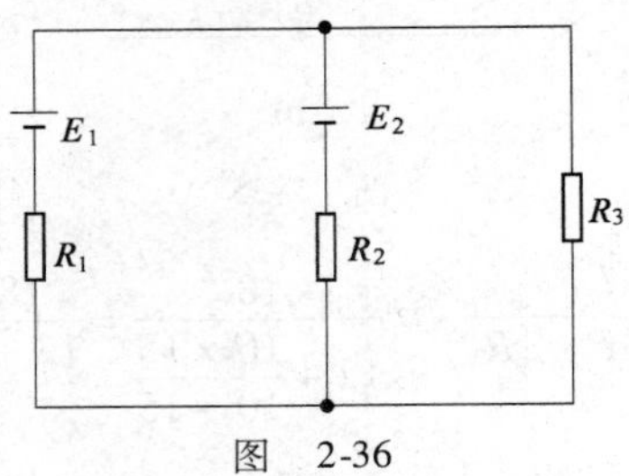

图　2-36

第六节　戴维宁定理

【知识目标】

理解戴维宁定理。

【能力目标】

会用戴维宁定理分析复杂电路。

任何具有两个引出端的电路(也叫网络或网路)都叫做二端网络。若网络中有电源，则叫做有源二端网络，否则叫做无源二端网络，如图 2-37 所示。

一个无源二端网络可以用一个等效电阻 R 来代替；一个有源二端网络可以用一个等效电压源 E_0 和 R_0 来代替。任何一个有源复杂电路，把所研究支路以外部分看成一个有源二端网络，将其用一个等效电压源 E_0 和 R_0 代替，就能化简电路，避免了繁琐的电路计算。

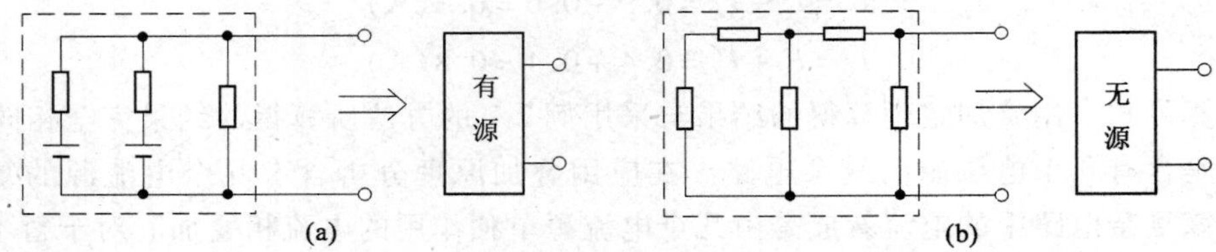

图 2-37　二端网络

戴维宁定理：任何一个线性有源二端网络，对外电路而言，可以用一个等效电压源代替，等效电源的电动势 E_0 等于有源二端网络的开路电压 U_{ab}，如图 2-38(a)所示；等效电源的内阻 R_0 等于该二端有源网络中，所有独立电源为零(即恒压源短路,恒流源开路)时所得的无源二端网络的等效电阻，如图 2-38(b)所示。

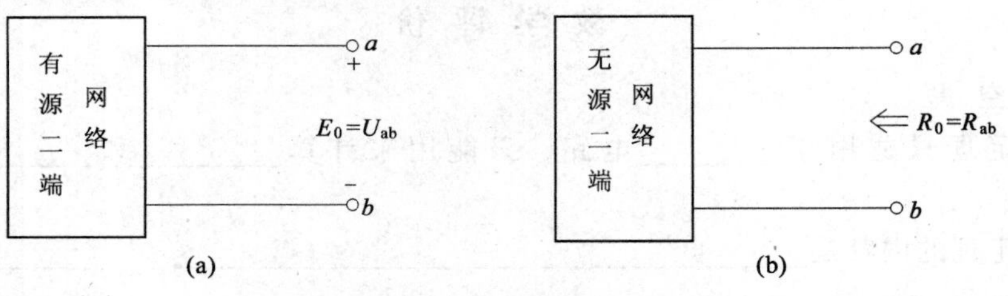

图　2-38

【例 2-14】 在图 2-39 所示电路中，已知 $E_1=5\text{V}$，$R_1=8\Omega$，$E_2=25\text{V}$，$R_2=12\Omega$，$R_3=2.2\Omega$。试用戴维宁定理求通过 R_3 的电流及 R_3 两端电压 U_R。

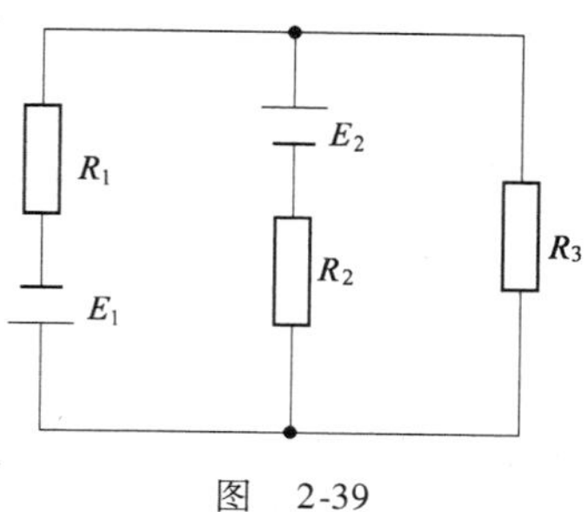

图　2-39

【解】

（1）断开待求支路，分出有源二端网络，如图 2-40(a)所示。计算开路端电压 U_{ab} 即为所求等效电源的电动势 E_0（电流、电压参考方向如图所示）。

$$I=\frac{E_1+E_2}{R_1+R_2}=\frac{5+25}{8+12}=1.5(\text{A})$$

$$E_0=U_{ab}=E_2-IR_2=25-1.5\times12=7(\text{V})$$

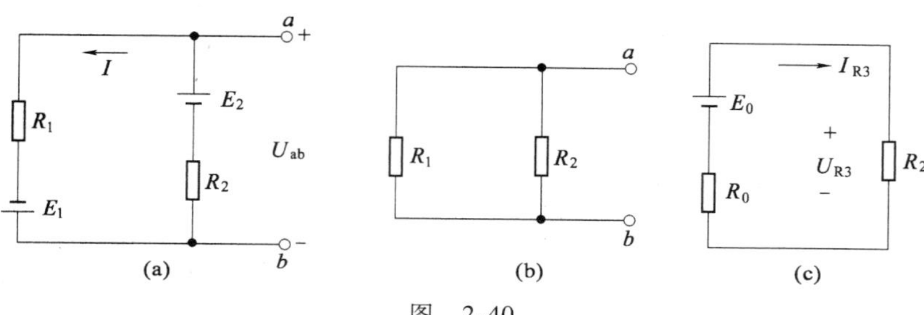

图　2-40

（2）将有源二端网络中各电源置零后，即将电动势用短路代替，成为无源二端网络，如图 2-40(b)所示。计算出等效电阻 R_{ab} 即为所求电源的内电阻 R_0。

$$R_0=R_{ab}=\frac{R_1R_2}{R_1+R_2}=\frac{8\times12}{8+12}=4.8(\Omega)$$

（3）将所求得的等效电源 E_0、R_0 与待求支路的电阻 R_3 连接，形成等效简化电路，如图 2-40(c)所示。计算支路电流 I_{R3} 和 U_{R3}。

$$I_{R3}=\frac{E_0}{R_0+R_3}=\frac{7}{4.8+2.2}=1(\text{A})$$

$$U_{R3}=I_{R3}R_3=1\times2.2=2.2(\text{V})$$

通过以上分析，可以总结出应用戴维宁定理求某一支路的电压或电流的方法和步骤。

1. 断开待求支路，将电路分为待求支路和有源二端网络两部分。
2. 求出有源二端网络两端点间的开路电压 U_{ab}，即为等效电源的电动势 E_0。
3. 将有源二端网络中各电源置零后将电压源用短路代替，电流源开路处理计算无源二端网络的等效电阻，即为等效电源的内阻 R_0。
4. 将等效电源 E_0、R_0 与待求支路连接，形成等效简化电路，根据已知条件求解。

在应用戴维宁定理解题时，应当注意的是：

1. 等效电源电动势 E_0 的极性与有源二端网络开路时的端电压极性一致。
2. 等效电源只对外电路等效，对内电路不等效。

教 学 评 价

一、填 空 题

1. 二端网络中有________的叫做有源二端网络，二端网络中没有________的叫做无源二端网络。

2. 线性有源二端网络的等效电源电动势 E_0 等于________________，等效电源的内阻 R_0 等于________________。

3. 用戴维宁定理计算有源二端网络的等效电源只对________等效，对________不等效。

二、计 算 题

1. 在图 2-41 所示电路中，已知 $E_1=12\text{V}$，$R_1=6\Omega$，$E_2=15\text{V}$，$R_2=3\Omega$，$R_3=2\Omega$。试用戴维宁定理求流过 R_3 的电流 I_3 及 R_3 两端的电压 U_3。

2. 在图 2-42 所示电路中，已知 $E_1=E_2=E_3=10\text{V}$，$R_1=R_2=R_3=R_4=10\Omega$。试用戴维宁定理求流过 R_4 的电流。（提示：断开待求支路，剩下有源二端网络部分，可应用基尔霍夫第二定律列出假想回路电压方程求 U_{ab}。）

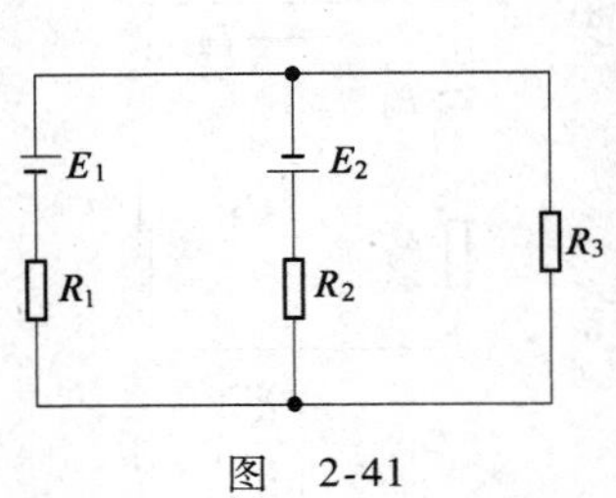

图 2-41

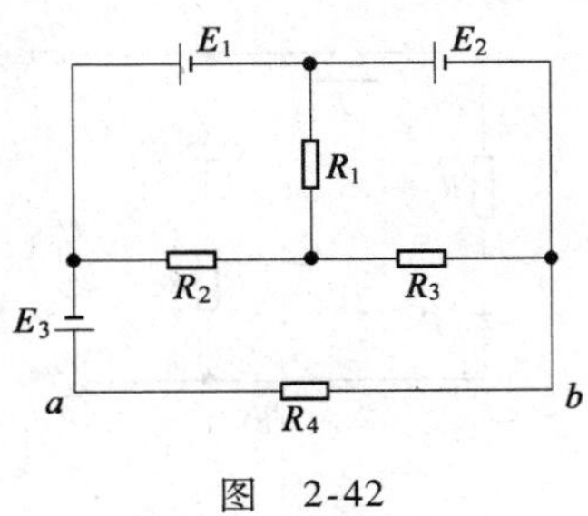

图 2-42

技能训练三 万用表和兆欧表的使用

一、实训目的

1. 了解万用表的结构和用途，掌握万用表测量电压、电流、电阻的方法。
2. 了解兆欧表的结构和用途，掌握兆欧表测量绝缘电阻的方法。
3. 能用万用表测量电压、电流、电阻。
4. 能用兆欧表测量绝缘电阻。

二、实训器材

直流稳压电源	1 台
万用表	1 块
500V 兆欧表	1 块
开关	1 个
1kΩ、10kΩ、150Ω、300Ω 电阻	各 1 个
导线	若干

三、实训步骤

1. 万用表的使用

（1）万用表测电阻

将万用表的转换开关置于欧姆挡。根据电阻的大小，选择合适的倍率。进行欧姆挡调零。测量所给电阻的阻值进行测量，将测量结果记入技表 3-1。

技表 3-1

电阻的标称值	倍率开关位置	指 针 示 数	电阻的测量值
150Ω			
300Ω			
1kΩ			
10kΩ			

（2）万用表测量直流电压

将万用表的转换开关置于直流电压挡。根据电压的大小，合理选择电压挡的量程，按技图 3-1 进行测量，并将数据记入技表 3-2 中。

技表 3-2

电源电压(V)	所 选 量 程	指 针 示 数	电压的测量值
5			
10			
15			

（3）万用表测量直流电流

按技图 3-2 接线，分别测量电源电压为 5V、10V、15V 时电路中的电流，并将万用表测得的电流值记入技表 3-3。

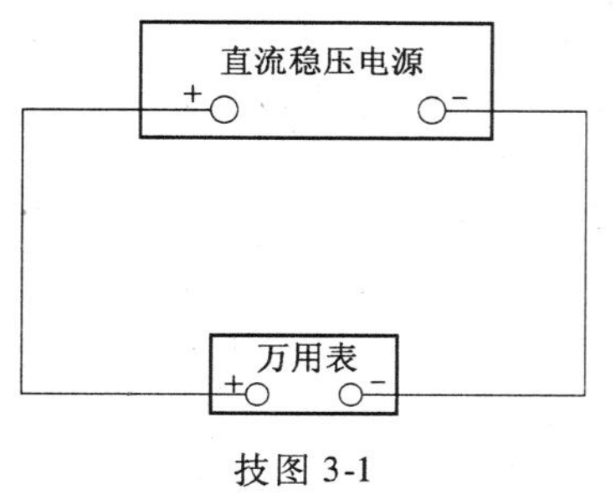

技图 3-1

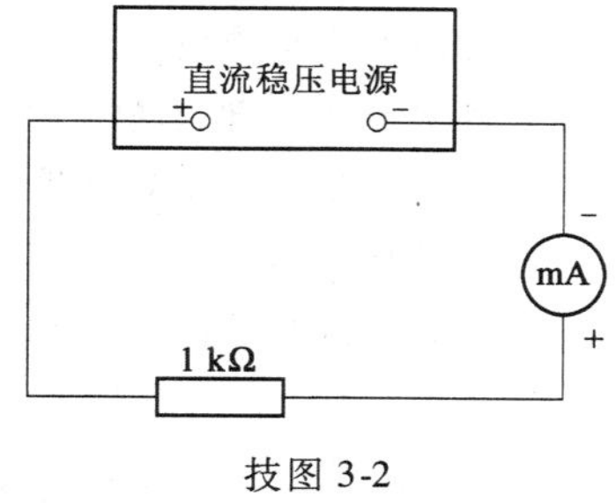

技图 3-2

技表 3-3

电源电压(V)	指 针 示 数	电流的测量值
5		
10		
15		

2. 兆欧表的使用

（1）正确检验兆欧表是否可用

对兆欧表进行外观检查；对兆欧表进行开路试验；对兆欧表进行短路试验。

（2）按照接线图进行接线，“G”端（屏蔽）的接线应接在电缆的内绝缘层上，应用软裸线紧紧在内绝缘层上缠一个环，以确保测量数据的准确。

（3）测量电缆线芯对外皮的绝缘

接线完成后，缓慢转动发电机手柄使转速逐渐增加到规定范围内，待指针稳定后，读数，记录数据：$R_{绝缘}$ = ________________ MΩ。

3. 经老师检查数据后，拆线并整理实验器材，经实验室指导老师认可后，方可离开。

技能训练四　叠加定理实验

一、实训目的

1. 加深对叠加定理的理解。
2. 进一步熟悉复杂电路，加深对电流、电压参考方向的理解。
3. 学会测量实际电压源及内阻的方法。

二、实训器材

直流稳压电源　1 台
直流电压表　1 块
直流毫安表　1 块
万用表　1 块
单刀双掷开关　2 个
1.5V 干电池　2 节

三、实训步骤

1. 合上直流稳压电源的电源开关，调节 U_{S1} 为 4V，U_{S2} 为两节干电池串联。关闭直流稳压电源的电源开关，按技图 4-1 接线。

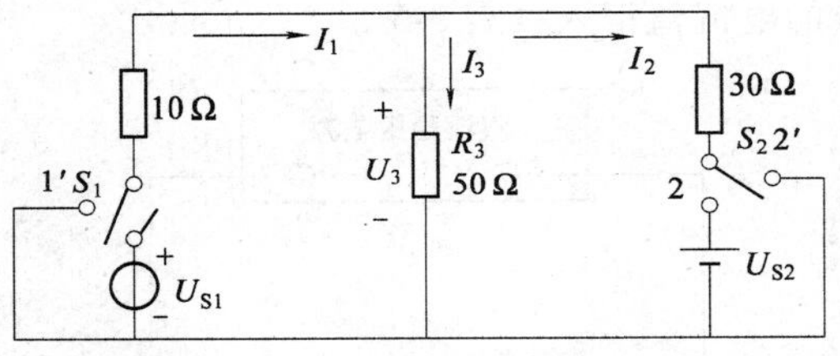

技图 4-1　叠加定理实验电路

2. 两个电源共同作用时，测量各支路的电流 I_1、I_2、I_3 及 R_3 两端的电压 U_3，记入技表 4-1 中。

3. U_{S1} 电源单独作用时，测量各支路的电流 I'_1、I'_2、I'_3 及 R_3 两端的电压 U'_3，记入技表 4-1 中。

4. U_{S2} 电源单独作用时，测量各支路电流 I''_1、I''_2、I''_3 及 R_3 两端的电压 U''_3，记入技表 4-1 中。

技表 4-1

测量对象	I_1 (mA)	I_2 (mA)	I_3 (mA)	I'_1 (mA)	I'_2 (mA)	I'_3 (mA)	I''_1 (mA)	I''_2 (mA)	I''_3 (mA)	U_3 (V)	U'_3 (V)	U''_3 (V)
测量数据												

四、实训注意事项

1. 某电源不起作用时，应去掉电源，再用短接线来代替它，而不能将电源本身短路。

2. 将直流电流表串入被测支路以前，要判断该支路的电流方向，以免造成电流表反向偏转而损坏电流表。

3. 应根据技图 4-1 中各电流和电压的参考方向，正确确定被测量的正负号。

一、电阻的串联、并联和混联

电阻串、并联电路的特点，见下表。

特点　连接方式 物理量	串　联	并　联
电流	$I_1 = I_2 = \cdots = I_n$	$I = I_1 + I_2 + \cdots + I_n$ 两电阻并联时的分流公式为 $I_1 = \frac{R_2}{R_1 + R_2}I$，$I_2 = \frac{R_1}{R_1 + R_2}I$
电压	$U = U_1 + U_2 + \cdots + U_n$ 两个电阻串联时的分压公式为 $U_1 = \frac{R_1}{R_1 + R_2}U$，$U_2 = \frac{R_2}{R_1 + R_2}U$	$U_1 = U_2 = \cdots = U_n$
电阻	$R = R_1 + R_2 + \cdots + R_n$ 当 n 个阻值为 R_0 的电阻串联时 总电阻为 $R = nR_0$	$\frac{1}{R} = \frac{1}{R_1} + \frac{1}{R_2} + \cdots \frac{1}{R_n}$ 当 n 个阻值为的电阻 R_0 并联时 总电阻为 $R = \frac{R_0}{n}$
电功率	$P = P_1 + P_2 + \cdots + P_n$ 功率分配与阻值成正比	$P = P_1 + P_2 + \cdots + P_n$ 功率分配与阻值成反比

混联电阻是既含有串联又含有并联的电路，可以利用串并联电路的特点进行分析计算。

二、基尔霍夫定律

（一）基尔霍夫电流定律(KCL)

任意时刻，任意一个节点所连接各支路电流的代数和恒等于零。

$$\sum I = 0$$

（二）基尔霍夫电压定律(KVL)

任意时刻，任意一个回路所有各段电压的代数和恒等于零。

$$\sum U = 0$$

事先选择绕行方向，规定电压参考方向与绕行方向一致时取“+”号，否则取“-”号。

三、直流电路常用的分析方法

（一） 支路电流法

支路电流法是以基尔霍夫电流定律和基尔霍夫电压定律为基础，计算求解电路支路电流的最基本的方法。

列写节点电流方程数目应比节点数少一个，列写回路电压方程数目应同电路网孔的数目一致。

（二） 叠加定理

对于线性电路来说，叠加定理是一种重要的分析方法，不仅适用于直流电路，同时也适用于交流电路。

线性电路中，有多个电源共同作用时各支路的电压（或电流）等于各电源单独作用时在该支路产生的电压（或电流）的代数和。

（三） 戴维宁定理

戴维宁定理分析解决复杂电路中某一支路电压或电流的最基本方法。

任意一个线性有源二端网络都可以用一个理想电压源和电阻串联的模型等效替代。其中电压源的电压 U_S 为该线性有源二端网络的开路电压 U_{oc}；电阻 R_0 为把该线性有源二端网络电压源短路电流源开路后所得无源二端网络的等效电阻。

第三章

电容和电感元件

电容器和电感线圈是电路中的基本元件，在各种电子产品和电气设备中有着广泛的应用。本章主要介绍电容器和电感线圈的基本电磁性能，电容元件和电感元件的伏安关系及其储能计算，电容器的串联和并联，电容器的参数和种类以及磁场的基本物理量和电磁感应的概念。

第一节　电　容　元　件

【知识目标】

1. 了解电容器的结构及其基本性能。
2. 掌握电容的定义式、单位和物理含义。
3. 了解影响电容量大小的因素，掌握电容元件的伏安关系。

【能力目标】

1. 会进行电容量各单位间的换算。
2. 会应用相关公式计算电容的大小。

一、电　容　器

电容器是电路中常用的器件之一。在电子电路中，它可以起到滤波、移相、隔直、旁路和选频等作用；在电力系统中，它可以调整电压，改善系统的功率因数等。因此，电容器的应用极为广泛。

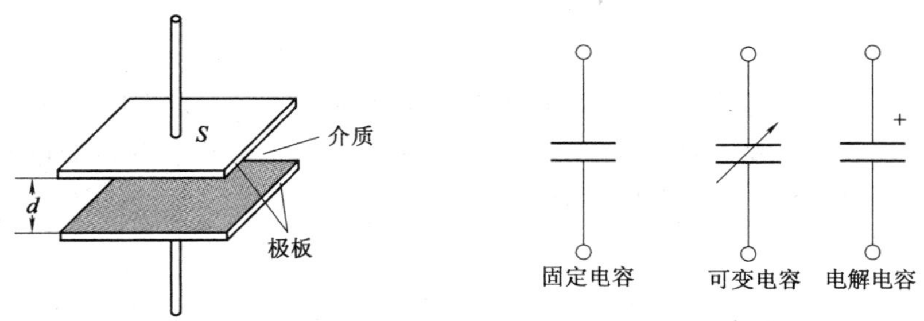

(a)平行板电容器的结构　　(b)常用电容器的符号

图 3-1　电容器结构示意图和符号

电容器种类繁多，大小各异，外形和材料也各不相同，但其构成原理基本相同。任何两个金属导体，中间用绝缘介质隔开，就形成了一个电容器。图 3-1(a)是电容器的结构示意图。被绝缘材料隔开的金属板叫做极板；极板间的绝缘材料叫做绝缘介质，例如空气、纸、云母、油、塑料等。在电路中，常用电容器的符号如图 3-1(b)所示。

需要指出的是，任何两个被绝缘介质隔开的导体均能形成电容。如两条输电线之间被空气隔开，构成线间电容；输电线与大地之间构成对地电容等等。

二、电 容 量

当电容器两极间加上电压后，极板上聚集着等量异号电荷，于是介质中建立电场，并且储存电场能量，这是电容器的基本性能。

实验证明，加在电容器两极板上的电压越高，极板上储存的电荷就越多，极板上的带电量 q 与极板间的电压 u 成正比。衡量电容器储存电荷能力大小的物理量叫做电容量，简称电容，用字母 C 表示。据此得定义式

$$C = \frac{q}{u} \tag{3-1}$$

式中 q——一个极板上的电荷量，C；

u——两个极板间的电压，V。

在国际单位制中，电容的单位是法拉，简称(法)，用字母 F 表示。实用上因法拉太大，一般常用微法(μF)和皮法(pF)。它们之间的换算关系为：

$$1\mu F = 10^{-6}F \qquad 1pF = 10^{-6}\mu F = 10^{-12}F$$

【例 3-1】 一个电容为 100μF 的电容器，接到电压为 150V 的直流电源上，其极板上所带电荷量是多少？

【解】 根据式(3-1)得

$$q = Cu = 100 \times 10^{-6} \times 150 = 0.015(C)$$

三、影响电容量大小的因素

理论和实践证明，电容器的电容量大小与两极板的相对位置、极板的形状和尺寸以及绝缘介质的种类有关。如图 3-1(a)所示的平行板电容器，其电容量的大小与极板的相对面积 S 成正比，与极板间的距离 d 成反比，且和介质材料的介电常数 ε 有关，可用下面公式计算：

$$C = \frac{\varepsilon S}{d} \tag{3-2}$$

式中，ε 称为介电常数，它是反映介质绝缘性能的物理量，单位为法拉/米(F/m)。真空的介电常数用 ε_0 表示，实验证明：$\varepsilon_0 \approx 8.85 \times 10^{-12}$F/m。某一介质材料的介电常数 ε 与真空的介电常数 ε_0 的比值称为相对介电常数，用 ε_r 表示。即

$$\varepsilon_r = \frac{\varepsilon}{\varepsilon_0} \tag{3-3}$$

ε_r 是一个无单位的量，常用电介质的相对介电常数如表 3-1 所示。

表 3-1　常用电介质的相对介电常数

电 介 质	空气	水	云母	玻璃	瓷	纸	电木	聚乙烯
相对介电常数	1.000 5	78	3.7 ~ 7.5	5 ~ 10	5.7 ~ 6.8	3.5	7.6	2.3

式(3-2)还可写成

$$C = \frac{\varepsilon_r \varepsilon_0 S}{d} \tag{3-4}$$

【例 3-2】 有一个真空电容器，其电容是 8.2μF，将两极板间的距离增大一倍后，其间充满云母介质($\varepsilon_r = 7$)，求云母电容器的电容。

【解】 真空电容器的电容

$$C_1 = \frac{\varepsilon_0 S}{d}$$

云母电容器的电容

$$C_2 = \frac{\varepsilon_r \varepsilon_0 S}{2d} = \frac{\varepsilon_r}{2}\frac{\varepsilon_0 S}{d} = \frac{7}{2} \times 8.2 = 28.7(\mu F)$$

四、电容元件的伏安关系

电容器的最基本性能就是储存电场能量。如果不考虑电容器的漏电及介质损耗的影响，电容器就可以用一个只储存电场能量的理想二端元件作为模型，这就是电容元件。

若电容元件的电荷量 q 与电压 u 成正比，即 C 为常数的电容称为线性电容，否则称为非线性电容。本教材涉及的电容均指线性电容。

如图 3-2 所示，选择电容电压、电流参考方向关联。设在时间 Δt 内，极板上电荷量的变化量为 Δq。根据电流的定义，得电容电流的表达式：

$$i_C = \frac{\Delta q}{\Delta t} = \frac{C\Delta u_C}{\Delta t} = C\frac{\Delta u_C}{\Delta t} \tag{3-5}$$

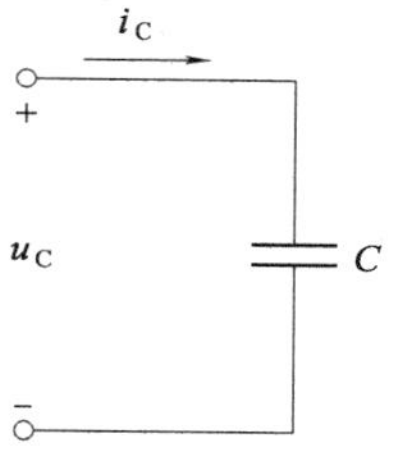

图 3-2　电容元件

式(3-5)称为电容元件的伏安关系式。该式表明，电容电流与电压的变化率成正比，即 $i_C \propto \frac{\Delta u_C}{\Delta t}$。在直流稳态电路中，电容电压保持不变，即$\frac{\Delta u_C}{\Delta t} = 0$，电容电流也为零。因此，在直流稳态电路中，电容元件相当于开路，这就是电容的隔直作用。

当电容两端加交流电压时，若$\frac{\Delta u_C}{\Delta t} > 0$，即当电容电压升高时，极板上的电荷量增加，电容电流 $i_C > 0$，此时电容器处于充电状态；若$\frac{\Delta u_C}{\Delta t} < 0$，即当电容电压降低时，极板上的电荷量减少，电容电流 $i_C < 0$，此时电容器处于放电状态。

【例 3-3】 如图 3-2 所示电路，已知电容 $C = 15\mu F$，充电过程中，电压以 1 000V/s 的速率增加，求电容电流 i_C。

【解】 根据式(3-5)得

$$i_C = C\frac{\Delta u_C}{\Delta t} = 15 \times 10^{-6} \times 1\,000 = 0.015(A)$$

教 学 评 价

一、判 断 题

1. 电容的定义式为 $C = q/u$，当极板上 $q = 0$ 时，$C = 0$。(　　)
2. 在直流稳态电路中，电容元件相当于开路。(　　)

3. 当电容电流 i_C 与其电压 u_C 为非关联参考方向时，电容的伏安关系式是 $i_C = -C\dfrac{\Delta u_C}{\Delta t}$。(　　)

4. 两只电容器，一只电容量大，一只电容量小，如果两只电容器端电压相等，电容量小的所带电荷多。(　　)

二、填 空 题

1. 若电容元件极板上所带电量为 q，两极板间电压为 u，则电容元件的电容 $C=$________。

2. 某电容 $C=20\mu F$，当端电压为 400V 时，极板上所带电荷量 $q=$________。

3. 影响电容量大小的因素是__________、__________、__________。

4. 空气介质的平行板电容器，两极板间接直流电源 U_S，若将介质换为云母，则电容器两端电压________，电容量________，极板上的电荷量________。

5. 写出下列各单位间的换算关系：

$1\mu F=$________F，$1pF=$________$\mu F=$________F。

三、计 算 题

1. 某电容器 $C=30\mu F$，当电容两端的电压以 8kV/s 的速率减少时，电容电流为多少？

2. 已知电容电压、电流参考方向关联，$C=10\mu F$，电压的波形如图 3-3 所示。求电容电流 i_C，并画出波形。

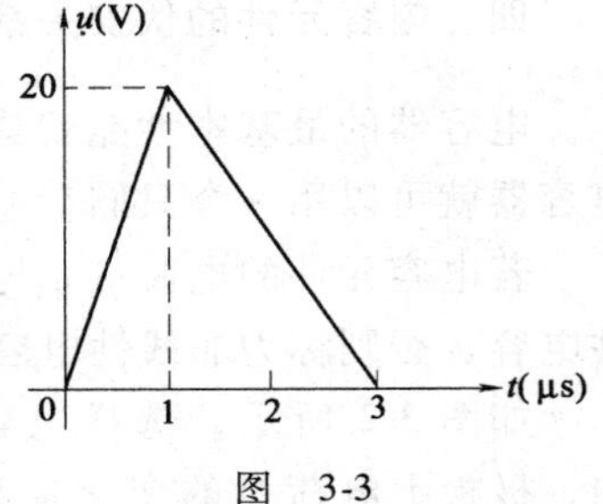

图 3-3

第二节　电容器的串联和并联

【知识目标】

1. 理解电容器的串联和并联的特点。
2. 掌握等效电容和工作电压的计算。

【能力目标】

1. 会正确计算等效电容和工作电压。
2. 会根据实际电路需要，正确选择电容器的连接形式。

在实际工作中，选用电容器时必须考虑到它的电容量和耐压，当遇到单独一个电容器的电容量和耐压不能满足实际电路要求时，可以把两个或两个以上的电容器以恰当的方式连接起来，得到电容和耐压符合要求的等效电容。

一、电容器的并联

图 3-4(a)所示为三个电容器并联的电路。电容器并联使用时，各个电容器两端的电压相同，都等于电源电压 u。因此，每个电容器极板上的电荷量分别为

$$q_1=C_1u \qquad q_2=C_2u \qquad q_3=C_3u$$

如果把三个电容器等效成一个电容器，如图 3-4(b)所示，总电荷量等于三个电容器极板上电荷量之和，即

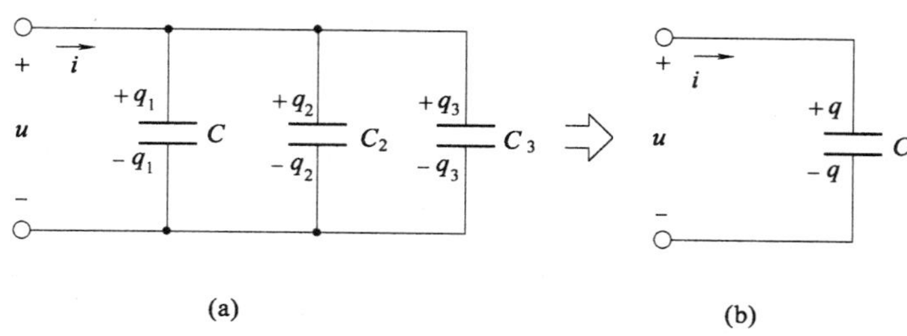

图 3-4　电容器的并联

$$
\begin{aligned}
q &= q_1 + q_2 + q_3 \\
&= C_1 u + C_2 u + C_3 u \\
&= (C_1 + C_2 + C_3) u
\end{aligned}
$$

上式即为图 3-4(a)所示电容并联电路的电量与电压的关系。

图 3-4(b)所示电容元件的电量与电压的关系为

$$q = Cu$$

根据等效条件，当它们的电压相等时，电量也相等，则等效电容为

$$C = C_1 + C_2 + C_3 \tag{3-6}$$

式(3-6)说明，几个电容器并联的电路，其等效电容等于并联各电容器的电容之和。

显然，电容器并联使用时，工作电压不得超过它们中的最低额定电压值，否则，电容器可能被击穿。

二、电容器的串联

图 3-5(a)所示为三个电容串联的电路，电容串联时，各电容所带的电荷量相等，即

$$q = C_1 u_1 = C_2 u_2 = C_3 u_3$$

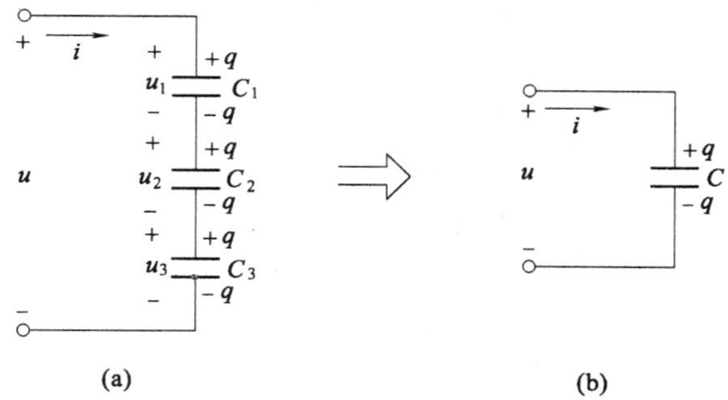

图 3-5　电容器的串联

而它们的电压分别为

$$u_1 = \frac{q}{C_1} \qquad u_2 = \frac{q}{C_2} \qquad u_3 = \frac{q}{C_1}$$

所以，串联电路的总电压

$$u = u_1 + u_2 + u_3 = \frac{q}{C_1} + \frac{q}{C_2} + \frac{q}{C_3} = q\left(\frac{1}{C_1} + \frac{1}{C_2} + \frac{1}{C_3}\right)$$

上式即是图 3-5(a)所示电容串联电路的电量与电压的关系。若图 3-5(b)所示电容元件与图 3-5(a)所示电容串联电路等效，即当它们的电量相等时，电压也相等，则须等效电容的电量

与电压的关系

$$u=\frac{q}{C}$$

与图 3-5(a)所示电容串联电路等效，根据等效条件，则有

$$\frac{1}{C}=\frac{1}{C_1}+\frac{1}{C_2}+\frac{1}{C_3} \tag{3-7}$$

式(3-7)说明，几个电容串联的电路，其等效电容的倒数等于各串联电容的倒数之和。

如果仅有两个电容器串联，则有

$$C=\frac{C_1C_2}{C_1+C_2} \tag{3-8}$$

对于等效电容来说，它所带的电荷量与串联的各电容器所带电荷量相等，即

$$q=Cu=C_1u_1=C_2u_2=C_3u_3$$

对于电容器来说，当工作电压等于耐压值 U_M 时，它所带的电量也达到最大电量值，该电量值称为电量限额，其表达式为

$$q=Q_M=CU_M$$

从上式我们可以看出，只要电量不超过电量限额 Q_M，电容器的工作电压就不会超过耐压值。因此，对于三个电容器的电量限额 Q_{M1}、Q_{M2}、Q_{M3}，应该取其中最小的一个作为整个电路的电量限额，从而保证每个电容器都能安全工作，由此确定等效电容的耐压值为

$$U_M=\frac{Q_M}{C} \tag{3-9}$$

【例 3-4】 有两只电容器，电容 $C_1=5\mu F$，$C_2=2\mu F$，额定电压分别为 450V 和 250V，求：(1)并联使用时等效电容和工作电压；(2)串联使用时等效电容和端电压。

【解】 (1) 并联使用时，等效电容为

$$C=C_1+C_2=5+2=7(\mu F)$$

并联时，各个电容器的端电压相等，因此，工作电压不能超过电容器中额定电压的最小值，即

$$U_M\leqslant U_{M2}=250(V)$$

(2) 串联使用时，等效电容为：

$$C=\frac{C_1C_2}{C_1+C_2}=\frac{5\times 2}{5+2}=\frac{10}{7}\mu F\approx 1.44(\mu F)$$

两个电容器的电量限额分别为：

$$Q_{M1}=C_1U_{M1}=5\times 450=2\ 250(\mu C)$$
$$Q_{M2}=C_2U_{M2}=2\times 250=500(\mu C)$$

故

$$Q_M=Q_{M2}=500(\mu C)$$

等效电容的端电压为

$$U_M=\frac{Q_M}{C}=\frac{500}{\frac{10}{7}}=350(V)$$

或者

$$U_M=U_{M2}+\frac{Q_M}{C_1}=250+\frac{500}{5}=350(V)$$

【例 3-5】 三只 50μF、耐压均为 50V 的电容器混联，如图 3-6 所示，求电路的等效电容及其端电压。

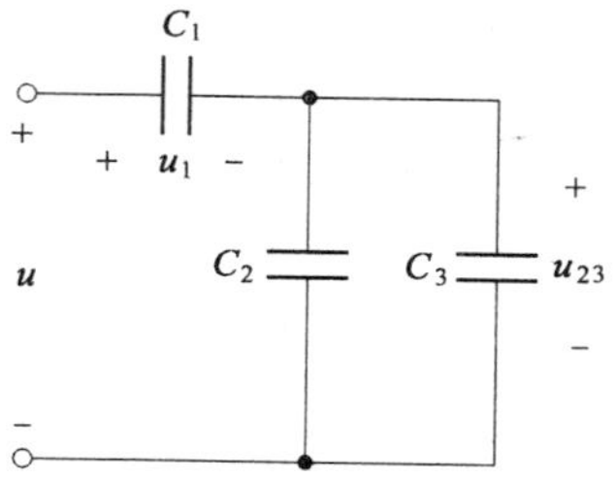

图 3-6 例 3-5 附图

【解】 C_2 与 C_3 并联的等效电容

$$C_{23}=C_2+C_3=50+50=100(\mu\text{F})$$

耐压仍为 50V。

电路的等效电容，即 C_1 与 C_{23} 串联后的等效电容

$$C=\frac{C_1C_{23}}{C_1+C_{23}}=\frac{50\times100}{50+100}=33.3(\mu\text{F})$$

因为

$$C_1U_{M1}=50\times50<C_{23}U_{M2}=100\times50$$

故串联电路的耐压

$$U_M=\frac{Q_M}{C}=\frac{50\times50\times10^{-6}}{33.3\times10^{-6}}=75(\text{V})$$

教学评价

一、判断题

1. 电容器串联使用时，其等效电容比任何一个电容都要小。( )
2. 电容器并联使用时，其等效电容比任何一个电容都要大。( )
3. 电容器串联使用时，每个电容器的电容量与其所承受的电压成正比。( )

二、填空题

1. 电容并联时的基本特点是(1)各电容的电压________；(2)电容所带总电量等于________；(3)等效电容 $C=$________(以三个电容并联为例)。

2. 电容串联时的基本特点是(1)各电容所带电量________；(2)总电压等于________；(3)等效电容 $C=$________(以三个电容并联为例)。

3. 两个电容分别为 20μF 和 5μF，则并联使用时等效电容 $C=$________；若串联使用，则等效电容 $C=$________。

三、计算题

1. 图 3-7 所示电路，已知：$C_1=C_2=0.2\mu\text{F}$，$C_3=C_4=0.6\mu\text{F}$，求开关 S 断开与闭和时的等效电容 C_{ab}。

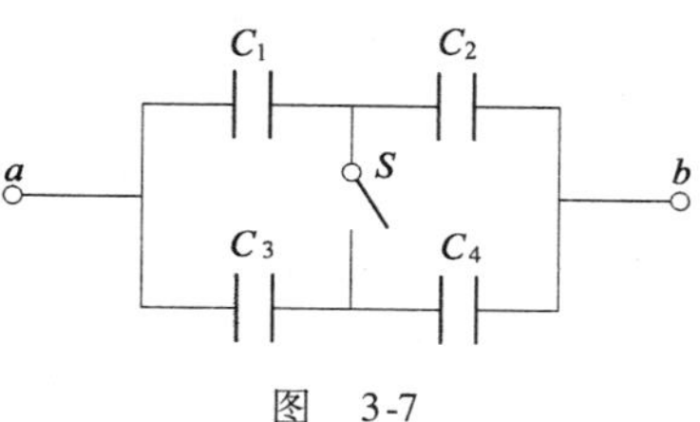

图 3-7

2. 有两个耐压均为 500V 的电容器，电容量分别为 0.2μF 和 0.3μF。若两个电容器串联，其两端施加的最高电压是多少？每个电容器的实际电压是多少？

3. 有三只电容器，电容分别为 3μF、6μF、9μF，要得到 4μF 的等效电容，三个电容器应该做怎样的连接？画出连接图。

第三节 电容器的参数和种类

【知识目标】

1. 了解电容器的主要参数，理解各主要参数的含义。

2. 了解电容器的种类及特点。

【能力目标】

1. 会按照电容器的参数选择电容器。

2. 能够说出五种常用电容器的名称。

3. 会用万用表判断电容器的质量。

电容器的种类繁多，不同种类电容器的性能、用途不同；同一种类的电容器也有许多不同的规格。要合理选择和使用电容器，就必须对电容器的参数和种类有足够的认识。

一、电容器的参数

1. 额定工作电压

电容器的额定工作电压是指电容器能长时间稳定的工作，并保证电介质性能良好的直流电压的数值。额定工作电压一般称为耐压。电容器外壳上所标示的电压就是其额定工作电压。如果把电容器接到交流电路中，必须保证电容器的额定工作电压不低于交流电压的最大值。

2. 标称容量和允许误差

电容器外壳上所标示的电容量的数值称为标称容量。电容器在批量生产过程中，受到诸多因素的影响，实际电容量与标称容量总存在一定的误差。国家对不同的电容器规定了不同的误差范围，在此范围之内的误差称为允许误差。

电容器的允许误差一般也标在电容器的外壳上，按其精度可分为五级：00 级允许误差为 ±1%；0 级允许误差为 ±2%；Ⅰ级允许误差为 ±5%；Ⅱ级允许误差为 ±10%；Ⅲ级允许误差为 ±20%。

一般电解电容器的允许误差范围比较大，如铝电解电容器的允许误差范围是 −20% ~ +100%。

3. 绝缘电阻和介质损耗

衡量一个电容器的性能和质量的好坏，除电容量和耐压两个参数外，还有绝缘电阻和介质损耗。

电容器内部的绝缘介质并不是绝对不导电的，当其两端加上电压后总会有微弱的电流通过绝缘介质，这个电流称为漏电流。因此，电容器两极板间的电阻并不是无限大，而是有限的数值。实验测得该数值在千 MΩ 以上。这个电阻称为绝缘电阻，或漏电阻。在实际使用中，电容器的绝缘电阻越大越好，绝缘电阻越大，漏电流越小，绝缘性能越好。漏电流的路径有两条：一是通过绝缘介质内部；二是通过其表面。因此绝缘电阻与介质的种类和厚度有关，与周围环境有关。温度高或电容器受潮，绝缘电阻会显著下降，电容器内部会产生很大的漏电流。所以一般电容器都用腊封，质量好的电容器要密封。

此外，电容器的绝缘介质在交变电压的作用下，介质内部的电荷要不断的进行重新分布，这种现象称为电介质的极化。由于极化现象的存在，使介质内部的分子产生碰撞和摩擦，也会引起能量损耗，这种能量损耗称为介质损耗。介质损耗越大，电容器温升越高，从而降低电容器的使用寿命，严重时会烧毁电容器。在电力系统和高频电子电路中，应采用低介质损耗的电容器。

二、电容器的种类

人工制造的电容器种类很多。按其电容量是否可变，可分为固定电容器、半可变电容器、可变电容器。

固定电容器的电容量是固定不便的，其性能和用途与两极板间的介质有密切关系。一般常用的介质有云母、陶瓷、金属氧化膜、纸介质、铝电解质等等。电解电容器具有正负极性，只适用于直流电路。使用时切记不要把极性接反，或接到交流电路中，否则，电解电容器会被击穿。固定电容器的外形及其图形符号如图 3-8 所示。

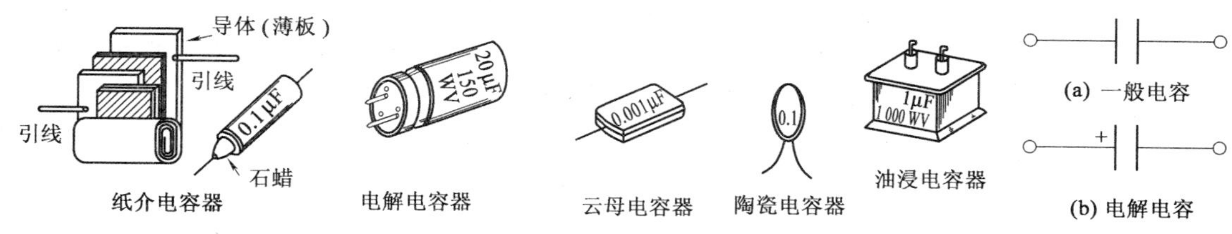

图 3-8　固定电容器的外形及其图形符号

半可变电容器又称为微调电容器，在电路中常被用做补偿电容。容量一般只有几 pF 到几十 pF，而且在使用中容量不经常改变。调整电容量的方法是旋转压在动片上的螺钉，以改变动片和静片之间的距离或相对面积。常用的电介质有陶瓷、云母、有机薄膜等。其外形及其图形符号如图 3-9 所示。

可变电容器是指电容量在一定范围内可调的电容器。适用于电容量随时改变的电路。例如收音机中利用可变电容器可以调节频率。它是利用改变两组金属片的相对位置来改变电容器极板的相对面积，从而改变电容的大小。常用的电介质有空气、有机薄膜等。其外形及其图形符号如图 3-10 所示。

图形符号

微调电容器

图 3-9　半可变电容器的外形及其图形符号

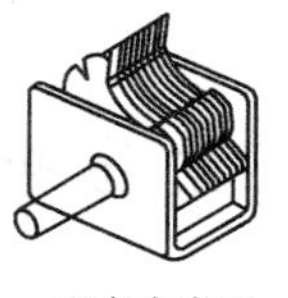

图形符号（可变电容器）

可变电容器

图 3-10　可变电容器的外形及其图形符号

电容器是为获得一定大小的电容特意制成的，但电容效应却在很多场合存在。例如前后提到的两条架空输电线与其间的空气即构成一个电容器。一对输电线可视为电容器的两个极板，输电线间的空气为绝缘介质。又如线圈的各匝之间，晶体管的各个极之间，也存在着电容。这些电容都很小，一般情况下对电路的影响可忽略不计。但如果输电线很长，或电路的工作频率很高，这些电容的作用是不能忽视的。

三、电容器质量的判断

电容器用于多种电路中，它的质量决定电路能否正常工作。使用万用表的欧姆挡可以检查电容器的好坏并确定故障的类型。

万用表用做欧姆表使用时，其正表笔通向表内电池的负极，其负表笔通向表内电池的正极。在测量具有极性的电容器时，正表笔应与电容器的负极相连，负表笔应与电容器的正极相连。在电容器与两表笔接通的瞬间，如图 3-11 所示，由于电容器充电，所以有电流通过，随着电容器电压的升高，电流逐渐消失。因此，万用表的指针开始稍有偏转，然后又返回原处（表示有无限大的电阻）。这时，若移开万用表表笔，1min 后再接触电容器，若电容器是好的，则万用表的指针不偏转（因为电容器已充电到万用表的电池的电压）。

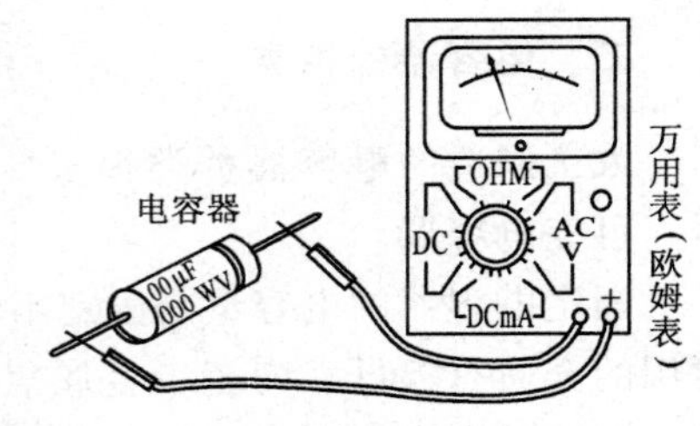

图 3-11　用万用表判断电容器的质量

短路的电容器其内部的绝缘一部分遭到破坏，极板相碰。万用表用做欧姆表使用时，若表笔接触到电容器的两端，则指针偏转到零欧姆。对于开路的电容器，用欧姆表检查时指针不动，表示不充电，指示无限大的电阻。

教学评价

一、判断题

1. 耐压为 50V 的电容器，可以接到电压为 50V 的正弦交流电源上使用。（　　）

2. 电容器介质的绝缘电阻越大，漏电流越小，绝缘性能越好。（　　）

3. 电解电容器可以接到交流电路中使用。（　　）

二、填空题

1. 电容器的额定工作电压一般又称为________，它是指________，________的数值。电容器的实际工作电压应________额定工作电压。

2. 电容器外壳上所标示的电容量的数值称为____________。使用电解电容器时应注意，不可将____________________，或者_________________使用，否则，电容器将被击穿。

三、简答题

简述用万用表判断电容器质量的方法。

第四节　电容器的电场能

【知识目标】

1. 掌握电容器的储能公式。
2. 了解电容器的应用。

【能力目标】

1. 提高对电容器应用的认识。
2. 培养电容器相关的计算能力。

分析电容器在电路中的作用及电容器的电场能，必须了解电容器的充电与放电原理。

一、电容器的充、放电现象

图 3-12(a)为电容器充、放电演示电路。其中 HL 为白炽灯，G 为检流计，V 为电压表。

（一）电容器的充电现象

充电前，开关 S 处于断开位置，电容器极板上无电荷。将图 3-12(a)所示电路中的开关

S与“1”接通，即可对电容器充电。

现象：S与“1”接通瞬间，灯泡HL由最亮逐渐变暗，最后熄灭；检流计的指示立即达到最大，之后逐渐减小到零；电压表的指示则从零逐渐增大，至检流计的指示为零时，电压表的指示等于电源电压，且不再增大。

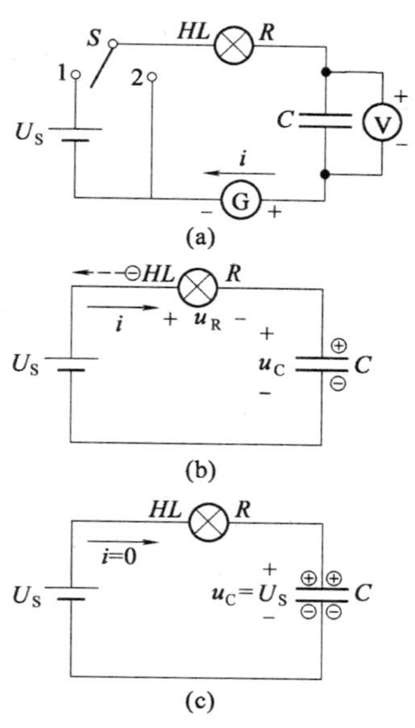

图 3-12　电容器的充电过程

物理过程：开关合上瞬间，电容器的极板上还没有电荷积累，电容电压$u_C=0$，电源电压全部加在灯泡两端，灯泡电压$u_R=U_S$达到最大；电路中的电流也达到最大值$i=U_S/R$，其真实方向与图3-12(b)所示的参考方向相同。这时在电源两极间的电场力作用下，电容器与灯泡相连的极板上的自由电子经由灯泡⟶电源正极⟶电源负极，转移到与电源负极相连的电容器极板上，两个极板即分别带上了等量异性的电荷，介质中建立起电场，如图3-12(c)所示。失去电子的极板带正电，称为正极板；得到电子的极板带负电，称为负极板。正极板上的正电荷将阻止其进一步失去电子；负极板上的负电荷也要阻止其进一步获得电子。为增加电荷的积累，电源必须克服极板上电荷的阻碍作用而做功，电源的能量即转换成电场的能量贮存于电容器中。随着极板上电荷的增加，电容电压u_C增大，灯泡电压$u_R=U_S-u_C$则减小；电路中的电流$i=u_R/R$也随之减小。当电容电压$u_C=U_S$时，灯泡电压$u_R=0$；电路中电流i也减小到零，如图3-12(c)所示。至此，充电过程结束。

（二）电容器的放电现象

充电结束以后，电压表指示等于电源电压值，再将开关S与“1”断开，并与“2”接通，即可使电容器放电。

现象：灯泡HL由最亮逐渐变暗，最后熄灭，检流计的指示也是从开始的最大逐渐减小到零，但指针的偏转方向与充电时相反；电压表的指示则从最大值U_S逐渐减小到零。

物理过程：放电时，在极板间电场力的作用下，负极板上的自由电子通过灯泡返回正极板与那里的正电荷中和，形成与充电时方向相反的放电电流，如图3-13所示。放电开始瞬间，灯泡电压$u_R=u_C=U_S$最大，放电电流$i=U_S/R$也最大。随着极板上正负电荷的不断中和，电容电压u_C、灯泡电压$u_R=u_C$及放电电流$i=u_R/R$都不断减小。至极板上的正负电荷全部中和，电容电压u_C降低至零，电流也减小为零，放电过程结束。放电过程中极板间的电场随电压的下降而逐渐减弱，电容器贮存的电场能量逐渐释放并全部为灯泡电阻所消耗。

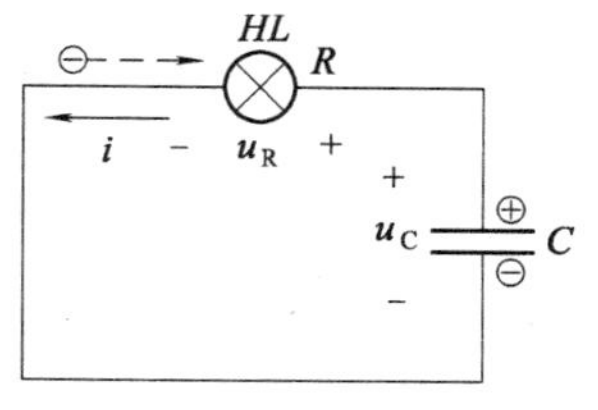

图 3-13　电容器的放电过程

电容器的充、放电原理在实际中有许多应用，如晶闸管的过电压保护电路、电梯的触摸开关等等。

二、电容器的储能

充电后的电容器，极板间有电压，介质中建立起电场，并贮存电场能量。因此，电容元件是一种储能元件。理论和实践证明，电容器储存的电场能可以用下式计算

$$W_C = \frac{1}{2}Cu_C^2 \tag{3-10}$$

式(3-10)中，若电容 C 的单位为 F，电容电压 u_C 的单位为 V，则 W_C 的单位为 J。该式表明，当电容 C 一定时，$W_C \propto u_C^2$；当电容电压 u_C 一定时，$W_C \propto C$，所以电容也反映了电容器储存电场能量的能力。

在收音机、电视机和其他电器中使用的电容器，即使切断电源，电容器中仍有残余电荷。因此，在接触电容器之前要用绝缘螺丝刀使其端子与机壳短路，将电荷释放掉。若不注意，这种电压就会损坏测试设备，而且还会对操作者造成严重的电击。

电力工程中，当电容器刚从电网上切除时，需经充分放电后人才能触及它，以确保人身及设备的安全。

【例 3-6】 有一 20μF 的电容器已充电到两端电压为 100V，如果继续充电到 200V，该电容器此时储存的电场能量比电压为 100V 时增加了多少？

【解】 由电场能量的计算式，得：

$$\Delta W = \frac{1}{2}Cu_2^2 - \frac{1}{2}Cu_1^2 = \frac{1}{2}C(u_2^2 - u_1^2)$$

$$= \frac{1}{2} \times 20 \times 10^{-6} \times (200^2 - 100^2)$$

$$= 0.3(\text{J})$$

【例 3-7】 图 3-14 所示电路，直流电流源 $I_S = 2\text{A}$，$R_1 = 4\Omega$，$R_2 = 2\Omega$，$R_3 = 1\Omega$，电容 $C = 0.2\text{F}$，求电容两端电压 U_C 和电场能量 W_C。

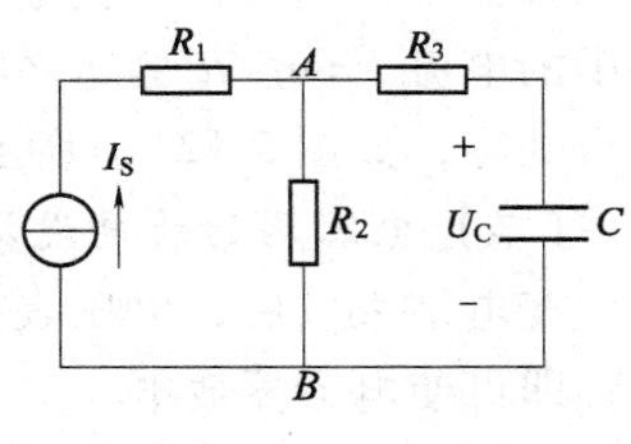

图 3-14　例 3-7 电路

【解】 由于电容具有隔直作用，故电容可视为开路，则有

$$U_C = U_{AB}$$

而
$$U_{AB} = I_S R_2 = 2 \times 2 = 4(\text{V})$$

所以
$$U_C = U_{AB} = 4\text{V}$$

由式(3-10)得

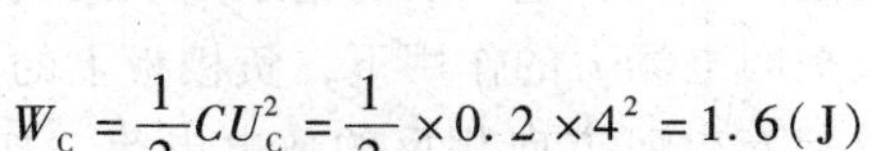

$$W_C = \frac{1}{2}CU_C^2 = \frac{1}{2} \times 0.2 \times 4^2 = 1.6(\text{J})$$

教 学 评 价

一、判 断 题

1. 电容是一种储能元件，它储存的是电场能量。(　　)
2. 电容电流为零时，其储能一定为零。(　　)
3. 电容两端只要有电压，它就储存有一定的电场能量。(　　)
4. 电容器在充电时，电流和电压的实际方向相同。(　　)
5. 电容器的两极板间电压减少时，电流与电压的实际方向相同。(　　)
6. 为了安全起见，电容器在检修之前一定要对其进行充分放电。(　　)

二、填 空 题

1. 电容是储能元件，它储存的电场能量 $W_C =$ ____________。
2. 有一个 80μF 的电容器，当其两端的电压充电到 400V 时，储存的电场能量为________。

3. 电容器在充电过程中，电容电压逐渐________，电流逐渐________；电容器在放电过程中，电容电压逐渐________，电流逐渐________。(填“增大”或“减小”)

4. 从能量角度来讲，电容器的充电过程，实质上是电容器________能量的过程，而电容器的放电过程，实质上是电容器________能量的过程。

三、计 算 题

1. $C=5\mu F$ 的电容器充电结束时电流 $i=0$，电容上的电压为10V。求此时电容储存的电场能量 W_C。

2. 某电容 $C=10\mu F$，已充电到端电压 $U_{C1}=100V$，若继续充电至 $U_{C2}=300V$，则电容储存的电场能量增加了多少？

3. 图3-15所示电路中，已知 $R_1=10\Omega$，$R_2=20\Omega$，$R_3=4\Omega$，$C=6\mu F$，$U_S=10V$。当滑动变阻器的滑动触头由中间位置移到最右侧时，电容器的电场能量增加了多少？

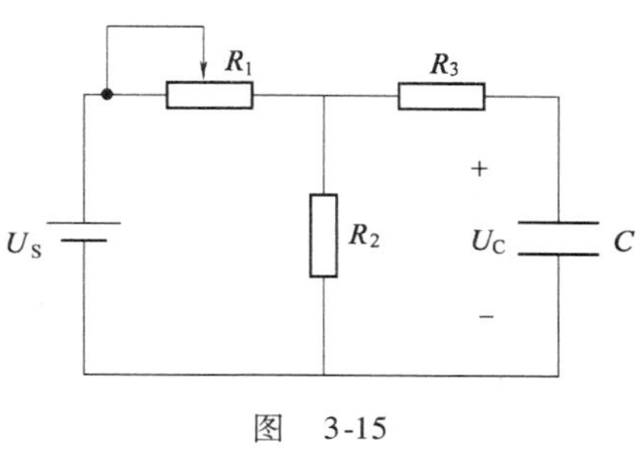

图　3-15

第五节　磁场的基本物理量

【知识目标】

1. 了解磁场的相关概念。
2. 理解磁感应强度、磁通、磁导率和磁场强度的物理含义。
3. 掌握磁通、磁感应强度、磁场强度和磁导率之间的关系。

【能力目标】

1. 会计算磁场的基本物理量。
2. 提高分析磁场相关知识的能力。

一、磁场的基本知识

磁体和载流导体周围存在的一种特殊物质称为磁场。磁场具有两个特征：(1)磁场对场中的小磁针、运动电荷及载流导体有力的作用；(2)磁场具有能量，它会对场中移动的磁体或载流导体作功。

为了检验空间的磁场，可将小磁针放在磁场中的某一点，小磁针静止时其N极的指向，就是该点的磁场方向。如果把小磁针在空间磁场中各点N极的指向用曲线连接起来，就得到一族曲线，这些曲线形象的反映了磁场在空间的分布情况，称为磁感应线，也称为磁力线。永久磁铁的磁场如图3-16所示，在其外部，磁力线从N极出发，回到S极；在其内部，是从S极出发，回到N极，形成连续的、闭合的曲线。载流直导体的磁场如图3-17所示；通电线圈的磁场如图3-18所示。

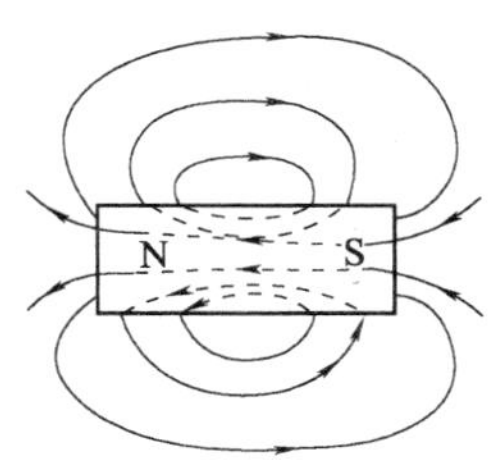

图3-16　永久磁铁的磁场

载流直导体中电流的方向与周围磁场方向的关系，可以用右手螺旋定则来确定：用右手握住导线，伸直的拇指指向电流的方向，其余四指的指向就是磁场的方向，如图3-19(a)所示。通电线圈的磁场方向同样可用右手螺旋定则来确定：用右手握住线圈，四指指向电流的方向，伸直的拇指指向为磁场方向，如图 3-19(b)所示。

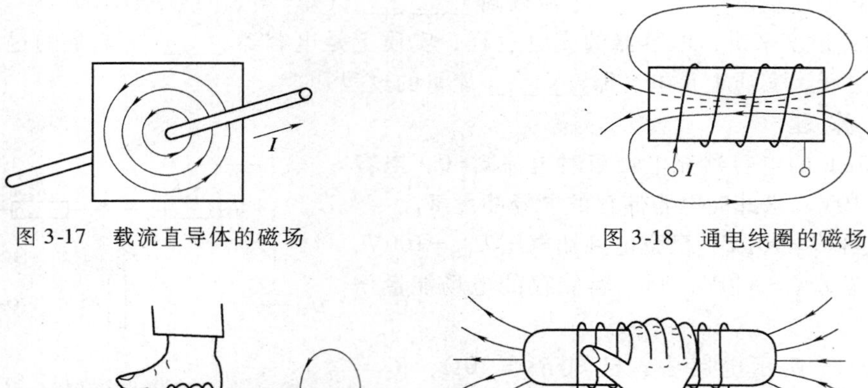

图 3-17　载流直导体的磁场

图 3-18　通电线圈的磁场

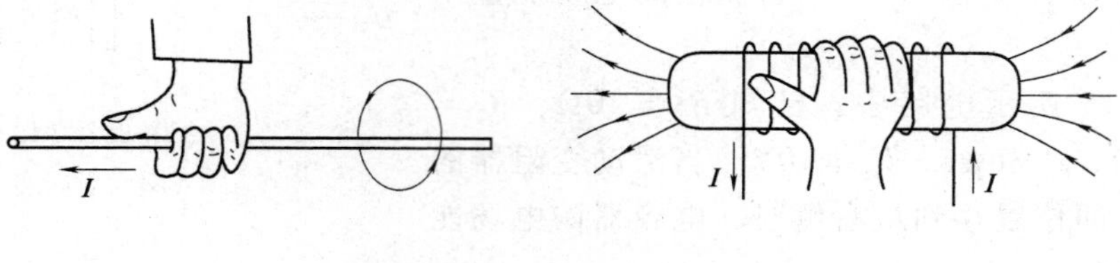

图 3-19　右手螺旋定则示意图

在研究磁场时，常引用磁力线来形象的描绘磁场的特性，磁力线上各点的切线方向，表示该点的磁场方向；而磁力线的疏密程度则表示该点的磁场的强弱。

二、磁场的基本物理量

1. 磁感应强度 B

磁感应强度是根据磁场的力的性质描述磁场中某点的磁场强弱和方向的物理量。它是矢量，用大写字母 B 表示。

在磁场中的某一点放一小段长度为 Δl、电流为 I、并与磁场方向垂直的通电导体，如图 3-20 所示，若导体所受电磁力的大小为 ΔF，则该点的磁感应强度的大小

$$B=\frac{\Delta F}{I\cdot\Delta l} \tag{3-11}$$

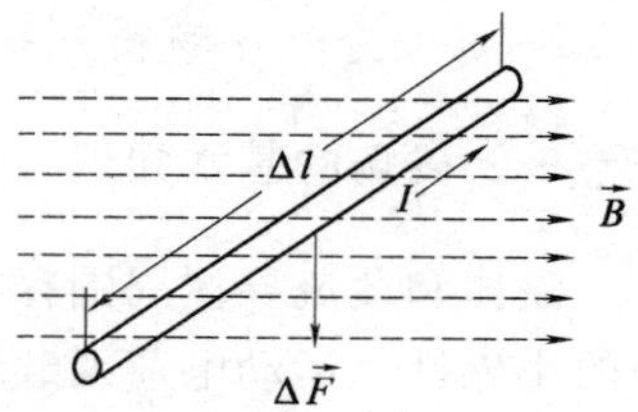

图 3-20　磁场中的通电导体

如果空间某区域内磁感应强度处处大小相等、方向相同，则称为均匀磁场。在国际单位制中，磁感应强度的单位是特斯拉，简称特，用字母 T 表示。

2. 磁通 Φ

磁感应强度 B 与垂直于磁场方向的某一截面的面积 S 的乘积，称为穿过该面积的磁通 Φ，如图 3-21(a)所示。即

$$\Phi=BS \text{ 或 } B=\frac{\Phi}{S} \tag{3-12}$$

如果磁感应强度 B 与面积 S 不垂直，两者之间夹角为 α，如图 3-21(b)所示，则穿过该面积的磁通为

$$\Phi=BS\sin\alpha \tag{3-13}$$

从式(3-12)看出，磁感应强度在数值上可以看成是通过单位面积的磁通，故又称磁通密度。在国际单位制中，磁通的单位是韦伯，简称韦，用符号 Wb 表示。

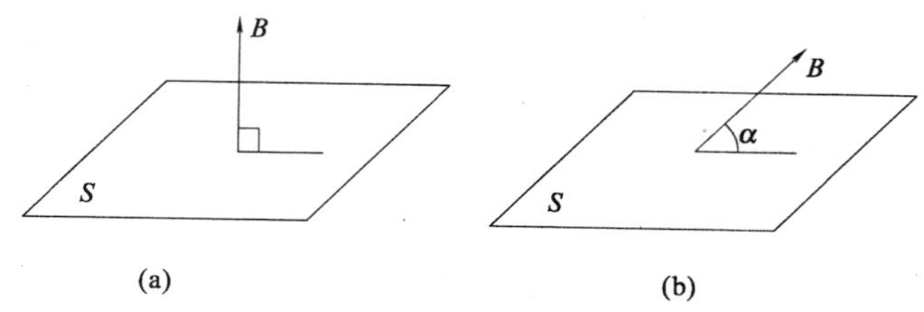

图 3-21　磁感应强度 B 与面积 S 之间的夹角

3. 磁导率 μ

磁导率 μ 是表征磁场中介质导磁能力的物理量。磁导率越大，说明该介质导磁能力越好。在国际单位制中，磁导率的单位是亨利/米，用符号 H/m 表示。

不同介质有不同的磁导率，通过实验测定，真空中的磁导率是一个常数，用 μ_0 表示

$$\mu_0 = 4\pi \times 10^{-7}\text{H/m}$$

任何一种介质的磁导率 μ 与真空中的磁导率 μ_0 的比值称为相对磁导率，用 μ_r 表示，即

$$\mu_r = \frac{\mu}{\mu_0} \tag{3-14}$$

根据磁导率的大小，自然界中的所有物质可以分为铁磁材料和非铁磁材料两大类。非铁磁材料(如空气、铝、铜等)的磁导率近似等于真空磁导率，且每种材料的磁导率都是常数。而铁磁材料(主要是铁、钴、镍及其合金、氧化物等)的磁导率很大，其相对磁导率可以达到几千或几万，并且不是常数。由于铁磁材料的高导磁性使之应用十分广泛，很多电气设备(如变压器、电动机等)都采用铁磁材料作为铁心，以增强磁场。

4. 磁场强度 H

磁场强度也是描述磁场强弱的一个基本的物理量。均匀磁场中某一点的磁场强度 H 等于该点的磁感应强度 B 与周围介质磁导率 μ 的比值，即

$$H = \frac{B}{\mu} \tag{3-15}$$

在国际单位制中，磁场强度 H 的单位是安/米，用符号 A/m 表示。磁场强度 H 也是矢量，其方向与磁感应强度 B 的方向一致。

教 学 评 价

一、判 断 题

1. 磁力线总是从 N 极出发，终止于 S 极。(　　)
2. 磁场中，磁力线越密集的地方说明该处磁场强。(　　)
3. 电动机、变压器用铁磁材料作铁芯，其目的是增强磁场。(　　)
4. 磁感应强度是矢量，而磁场强度是标量。(　　)

二、填 空 题

请根据所学知识填写表 3-2。

表 3-2　磁场的基本物理量

<table>
<tr><td>磁场物理量</td><td>磁感应强度 B</td><td>磁场强度 H</td><td>磁通 Φ</td><td colspan="2">磁导率 μ</td></tr>
<tr><td>定义式</td><td></td><td></td><td></td><td>真空磁导率</td><td></td></tr>
</table>

续上表

磁场物理量	磁感应强度 B	磁场强度 H	磁通 Φ	磁导率 μ	
国际单位				介质磁导率	
方向				相对磁导率	
相互关系式					

三、计 算 题

1. 均匀磁场中放有一根长度为0.2m的直导线，导线与磁力线垂直放置。当导线内通过的电流是1A时，导线受电磁力为0.05N，试求均匀磁场的磁感应强度 B。

2. 在 $B=0.8\text{T}$ 的均匀磁场中，放置一个 $5\text{cm}\times5\text{cm}$ 的正方形线框，线框平面的法线方向与磁场方向之间的夹角为60°，求穿过该线框的磁通。

3. 介质为空气的均匀磁场，$B=0.6\text{T}$，有一个 $S=50\text{cm}^2$ 的平面与磁场方向垂直放置于磁场中，求穿过该面积的磁通是多少？各点的磁场强度是多少？

第六节　电 感 元 件

【知识目标】

1. 了解自感现象、自感电动势、自感磁通、自感磁链的概念。
2. 掌握电感的定义式、单位和物理含义。
3. 了解影响电感的因素。
4. 掌握电感元件的伏安关系。

【能力目标】

1. 培养电感元件相关的计算能力。
2. 加深对电感元件的认识。

一、电磁感应定律

1831年，法拉第通过实验总结出：当穿过某一导电回路所围面积的磁通发生变化时，回路中即产生感应电动势及感应电流，感应电动势的大小与磁通对时间的变化率成正比。这一结论称为法拉第定律。这种由于磁通的变化而产生感应电流的现象称为电磁感应现象。1833年楞次进一步发现：感应电流的方向总是要使它的磁场阻碍引起感应电流的磁通的变化。这一结论就是楞次定律。法拉第定律经楞次补充后，完整地反映了电磁感应现象，这就是电磁感应定律。

电磁感应定律指出：如果选择磁通 Φ 的参考方向与感应电动势 e 的参考方向符合右手螺旋定则的关系，如图3-22所示，则对一匝线圈来说，其感应电动势

$$e=-\frac{\Delta\Phi}{\Delta t} \tag{3-16}$$

式中各量采用SI单位，即磁通的单位为Wb，时间的单位为s，电动势的单位为V，$\frac{\Delta\Phi}{\Delta t}$称为磁通的变化率，单位为Wb/s。

若线圈的匝数为 N，且穿过各匝的磁通均为 Φ，如图3-23所示，则

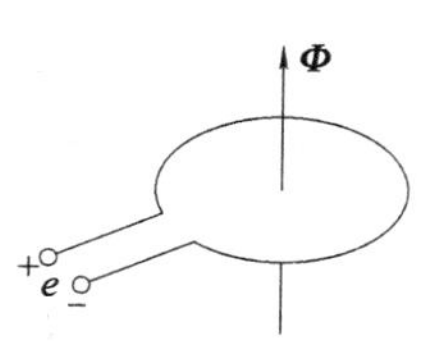

图 3-22 单匝线圈

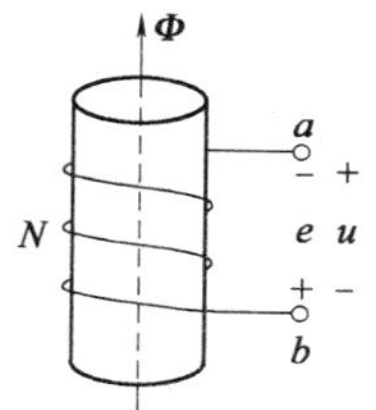

图 3-23 匝数为 N 的线圈

$$e=-N\frac{\Delta\Phi}{\Delta t}=-\frac{\Delta\psi}{\Delta t} \tag{3-17}$$

式(3-17)是电磁感应定律的数学表达式，其中 $\psi=N\Phi$，称为磁链，单位与磁通相同，$\frac{\Delta\psi}{\Delta t}$称为磁链的变化率，单位也为 Wb/s。式中“ - ”号体现楞次定律，说明感应电动势的方向总是企图阻碍线圈中磁通的变化。

感应电动势将使线圈的两端出现电压，称为感应电压。若选择感应电压 u 的参考方向与 e 相同，则当外电路开路时，图 3-23 所示线圈两端的感应电压

$$u=-e=-\frac{\Delta\psi}{\Delta t} \tag{3-18}$$

二、电感器和电感

在实际电路中，经常用到由导线绕制而成的电感线圈，又称为电感器。如日光灯电路中的镇流器，收音机电路中的天线线圈等。

当电感线圈中有电流 i_L 通过时，电感器的内部及其周围都要产生磁场，并储存磁场能量，这是电感器的基本性能。如果忽略电感器的内阻及分布电容等次要因素，电感器就可以用一个只储存磁场能量的理想二端元件作为模型，这就是电感元件。当线圈中没有铁磁材料时，磁链 ψ_L 或磁通 Φ 与电流 i_L 成正比，即

$$\psi_L=Li_L \tag{3-19}$$

式中的 L 是比例系数，它是反映电感元件产生自感磁链 ψ_L 能力的，称为电感系数或自感系数，简称电感。

电感的 SI 单位为亨利，简称为亨(H)；1H = 1Wb/A 。其常用单位有毫亨(mH)和微亨(μH)。它们和亨利的换算关系为

$$1\text{mH}=10^{-3}\text{H}$$
$$1\mu\text{H}=10^{-3}\text{mH}=10^{-6}\text{H}$$

电感元件和电感器也简称为电感。因此“电感”一词有时指电感元件(或电感器)，有时则是指电感元件(或电感器)的参数 L。

一个实际的电感线圈(或电感器)，除标明它的电感外，还应标明其额定工作电流。如果电流过大，会使线圈过热或使线圈受到过大的电磁力的作用而发生变形，甚至烧毁线圈。各种线圈的外形及其图形符号如图 3-24 所示。

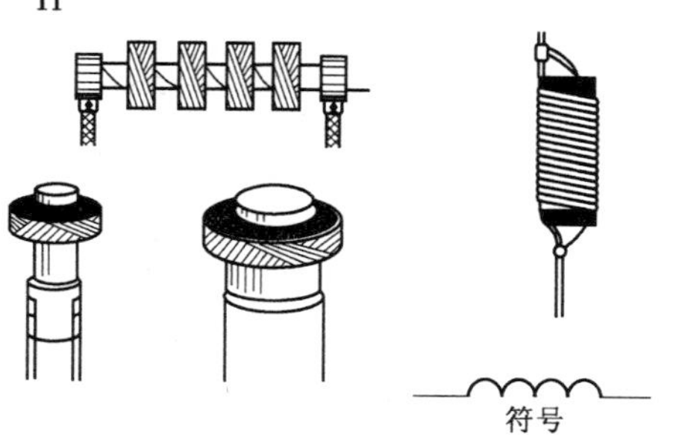

图 3-24 各种电感的外形及其图形符号

三、影响电感的因素

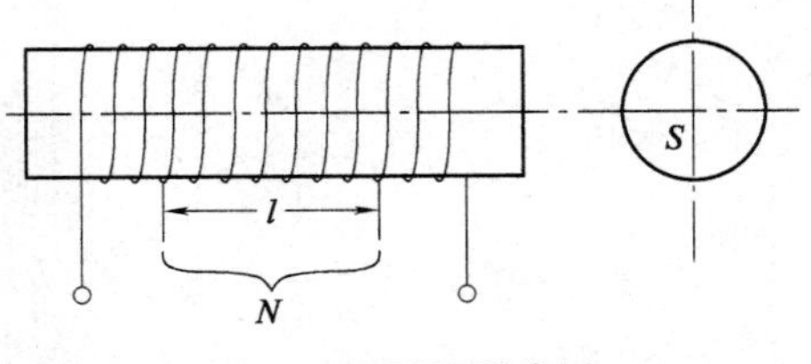

图 3-25　圆柱形线圈

电感线圈的电感与线圈的形状、尺寸、匝数及其周围的介质有关。如图 3-25 所示的圆柱形线圈是常见的电感线圈之一。若线圈绕制均匀紧密，且其长度远大于截面半径，可以证明，一段圆柱形线圈的电感

$$L = \mu \frac{N^2 S}{l} \tag{3-20}$$

式中，S 为线圈的截面积，l 表示该段线圈的轴向长度，N 为该段线圈的匝数，$\mu = \mu_r \mu_0$ 是磁介质的磁导率。

形状、尺寸、匝数完全相同的线圈，当其介质不同时，电感也不相同。由于磁导率相差悬殊，铁心线圈的电感特大于空心线圈的电感。

四、电感元件的伏案关系

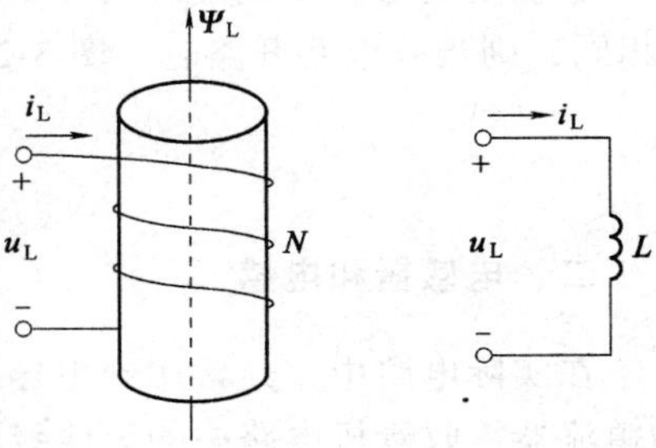

当通过电感的电流 i_L 发生变化时，磁链 ψ_L 也相应的发生变化，电感两端产生感应电压，即自感电压 u_L，如图 3-26 所示，根据电磁感应定律，得

$$u_L = \frac{\Delta \psi_L}{\Delta t} \tag{3-21}$$

将式(3-19)代入式(3-21)得

$$u_L = \frac{(L\Delta i_L)}{\Delta t} = L\frac{\Delta i_L}{\Delta t} \tag{3-22}$$

图 3-26　电流、电压和磁链的参考方向

这就是电容元件的伏安关系。

式(3-22)表明，当电感 L 一定时，$u_L \propto \frac{\Delta i_L}{\Delta t}$。当电流增加时，则$\frac{\Delta i_L}{\Delta t} > 0$，$u_L > 0$；当电流减小时，则$\frac{\Delta i_L}{\Delta t} < 0$，$u_L < 0$；当电流不变化(如直流电流)时，则$\frac{\Delta i_L}{\Delta t} = 0$，$u_L = 0$，此时电感中虽然有电流，其两端电压却为零，电感元件相当于短路，因此电感元件具有导通直流的作用。

【例 3-8】　电路如图 3-27(a)所示，已知 $L = 0.2$H，电流波形如图 3-27(b)所示。求电感电压 u，并画出波形图。

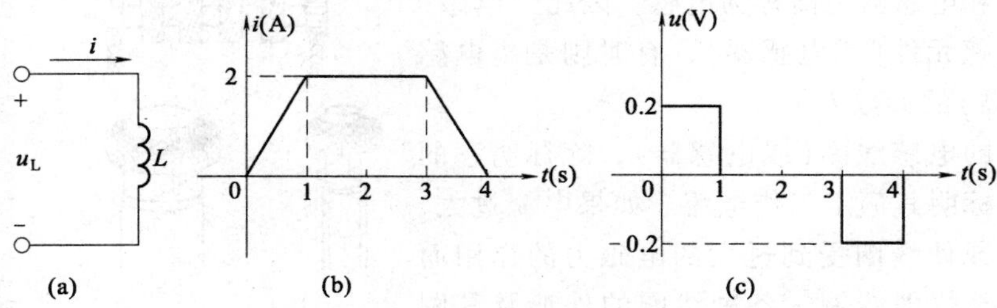

图 3-27　例 3-8 的电路和波形

【解】 根据电流波形的斜率不同，分段求解

（1） $0 \leqslant t \leqslant 1\text{s}$ 时

$$u = L\frac{\Delta i}{\Delta t} = 0.2 \times \frac{2-0}{1-0} = 0.4(\text{V})$$

（2） $1\text{s} \leqslant t \leqslant 3\text{s}$ 时，电流恒定不变，即$\frac{\Delta i}{\Delta t} = 0$，故电压 u 为零。

（3） $3\text{s} \leqslant t \leqslant 4\text{s}$ 时

$$u = L\frac{\Delta i}{\Delta t} = 0.2 \times \frac{0-2}{4-3} = -0.4(\text{V})$$

根据各段电压的数值，画出电感电压 u 的波形如图 3-27(c)所示。

五、电感元件的储能

当电感线圈有电流 i_L 通过时，线圈的内部及其周围都要产生磁场，并储存磁场能量。因此，电感元件也是一种储能元件。理论和实验证明，电感元件储存的磁场能量计算是为

$$W_L = \frac{1}{2}Li_L^2 \tag{3-23}$$

式(3-23)表明，当电感 L 一定时，$W_L \propto i_L^2$，只要电感线圈中有电流通过，它就储存一定的磁场能量。同时还表明，当电流 i_L 一定时，$W_L \propto L$，因此电感 L 也是反映电感元件储存磁场能量能力的物理量。

式(3-23)中，若电感 L 的单位为 H，电流 i_L 的单位为 A，则 W_L 的单位为 J。

【例 3-9】 已知电感元件 $L = 20\text{mH}$，当通以 4A 电流时，其储存的磁场能量 W_L 为多少 J？

【解】 由式(3-23)得

$$W_L = \frac{1}{2}Li_L^2 = \frac{1}{2} \times 20 \times 10^{-3} \times 4^2 = 0.16(\text{J})$$

电感是一种常用的电子元器件，在电路中的基本用途有扼流、交流负载、振荡、滤波、调谐等。由于电感具有通直流、阻交流的特性，因此电感器在电路中经常和电容器构成 LC 滤波器、LC 振荡器等。另外，人们还利用电感的特性，制造了阻流圈、变压器、继电器等。

教 学 评 价

一、判 断 题

1. 线圈中只要有磁通，就一定能产生感应电动势。(　　)
2. 电感的定义式为 $L = \Psi / i$，所以当电流为零时，电感无穷大。(　　)
3. 在直流稳态电路中，电感元件可视为短路。(　　)
4. 电感元件端电压为零时，其储存的磁场能量一定为零。(　　)

二、填 空 题

1. 电感元件是一个________元件，它是________的理想化模型。电感元件简称________。它的主要参数是________。
2. 设线圈有 N 匝，通过各匝磁通 Φ 相等，则其磁链为 $\psi =$________。
3. 电感的定义式为 $L =$____________，国际单位是________。
4. 当选择电感中的电压与电流的参考方向相反时，其伏安关系为________。

5. 电感储存的磁场能量的计算式为 $W_L=$________。

三、计 算 题

1. 已知 10mH 电感线圈的电流为 5A，现将电流增至 10A，则该线圈的磁场能量增加了多少？

2. 分别计算图 3-28 所示各电路中储能元件的储能各为多少？

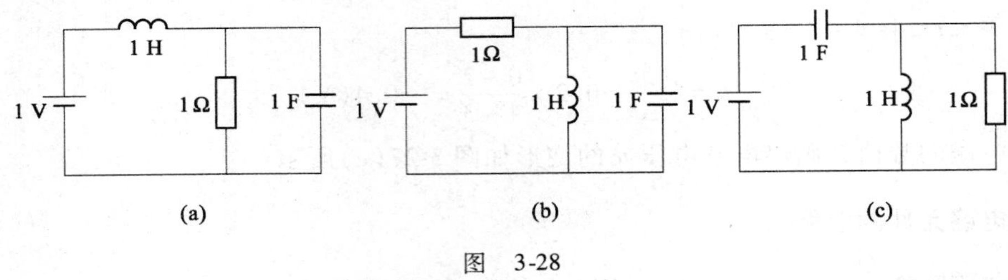

图 3-28

一、电容元件

电容元件是实际电容器的理想化模型，是一个理想二端元件，其主要参数是电容 C。

（一）电容的定义式

$$C=\frac{q}{u}$$

电容量是衡量电容器储存电荷能力的物理量。其大小取决于电容器的形状、尺寸及绝缘介质的种类，与电荷量 q 和电压 u 无关。电容的 SI 单位是法拉(F)。平板电容器的电容

$$C=\frac{\varepsilon S}{d}$$

（二）电容元件的伏安关系

当电压、电流取关联参考方向时，电容元件的伏安关系可用下式表达

$$i_C=C\frac{\Delta u_C}{\Delta t}$$

在直流稳态电路中，电压恒定不变化，电流为零，电容元件相当于开路。

（三）电容器的电场能

电容器充电后，储存一定的电场能量，计算公式为

$$W_C=\frac{1}{2}Cu_C^2$$

（四）电容的串、并联

1. 电容的串联

（1）等效电容 C

$$\frac{1}{C}=\frac{1}{C_1}+\frac{1}{C_2}+\frac{1}{C_3}$$

若只有两个电容 C_1、C_2 串联，则

$$C = \frac{C_1 C_2}{C_1 + C_2}$$

(2) 耐压 u

几个电容串联时，应根据电容与耐压的最小乘积确定电量的限额，然后再根据公式 $u = \frac{q}{C}$ 确定等效电容的耐压以及每个电容器的实际工作电压。

几个电容串联时，每个电容所分得的电压与其电容量成反比，即

$$u_1 : u_2 : u_3 = \frac{1}{C_1} : \frac{1}{C_2} : \frac{1}{C_3}$$

2. 电容的并联

(1) 等效电容 C

$$C = C_1 + C_2 + C_3$$

(2) 耐压 u

几个电容并联时，工作电压不得超过它们中的最低额定电压值。

3. 电容的主要参数

电容的主要参数除标称容量外，还有耐压值和绝缘电阻。使用电容器时。不仅要考虑标称容量和耐压值，还要考虑绝缘电阻。绝缘电阻越大，电容器的绝缘性能越好。

二、电感元件

(一) 磁场的基本物理量

磁场物理量	磁感应强度 B	磁场强度 H	磁通 Φ	磁导率 μ	
定义式	$B = \frac{\Delta F}{I \cdot \Delta l}$	$H = \frac{B}{\mu}$	$\Phi = BS$ (均匀磁场)	真空的磁导率	$\mu_0 = 4\pi \times 10^{-7}$ A/m
SI 单位	特(T)	安/米(A/m)	韦(Wb)	介质的磁导率	$\mu = \mu_r \mu_0$
方向	与该点的磁场方向一致	与该点的 B 方向一致		相对磁导率	$\mu_r = \frac{\mu}{\mu_0}$
相互关系	$B = \frac{\Phi}{S}$	$B = \mu H$		$\mu = \frac{B}{H}$	

(二) 电磁感应定律

线圈中感应电动势的大小与穿过线圈内的磁通的变化率成正比——法拉第定律。

线圈中感应电动势的方向总是使其产生的感应电流的磁通阻碍原磁通的变化——楞次定律。

法拉第定律和楞次定律结合起来，完整地反映了电磁感应的规律，这就是电磁感应定律。选择感应电动势 e 的方向与磁通 Φ 的方向符合右手螺旋定则时，电磁感应定律的数学表达式为

$$e = -N\frac{\Delta\Phi}{\Delta t} = -\frac{\Delta\psi}{\Delta t}$$

式中磁链 $\psi = N\Phi$。

（三）电感元件

电感元件是实际线圈的理想化模型，是一个理想的二端元件，其主要参数是电感 L。

1. 电感的定义式

电感定义为自感磁链与产生自感磁链的电流之比，即

$$L = \frac{\Psi}{i}$$

电感是衡量线圈储存磁链能力的物理量。其的大小与线圈的几何尺寸、匝数及线圈内的介质种类有关，而与磁链 Ψ 和电流 i 无关。电感的 SI 单位是亨(H)。直螺线管线圈电感的计算公式为

$$L = \mu \frac{N^2 S}{l}$$

2. 电感元件的伏安关系

当电压、电流取关联参考方向时，电感元件的伏安关系可用下式表达

$$u_{\mathrm{L}} = L \frac{\Delta i}{\Delta t}$$

在直流稳态电路中，电流恒定不变化，电感电压为零，电感元件相当于短路。

（四）电感线圈的磁场能

线圈通电后，在电流作用下，储存一定的磁场能量，其计算公式为

$$W_{\mathrm{L}} = \frac{1}{2} L i^2$$

第四章

单相正弦交流电路

正弦交流电在生产领域和生活中有着广泛的应用。本章首先介绍正弦交流电的基本概念，在此基础上介绍正弦交流电的相量表示方法和正弦交流电路的基本规律及分析计算方法。建立在复数基础上的相量法是正弦交流电路分析计算最常用的方法。最后介绍正弦交流电路的功率。

第一节　正弦交流电的基本概念

【知识目标】

1. 理解正弦交流电与直流电的区别。
2. 掌握正弦量的三要素概念。
3. 理解正弦量的周期、频率和角频率的概念，掌握三者之间的关系。
4. 理解相位、相位差的概念、能根据相位差求解两个同频率正弦量的相位关系。

【能力目标】

1. 培养分析、解决问题的能力。
2. 运用所学知识计算电路物理量的能力。

一、认识正弦交流电

直流电路中，电动势、电压和电流的大小和方向都不随时间 t 变化，如图 4-1 所示的直流电流。但是在日常的生产和生活中，很多情况下，电路中的电动势、电压和电流的大小和方向却是随时间变化的。大小和方向随时间作周期性变化的物理量（如电动势、电压、电流、磁通等）称为周期性交流量，如图 4-2 所示。

在周期性交流量中，应用最广泛的是按正弦规律变化的正弦交流量，简称正弦量。通常所说的正弦交流电，指的是正弦电动势、正弦电压和正弦电流。

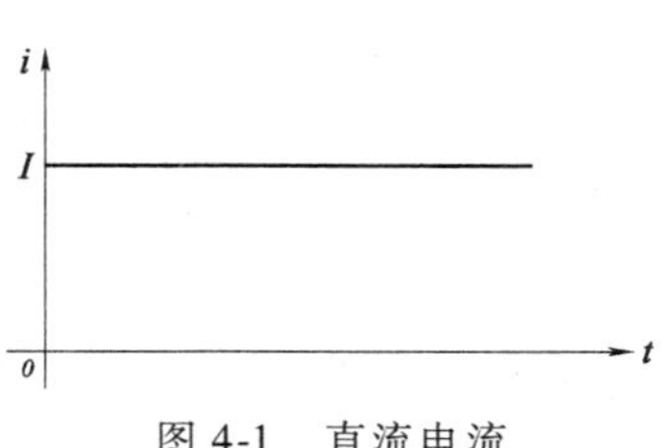

图 4-1　直流电流

正弦量的大小和方向随时间按正弦规律变化，它在每一瞬间都有确定的大小和方向，正弦量在每一瞬时的数值叫做瞬时值。瞬时值是时间 t 的函数，分别用小写字母 e、u、i 表示正弦电动势、正弦电压、正弦电流的瞬时值。

要完整的表示正弦量的瞬时值，就要同时表示出正弦量在每一瞬时的大小和方向。因此，只有先对正弦量规定参考方向，才能用有正、负的数表示正弦量的瞬时值。正弦量的参考方向与实际方向相同时，瞬时值为正值；否则，瞬时值为负值。

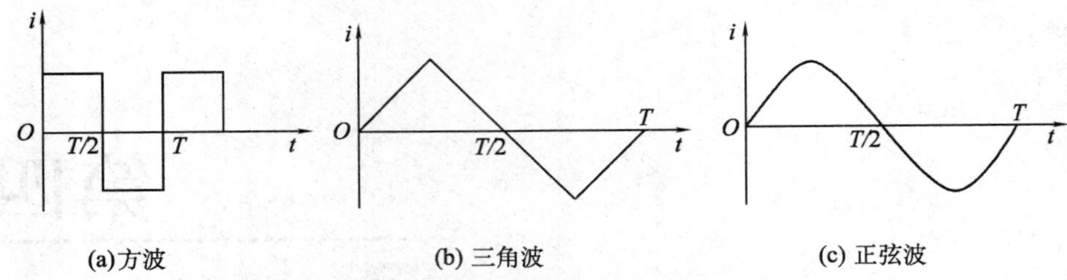

(a)方波　(b) 三角波　(c) 正弦波

图 4-2　几种常见的周期性交流电流的波形

例如，图 4-3(a)所示电路中，流过电阻中的正弦电流为 i，若选择从 a 到 b 为电流的参考方向，那么 $i=5\sqrt{2}\sin 314t(\text{A})$。即在 $t=0$ 时，$i=0$；$t=\dfrac{T}{8}$时，$i=5\text{A}$，实际方向从 a 到 b；$t=\dfrac{T}{4}$时，$i=7.07(\text{A})$，实际方向从 a 到 b；$t=\dfrac{3}{4}T$ 时，$i=-7.07\text{A}$，实际方向从 b 到 a。

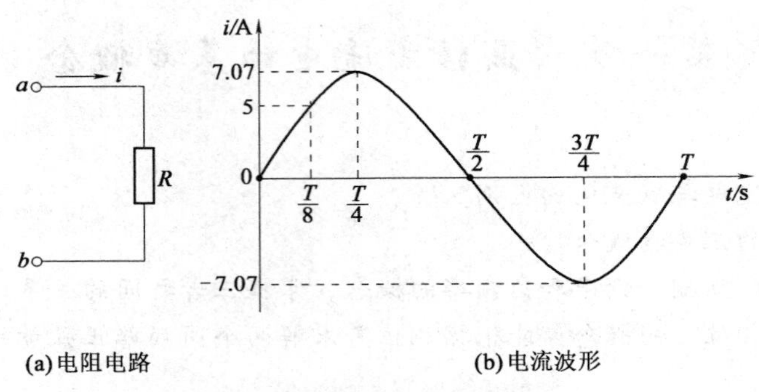

(a) 电阻电路　(b) 电流波形

图 4-3　正弦量的瞬时值

正弦量的瞬时值随时间变化规律的数学表达式叫做解析式，例如 $i=5\sqrt{2}\sin 314t$ A 就是图 4-3 中正弦电流 i 的解析式。

正弦量瞬时值随时间变化规律的图像叫做正弦量的波形。如图 4-3(b)中的曲线就是正弦电流 i 的波形。

同一个正弦量，如果参考方向选择相反，那么，两种参考方向下的瞬时值的大小相等，但正、负号相反，解析式相差一个负号，其波形与原波形对称横轴。

二、正弦电动势的产生

正弦电流是正弦电动势作用于线性电路时产生的。实际上，正弦电动势是由交流发电机产生的。

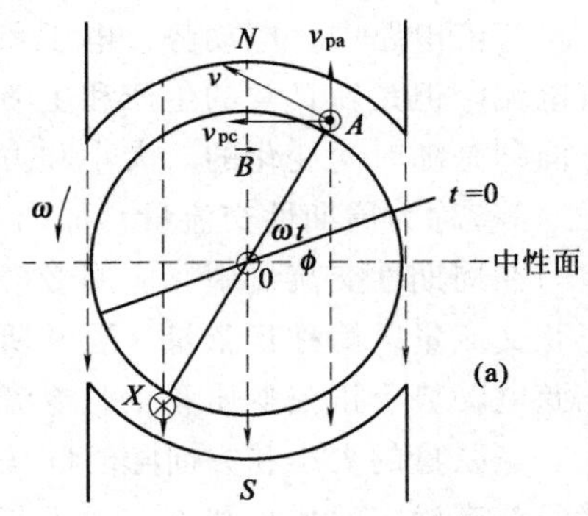

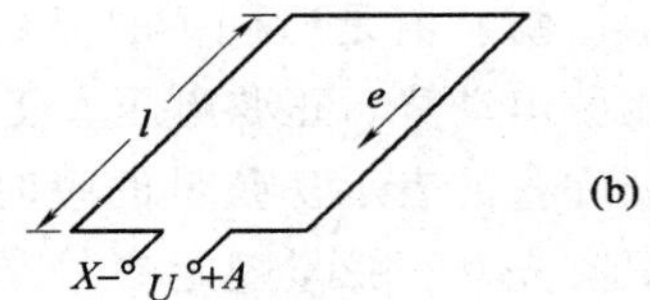

图 4-4　正弦交流电的产生

图 4-4(a)是一正弦交流发电装置的原理图。N 和 S 是一对磁极，其间的磁场设为均匀磁场，磁感应强度的大小为 B，方向由 N 极指向 S 极。AX 为置于磁场中可以绕固定转轴 O 旋转的线圈，其匝数为 N。线圈平面与纸面垂直，其垂直于纸面的两边的导体称为线圈的边。通过固定转轴 O 的水平平面称为中性面。线圈平面处于中

性面时，无论向哪个方向旋转，线圈的两个边均不切割磁感应线，线圈中没有感应电动势产生。

假设线圈以角速度 ω 逆时针方向绕轴旋转，$t=0$ 时刻（又称计时起点）线圈平面与中性面的夹角为 ψ，经过时间 t，线圈的角位移为 ωt，则 t 时刻线圈平面与中性面的夹角为 $\omega t+\psi$。此时，由于线圈的边作切割磁感应线的运动，线圈中有感应电动势产生。

若线圈边做圆周运动的线速度为 v，其切割磁感应线的有效长度为 l，按图 4-4(a) 所标感应电动势的参考方向，则线圈中的感应电动势为

$$e=2NBlv_{pe}=2NBlv\sin(\omega t+\psi)$$

式中，$v_{pe}=v\sin(\omega t+\psi)$ 是线速度 v 的垂直于磁场方向的分量。当线圈匝数 N、线圈边的长度 l、线速度 v 以及磁感应强度 B 一定时，上式中的乘积 $2NBlv$ 是一个定值，令 $E_m=2NBlv$，则感应电动势

$$e=E_m\sin(\omega t+\psi) \tag{4-1}$$

显然，线圈中的电动势是一个正弦量。式(4-1)称为正弦电动势的瞬时值表达式，也就是正弦电动势的解析式。

若线圈两端 A、X 没有接负载，则两个引出端钮 A、X 间的电压 u，如图 4-4(b) 所示，在图示的参考方向下就等于感应电动势 e，即

$$u=e$$

可见，电压 u 也是正弦量，可表示为

$$u=U_m\sin(\omega t+\psi)$$

其中

$$U_m=E_m=2NBlv$$

也是一个定值。

三、正弦量的三要素

从式(4-1)可以看出，如果已知 E_m、ω 和 ψ，就可以确定电动势 e 与时间 t 的正弦函数关系。E_m、ω 和 ψ 分别称为正弦量的最大值、角频率和初相位，它们是确定一个正弦量的三要素。

（一）最大值

最大值是指正弦量正的最大的瞬时值，又称为峰值或幅值。最大值用带下标 m 的大写字母表示。如 E_m、U_m 和 I_m 分别表示正弦电动势、正弦电压和正弦电流的最大值。图 4-5 是两个最大值不同的正弦电压的波形，不难看出，最大值体现了正弦量的变化范围。

（二）角频率

式(4-1)中的 ω（即图 4-4 所示交流发电装置的线圈旋转的角频率），称为正弦量 e 的角频率，单位是 rad/s。

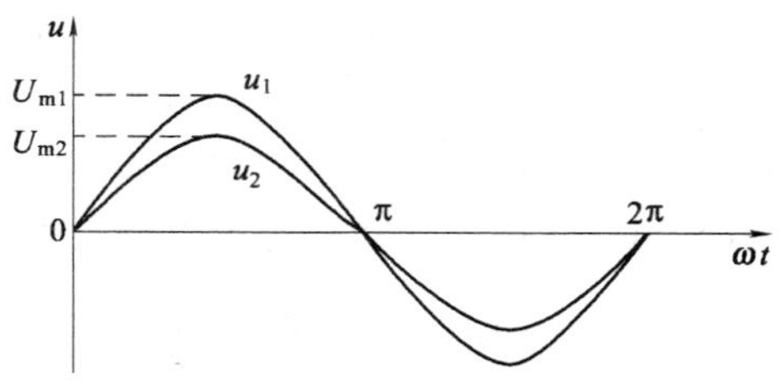

图 4-5　不同振幅的正弦波

线圈旋转一周，线圈中产生的感应电动势 e 则按正弦规律变化一周，正弦量 e 变化一周所需的时间，称为正弦量 e 的周期，用字母 T 表示，单位是秒，用符号 s 表示。

线圈在一个周期内的经历的电角为

$$\omega T=2\pi$$

因此角频率

$$\omega = \frac{2\pi}{T} \tag{4-2}$$

正弦量 e 在 1s 变化的周数，称为正弦量 e 的频率，用字母 f 表示。频率的单位是赫兹，用符号 Hz 表示，1Hz = 1/s。无线电和电视的频率较高，常用 kHz 和 MHz 表示。它们的换算关系是

$$1\text{kHz} = 10^3\text{Hz} \qquad 1\text{MHz} = 10^3\text{kHz} = 10^6\text{Hz}$$

由周期和频率的定义可以推知

$$f = \frac{1}{T} \tag{4-3}$$

所以有

$$\omega = \frac{2\pi}{T} = 2\pi f \tag{4-4}$$

周期、频率和角频率都是表示正弦量变化快慢的物理量，它们之间的关系由式(4-4)约束。

我国和世界上大多数国家工业用交流电的频率(简称工频)是 50Hz，周期是 0.02s，角频率是 314rad/s；美国、日本等国家的工频是 60Hz。

图 4-6 是两个不同角频率的正弦电动势的波形。显然，在 e_1 变化 1 个周期时，e_3 变化了 3 个周期，即 $\omega_3 = 3\omega_1$。说明 e_3 比 e_1 变化得快。

（三）初相位

式(4-1)中的$(\omega t + \psi)$，即图 4-4 中线圈平面在任一时刻 t 与中性面的夹角，它决定了该时刻线圈在磁场中的位置，同时确定了该时刻线圈中感应电动势 e 的大小、方向和变化趋势，即决定了正弦量的变化进程，因此，我们把$(\omega t + \psi)$称为正弦量 e 的相位。而 $t = 0$ 时刻的相位 ψ，它决定在计时起点线圈的位置，同时确定了在计时起点线圈中 e 的大小、方向和变化趋势，称为正弦量 e 的初相位，简称初相。习惯上规定 $|\psi| \leqslant 180°(\pi)$。

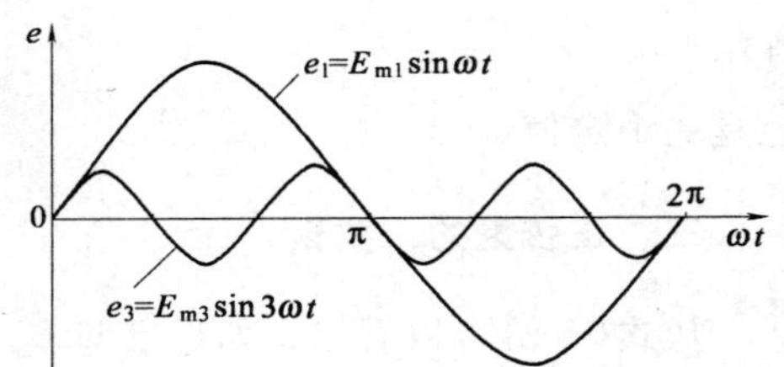

图 4-6　不同角频率的正弦波

相位和初相都和计时起点的选择有关。正弦量的瞬时值在一个周期内有两次为零，本书规定由负值向正值变化时，经历的那个零瞬时值为正弦量的零值。如果以正弦量的零值瞬间作为计时起点，则初相 $\psi = 0$。图 4-7 给出了一个正弦电流取四种不同计时起点时的波形和解析式。注意：画波形时，纵轴表示 u、i 或 e；横轴可根据需要，表示时间 t 或电角 ωt。

从图 4-7 可以看出，虽然四种情况下正弦电流的频率和最大值都相同，但是，由于计时起点的选择不同，使它们的初相各不相同，从而导致正弦电流的变化进程不同。从图 4-7 还可以看出，正弦量的初相等于离原点最近的零点横坐标的相反数。

【例 4-1】 已知某电路电流 $i = 10\sin\left(314t + \frac{2\pi}{3}\right)$A，(1)试求出它的最大值、周期、频率、角频率和初相；(2)画出 i 的波形；(3)若 i 的参考方向选择与原来相反，写出它的解析式。

【解】 (1) 由 $i = 10\sin\left(314t + \frac{2\pi}{3}\right)$A 可知

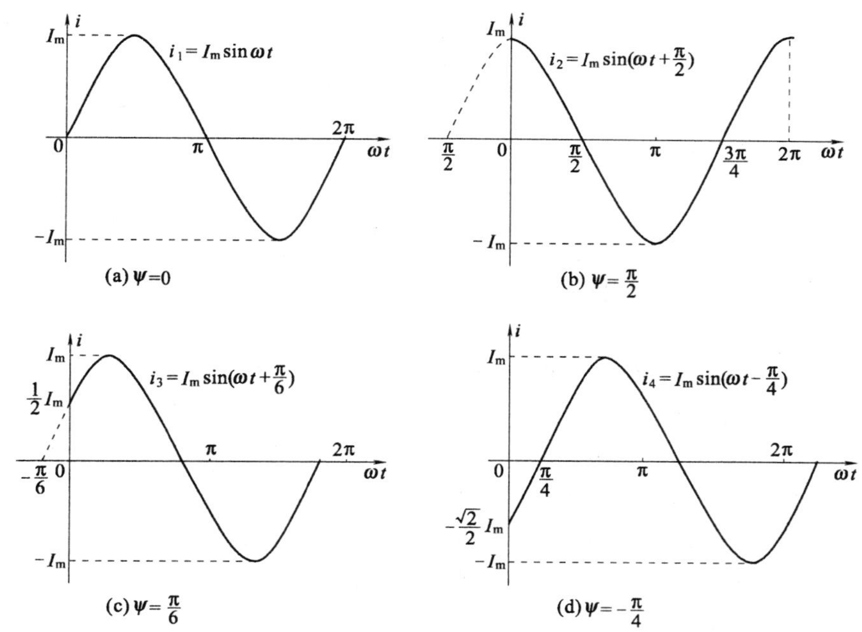

图 4-7 正弦电流取不同计时起点时的波形和解析式

$$I_m = 10\text{A} \qquad \omega = 314\text{rad/s} \qquad \psi = \frac{2\pi}{3}$$

由 $\omega = \dfrac{2\pi}{T}$ 得

$$T = \frac{2\pi}{\omega} = \frac{2\pi}{100\pi} = \frac{1}{50} = 0.02(\text{s})$$

所以

$$f = \frac{1}{T} = \frac{1}{0.02} = 50(\text{Hz})$$

（2）电流 i 的波形如图 4-8 所示。

（3）若 i 的参考方向与原来相反，则有

$$\begin{aligned} i' = -i &= -10\sin\left(314t + \frac{2\pi}{3}\right) \\ &= 10\sin\left(314t + \frac{2\pi}{3} - \pi\right) \\ &= 10\sin\left(314t - \frac{\pi}{3}\right)\text{A} \end{aligned}$$

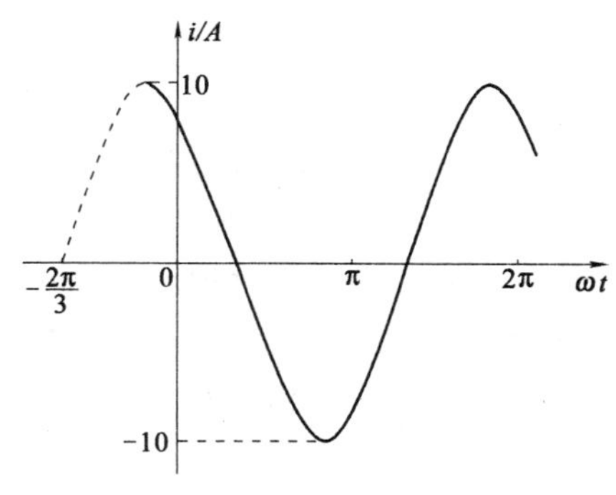

图 4-8 电流的波形

由此可见，一个正弦量选择不同的参考方向时，两个解析式异号，最大值和角频率不变，而它们的初相相差 π 个弧度，至于是加上 π 还是减去 π，要根据 $|\psi| \leqslant \pi$ 来决定。

最大值、角频率和初相是确定正弦量的三个要素，今后，我们在计算某个正弦量时，就是要求出它的三要素。在分析正弦电路中电压与电流的关系时，也要从三要素入手。

四、相 位 差

两个同频率的正弦量的相位之差称为相位差，用字母 φ 表示。例如，

$$u = U_m \sin(\omega t + \psi_u) \mathrm{V}$$

与

$$i = I_m \sin(\omega t + \psi_i) \mathrm{A}$$

的相位差

$$\varphi_{ui} = (\omega t + \psi_u) - (\omega t + \psi_i) = \psi_u - \psi_i \tag{4-5}$$

上式表明，两个同频率正弦量的相位差，就等于它们的初相之差，是与时间无关的常数。本书规定 $|\varphi| \leq \pi$。

通过求解相位差，可以确定任意两个同频率正弦量变化进程的差别，也就是确定它们的相位关系。

由式(4-5)可知，如果 $\psi_u = \psi_i$，那么 $\varphi_{ui} = 0$，则称电压 u 与电流 i 同相。同相的两个正弦量同时达到零值，同时达到最大值。如图 4-9(a)中，u 与 i 同相，它们的变化步调一致。

如果 $\psi_u = \psi_i \pm \pi$，那么 $\varphi_{ui} = \pm \pi$，则称电压 u 与电流 i 反相。反相的两个正弦量达到零值或最大值的间隔是半个周期，任一时刻的瞬时值都是异号的。如图 4-9(b)中，u 与 i 反相，它们的变化进程相反。

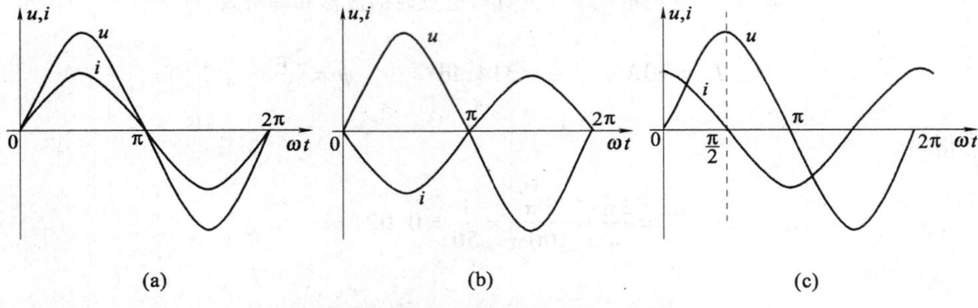

图 4-9　同频率正弦量的同相、反相和正交

如果 $\psi_u = \psi_i \pm \frac{\pi}{2}$，那么 $\varphi_{ui} = \pm \frac{\pi}{2}$，则称电压 u 与电流 i 正交。正交的两个正弦量达到零值或最大值的间隔是 1/4 周期。如图 4-9(c)中，u 与 i 正交，它们的变化进程相差 1/4 周期。

不同相的两个正弦量，它们达到零值或最大值的时间有先后之分。若同频率正弦量 u 与 i 的相位差 $0 < \varphi_{ui} < \pi$，则称 u 超前于 i；若 u 与 i 的相位差 $-\pi < \varphi_{ui} < 0$，则称 u 滞后于 i。

【例 4-2】 已知正弦量 $u = U_m \sin(314t + 45°)$ V，$i = I_m \sin(314t - 60°)$ A。求 u 与 i 相位差，并确定二者的相位关系。

【解】 u 与 i 的相位差

$$\varphi_{ui} = \psi_u - \psi_i = 45° - (-60°) = 105° > 0°$$

在相位上，u 超前 i 105°，或者说 i 滞后 u 105°。

由于相位差是与时间无关的常数，所以相位差与计时起点的选择无关。为分析问题方便，在一些相关的同频率正弦量中，可以选择其中一个的初相为零，以其达到零值的瞬间作为计时起点，这个初相为零的正弦量叫参考正弦量，其他正弦量的初相等于它们与参考正弦量的相位差。

【例 4-3】 已知正弦电流 $i=2\sin(314t+60°)$ A，正弦电压 $u_1=60\sin(314t+60°)$ V，$u_2=80\sin(314t-30°)$ V。求：(1) 各电压与电流的相位差；(2) 若选择电流为参考正弦量，各电压的初相分别是多少？写出它们相应的解析式。

【解】 (1) u_1 与 i 的相位差

$$\varphi_{u1i}=\psi_{u1}-\psi_i=60°-60°=0°$$

u_2 与 i 的相位差

$$\varphi_{u2i}=\psi_{u2}-\psi_i=(-30°)-60°=-90°$$

(2) 若选择电流为参考正弦量，即 $\psi_i=0°$，各电压的初相分别

$$\psi_{u1}=\varphi_{u1i}+\psi_i=0°+0°=0°$$

$$\psi_{u2}=\varphi_{u2i}+\psi_i=-90°+0°=-90°$$

各电流、电压的解析式分别为

$$i=2\sin 314t \text{ A}$$

$$u_1=60\sin 314t \text{ V}$$

$$u_2=80\sin(314t-90°) \text{ V}$$

教学评价

一、判断题

1. 正弦量的大小和方向随时间按正弦规律变化。(　　)
2. 正弦量的周期越大，其变化的速率越快。(　　)
3. 正弦交流电的初相与计时起点的选择无关。(　　)
4. 两个同频率正弦量的相位差不随时间而变化。(　　)

二、填空题

1. 正弦交流电的三要素是指________、________、________。
2. 正弦量变化周期的单位是________；频率的单位是________；角频率的单位是________。
3. 已知 $u=220\sqrt{2}\sin\left(314t+\frac{\pi}{6}\right)$ V，则 $U_m=$ ________；$f=$ ________；初相 $\psi_u=$ ________。当时间 $t=0.01$s 时，交流电压的瞬时值 $u=$ ________。如果 $i=20\sin\left(314t-\frac{\pi}{3}\right)$ A，则 $\varphi_{ui}=$ ________，二者的相位关系是________。
4. 已知 $i=10\sin\left(628t-\frac{\pi}{4}\right)$ A，则 $I_m=$ ________；$\omega=$ ________；$\psi_i=$ ________。
5. 已知正弦量 $i_{ab}=5\sqrt{2}\sin(\omega t-120°)$ A，则 $i_{ba}=$ ________。

三、计算题

1. 已知某正弦量的频率 $f=100$Hz，则该正弦量的周期 T、角频率 ω 分别等于多少？
2. 工频正弦电压的最大值为 400V，$t=0$ 时的值为 200V，试写出该电压的瞬时值表达式。
3. 已知某电路电压 $u=220\sqrt{2}\sin(314t+45°)$ V，$i=2\sqrt{2}\sin(314t-75°)$ A，则 u 与 i 的相位差是多少？确定二者的相位关系。

第二节　正弦量的有效值

【知识目标】

1. 理解有效值的定义。
2. 了解有效值的实际应用。
3. 掌握正弦量的有效值与最大值的关系。

【能力目标】

1. 培养理论联系实际和分析解决问题的能力。
2. 会由正弦量的最大值求解有效值，或由有效值求最大值。

一、周期性交流量的有效值

电流通过电阻时要产生热效应，就热效应而言，交流电流和直流电流是可以比较的。一般把交流电流和直流电流在相同时间内，通过同一电阻时产生的热量进行比较，按照实际效果来确定。

如图 4-10 所示电路，将直流电流 I 和周期电流 i 通入同样大小的电阻 R，如果在周期电流的一个周期 T 内，两个电流产生的热量相等，则把直流电流 I 的大小称为周期电流 i 的有效值，并用大写字母 I 表示周期电流 i 的有效值。类似地，周期电压、周期电动势的有效值分别用大写字母 U、E 表示。

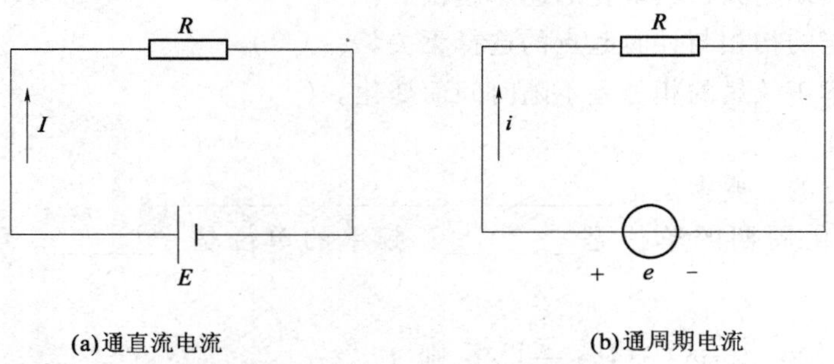

图 4-10　周期电流的有效值

二、正弦量的有效值

上述周期性交流量的有效值定义，同样适用于正弦量。理论和实验证明：正弦量的有效值是最大值的$\frac{1}{\sqrt{2}}$倍，即

$$I=\frac{I_m}{\sqrt{2}}=0.707I_m \tag{4-6}$$

$$U=\frac{U_m}{\sqrt{2}}=0.707U_m \tag{4-7}$$

$$E=\frac{E_m}{\sqrt{2}}=0.707E_m \tag{4-8}$$

正弦量的有效值应用非常广泛，实际中都用有效值来衡量正弦量的大小。例如，通常所说的市电 220V，就是指正弦电压的有效值(最大值是 $220\sqrt{2}=311\text{V}$)。交流电气设备铭牌上所标的额定电压和额定电流值也都是有效值；常用的交流电压、电流表的指示值是有效值。

需要注意的是，在选择电器的耐压时，一定要考虑交流电压的最大值。例如，耐压为 220V 的电容器就不能接到电压为 220V 的交流电源上，因为交流电源电压的最大值是 311V，电容器会因承受过电压而被击穿。

由于有效值比最大值更为实用，因而正弦量的解析式常用有效值来表示，即

$$\begin{aligned} i &= \sqrt{2}I\sin(\omega t+\psi_{\mathrm{i}}) \\ u &= \sqrt{2}U\sin(\omega t+\psi_{\mathrm{u}}) \\ e &= \sqrt{2}E\sin(\omega t+\psi_{\mathrm{e}}) \end{aligned} \tag{4-9}$$

所以也常把有效值、角频率和初相位称为正弦量的三要素。

教 学 评 价

一、判 断 题

1. 凡是交流电，其最大值都等于有效值的$\sqrt{2}$倍。(　　)
2. 耐压为 220V 的电容器可以接到民用 220V 的交流电源上使用。(　　)
3. 交流电流表的示数是 2A，该示数是交流电流的有效值。(　　)
4. 某白炽灯上标有“220V，60W”，该灯泡允许加的最大电压为 220V。(　　)

二、填 空 题

1. 已知 $i=5\sqrt{2}\sin\left(200\pi t-\dfrac{\pi}{6}\right)\text{A}$，则 $I=$________；$f=$________；$\psi_{\mathrm{i}}=$________。
2. 正弦量的有效值与最大值的关系式为________、________、________。
3. 工频正弦电压的有效值是 380V，初相是 $-120°$，该电压的瞬时值表达式 $u=$________。
4. 某正弦电压的最大值是 311V，用交流电压表测得的数值是________。

三、计 算 题

1. 已知正弦电流的有效值为 5A，频率为 50Hz，初相为 60°。写出该电流的解析式，并作出波形图。

2. 某彩色电视机的铭牌上标有“~50Hz，220V，60W”的字样，要使电视机正常工作，应将其接到什么样的电源上？220V 指的是交流电的什么值？

3. 额定电压为 220V 的灯泡，接到 220V 的正弦交流电路时，其实际承受的最大电压是多少？灯泡能否正常工作？

第三节　正弦量的相量表示法

【知识目标】

1. 理解相量的概念，会写出正弦量的相量表达式。
2. 理解相量图的概念，会画出正弦量的相量图。
3. 掌握正弦量的解析式、波形图、相量式和相量图之间的相互转换。

【能力目标】

1. 能够把正弦量表示成相量式、会画相量图。
2. 会用相量式或相量图进行正弦量的计算。

我们已经讲过两种表示正弦量的方法，一种方法是用解析式表示，如 $i=5\sqrt{2}\sin 314t\text{A}$；另一种方法是用正弦波形表示，如图 4-3(b)所示。

此外，正弦量还可以用相量来表示，用复数表示的正弦量称为相量。一般情况下，电路的角频率是已知的，因此在分析、计算正弦交流电路时，主要是考虑各正弦量的有效值和初相位。

一、用旋转矢量表示正弦量

设正弦量
$$i=I_m\sin(\omega t+\psi_i)$$

在复平面内作一矢量(有向线段)，让其始端落在原点，长度按比例等于正弦量 i 的最大值 I_m；与实轴的夹角等于正弦量 i 的初相位 ψ_i，如图 4-11 所示。假设该矢量以角速度 ω(等于正弦量的角频率)绕原点作逆时针方向旋转，$t=0$ 瞬间它在虚轴上的投影 $i_0=I_m\sin\omega t$，即等于正弦量 i 的初始值；经过任一时刻 t_1，该矢量的末端从初始位置 A 转到位置 B，在虚轴上的投影 $i_1=I_m\sin(\omega t_1+\psi_i)$，即等于正弦量 i 在 $t=t_1$ 时的瞬时值。

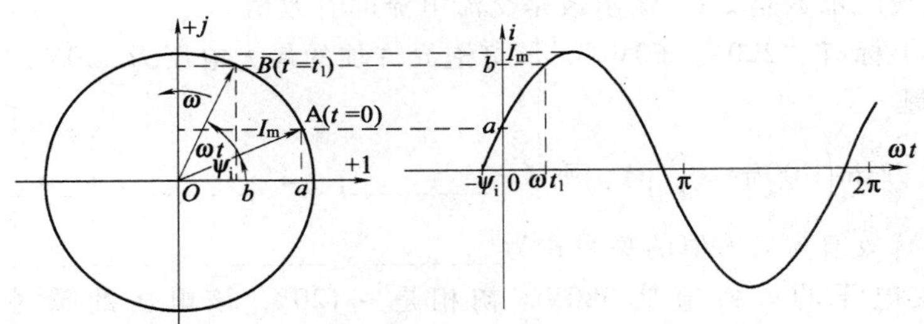

图 4-11　正弦量的相量表示

由此可见，旋转矢量任一瞬时在虚轴上的投影就等于正弦量 i 在该时刻的瞬时值。由于正弦量 i 是任意假设的，所以对于任一正弦量都存在与之对应的旋转矢量，反之亦然。因此可以用旋转矢量表示正弦量。

正弦量可以用旋转矢量表示，而旋转矢量就是旋转的有向线段，有向线段又可以用复数表示，因此，正弦量也可以用复数表示。

二、用复数表示正弦量

在复平面内，存在一有向线段 A，其实部为 a，虚部为 b，如图 4-12 所示，于是有向线段 A 可用下面的复数式表示

$$A=a+\text{j}b \tag{4-10}$$

式中，$\text{j}=\sqrt{-1}$是复数的虚数单位。

复数的大小，即复数的模为

$$r=\sqrt{a^2+b^2}$$

复数与实轴正方向的夹角，即复数的幅角为

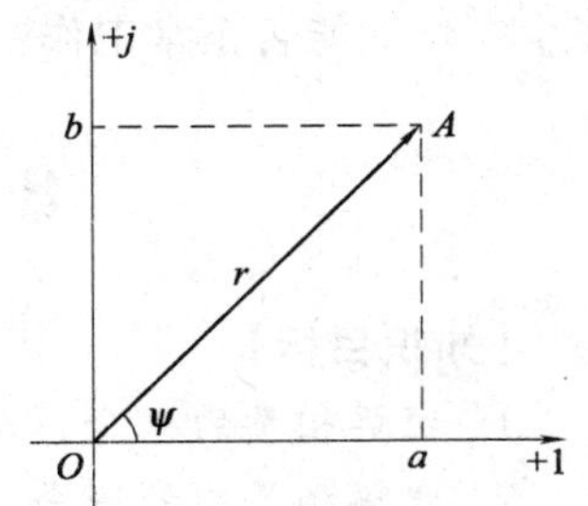

图 4-12　有向线段的复数表示

$$\psi = \arctan \frac{b}{a}$$

因为

$$\begin{cases} a = r\cos\psi \\ b = r\sin\psi \end{cases}$$

所以，式(4-10)可以表示为

$$A = a + \mathrm{j}b = r\cos\psi + r\mathrm{j}\sin\psi = r(\cos\psi + \mathrm{j}\sin\psi) \tag{4-11}$$

根据欧拉公式

$$\cos\psi + \mathrm{j}\sin\psi = \mathrm{e}^{\mathrm{j}\psi} = \angle\psi$$

式(4-11)可表示为

$$A = r\mathrm{e}^{\mathrm{j}\psi} \tag{4-12}$$

或表示为

$$A = r\angle\psi \tag{4-13}$$

因此，一个复数可用上述四种复数式表示，式(4-10)是复数的代数式；式(4-11)是复数的三角函数式；式(4-12)是复数的指数式；式(4-13)是复数的极坐标式。

如上所述，正弦量可以用复数表示，而且用复数表示正弦量时只表示出正弦量的最大值(或有效值)和初相位即可。表示的法则是：复数的模表示正弦量的最大值(或有效值)，复数的幅角表示正弦量的初相位。

为了与一般的复数相区别，我们把表示正弦量的复数称为相量，并用大写字母上面加“·”表示。于是表示正弦电流 $i = I_m\sin(\omega t + \psi_i)$ 的相量为

$$\dot{I}_m = I_m(\cos\psi_i + \mathrm{j}\sin\psi_i) = I_m\mathrm{e}^{\mathrm{j}\psi_i} = I_m\angle\psi_i$$

或

$$\dot{I} = I(\cos\psi_i + \mathrm{j}\sin\psi_i) = U\mathrm{e}^{\mathrm{j}\psi_i} = U\angle\psi_i$$

其中，$\dot{I}_m$ 是电流的幅值相量，$\dot{I}$ 是电流的有效值相量。今后在分析计算交流电路时，常用的是有效值相量。值得注意的是，相量只是能表示正弦量，而不是等于正弦量。

如果与图 4-11 中的旋转的有向线段相对比，图 4-12 中的有向线段应是初始位置($t=0$ 时)的有向线段，表示它的复数具有两个特征，即模和幅角，也就是正弦量的最大值(或有效值)和初相位。

在复平面内用初始位置的有向线段来表示正弦量的大小和初相位，即表示正弦量的相量的图形，称为相量图。图 4-13 中的矢量 OA 就是正弦量 $i = I_m\sin(\omega t + \psi_i)$ 的相量图。

【例 4-4】 已知正弦电流 $i_1 = 8\sqrt{2}\sin(\omega t + 60°)\mathrm{A}$，$i_2 = 6\sqrt{2}\sin(\omega t - 30°)\mathrm{A}$，写出它们的有效值相量，并作出相量图。

【解】 正弦电流 i_1、i_2 的有效值相量分别为

$$\dot{I}_1 = 8\angle 60° = 8\times(\cos 60° + \mathrm{j}\sin 60°) = 4 + \mathrm{j}4\sqrt{3}(\mathrm{A})$$

$$\dot{I}_2 = 6\angle -30° = 6\times[\cos(-30°) + \mathrm{j}\sin(-30°)] = 3\sqrt{3} - \mathrm{j}3(\mathrm{A})$$

i_1、i_2 的相量图如图 4-13 所示。

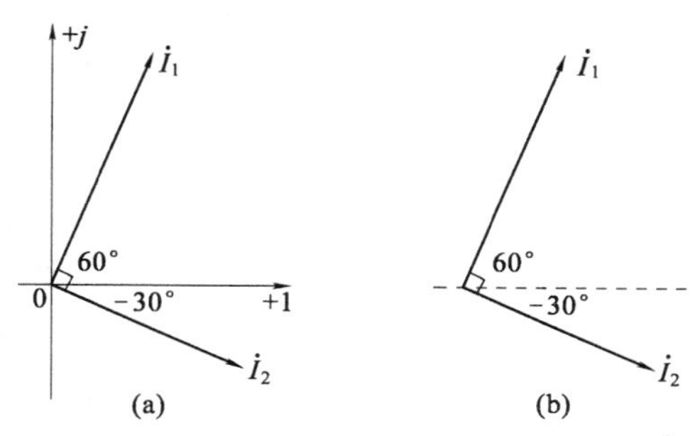

图 4-13　例 4-4 的相量图

为简便起见，画正弦量的相量图时，可不必画出复平面，只在正实轴的位置画出一条虚线即

可，如图 4-13(b)所示。

【例 4-5】 已知正弦量的相量 $\dot{U}_U = 220\angle 0°V$，$\dot{U}_V = 220\angle -120°V$，$\dot{U}_W = 220\angle +120°V$，若频率均为 50Hz，写出它们相应的解析式。

【解】 各正弦电压的角频率为

$$\omega = 2\pi f = 2\times 3.14\times 50 = 314(\text{rad/s})$$

各正弦电压的解析式为

$$u_U = 220\sqrt{2}\sin 314t\ \text{V}$$

$$u_V = 220\sqrt{2}\sin(314t - 120°)\ \text{V}$$

$$u_W = 220\sqrt{2}\sin(314t + 120°)\ \text{V}$$

三、用相量法求同频率正弦量的和(或差)

1. 相量保持原来同频率正弦量的和(或差)的关系

设正弦电流 i_1、i_2 和 i 是同频率的正弦量，$\dot{I}_1$、$\dot{I}_2$ 和 $\dot{I}$ 分别是它们对应的相量，可以证明，若

$$i = i_1 \pm i_2$$

则一定有

$$\dot{I} = \dot{I}_1 \pm \dot{I}_2 \tag{4-14}$$

即相量保持原来同频率正弦量的和(或差)的关系。

2. 用相量法求同频率正弦量的和

由上所述，要求两个同频率正弦量的和，可以先求出它们对应的相量的和，计算的结果就是所求正弦量的相量，再把该相量用正弦量的解析式表示出来，这就是相量法。下面举例说明。

【例 4-6】 求例 4-4 中正弦电流 i_1 与 i_2 的和 $i = i_1 + i_2$。

【解】 此题可以利用例 4-4 的计算结果来求解。由例 4-4 可知电流 i_1、i_2 的有效值相量分别为

$$\dot{I}_1 = 8\angle 60° = 4 + \text{j}4\sqrt{3} \approx 4 + \text{j}6.93(\text{A})$$

$$\dot{I}_2 = 6\angle -30° = 3\sqrt{3} - \text{j}3 \approx 5.20 - \text{j}3(\text{A})$$

所以，总电流 i 的相量为

$$\dot{I} = \dot{I}_1 + \dot{I}_2 = (4 + 3\sqrt{3}) + \text{j}(4\sqrt{3} - 3) \approx 9.20 + \text{j}3.93 = 10\angle 23.13°(\text{A})$$

该相量对应的电流 i 的解析式为

$$i = 10\sqrt{2}\sin(\omega t + 23.13°)\ \text{A}$$

用相量图也可以求解同频率正弦量的和(或差)，此时各相量之间应遵循矢量运算法则，也就是平行四边形法则。

教 学 评 价

一、判 断 题

1. 表示正弦量的复数称为相量。(　　)

2. 相量只能表示正弦量，而不等于正弦量。(　　)

3. 不同频率的几个正弦量的相量图可以画在同一复平面内。(　　)

二、填 空 题

1. 几个同频率正弦量相加、减的结果仍是________的正弦量。

2. 已知 $i=4\sqrt{2}\sin(314t-30°)$ A，$u=220\sqrt{2}\sin(314t+60°)$ V，则 $\dot{I}=$________，$\dot{U}=$________，相量图为________。

3. 已知 $\dot{I}=10\sqrt{2}\angle-60°$A，则 $i=$________，波形图为________，相量图为________。

三、计 算 题

1. 已知 $i_1=4\sqrt{2}\sin(314t+30°)$ A，$i_2=3\sqrt{2}\sin(314t+45°)$ A，$i_3=6\sqrt{2}\sin(314t+120°)$ A。求$\dot{I}_1$、$\dot{I}_2$、$\dot{I}_3$，并画相量图。

2. 已知 $u_1=300\sqrt{2}\sin(314t-30°)$ V，$u_2=400\sqrt{2}\sin(314t+60°)$ V。求：(1) $\dot{U}_1$、$\dot{U}_2$，画相量图；(2) $\dot{U}_1+\dot{U}_2$、$\dot{U}_2-\dot{U}_1$。

第四节　基尔霍夫定律的相量形式

【知识目标】

掌握基尔霍夫定律的相量形式。

【能力目标】

会运用相量形式的基尔霍夫定律列节点电流方程和回路电压方程。

基尔霍夫定律是电路的基本定律，它适用于任何电路，是分析计算电路的主要依据。下面介绍基尔霍夫定律在交流电路中的应用。

基尔霍夫第一定律适用于交流电路的任一瞬时，即流过电路中任一节点的各支路电流瞬时值的代数和等于零，其数学表达式为

$$\sum i=0 \tag{4-15}$$

式中　i——各支路电流的解析式。

对于正弦交流电路，由于流过节点的各支路电流都是同频率的正弦量，可把它们用对应的相量表示，则有

$$\sum \dot{I}=0 \tag{4-16}$$

式(4-16)就是基尔霍夫第一定律的相量形式，即流过电路中任一节点的各支路电流相量的代数和等于零。各支路电流前的正、负号由其参考方向决定。参考方向指向节点的取正号；否则，取负号。

基尔霍夫第二定律也适用于交流电路的任一瞬时，即对于任一回路，沿回路绕行一周，各部分电压的瞬时值的代数和等于零，其数学表达式为

$$\sum u=0 \tag{4-17}$$

式中　u——各部分电压的解析式。

对于正弦交流电路，由于回路中各部分电压都是同频率的正弦量，可把它们用对应的相量表示，则有

$$\sum \dot{U}=0 \tag{4-18}$$

式(4-18)就是基尔霍夫第二定律的相量形式，即对于任一回路，沿回路绕行一周，各部

分电压相量的代数和等于零。各部分电压前的正、负号的确定方法与直流电路相同。

教 学 评 价

一、判 断 题

1. 基尔霍夫第一定律的相量形式是 $\sum\dot{I}=0$。（　　）
2. 基尔霍夫第二定律的相量形式是 $\sum\dot{U}=0$。（　　）

二、填 空 题

1. 相量形式的基尔霍夫定律的表达式为________和________。
2. 图 4-14(a)电路，根据基尔霍夫第二定律列出的回路电压方程为________。
3. 图 4-14(b)电路，根据基尔霍夫第一定律列出的节点电流方程为________。

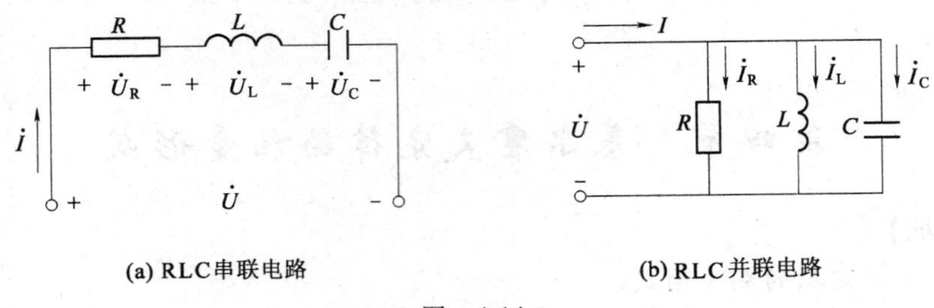

(a) RLC串联电路　　(b) RLC并联电路

图　4-14

第五节　单一参数的交流电路

【知识目标】

1. 掌握电阻、电感和电容元件电压与电流三要素间的关系。
2. 理解感抗、容抗的概念及其与频率的关系。
3. 会写出电压、电流的相量式，会画相量图。
4. 理解平均功率、无功功率的概念，会计算平均功率和无功功率。

【能力目标】

1. 培养分析、解决问题的能力。
2. 培养运用所学知识计算电路物理量的能力。

正弦交流电路中的基本元件包括电阻、电感和电容，分别由这三个元件组成的交流电路，称为单一参数的交流电路，下面讨论单一参数的交流电路中电压与电流的关系以及功率。

一、电阻元件

(一) 电压与电流的关系

在交流电路中，电阻电流 i 和电阻两端电压 u_R 虽然都随时间变化，但在任一瞬时，u_R 与 i 的关系仍然遵从欧姆定律，选择 u_R 与 i 的参考方向一致，如图 4-15(a)所示，则有

$$u_R=R\cdot i \tag{4-19}$$

式(4-19)是电阻电压与电流的基本关系式。

如果电阻中通入正弦电流 $i=\sqrt{2}I\sin\omega t$，根据式(4-19)，电阻两端的电压

$$u_R=R\cdot i=\sqrt{2}RI\sin\omega t=\sqrt{2}U_R\sin\omega t$$

式中
$$U_R=RI \tag{4-20}$$

比较 u_R 与 i 的瞬时值表达式，得出它们三要素间的关系为

（1）u_R 与 i 是同频率的正弦量。

（2）u_R 与 i 同相，即 $\varphi_{ui}=0$，$\psi_u=\psi_i$。

（3）$U_R=RI$ 或 $U_{Rm}=RI_m$，符合欧姆定律。

电阻电压 u_R 与电流 i 的波形如图 4-15(b)所示。从 u_R 与 i 的关系及其波形可以看出，电阻在交流电路中只阻碍电流的通过，限制电流的大小，并不会引起电压与电流的相位差。

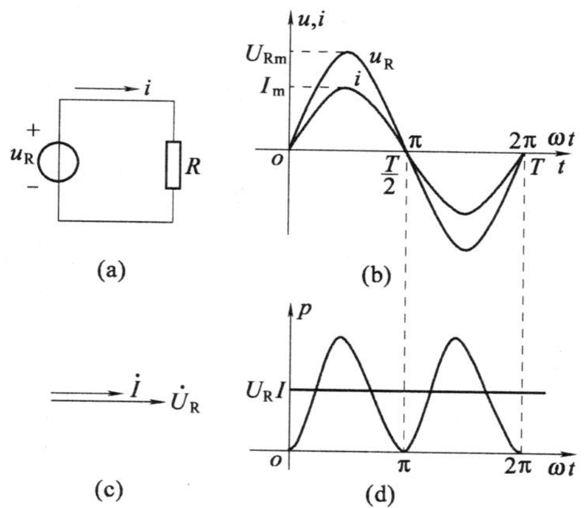

图 4-15　纯电阻电路电压、电流、功率的波形及其相量图

（二）电压与电流的相量关系

i 与 u_R 的相量式分别为

$$\dot{I}=I\angle 0°\text{及}\ \dot{U}_R=U_R\angle 0°$$

又因为
$$U_R=RI$$

所以
$$\dot{U}_R=U_R\angle 0°=RI\angle 0°$$

即
$$\dot{U}=R\dot{I} \tag{4-21}$$

式(4-21)即是电阻电压与电流的相量关系式，它同时表明 u_R 与 i 的相位关系和有效值的关系。u_R 与 i 的相量图如图 4-15(c)所示。

（三）电阻元件的功率

1. 瞬时功率

对于任意一段电路，当其两端电压 u 与通过该电路的电流 i 参考方向一致时，这段电路的瞬时功率就等于电压的瞬时值 u 与电流的瞬时值 i 的乘积，即

$$p=ui \tag{4-22}$$

因此，电阻的瞬时功率为

$$p=u_Ri=\sqrt{2}U_R\sin\omega t\times\sqrt{2}I\sin\omega t=2U_RI\sin^2\omega t=U_RI(1-\cos 2\omega t)$$

瞬时功率的曲线如图 4-15(d)所示，由于电阻电压与电流同相，即 u_R 与 i 的实际方向总是相同的，所以电路的瞬时功率总是大于等于零。因此电阻总是吸收功率，它是耗能元件。

2. 平均功率

工程上用瞬时功率在一个周期内的平均值，来衡量电路消耗功率的情况，该平均值称为平均功率，用大写字母 P 表示。因此电阻的平均功率为

$$P=U_RI$$

将式(4-20)代入上式得

$$P=U_RI=I^2R=\frac{U_R^2}{R} \tag{4-23}$$

式(4-23)和直流电路中电阻功率的计算公式，在形式上完全一样。但这里的 U_R 和 I 都是交流电的有效值。平均功率又称为有功功率。它的单位仍然是 W 或 kW。

【例 4-7】 一个“220V，100W”的白炽灯泡，接在 $u=220\sqrt{2}\sin(314t+60°)$ V 的电源上使用。求：(1)灯泡的电阻 R；(2)电流的有效值和解析式；(3)写出电压、电流的相量式，画出相量图。

【解】 (1) 由 $P=\dfrac{U^2}{R}$ 得： $R=\dfrac{U^2}{P}=\dfrac{220^2}{100}=484(\Omega)$

(2) 电流的有效值为 $I=\dfrac{U}{R}=\dfrac{220}{484}\approx 0.455(\mathrm{A})$

电流的角频率和初相分别为

$$\omega=314\mathrm{rad/s} \qquad \psi_{\mathrm{i}}=\psi_{\mathrm{u}}=60°$$

所以，电流的解析式为

$$i=0.455\sqrt{2}\sin(314t+60°)\ \mathrm{A}$$

(3) 电压和电流的相量式分别为

$$\dot{U}=220\angle 60°\mathrm{V} \qquad \dot{I}=0.455\angle 60°\mathrm{A}$$

相量图如图 4-16 所示。

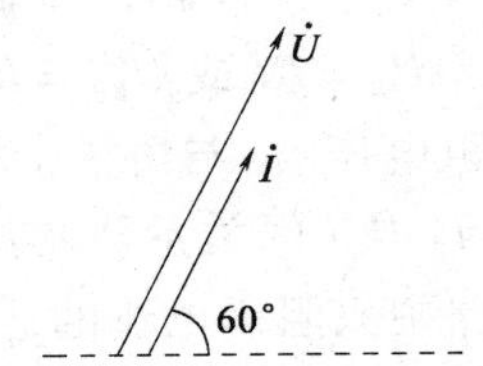

图 4-16 例 4-7 的相量图

二、电感元件

(一) 电压与电流的关系

选择电感电压 u_{L} 与电流 i 的参考方向一致，如图 4-17(a)所示，则有

$$u_{\mathrm{L}}=L\frac{\Delta i}{\Delta t} \tag{4-24}$$

式(4-24)是电感电压与电流的基本关系式，其中$\dfrac{\Delta i}{\Delta t}$称为电流的变化率。

如果电感中通入正弦电流 $i=\sqrt{2}I\sin\omega t$，根据式(4-24)，经分析和实验可以得出，电感两端的电压

$$u_{\mathrm{L}}=L\frac{\Delta i}{\Delta t}=\sqrt{2}\omega LI\sin(\omega t+90°)$$

令

$$X_{\mathrm{L}}=\omega L$$

则有

$$u_{\mathrm{L}}=\sqrt{2}X_{\mathrm{L}}I\sin(\omega t+90°)=\sqrt{2}U_{\mathrm{L}}\sin(\omega t+90°)$$

式中

$$U_{\mathrm{L}}=X_{\mathrm{L}}I \tag{4-25}$$

比较 u_{L} 与 i 的瞬时值表达式，得出它们三要素间的关系为

(1) u_{L} 与 i 是同频率的正弦量。

(2) 电压 u_{L} 超前电流 i $90°\left(\dfrac{\pi}{2}\right)$，即 $\varphi_{\mathrm{ui}}=\psi_{\mathrm{u}}-\psi_{\mathrm{i}}=90°$，$\psi_{\mathrm{u}}=\psi_{\mathrm{i}}+90°$。

(3) $U_{\mathrm{L}}=X_{\mathrm{L}}I$ 或 $U_{\mathrm{Lm}}=X_{\mathrm{L}}I_{\mathrm{m}}$，符合欧姆定律。

电阻电压 u_{L} 与电流 i 的波形如图 4-17(b)所示。从 u_{L} 与 i 的关系及其波形可以看出，在交流电路中，电感除具有限制电流的大小作用外，还会引起电压超前电流$\dfrac{\pi}{2}$的相位差。

与电阻不同，电感对电流的限制作用以

$$X_{\mathrm{L}}=\omega L=2\pi fL \tag{4-26}$$

来衡量，X_{L} 称为电感电抗，简称感抗。由式(4-25)还可以得出

$$X_{\mathrm{L}}=\frac{U_{\mathrm{L}}}{I}=\frac{U_{\mathrm{Lm}}}{I_{\mathrm{m}}} \tag{4-27}$$

显然，感抗的单位是 Ω。

从式(4-26)可以看出，感抗 X_L 的大小与电源频率 f 和电感系数 L 成正比，对于线性电感，L 是常数，因此感抗 X_L 的大小仅由电源频率 f 来决定。

由电磁感应定律 $u_L = -e_L = L\dfrac{\Delta i}{\Delta t}$ 可知，电源频率 f 越高，电流变化率越大，自感电动势 e_L 越大，对电流的阻碍作用越强，即 X_L 越大；频率 f 越低，电流变化率越小，自感电动势 e_L 越小，对电流的阻碍作用越弱，即 X_L 越小；在直流稳态电路中，由于 $f=0$，不存在自感现象，$X_L=0$，电感相当于短路。所以电感元件具有“通直流、阻交流”或“通低频、阻高频”的特性。在电子技术中，电感元件正是利用这一特性组成滤波电路、选频电路等。

（二）电压与电流的相量关系

i 与 u_L 的相量式分别为

$$\dot{I} = I\angle 0° = I \text{ 及 } \dot{U}_L = U_L\angle 90°$$

又因为

$$U_L = X_L I$$

所以

$$\dot{U} = U_L\angle 90° = X_L I\angle 90° = X_L\dot{I}\angle 90°$$

而

$$\angle 90° = \cos 90° + \mathrm{j}\sin 90° = 0 + \mathrm{j} = \mathrm{j}$$

即

$$\dot{U}_L = \mathrm{j}X_L\dot{I} \tag{4-28}$$

式(4-28)即是电感电压与电流的相量关系式，它同时表明 u_L 与 i 的相位关系和有效值的关系。u_L 与 i 的相量图如图 4-17(c)所示。

（三）电感元件的功率

1. 瞬时功率

选择电感电压 u_L 与电流 i 参考方向一致时，电感的瞬时功率为

$$\begin{aligned} p = u_L i &= \sqrt{2}U_L\sin(\omega t+90°)\times\sqrt{2}I\sin\omega t \\ &= \sqrt{2}U_L\cos\omega t\times\sqrt{2}I\sin\omega t = 2U_L I\sin\omega t\times\cos\omega t \\ &= U_L I\sin 2\omega t \end{aligned}$$

瞬时功率的曲线如图 4-17(d)所示。

2. 平均功率(有功功率)

从瞬时功率曲线得知，在电流变化的一个周期内，电感的瞬时功率变化了两周，即瞬时功率的平均值等于零，说明电感元件不消耗电能。

电感元件虽然不消耗电能，但这并不意味着电感不从外界获取能量。如图 4-17 所示，在电流波形的第一和第三个 $\dfrac{T}{4}$ 时间里，瞬时功率大于零，说明它从外界吸收能量转换为磁场能储存；在第二和第四个 $\dfrac{T}{4}$ 时间里，瞬时功率小于零，说明它向外界释放所储存的磁场能量，以后各周期将重复前一个周期的变化。由于一个周期内电感从外界吸收的

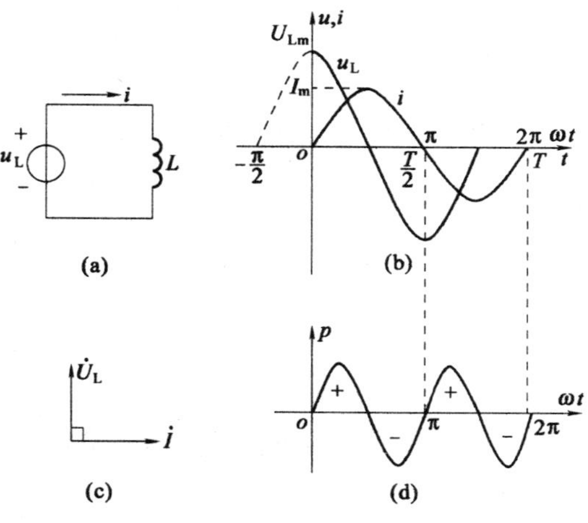

图 4-17　纯电感电路电压、电流、功率的波形及其相量图

能量与它释放给外界的能量相等，所以电感的平均功率为零，它是一个储能元件。

3. 无功功率

随着电压、电流的交变，电感元件不断地与外界进行能量的交换，瞬时功率的最大值反映了电感元件能量交换的规模，我们把它称为电感的无功功率。用大写字母 Q_L 表示，即

$$Q_L = U_L I$$

将 $U_L = X_L I$ 代入上式得

$$Q_L = U_L I = X_L I^2 = \frac{U_L^2}{X_L} \tag{4-29}$$

无功功率的单位是乏，用符号 var 表示，1var = 1V × 1A。工程上常用的单位还有千乏(kvar)，$1\text{kvar} = 10^3\text{var}$。注意：$U_L$ 和 I 是电感电压和电流的有效值。

电感元件在实际中应用很广，如日光灯的镇流器，异步电机的起动电抗等。电力机车上的平波电抗器也是一个电感元件，它能抑制电流中的交流成分，使通过牵引电动机的电流接近于直流。

【例 4-8】 已知电感元件 $L = 20\text{mH}$，接到 $u = 220\sqrt{2}\sin(314t + 30°)$ V 的电源上。求：(1)感抗 X_L；(2)电流 I 及 i；(3)无功功率 Q_L；(4)$\dot{I}$、$\dot{U}$，并画相量图。

【解】 (1) 由 $u = 220\sqrt{2}\sin(314t - 120°)$ V 可知

$$U = 220\text{V} \quad \omega = 314\text{rad/s} \quad \psi_u = 30°$$

感抗
$$X_L = \omega L = 314 \times 20 \times 10^{-3} = 6.28(\Omega)$$

(2) 电流的有效值

$$I = \frac{U}{X_L} = \frac{220}{6.28} = 35(\text{A})$$

电流的初相
$$\psi_i = \psi_u - 90° = 30° - 90° = -60°$$

电流的解析式
$$i = 35\sqrt{2}\sin(314t - 60°)(\text{A})$$

(3) 无功功率
$$Q_L = U_L I = 220 \times 35 = 7700\text{var}$$

(4) 电压、电流的相量式分别为

$$\dot{I} = I\angle\psi_i = 35\angle -60°(\text{A})$$

$$\dot{U} = U\angle\psi_u = 220\angle 30°(\text{V})$$

相量图如图 4-18 所示。

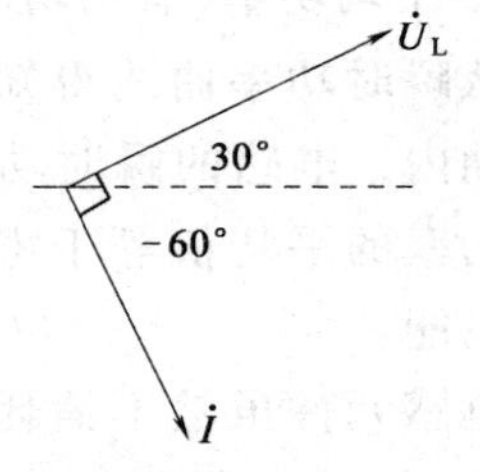

图 4-18　例 4-8 的相量图

三、电容元件

(一) 电压与电流的关系

选择电容电压 u_C 与电流 i 的参考方向一致，如图 4-19(a)所示，则有

$$i = C\frac{\Delta u_C}{\Delta t} \tag{4-30}$$

式(4-30)是电容电压与电流的基本关系式，其中$\frac{\Delta u_C}{\Delta t}$称为电压的变化率。

如果电容两端加正弦电压 $u_C = \sqrt{2}U_C\sin(\omega t - 90°)$，根据式(4-30)，经分析和实验可以得出，电容电流
$$i = C\frac{\Delta u_C}{\Delta t} = \sqrt{2}\omega C U_C\sin\omega t$$

令
$$X_C=\frac{1}{\omega C}$$
则有
$$i=\sqrt{2}\frac{U_C}{X_C}\sin\omega t=\sqrt{2}I\sin\omega t$$
式中
$$I=\frac{U_C}{X_C}=\omega CU_C \tag{4-31}$$
比较 u_C 与 i 的瞬时值表达式，得出它们三要素间的关系为

（1）u_C 与 i 是同频率的正弦量。

（2）电压 u_C 滞后电流 i $90°\left(\frac{\pi}{2}\right)$，即 $\varphi_{ui}=\psi_u-\psi_i=-90°$，$\psi_u=\psi_i-90°$。

（3）$U_C=X_CI$ 或 $U_{Cm}=X_CI_m$，符合欧姆定律。

电阻电压 u_C 与电流 i 的波形如图 4-19(b)所示。从 u_C 与 i 的关系及其波形可以看出，在交流电路中，电容除具有限制电流的大小作用外，还会引起电流超前电压 $\frac{\pi}{2}$ 的相位差。

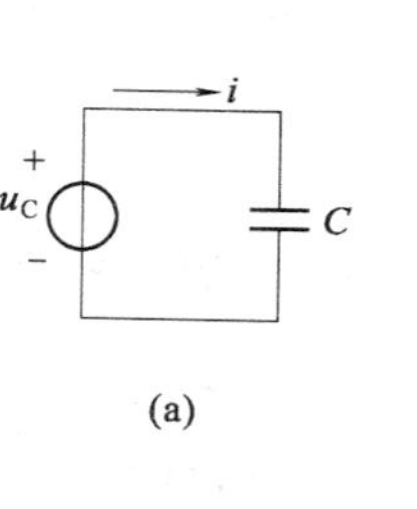

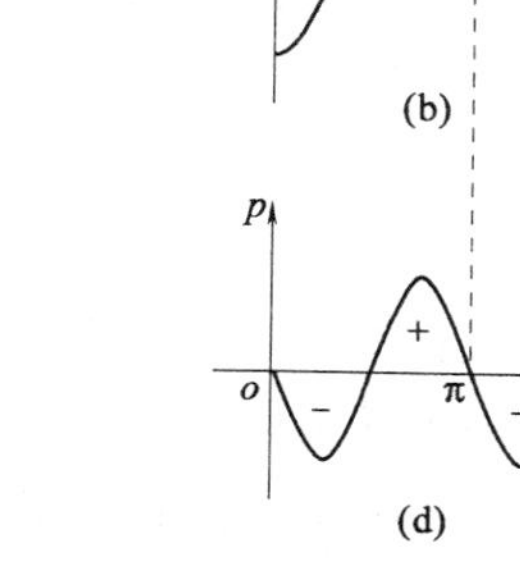

图 4-19　纯电容电路电压、电流、功率的波形及其相量图

与电阻不同，电容对电流的限制作用以
$$X_C=\frac{1}{\omega C}=\frac{1}{2\pi fC} \tag{4-32}$$
来衡量，X_C 称为电容电抗，简称容抗。由式(4-31)还可以得出
$$X_C=\frac{U_C}{I}=\frac{U_{Cm}}{I_m} \tag{4-33}$$
显然，容抗的单位也是 Ω。

从式(4-32)可以看出，容抗 X_C 的大小与电源频率 f 和电容量 C 都成反比，对于线性电容，C 是常数，因此容抗 X_C 的大小仅由电源频率 f 来决定。

由式 $i=C\frac{\Delta u_C}{\Delta t}$ 可知，电源频率 f 越高，电压变化率越大，电容器的充电与放电进行的越快，单位时间内移动的电荷越多，电流越大，即 X_C 越小；频率 f 越低，电压变化率越小，电容器的充电与放电进行的越慢，单位时间内移动的电荷越少，电流越小，即 X_C 越大；在直流稳态电路中，由于 $f=0$，电压不变化，电容器中无电流通过，因此 $X_C\to\infty$，电容相当于开路。所以电容元件具有“通交流、阻直流”或“通高频、阻低频”的特性。因此电子技术中，电容元件可起隔直、旁路和滤波等作用。

（二）电压与电流的相量关系

i 与 u_C 的相量式分别为
$$\dot{I}=I\angle 0°=I \text{ 及 } \dot{U}_C=U_C\angle -90°$$
又因为

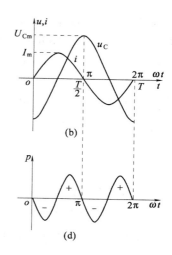

$$U_C = X_C I$$

所以

$$\dot{U}_C = U_C \angle -90° = X_C I \angle -90° = X_C \dot{I} \angle -90°$$

而

$$\angle -90° = \cos(-90°) + \mathrm{j}\sin(-90°) = 0 - \mathrm{j} = -\mathrm{j}$$

所以
$$\dot{U}_C = -\mathrm{j}X_C \dot{I} \tag{4-34}$$

式(4-34)即是电感电压与电流的相量关系式，它同时表明 u_L 与 i 的相位关系和有效值的关系。u_C 与 i 的相量图如图 4-19(c)所示。

（三）电容元件的功率

1. 瞬时功率

选择电感电压 u_C 与电流 i 参考方向一致时，电容的瞬时功率为

$$\begin{aligned} p &= u_C i = \sqrt{2}U_C \sin(\omega t - 90°) \times \sqrt{2}I\sin\omega t \\ &= -\sqrt{2}U_C \cos\omega t \times \sqrt{2}I\sin\omega t = -2U_C I\sin\omega t \times \cos\omega t \\ &= -U_C I\sin 2\omega t \end{aligned}$$

瞬时功率的曲线如图 4-19(d)所示。

2. 平均功率(有功功率)

如图 4-19(d)所示，在电流波形的第一和第三个$\frac{T}{4}$时间里，瞬时功率小于零，说明它向外界释放电场量；在第二和第四个$\frac{T}{4}$时间里，瞬时功率大于零，说明它从外界吸收电能转换为电场能储存，以后各周期将重复前一个周期的变化。由于一个周期内电容从外界吸收的能量与它释放给外界的能量相等，所以电容的平均功率为零，它也是一个储能元件。

3. 无功功率

瞬时功率的最大值反映了电容元件能量交换的规模，我们把它称为电容的无功功率。用大写字母 Q_C 表示，即

$$Q_C = U_C I$$

将 $U_C = X_C I$ 代入上式得

$$Q_C = U_C I = X_C I^2 = \frac{U_C^2}{X_C} \tag{4-35}$$

单位是乏(var)或千乏(kvar)，注意：U_C 和 I 是电容电压和电流的有效值。

【例 4-9】 已知电容元件 $C = 100\mu\text{F}$，接到 $u = 220\sqrt{2}\sin(314t - 30°)\text{V}$ 的电源上。求：(1)容抗 X_C；(2)电流 I 及 i；(3)无功功率 Q_C；(4)$\dot{I}$、$\dot{U}$，并画相量图。

【解】 (1) 由 $u = 220\sqrt{2}\sin(314t - 30°)\text{V}$ 可知

$$U = 220\text{V} \quad \omega = 314\text{rad/s} \quad \psi_u = -30°$$

感抗
$$X_C = \frac{1}{\omega C} = \frac{1}{314 \times 100 \times 10^{-6}} = 31.8(\Omega)$$

(2) 电流的有效值

$$I = \frac{U}{X_C} = \frac{220}{31.8} = 6.9(\text{A})$$

电流的初相　$\psi_i = \psi_u + 90° = (-30°) + 90° = 60°$

电流的解析式　$i = 6.9\sqrt{2}\sin(314t + 60°)$ (A)

（3）无功功率为　$Q_C = U_C I = 220 \times 6.9 = 1518$ (var)

（4）电压、电流的相量式分别为

$$\dot{I} = I\angle\psi_i = 6.9\angle 60° \text{(A)}$$

$$\dot{U} = U\angle\psi_u = 220\angle -30° \text{(V)}$$

相量图如图 4-20 所示。

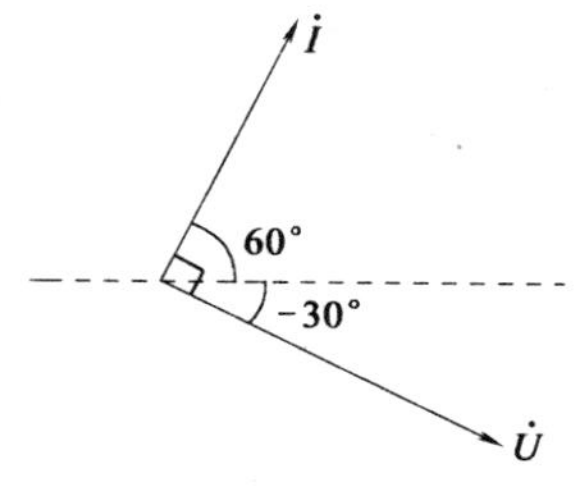

图 4-20　例 4-9 的相量图

教学评价

一、判断题

1. 电感元件在直流稳态电路中相当于短路。（　　）
2. 电容元件在直流稳态电路中相当于开路。（　　）
3. 当电感系数 L 一定时，感抗与电源频率成正比。（　　）
4. 当电容量 C 一定时，容抗与电源频率成反比。（　　）
5. 平均功率和无功功率的单位都是瓦(W)。（　　）
6. 电阻元件、电感元件和电容元件都是耗能元件。（　　）
7. 电感元件具有“通直隔交”的作用。（　　）
8. 电容元件具有“通交隔直”的作用。（　　）

二、填空题

1. 选择电阻元件两端的电压 u_R 与电流 i 参考方向一致时，u_R 与 i 是________的正弦量；二者的相位关系是________；二者的有效值关系是________。

2. 选择电感元件两端的电压 u_L 与电流 i 参考方向一致时，u_L 与 i 是________的正弦量；二者的相位关系是________；二者的有效值关系是________。

3. 选择电容元件两端的电压 u_C 与电流 i 参考方向一致时，u_C 与 i 是________的正弦量；二者的相位关系是________；二者的有效值关系是________。

4. 已知一电感元件通过 50Hz 电流时，其感抗 $X_L = 10\Omega$；当频率升高到5 000Hz时，其感抗 $X'_L =$ ________。

5. 已知一电容元件接 50Hz 正弦交流电源时，其容抗 $X_C = 100\Omega$；当电源频率升高到 5 000Hz时，其容抗 $X'_C =$ ________。

三、计算题

1. 一个“220V，660W”的电烙铁，接在 $u = 220\sqrt{2}\sin(314t + 120°)$ V 的电源上，求：(1)电烙铁的电阻 R；(2)电流 I 及 i；(3)平均功率 P；(4)画出电压、电流的相量图。

2. 某交流电源电压的频率为 $f = 100$Hz，有效值 $U = 220$V，初相 $\varphi_{ou} = -120°$，将 $C = 300\mu F$ 的电容接到该电源上。求：(1)电压的解析式 u；(2)容抗 X_C、电流 I 及 i；(3)无功功率 Q_C；(4)画出电压、电流的相量图。

3. 把一个电阻可以忽略的线圈，接到 $u = 220\sqrt{2}\sin(100\pi t + 60°)$ V 的电源上，线圈的电感是 0.35H，试求：(1)线圈的感抗 X_L；(2)电流 I 及 i；(3)无功功率 Q_L；(4)画出电压、电流相量图。

第六节　RLC 串联电路及其谐振

【知识目标】

1. 掌握 RLC 串联电路端电压与电流的有效值关系和相位关系。
2. 掌握电压三角形、阻抗三角形的边角关系式。
3. 会根据相量图判断电路的性质。
4. 会计算 RLC 串联电路中的相关物理量。
5. 理解谐振的概念，掌握串联谐振的条件和特征。

【能力目标】

1. 培养理论联系实际的能力和分析解决问题的能力。
2. 培养运用所学知识计算电路各物理量的能力。

RLC 串联电路是串联电路的一般情况，如图 4-21(a)所示。

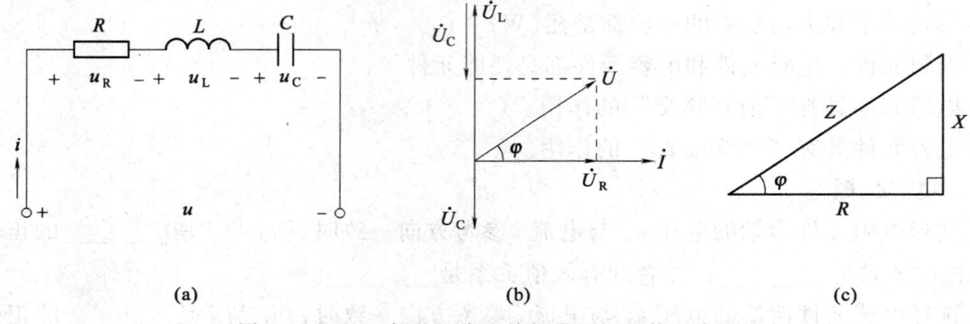

图 4-21　RLC 串联电路及其相量图和阻抗三角形

一、电路中各电压有效值间的关系

选择各电压的参考方向与电流的参考方向一致，以电流为参考正弦量，即设

$$i=\sqrt{2}I\sin\omega t$$

时，得出电阻、电感和电容电压分别为

$$u_R=\sqrt{2}U_R\sin\omega t$$

$$u_L=\sqrt{2}U_L\sin(\omega t+90°)$$

$$u_C=\sqrt{2}U_C\sin(\omega t-90°)$$

其中：$U_R=RI\quad U_L=X_LI\quad U_C=X_CI$

由 KVL 知，电路的端电压

$$u=u_R+u_L+u_C \tag{4-36}$$

由于 u_R、u_L 和 u_C 都是与电流 i 是同频率的正弦量，所以端电压 u 与电流 i 也是同频率的正弦量，因此，可以用相量法分析 u 与 i 的关系。由式(4-36)得出

$$\dot{U}=\dot{U}_R+\dot{U}_L+\dot{U}_C=R\dot{I}+\mathrm{j}X_L\dot{I}-\mathrm{j}X_C\dot{I} \tag{4-37}$$

以电流为参考相量，即 $\dot{I}=I\angle0°$，利用平行四边形法则，画出 $U_L>U_C$ 时电路的相量图，

如图 4-21(b)所示。在相量图中，相量 $\dot{U}$、$\dot{U}_R$、$\dot{U}_L$ 和 $\dot{U}_C$ 组成一个直角三角形，也称为电压三角形，其中 $\varphi=\psi_u-\psi_i$ 为端电压 u 与电流 i 的相位差角，即电路的阻抗角。根据电压三角形可以得出如下关系式

$$\left.\begin{aligned}U&=\sqrt{U_R^2+(U_L-U_C)^2}=\sqrt{U_R^2+U_X^2}\\ \varphi&=\arctan\frac{U_L-U_C}{U_R}=\psi_u-\psi_i\end{aligned}\right\}\tag{4-38}$$

及

$$\left.\begin{aligned}U_R&=U\cos\varphi\\ U_X&=U\sin\varphi\end{aligned}\right\}\tag{4-39}$$

式(4-38)、式(4-39)中，$U_X=U_L-U_C$，称为电抗电压。

由式(4-38)可以看出，电压 U_L 与 U_C 二者关系不同时，端电压 u 与电流 i 的相位差 φ 的取值范围不同，从而使 u 与 i 的相位关系不同，导致电路的性质也不同。

二、电压与电流的有效值关系

将 $U_R=RI$、$U_L=X_LI$ 和 $U_C=X_CI$ 代入式(4-38)得

$$U=\sqrt{U_R^2+(U_L-U_C)^2}=\sqrt{(RI)^2+(X_LI-X_CI)^2}=\sqrt{R^2+(X_L-X_C)^2}\cdot I$$

令 $z=\sqrt{R^2+(X_L-X_C)^2}=\sqrt{R^2+X^2}$，则有

$$U=zI \text{ 或 } U_m=zI_m\tag{4-40}$$

式中，$z=\dfrac{U}{I}=\sqrt{R^2+X^2}$ 称为 RLC 串联电路的阻抗，它反映了 RLC 串联电路中端电压与总电流的有效值(或最大值)的关系，其中 $X=X_L-X_C$ 称为电抗，它反映了电感和电容元件串联以后，对交流电流的阻碍作用，单位与阻抗一样，也是欧姆(Ω)。

由 $z=\sqrt{R^2+X^2}$ 可以推知，以 R、X 和 z 为边也可构成一个直角三角形，也称为阻抗三角形，如图 4-21(c)所示。因为

$$\frac{U}{z}=\frac{U_R}{R}=\frac{U_X}{X}=I$$

所以，阻抗三角形与电压三角形相似。由阻抗三角形得出如下关系式

$$\left.\begin{aligned}z&=\sqrt{R^2+(X_L-X_C)^2}=\sqrt{R^2+X^2}\\ \varphi&=\arctan\frac{X_L-X_C}{R}=\arctan\frac{X}{R}\end{aligned}\right\}\tag{4-41}$$

及

$$\left.\begin{aligned}R&=z\cos\varphi\\ X&=X_L-X_C=z\sin\varphi\end{aligned}\right\}\tag{4-42}$$

从式(4-41)可知，阻抗 z 和阻抗角 φ 的大小也只与电路的元件参数 R、L 和 C 及电源的频率 f 有关，与电路的电压和电流无关。

三、电压与电流的相位关系

根据式(4-38)、式(4-41)可知，电路的端电压 u 与电流 i 的相位差角，即阻抗角 φ 可由下式计算

$$\varphi = \arctan\frac{X}{R} = \arctan\frac{X_L - X_C}{R} = \psi_u - \psi_i \tag{4-43}$$

阻抗角 φ 的取值范围主要由电抗 X 决定，φ 与 X 的关系分三种情况讨论。

(1) 当 $X>0$，即 $X_L>X_C$ 时，$0°<\varphi<90°$，端电压 u 超前电流 i φ 角，电路呈电感性，相量图如图 4-22(a)所示。

(2) 当 $X<0$，即 $X_L<X_C$ 时，$-90°<\varphi<0°$，端电压 u 滞后电流 i φ 角，电路呈电容性，相量图如图 4-22(b)所示。

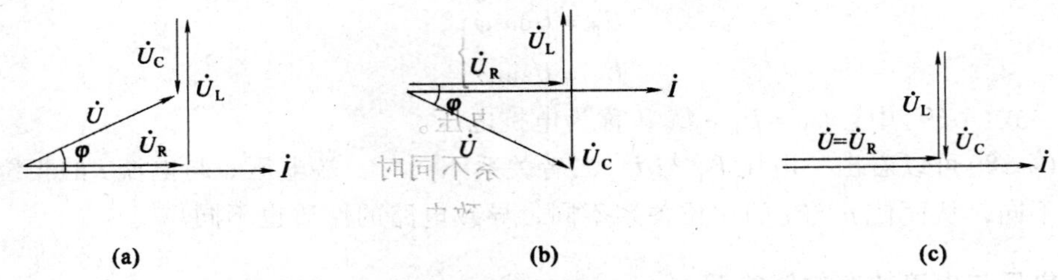

图 4-22　RLC 串联电路的电压与电流的相量图

(3) 当 $X=0$，即 $X_L=X_C$ 时，$\varphi=0°$，端电压 u 与电流 i 同相，电路呈电阻性，又称电路处于谐振状态(后边讨论)，相量图如图 4-22(c)所示。

在感性电路中，由于 $X=X_L-X_C>0$，所以 $U_X=U_L-U_C=(X_L-X_C)\cdot I>0$，故得 $U_L>U_C$；在容性电路中，则有 $U_L<U_C$；而在谐振电路中，$U_L=U_C$，$U=U_R$。

【例 4-10】 图 4-23 所示电路中，已知电压表 V_3 的读数为 16V，$R=X_L=8\Omega$，$X_C=16\Omega$，求电压表 V_1、V_2 和 V 的读数。

【解】 依题意，电压表 V_3 的读数为 16V，即 $U_C=X_CI=16(\text{V})$

所以，电流的有效值
$$I=\frac{U_C}{X_C}=\frac{16}{16}=1(\text{A})$$

电压的有效值分别为
$$U_R=RI=8\times1=8(\text{V})$$
$$U_L=X_LI=8\times1=8(\text{V})$$
$$U=\sqrt{U_R^2+(U_L-U_C)^2}=\sqrt{8^2+(8-16)^2}=\sqrt{128}\approx11.3(\text{V})$$

所以，电压表 V_1、V_2 和 V 的读数分别为 8V、8V 和 11.3V。

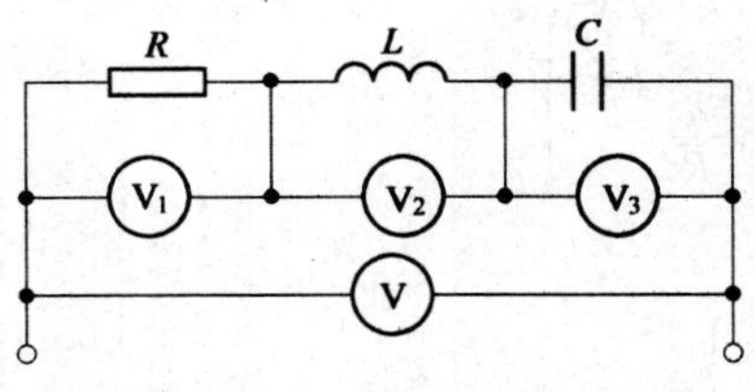

图 4-23　例 4-10 电路

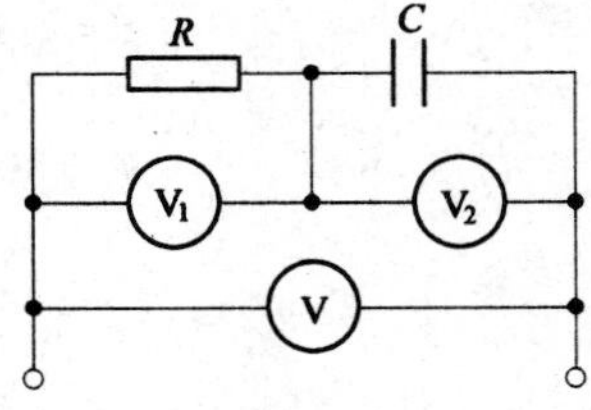

图 4-24　例 4-11 电路

【例 4-11】 图 4-24 所示电路中，电压表 V_1、V_2 的读数均为 50V，求电压表 V 的读数，并确定端电压 u 与电流 i 的相位关系。

【解】 图示电路是 RC 串联电路，它可以看成是 RLC 串联电路中 $X_L=0$ 情况，因此可以认为 $U_L=0$。则由式(4-38)得

$$U=\sqrt{U_R^2+U_C^2}=\sqrt{50^2+50^2}=50\sqrt{2}\approx70.7(\text{V})$$

即电压表 V 的读数为 70.7V。

电路的阻抗角为

$$\varphi = -\arctan\frac{U_C}{U_R} = -\arctan\frac{50}{50} = -45°\angle 0°$$

显然，在相位上端电压 u 滞后电流 i 45°。

【例 4-12】 图 4-21(a)所示电路中，已知 $R=20\Omega$，$L=0.07\text{H}$，$C=122\mu\text{F}$，工频正弦电源电压为 220V，求：(1)电流的有效值 I；(2)电路的阻抗角 φ；(3)各元件电压的有效值；(4)电路的性质。

【解】 (1) 电路的感抗、容抗分别为

$$X_L = \omega L = 314\times 0.07 \approx 22(\Omega)$$

$$X_C = \frac{1}{\omega C} = \frac{1}{314\times 122\times 10^{-6}} \approx 26.1(\Omega)$$

电路的阻抗为

$$z = \sqrt{R^2+(X_L-X_C)^2} = \sqrt{20^2+(22-26.1)^2} = \sqrt{416.81} \approx 20.4(\Omega)$$

电流的有效值为

$$I = \frac{U}{z} = \frac{220}{20.4} \approx 10.8(\text{A})$$

(2) 电路的阻抗角为

$$\varphi = \arctan\frac{X_L - X_C}{R} = \arctan\frac{22-26.1}{20} = -\arctan 0.205 = -11.6°$$

(3) 各元件电压的有效值为

$$U_R = RI = 20\times 10.8 = 216(\text{V})$$

$$U_L = X_L I = 22\times 10.8 = 237.6(\text{V})$$

$$U_C = X_C I = 26.1\times 10.8 = 281.9(\text{V})$$

(4) 由于阻抗角 $\varphi = -11.6°$，即端电压 u 滞后电流 i，故电路呈容性。

四、RLC 串联谐振电路

谐振是正弦交流电路的一种特殊工作状态。在具有电感和电容元件的电路中，电路的端电压与总电流一般是不同相的。如果通过调节电路参数或电源的频率使电路的端电压与总电流同相，这时电路就发生了谐振。

谐振现象在电子技术中应用非常广泛，但是在电力系统中很可能造成很大的危害。因此讨论谐振具有重要的现实意义。谐振现象可分为串联谐振和并联谐振，本节主要讨论串联谐振的相关概念。

(一) 串联谐振的条件

串联电路中发生的谐振，称为串联谐振。前面已经提到，在 RLC 串联电路[图 4-25(a)]中，当

$$X = 0$$

即

$$X_L = X_C \text{ 或 } \omega L = \frac{1}{\omega C} \tag{4-44}$$

时，则有

$$\varphi = \arctan \frac{X_L - X_C}{R} = 0°$$

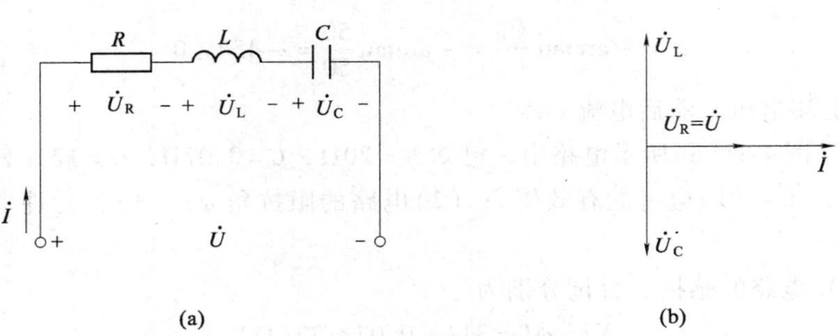

图 4-25 RLC 串联谐振电路及其相量图

即电路的端电压 u 与电流 i 同相，此时电路发生串联谐振现象。式(5-44)是发生串联谐振的条件，并由此式得出谐振角频率

$$\omega_0 = \frac{1}{\sqrt{LC}} \tag{4-45}$$

从而得出电路的谐振频率为

$$f_0 = \frac{1}{2\pi\sqrt{LC}} \tag{4-46}$$

即当电源频率 f(或 ω)与电路参数 L、C 之间满足上述关系式时，电路则发生谐振。可见只要调节电源频率或元件参数都能使电路发生谐振。

串联电路谐振时的相量图如图 4-25(b)所示，图中 $\dot{U}_L$ 与 $\dot{U}_C$ 大小相等，相位相反，而端电压 $\dot{U} = \dot{U}_R$。

（二） 特征阻抗 ρ 与品质因数 Q

调节电源频率 f(或 ω)使电路谐振时，虽然电路的电抗 $X = 0$，但是 $X_L = X_C \neq 0$，它们的大小是

$$X_L = \omega_0 L = \frac{1}{\sqrt{LC}} \cdot L = \sqrt{\frac{L}{C}}$$

$$X_C = \frac{1}{\omega_0 C} = \frac{\sqrt{LC}}{C} = \sqrt{\frac{L}{C}}$$

令 $\rho = \sqrt{\frac{L}{C}}$，则

$$X_L = X_C = \sqrt{\frac{L}{C}} = \rho \tag{4-47}$$

式(5-1-4)表明，调节电源频率 f(或 ω)使电路谐振时，感抗和容抗的数值相等，它们的数值为 $\rho = \sqrt{\frac{L}{C}}$，$\rho$ 的单位是 Ω。因为 ρ 只由电路参数 L、C 决定，故称之为电路的特征阻抗。

串联电路的品质因数 Q 的定义式为

$$Q = \frac{\rho}{R} = \frac{1}{R}\sqrt{\frac{L}{C}} \tag{4-48}$$

它是一个无单位的正数。由 Q 的定义式可以看出，R 越小，Q 越大。在实际电路中线圈的电阻都较小，所以 Q 值可达 200 ~ 500 之间，甚至更大。

（三）串联谐振的特征

1. 阻抗最小，电流最大

因为谐振时电抗 $X=0$，串联谐振电路的阻抗 $z=\sqrt{R^2+X^2}=R$ 达到最小值，所以当电源电压 U 不变时，电路谐振时的电流达到最大值，即

$$I_0=\frac{U}{R}$$

2. 谐振时电路的阻抗角 $\varphi=0$，电路呈电阻性。电源只向电路提供有功功率，不提供无功功率。电源供给电路的能量全部供电阻消耗，电源与电路之间不发生能量互换，能量互换只发生在电感线圈和电容器之间。

3. 当品质因数 $Q>>1$ 时，$U_L=U_C=QU>>U$。

由于谐振时 $X_L=X_C=\sqrt{\frac{L}{C}}=\rho$ 及 $I_0=\frac{U}{R}$，所以

$$U_L=U_C=I_0\rho=\frac{U}{R}\sqrt{\frac{L}{C}}=QU$$

当 $Q>>1$ 时，则有

$$U_L=U_C=QU>>U \tag{4-49}$$

上式表明，虽然谐振时 $\dot{U}_L+\dot{U}_C=0$，但是 $U_L=U_C\neq0$，而且在 $Q>>1$ 时，会远远超过电源电压 U。如果电压过高，很可能会击穿线圈或电容器的绝缘。因此，在电力系统中，一般应避免串联谐振现象的发生。但在电子技术中常利用串联谐振来获得较高电压、电容或电感元件上的电压常高于电源电压几十倍或几百倍。

由于串联谐振时，电感电压和电容电压很可能超过电源电压许多倍，所以串联谐振又称为电压谐振。

在电子技术中常利用串联谐振这一特点，使电容或电感元件上获得较高电压。收音机的调谐电路就是利用这个原理工作的，如图 4-26(a)所示，当天线把收到的不同频率电台发射的无线电波输入到调谐回路时，会在 RLC 串联谐振电路中感应出相应的电动势 e_1、e_2、e_3，等等。调节电容 C，使调谐回路的谐振频率 f_0 等于某一电台的频率 f_n 时，电路就对这个频率发生串联谐振，使得该频率的电台讯号在回路中产生的电流最大，并在可变电容两端获得频率为 f_n 的较高电压。这样收音机就接收到频率为 f_n 电台的节目。其他各种不同频率的电台信号虽然也出现在调谐回路中，但由于没有达到谐振，在回路中引起的电流很小，从而使这些讯号得到抑制。

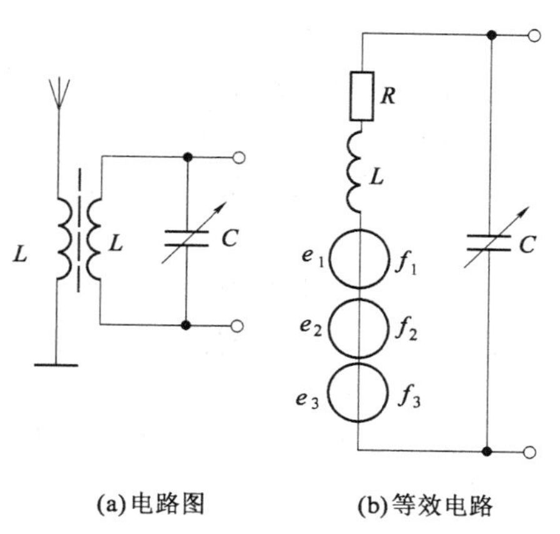

图 4-26　收音机的调谐电路

电路从输入的全部讯号中选择所需讯号的能力，称为电路的选择性。

【例 4-13】 RLC 串联电路中，已知 $R=1\Omega$，$L=2\mu H$，$C=50pF$，电源电压 $U_S=25mV$。求电路的谐振频率 f_0、谐振电流 I_0、品质因数 Q 和电容电压 U_C。

【解】（1）谐振频率

$$f_0=\frac{1}{2\pi\sqrt{LC}}=\frac{1}{2\pi\times\sqrt{2\times10^{-6}\times50\times10^{-12}}}=15.9(\text{MHz})$$

（2）谐振电流

$$I_0=\frac{U_S}{R}=\frac{25\times10^{-3}}{1}=25\times10^{-3}\text{A}=25(\text{mA})$$

（3）品质因数

$$Q=\frac{\rho}{R}=\frac{1}{R}\sqrt{\frac{L}{C}}=\frac{1}{1}\times\sqrt{\frac{2\times10^{-6}}{50\times10^{-12}}}=200$$

（4）电容电压

$$U_C=QU_S=200\times25\times10^{-3}=5(\text{V})$$

教 学 评 价

一、判 断 题

1. RLC 串联电路各部分电压有效值之间的关系是 $U=U_R+U_L+U_C$。（　　）

2. RLC 串联电路的阻抗 $z=\sqrt{R^2+(X_L-X_C)^2}$。（　　）

3. RLC 串联电路中，若 $X_C>X_L$，则电路呈感性。（　　）

4. 电路的性质取决于电源的频率及元件的参数，与电路中电压、电流的大小无关。（　　）

5. RLC 串联电路中，电流有效值的计算公式为 $I=\frac{U}{\sqrt{R^2+X^2}}$。（　　）

6. RLC 串联电路中，电路的阻抗角 $\varphi=\arctan\frac{X_L-X_C}{R}$。（　　）

7. 在串联谐振时，由于电阻电压等于电源电压，所以电感、电容上的电压均为零。（　　）

二、填 空 题

1. RLC 串联电路中，当 $X_L>X_C$ 电路呈________性；当 $X_L<X_C$ 电路呈________性；当 $X_L=X_C$ 电路呈________性。

2. 图 4-23 所示电路，电压表 V_1、V_3 和 V 的读数分别为 100V、100V 和 40V，则 V_2 的读数为________。

3. RLC 串联电路中，总电压与总电流的相位差 $\varphi=$________；各部分电压有效值之间的关系为________；电路的阻抗 $z=$________。

4. 电路的性质取决于电源的频率及________，与电路中________的大小无关。

5. RLC 串联电路产生谐振的条件是________；谐振角频率 $\omega_0=$________；谐振频率 $f_0=$________。

6. RLC 串联电路产生谐振时，电路的阻抗 $z=$________；电流 $I_0=$________；品质因数 $Q=$________；电感电压与电容电压相等，且 $U_L=U_C=$________U_S，因此串联谐振又称为________。

三、计 算 题

1. 图 4-27 所示 RC 移相电路中，已知 $R=680\Omega$，$\omega=1\,000\text{rad/s}$ 欲使输入电压 u_i 超前输出电压 u_C 60°，试求电容 C 应为多大？

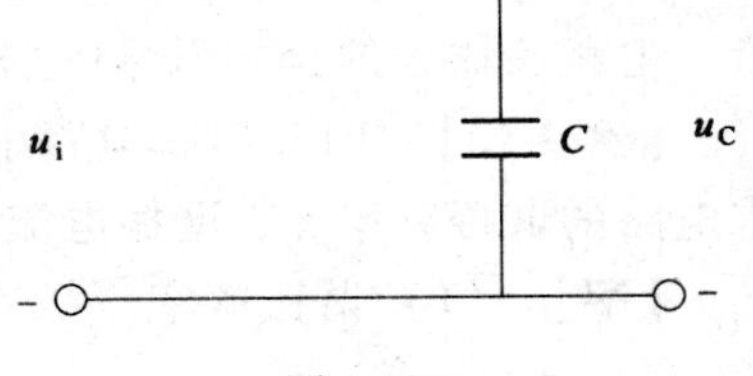

图 4-27

2. 在 RLC 串联电路中，已知 $R=6\Omega$，$X_L=12\Omega$，

$X_C=4\Omega$，接到工频正弦交流电源上，电源电压为120V，求(1)电流的有效值 I；(2)电路的阻抗角 φ；(3)各元件电压的有效值；(4)电路的性质。

3. RLC 串联谐振电路中，已知 $R=20\Omega$，$L=400\text{mH}$，$C=0.1\mu\text{F}$，电源电压 $U_S=1\text{V}$，求：电路的谐振频率 f_0、特征阻抗 ρ、品质因数 Q 和电压 U_L、U_C。

第七节　正弦交流电路的功率

【知识目标】

1. 理解电路的有功功率、无功功率、视在功率及功率因数的概念。
2. 掌握电路的有功功率、无功功率、视在功率及功率因数的计算。

【能力目标】

1. 会运用所学知识计算无源二端网络的 P、Q、S 及 λ。
2. 能够识别 P、Q、S 的单位。

前面介绍了单一元件的交流电路中的功率，但是实际电路通常是由许多不同性质的元件组成，电路中既存在能量的损耗又存在能量的交换，功率的计算相对复杂一些。下面以 RLC 串联电路为例来讨论交流电路的功率计算，其结论也适用于一般交流电路。

一、瞬时功率

如图 4-28(a)所示的 RLC 串联电路，设其电流和端口电压为

$$i=\sqrt{2}I\sin\omega t$$

$$u=\sqrt{2}U\sin(\omega t+\varphi)$$

式中的 φ 是电压超前电流的相位差，也就是 RLC 串联电路的阻抗角。在图示电压、电流的参考方向下，瞬时功率为

$$p=ui=\sqrt{2}U\sin(\omega t+\varphi)\times\sqrt{2}I\sin\omega t=UI\cos\varphi-UI\cos(2\omega t-\varphi)$$

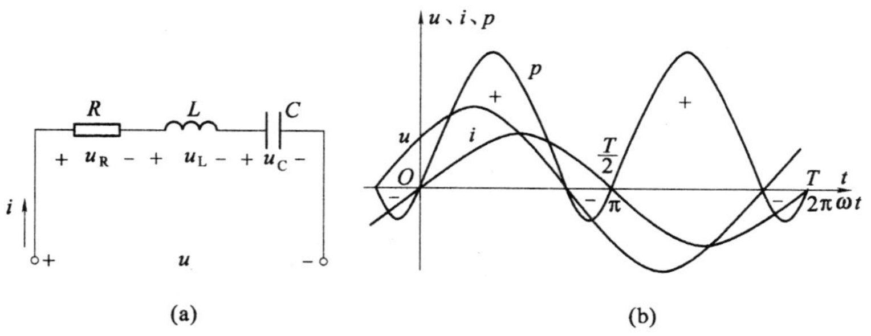

图 4-28　RLC 串联电路及其瞬时功率的波形

图 4-28(b)画出了 u、i 及 p 的曲线。分析 p 的曲线可知，在电压、电流变化的一个周期 T 中，有两端时间内 $p>0$，说明电路从电源吸收能量，其中一部分供给电阻消耗，另一部分转变成场能储存在电感和电容元件中；另两段时间内 $p<0$，说明电路释放能量，即储能元件释放的场能中有一部分送回电源的缘故(另一部分就地供给电阻消耗)。在电感和电容同时存在的电路中，除了电路和电源之间进行着能量交换外，电感和电容之间还存在着场能的就地转换。

二、有功功率、无功功率和视在功率

（一）有功功率 P

有功功率又叫平均功率，是用来衡量电路消耗电能多少的物理量。可以证明：一个电路的有功功率，就等于各电阻的有功功率之和，还等于各电源输出的有功功率之和。对于 RLC 串联电路，电阻消耗的有功功率为

$$P = U_R I = RI^2 = \frac{U_R^2}{R} \tag{4-50}$$

由式(4-39)可知

$$U_R = U\cos\varphi$$

代入式(4-50)得

$$P = UI\cos\varphi \tag{4-51}$$

式中，U 和 I 分别是电路的端电压和总电流的有效值；φ 是电路的阻抗角。式(4-51)适用于任一正弦交流电路。有功功率的单位式 W 或 kW。

当电路中有多个电阻元件时，电路的有功功率就等于各电阻的有功功率之和，即

$$P = \sum_{i=1}^{n} P_{Ri} = P_{R1} + P_{R2} + \cdots + P_{Rn} \tag{4-52}$$

式中，n 表示电阻的个数；P_{Ri} 表示第 i 个电阻的功率。

（二）无功功率 Q

无功功率反映的是储能元件与外界进行能量交换规模的物理量。在 RLC 串联电路中，电感的无功功率为

$$Q_L = U_L I = X_L I^2 = \frac{U_L^2}{X_L}$$

电容的无功功率为

$$Q_C = U_C I = X_C I^2 = \frac{U_C^2}{X_C}$$

由于电感电压与电容电压相位相反，这说明电感吸收能量时，电容释放电场能；电感释放磁场能量时，电容吸收能量。所以 Q_L 和 Q_C 的符号总是相反的。工程上习惯认为，电感是“消耗”无功功率的($Q_L > 0$)；电容是“产生”无功的 $Q_C < 0$。因此，RLC 串联电路的无功功率为

$$Q = Q_L - Q_C = U_L I - U_C I = U_X I \tag{4-53}$$

由式(4-39)可知

$$U_X = U_L - U_C = U\sin\varphi$$

代入式(4-53)得

$$Q = UI\sin\varphi \tag{4-54}$$

式中，U 和 I 分别是电路的端电压和总电流的有效值；φ 是电路的阻抗角。式(4-54)适用于任一正弦交流电路。无功功率的单位式 var 或 kvar。

当电路中含有多个电感和电容元件时，电路总的无功功率就等于各个储能元件无功功率的代数和，即

$$Q = \sum_{i=1}^{n} Q_i = Q_1 + Q_2 + \cdots + Q_n \tag{4-55}$$

式中，n 表示储能元件的个数，Q_i 表示第 i 个储能元件的无功功率。值得注意的是，如果第 i 个元件是电感，Q_i 前面取“+”号；如果第 i 个元件是电容，Q_i 前面取“-”号。

（三）视在功率 S

做为电源的交流发电机或变压器，其额定电压与额定电流的乘积 UI，表示在额定状态下工作时发电机所发出的，或变压器所传递的最大功率。当网络中有储能元件时，由于在电源与储能元件间有一部分能量只用于来回交换而不消耗，所以乘积 UI 并不全是有功功率。因此，工程上用乘积 UI 表示发电机、变压器等电源设备的容量，并称为视在功率，用大写字母 S 表示，即

$$S = UI \tag{4-56}$$

视在功率的单位是伏安(V·A)，工程上还常用到千伏安(kV·A)，$1\text{kV·A} = 10^3\text{V·A}$。需要指出的是电路的总视在功率并不等于各个元件视在功率的和。

定义了视在功率后，有功功率、无功功率又可写成

$$P = S\cos\varphi \tag{4-57}$$

式(4-57)表明，有功功率只是视在功率的一部分，它等于视在功率 S 与因数 $\cos\varphi$ 的乘积。工程上把 $\cos\varphi$ 称为功率因数，用字母 λ 表示，即

$$\lambda = \cos\varphi = \frac{P}{S} \tag{4-58}$$

式中，φ 是电路中端电压 u 与总电流 i 的相位差，也就是电路的阻抗角，又称为电路的功率因数角，其取值范围 $|\varphi| \leqslant 90°$，因此 $0 \leqslant \cos\varphi \leqslant 1$。对于电阻性负载，$\varphi = 0$，$\lambda = \cos\varphi = 1$，有功功率等于视在功率；对于纯电感或纯电容电路，$\varphi = \pm 90°$，$\lambda = \cos\varphi = 0$，有功功率为零。从节能和提高电源设备的利用率来讲，λ 越大越好。

三、功率三角形

由式(4-51)、式(4-54)和式(4-56)可以看出，电路的 P、Q 和 S 也可以构成一个直角三角形，称为功率三角形，如图 4-29 所示。功率三角形与阻抗三角形、电压三角形是相似形。由功率三角形得出如下关系

$$\left.\begin{aligned} S &= \sqrt{P^2 + Q^2} \\ \varphi &= \arctan\frac{Q}{P} = \psi_u - \psi_i \end{aligned}\right\} \tag{4-59}$$

及

$$\left.\begin{aligned} P &= S\cos\varphi \\ Q &= S\sin\varphi \end{aligned}\right\} \tag{4-60}$$

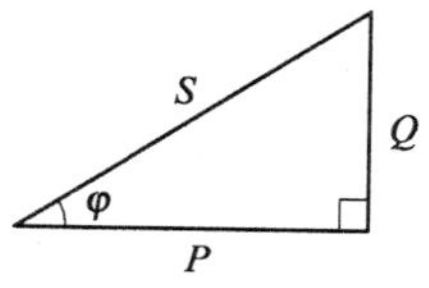

图 4-29　功率三角形

【例 4-14】 在 RLC 串联电路中，已 $R = 10\Omega$，$X_L = 14\Omega$，$X_C = 4\Omega$，$U = 141\text{V}$。求：(1)阻抗 z、电流 I；(2)P、Q、S 及 λ。

【解】 (1) $z = \sqrt{R^2 + (X_L - X_C)^2} = \sqrt{10^2 + (14-4)^2} = 10\sqrt{2} \approx 14.1(\Omega)$

$$I = \frac{U}{z} = \frac{141}{14.1} = 10(\text{A})$$

(2) 由阻抗三角形得

$$\cos\varphi = \frac{R}{z} = \frac{10}{10\sqrt{2}} \approx 0.707 \qquad \sin\varphi = \frac{X}{z} = \frac{14-4}{10\sqrt{2}} \approx 0.707$$

电路的功率分别 P、Q、S 为

$$P = UI\cos\varphi = 141 \times 10 \times 0.707 = 996.87(\mathrm{W})$$
$$Q = UI\sin\varphi = 141 \times 10 \times 0.707 = 996.87(\mathrm{var})$$
$$S = UI = 141 \times 10 = 1410(\mathrm{V \cdot A})$$

或按下列方法计算

$$P = I^2R = 10^2 \times 10 = 1\,000(\mathrm{W})$$
$$Q = I^2(X_L - X_C) = 10^2 \times (14 - 4) = 1\,000(\mathrm{var})$$
$$S = \sqrt{P^2 + Q^2} = \sqrt{1\,000^2 + 1\,000^2} = 1\,410(\mathrm{V \cdot A})$$

电路的功率因数

$$\lambda = \cos\varphi \approx 0.707$$

比较上述两种计算 P、Q、S 的方法，由于 $\cos\varphi \approx 0.707$，$\sin\varphi \approx 0.707$，所以两种计算结果略有误差。

【例 4-15】 某一无源二端网络如图 4-30 所示，电压 $u = 220\sqrt{2}\sin(314t + 45°)\mathrm{V}$，电流 $i = 5\sqrt{2}\sin(314t + 15°)\mathrm{A}$，求该网络的 P、Q、S 及 λ。

【解】 由已知，得

$$U = 220\mathrm{V} \quad I = 5\mathrm{A} \quad \varphi = \psi_u - \psi_i = 30°$$

所以，网络的 P、Q、S 及 λ 分别为

$$P = UI\cos\varphi = 220 \times 5 \times 0.866 = 952.6(\mathrm{W})$$
$$Q = UI\sin\varphi = 220 \times 5 \times 0.5 = 550(\mathrm{var})$$
$$S = UI = 220 \times 5 = 1\,100(\mathrm{V \cdot A})$$
$$\lambda = \cos\varphi \approx 0.866$$

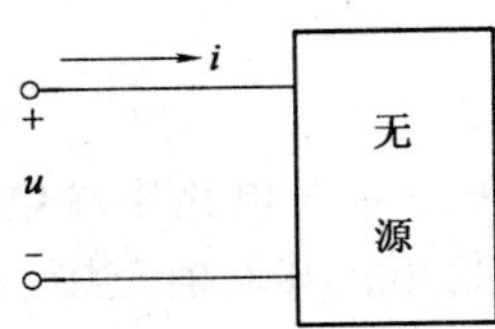

图 4-30 无源二端网络

教 学 评 价

一、判 断 题

1. 某吸尘器(感性负载)的额定电压为 220V，额定功率是 440W，则其额定电流为 2A。( )
2. 正弦交流电路的有功功率等于电路中各电阻上的有功功率之和。( )
3. 无功功率的单位与有功功率的单位相同，都是瓦(W)。( )
4. 视在功率 S 是反映电源设备容量的物理量，它的单位是伏安(V·A)。( )
5. 一个额定值为“220V，100W”的白炽灯，其额定电流约为 0.455A。( )
6. 从节能和提高电源设备的利用率来讲，希望 λ 越大越好。( )
7. 电路功率因数的大小取决于电路元件参数和电源的频率。( )

二、填 空 题

1. 正弦交流电路中，不随时间变化的功率分别为________、________、和________。它们的单位依次为________、________、________。
2. 将 $R = 10\Omega$ 的电阻元件接到电压有效值 $U = 100\mathrm{V}$ 的正弦交流电源上工作 48h，电阻的平均功率为________，电阻消耗的电能为________。
3. 某无源二端网络的 $P = 30\mathrm{kW}$，$Q = 40\mathrm{kvar}$，则视在功率 $S =$ ________ kV·A，电路的功率因数 $\lambda =$ ________。

三、计 算 题

1. 某一无源二端网络，其端口电压 $u=40\sqrt{2}\sin(314t+100°)$ V，端口电流 $i=8\sqrt{2}\sin(314t+70°)$ A，求该网络的 P、Q、S 及 λ。

2. 把电阻 $R=6\Omega$，电感 $L=25.5$mH 的线圈接到 $U=220$V 的工频交流电原上，求：(1)电流 I；(2)功率因数 λ；(3)P、Q、S。

3. 在 RLC 串联电路中，已知电路电流 $I=1$A，各电压为 $U_R=15$V，$U_L=80$V，$U_C=100$V。求：(1)电路总电压 U；(2)P、Q、S；(3)R、X_L、X_C。

第八节　功率因数的提高

【知识目标】

1. 了解提高功率因数的技术经济意义。
2. 了解感性电路提高功率因数的方法和基本原理。
3. 掌握公式 $C=\dfrac{P}{\omega U^2}(\tan\varphi_1-\tan\varphi)$，并会计算电容量 C。

【能力目标】

1. 培养分析解决实际问题的能力。
2. 运用所学知识计算电路参数和基本物理量的能力。

正弦交流电路中，发电机向电路输出的功率为

$$P=S\cos\varphi \tag{4-61}$$

上式中，$S=UI$ 是发电机的容量，$\cos\varphi$ 是电路的功率因数。当发电机工作在额定状态下时，它向电路输送的有功功率的大小，就取决于电路的功率因数的高低。

在交流电力系统中的用电设备大部分是感性负载，它们的功率因数都较低。例如，应用广泛的异步电动机，功率因数在满载时约为 0.8 左右，轻载时只有 0.4～0.5，空载时甚至低到 0.2；照明用的日光灯，功率因数为 0.3～0.5。

一、提高功率因数的技术经济意义

功率因数低带来的不良后果：

（一）电源设备的容量不能充分地利用

例如，一台容量为 1 000kV·A 的交流发电机，当负载的 $\cos\varphi=1$ 时，它输出的有功功率 $P=1\ 000$kW，发电机的容量得到充分利用；当负载的 $\cos\varphi=0.6$ 时，它输出的有功功率 $P=600$kW，发电机的容量只利用了 60%，其余的 40% 转换为无功功率，用于电源与负载之间的能量转换。

（二）引起线路和发电机绕组的功率损耗增加

输电线路中的电流 $I=\dfrac{P}{U\cos\varphi}$，一般情况下，负载的功率 P 和电压 U 都是一定的，功率因数越低，电流越大，而线路和发电机绕组的功率损耗 ΔP 则与 $\cos\varphi$ 的平方成反比，即

$$\Delta P=rI^2=r\left(\frac{P}{U\cos\varphi}\right)^2=\left(r\frac{P^2}{U^2}\right)\frac{1}{\cos^2\varphi} \tag{4-62}$$

因此，使线路和发电机绕组的功率损耗增加。上式中 r 是线路和发电机绕组的总电阻。

由上述分析可知，功率因数提高以后，既能使电源设备的容量得到充分的利用，又能提高供电效率，改善供电的电压质量。因此，提高 $\cos\varphi$ 具有重大的技术经济意义。

二、并联电容性设备提高功率因数

（一）方法和基本原理

在感性负载两端并联适当的电容器，可以提高感性电路的功率因数。因为当感性负载吸收能量时，电容器释放能量；而感性负载释放能量时，电容器吸收能量。也就是说，感性负载所需要的无功功率，可就地由并联电容器提供一部分，这样就减少了电源与负载之间的能量交换，使电源输送给电路的无功功率减少，有功功率增加，从而使整个电路的功率因数提高。

（二）工作原理

将感性负载等效成 RL 串联支路，电容器 C 与 RL 支路并联，电路如图 4-31(a)所示。按习惯选择各电流的参考方向与端电压一致，并选择端电压 u 为参考正弦量，即设

$$u=\sqrt{2}U\sin\omega t$$

由 KCL 可知

$$i=i_1+i_C \tag{4-63}$$

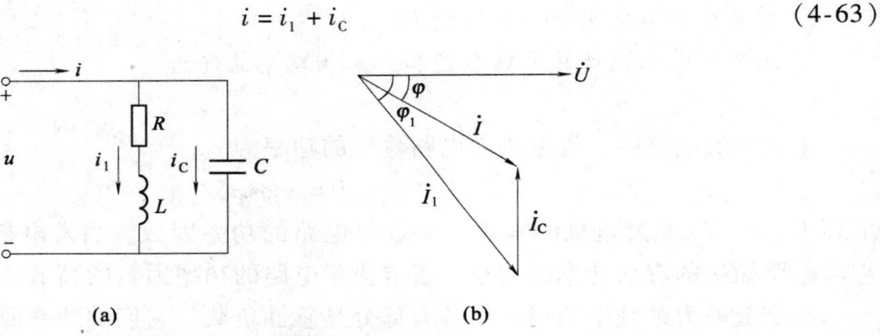

图 4-31 并联电容提高电路的功率因数

由于 i_1、i_C 和 i 都与电压 u 是同频率的正弦量，所以可以用相量法分析。首先画出电路的相量图，将式(4-63)写成相量形式

$$\dot{I}=\dot{I}_1+\dot{I}_C \tag{4-64}$$

以端电压 u 为参考相量，即 $\dot{U}=U\angle0°$。RL 串联支路呈感性，相位上电流 $\dot{I}_1$ 较端电压 $\dot{U}$ 滞后 φ_1 角；电容 C 支路的电流 $\dot{I}_C$ 较端电压 $\dot{U}$ 超前 90°；总电流 $\dot{I}$ 根据式(4-64)作出。电路的相量图如图 4-31(b)所示。

如果电路中没有并联电容，那么 $\dot{I}_C=0$，电路的总电流 $\dot{I}$ 就是 RL 串联支路的电流 $\dot{I}_1$，即 $\dot{I}=\dot{I}_1$。这种情况下，端电压 $\dot{U}$ 和总电流 $\dot{I}(\dot{I}_1)$ 的相位差为 φ_1，功率因数 $\lambda_1=\cos\varphi_1$。

电路中并联电容以后，受电容支路电流 $\dot{I}_C$ 的影响，端电压 $\dot{U}$ 和总电流 $\dot{I}$ 的相位差为 φ，功率因数为 $\lambda=\cos\varphi$。由于角度 $\varphi<\varphi_1$，所以功率因数 $\lambda>\lambda_1$，即 $\cos\varphi>\cos\varphi_1$。显然，电路的功率因数提高了。

经理论推导，并联电容器的电容量 C 由下式计算

$$C=\frac{P}{\omega U^2}(\tan\varphi_1-\tan\varphi) \tag{4-65}$$

式中　P——负载的有功功率，W；

ω——电源的角频率，rad/s；

U——负载（电源）电压的有效值，V；

φ_1——未并联电容时电路的阻抗角；

φ——并联电容后电路的阻抗角；

C——并联电容器的电容量，F。

需要指出的是，并联电容器以后，提高的是整个电路的功率因数，而感性负载的功率因数并没有发生变化，因为负载的参数 R、L 及电源的频率 f 没有发生变化。此外，并联电容器以后电路的有功功率也没有变化，因为电容器是不消耗电能的。

从图 4-31（b）中还可以看出，并联电容器以后，不仅提高了电路的功率因数，使电源设备的容量得到充分利用，而且使电路的总电流 I 减小，从而降低了线路和发电机的损耗，提高了供电质量。在实际生产中，一般只把功率因数提高到 0.9 左右。

【例 4-16】　已知某工厂额定负载为 560kW，功率因数为 0.7（感性），工频电源电压为 380V。（1）欲将功率因数提高到 0.9，需并联多大电容？（2）并联电容前后，电路的总电流分别是多少？

【解】（1）由已知条件可知

$$\cos\varphi_1 = 0.7,\ \varphi_1 = 45.6°,\ \tan\varphi_1 = 1.02$$

$$\cos\varphi = 0.9,\ \varphi = 25.84°,\ \tan\varphi = 0.484$$

需要并联的电容

$$\begin{aligned} C &= \frac{P}{\omega U^2}(\tan\varphi_1 - \tan\varphi) \\ &= \frac{560\times10^3}{314\times380^2}\times(1.02-0.848) \\ &= 0.006\,2(\text{F}) = 6\,200(\mu\text{F}) \end{aligned}$$

（2）由于并联电容前后电路的有功功率不变，所以并联电容前、后电路的总电流分别为

$$I_1 = \frac{P}{U\cos\varphi_1} = \frac{560\times10^3}{380\times0.7} = 2\,105.3(\text{A}) \approx 2.11(\text{kA})$$

$$I = \frac{P}{U\cos\varphi} = \frac{560\times10^3}{380\times0.9} = 1\,637.4(\text{A}) \approx 1.64(\text{kA})$$

可见，并联电容以后，电路的总电流减小了。

教 学 评 价

一、判 断 题

1. 提高感性电路的功率因数，可使电源设备的容量得到充分利用。（　　）
2. 电路的功率因数提高以后，可以减小线路损耗，提高供电质量。（　　）
3. 提高电路的功率因数，是指提高感性负载本身的功率因数。（　　）
4. 感性电路的功率因数提高以后，电源只向电路输送有功功率。（　　）

二、填 空 题

1. 提高感性负载电路功率因数的方法是________；而负载自身的功率因数、有功功率、电流、电压都________。

2. 提高功率因数的技术经济意义是________；________。

3. 在感性负载两端并联电容，可以提高________的功率因数；并联电容的计算式 $C=$________。

三、计 算 题

1. 功率为60W，功率因数为0.5的日光灯100只，接在220V的工频正弦电源上。如把电路的功率因数提高到0.9，应并联多大电容？

2. 把一台额定电压为220V，额定功率为4kW的单相感应电动机接在220V的工频正弦电源上，电动机的功率因数为0.65。求：(1)电动机取用的电流；(2)若将电路的功率因数提高到0.85，需并联多大的电容？(3)提高功率因数后，输电线中的电流。

技能训练五　简单交流电路的实验

一、实训目的

1. 学会调压器、交流电压表和交流电流表的正确使用。
2. 识别正弦交流电路中的元件，即电阻、电感和电容元件。
3. 培养学生的操作能力和正确使用交流仪器、仪表的能力。
4. 验证交流电路中，各元件电压、电流有效值间的关系。

二、实训原理

由电压三角形可知，RL串联电路中各电压有效值间的关系为 $U=\sqrt{U_R^2+U_L^2}$；RLC串联电路中各电压有效值间的关系为 $U=\sqrt{U_R^2+(U_L-U_C)^2}$。由电流三角形可知，RC并联电路各电流有效值间的关系为 $I=\sqrt{I_R^2+I_C^2}$。

三、实训设备

单相调压器、交流电压表、交流电流表、电流插口板、40W日光灯镇流器、电容板、定值电阻($R=200\Omega$)、导线若干。

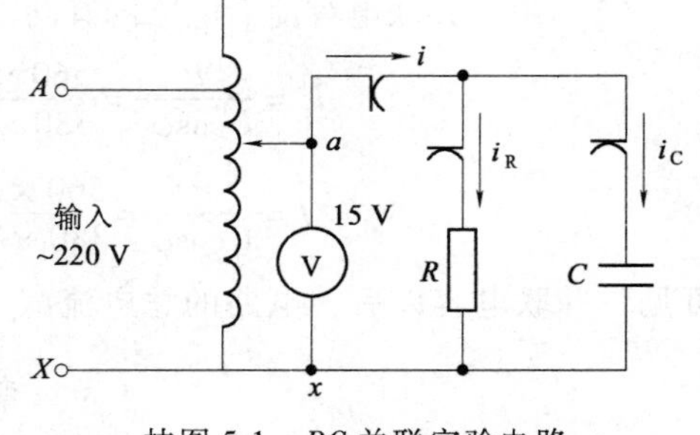

技图5-1　*RC*并联实验电路

四、实训任务

1. 按技图5-1接线，$R=200\Omega$，$C=4\mu F$。调节调压器手柄，观察交流电压表的示数，使其输出电压由零缓慢增加到15V，然后用交流电流表和插塞测出各个电流的有效值，并将结果填入到技表5-1中。

技表5-1

	U_{ax}(V)	I(mA)	I_R(mA)	I_C(mA)
理论值				
测量值				

2. 按技图 5-2 接线，$R=200\Omega$，L 是 40W 日光灯的镇流器。调节调压器手柄，观察交流电压表的示数，使其输出电压由零缓慢增加到 40V，然后用交流电压表、交流电流表和插塞分别测出各个电压、电流的有效值，并将结果填入到技表 5-2 中。

技表 5-2

	U_{ax}(V)	U_R(V)	U_L(V)	I(mA)
测量值				

3. 按技图 5-3 接线，$R=200\Omega$，L 是 40W 日光灯的镇流器，C 分别取 4μF 和 8μF。调节调压器手柄，观察交流电压表的示数，使其输出电压由零缓慢增加到 25V，然后用交流电压表、交流电流表和插塞分别测出各个电压、电流的有效值，并将结果填入技表 5-3 中。

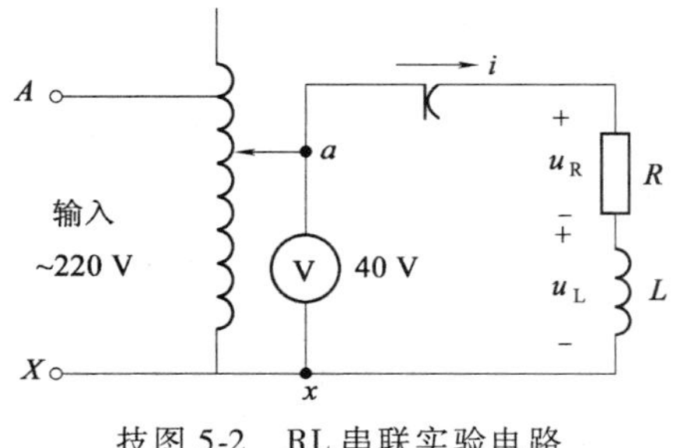

技图 5-2　RL 串联实验电路

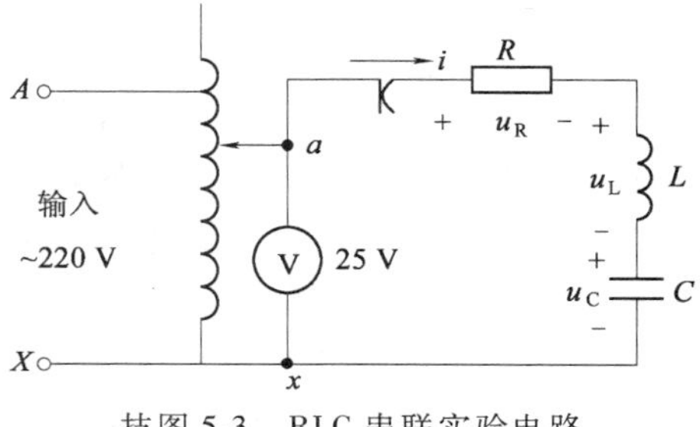

技图 5-3　RLC 串联实验电路

技表 5-3

	C(μF)	U_{ax}(V)	U_R(V)	U_L(V)	U_C(V)	I(mA)
测量值	4					
	8					

五、实训报告要求

1. 写出实训目的、实训原理、实训设备和仪表等。
2. 画出实训电路，写出实训步骤，列表记录实训数据。
3. 根据实训所得数据，验证下列各关系式。

RC 并联电路：$I=\sqrt{I_R^2+I_C^2}$；RL 串联电路：$U=\sqrt{U_R^2+U_L^2}$；RLC 串联电路：$U=\sqrt{U_R^2+(U_L-U_C)^2}$。并指出在 RLC 串联电路中，当 C 分别取 4μF 和 8μF 时，电路是呈容性还是阻性。

4. 写出实训心得体会。

六、实训注意事项

1. 不许带电接线、拆线。
2. 每个电路测试完毕后，调压器手柄要回零，以备下次使用。
3. 调压器的输出电压要用电压表校准，其刻度盘的数据只作参考。
4. 实训完毕后，调压器手柄回零，仪器、仪表和导线放回原位。
5. 填好实训记录本，签字后方可离开。

技能训练六 日光灯电路及功率因数的提高

一、实训目的

1. 了解日光灯的组成和工作原理，学会装接日光灯电路。
2. 掌握调压器、交流电压表和电流表的使用方法。
3. 掌握功率因数表的接线和读表方法。
4. 验证并联电容可以提高感性电路的功率因数，进一步理解提高 $\cos\varphi$ 的意义。

二、实训原理

1. 日光灯电路的组成和工作原理

日光灯电路主要是由灯管、镇流器、启辉器三部分组成。日光灯管是由玻璃制成，管两端分别有一个灯丝，管内充有稀薄的汞蒸气和微量的氩，管壁涂有荧光粉。启辉器是一个充有氖气的小玻璃泡，内有两个电极，一个是固定不动的静触片，另一个是由双金属片制成的U形动触片，接线时启辉器与灯管并联，其主要作用是使镇流器产生瞬间高电压。镇流器是一个自感系数很大的铁芯线圈，接线时镇流器与灯管串联，其主要作用是靠自感作用为日光灯点燃时提供瞬间高压，正常工作时控制电路中的电流。电路图和原理图如技图 6-1 所示。

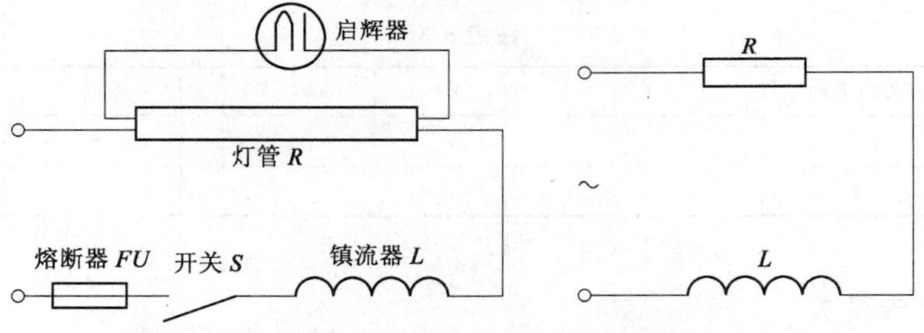

技图 6-1　日光灯电路图和原理图

日光灯的工作原理：开关闭合后，电源把电压加在启辉器的两极间，使氖气放电而发出辉光，产生热量，使U形触片膨胀伸长，与静触片接触把电路接通。电路接通后，氖气停止放电，U形动触片冷却收缩，两触片分离，电路自动断开。电路断开的瞬间镇流器产生很高的自感电压，此电压与电源电压一起加在灯管两端，在灯管两极间形成一个强电场，使管内的汞蒸气开始导电，日光灯开始发光。日光灯正常发光后，整流器开始限流，避免因电压过高而将灯管烧毁。

2. 感性电路提高功率因数的方法和原理

感性电路提高 $\cos\varphi$ 的常用方法是：在感性负载两端并联适当的电容器。电路图和相量图如技图 6-2 所示。由相量图可以看出，未并电容时的阻抗角为 φ_1，并电容后的阻抗角为 φ。显然，$\varphi < \varphi_1$，因此 $\cos\varphi > \cos\varphi_1$。整个电路的功率因数提高了。并联电容器的电容量 C 由下式计算

$$C = \frac{P}{\omega U^2}(\tan\varphi_1 - \tan\varphi) \tag{4-66}$$

式中　P——负载的有功功率，W；

ω——电源的角频率，rad/s；

U——负载(电源)电压的有效值，V；

φ_1——未并电容时电路的阻抗角；

φ——并联电容后电路的阻抗角；

C——并联电容器的电容量，F。

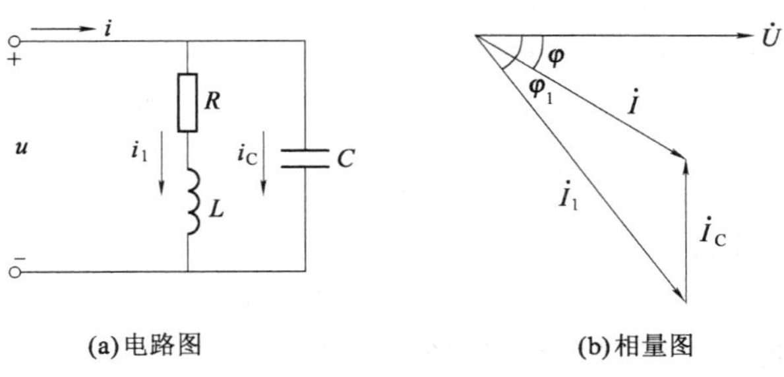

技图 6-2

三、实训设备

单相调压器、交流电压表、交流电流表、cosφ 表、电流插口板、40W 日光灯管、振流器、起辉器、电容板、导线若干。

四、实训任务

1. 实训电路如技图 6-3 所示。

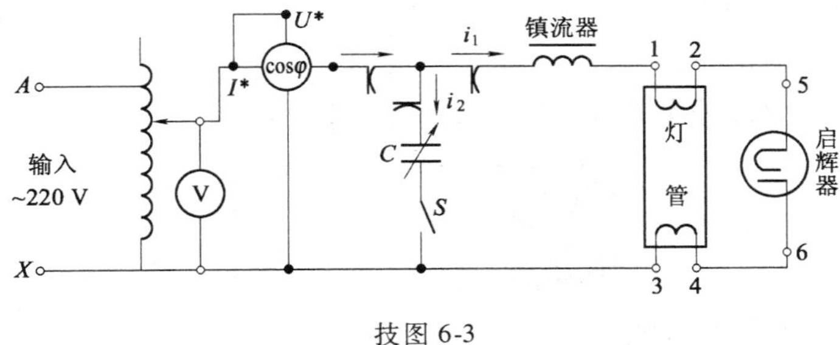

技图 6-3

2. 断开开关 S，调节调压器手柄，观察电压表示数，使调压器的输出电压从零逐渐升高至 200V，日光灯由暗变亮。记录 cosφ、I、I_1、I_2、U、U_L、U_R 之值，并填入技表 6-1 中。

3. 闭合开关 S，依次改变电容 C 的数值如技表 6-1 所示，观察和记录各电流、电压及 cosφ 的数值，并填入技表 6-1 中。

技表 6-1 电容的单位：μF

被测量 电容量	U(V)	U_L(V)	U_R(V)	I(mA)	I_1(mA)	I_2(mA)	cosφ
0							
0.47							
1							
1.47							
2							

续上表

电容量 \ 被测量	U(V)	U_L(V)	U_R(V)	I(mA)	I_1(mA)	I_2(mA)	$\cos\varphi$
2.47							
3							
3.47							
4							

五、实训报告要求

1. 写出实训原理、实训设备。
2. 画出实训电路，列出实训数据表格，写出实训步骤。
3. 用实训数据证明，并联电容后，日光灯本身的功率因数并未提高。
4. 画出日光灯正常发光后的等效电路图。
5. 回答问题：

(1) 能否用串联电容的方法改善电路的功率因数？

(2) 日光灯发光后，当并联不同的电容 C 时，总电流如何变化？用相量图说明。

6. 写出实训心得体会。

六、实训注意事项

1. 实训时，将日光灯旋钮置于实验位置。
2. 不许带电接线、拆线，注意安全。
3. 严禁用电流表测电压，否则，电流表将被烧毁。
4. 实训完毕后，整理好实验台，填好实训记录本，教师签字后方可离开。

一、正弦交流电的基本概念

(一) 正弦量的表示方法(以电动势 e 为例)

解析式 $e=E_m\sin(\omega t+\psi_e)$表示瞬时值。

波形图 以 t 或 ωt 为横轴，e 为纵轴，表示瞬时值的曲线。

相量 $\dot{E}=E\angle\psi_e$ 模表示正弦量的有效值，辅角表示正弦量的初相。

(二) 正弦量的三要素

有效值 $E=\dfrac{E_m}{\sqrt{2}}$ $I=\dfrac{I_m}{\sqrt{2}}$ $U=\dfrac{U_m}{\sqrt{2}}$

角频率 $\omega=\dfrac{2\pi}{T}=2\pi f$

初相 ψ 是 $t=0$ 时的相位，规定$|\psi|\leqslant\pi$。

(三) 相位与相位差

相位 $\omega t+\psi$ 决定正弦量的变化进程。

相位差　是两个同频率正弦量的相位之差，就等于两初相之差，即 $\varphi_{12}=\psi_1-\psi_2$。规定：$|\varphi|\leqslant\pi$。它反映两个同频率正弦量在相位上超前与滞后的关系。本章在分析电路时，φ 指电压超前电流的相位差。

（四）两个同频率正弦量的和（或差）仍然是同频率的正弦量，可用两个正弦量对应的相量和（或差）表示。

二、正弦交流电路的基本规律

（一）单一参数的正弦交流电路

单一参数正弦交流电路比较如表 4-1 所示。

表 4-1　单一参数正弦交流电路的比较

比较项目	纯电阻电路	纯电感电路	纯电容电路
u、i 的频率关系	同频率的正弦量	同频率的正弦量	同频率的正弦量
u、i 的大小关系	$U=RI$ $U_m=RI_m$	$U=X_LI$ $U_m=X_LI_m$	$U=X_CI$ $U_m=X_CI_m$
u、i 的相位关系	电压与电流同相	电压超前电流 90°	电压滞后电流 90°
阻抗与频率的关系	R 与 f 无关	$X_L=2\pi fL$ X_L 与频率 f 成正比	$X_C=\dfrac{1}{2\pi fC}$ X_C 与频率 f 成反比
有功功率（W）	$P=UI=RI^2=\dfrac{U^2}{R}$	$P=0$	$P=0$
无功功率（var）	$Q=0$	$Q_L=UI=X_LI^2=\dfrac{U^2}{X_L}$	$Q_C=UI=X_CI^2=\dfrac{U^2}{X_C}$

（二）串联交流电路

串联交流电路比较如表 4-2 所示。

表 4-2　串联交流电路的比较

比较项目	RL 串联电路	RC 串联电路	RLC 串联电路
u、i 的频率关系	同频率的正弦量	同频率的正弦量	同频率的正弦量
电抗的大小	$X_L=\omega L=2\pi fL$	$X_C=\dfrac{1}{\omega C}=\dfrac{1}{2\pi fC}$	$X=X_L-X_C$
电路阻抗的大小	$z=\sqrt{R^2+X_L^2}$	$z=\sqrt{R^2+X_C^2}$	$z=\sqrt{R^2+(X_L-X_C)^2}$
各元件两端电压与总电压的关系	$u=u_R+u_L$ $U=\sqrt{U_R^2+U_L^2}$	$u=u_R+u_C$ $U=\sqrt{U_R^2+U_C^2}$	$u=u_R+u_L+u_C$ $U=\sqrt{U_R^2+(U_R-U_C)^2}$
u、i 的相位关系	$\varphi=\arctan\dfrac{\omega L}{R}$ u 超前 $i\varphi$	$\varphi=\arctan\dfrac{1}{R\omega C}$ u 滞后 $i\varphi$	$\varphi=\arctan\dfrac{X_L-X_C}{R}$ 超前、滞后、同相
u、i 的大小关系	$U=zI(U_m=zI_m)$	$U=zI(U_m=zI_m)$	$U=zI(U_m=zI_m)$
有功功率	$P=RI^2=UI\cos\varphi$	$P=RI^2=UI\cos\varphi$	$P=RI^2=UI\cos\varphi$
无功功率	$Q_L=X_LI^2=UI\sin\varphi$ 电路呈感性	$Q_C=X_CI^2=UI\sin\varphi$ 电路呈容性	$Q=Q_L-Q_C=UI\sin\varphi$ 电路呈三种性质
视在功率	$S=UI=\sqrt{P^2+Q^2}$（V·A）		

（三）相量形式的基尔霍夫定律：$\sum \dot{I}=0$ 和 $\sum \dot{U}=0$ 符号法则与直流电路相同。

（四）RLC 串联谐振电路

1. 谐振条件：$X_L=X_C$ 或 $\omega L=\frac{1}{\omega C}$

2. 谐振频率和角频率：$f_0=\frac{1}{2\pi\sqrt{LC}}$ $\quad \omega_0=\frac{1}{\sqrt{LC}}$

3. 谐振特征：(1) 阻抗最小 $z=R$，电流最大 $I_0=\frac{U}{R}$。

(2) 总电压与电流同相，阻抗角 $\varphi=0$，电路呈电阻性。

(3) $\dot{U}_L$ 与 $\dot{U}_C$ 大小相等，相位相反，二者完全补偿，且 $U_L=U_C=QU$，因此串联谐振又称电压谐振。电路的特征阻抗和品质因数分别为：

$$\rho=\omega_0 L=\frac{1}{\omega_0 C}=\sqrt{\frac{L}{C}} \qquad Q=\frac{\rho}{R}=\frac{1}{R}\sqrt{\frac{L}{C}}$$

（五）功率因数的提高

在感性负载两端并联适当的电容器可以提高电路的功率因数。功率因数由 $\cos\varphi_1$ 提高到 $\cos\varphi$ 时，需要并联的电容大小为 $C=\frac{P}{\omega U^2}(\tan\varphi_1-\tan\varphi)$。

第五章

三相交流电路

目前，电力系统中电能的生产、传输和供电方式基本上都是采用三相制。工农业生产中使用的正弦电源大都是三相电源，日常生活中使用的单相电源则是取自三相中的一相。本章着重介绍三相电源及对称三相电路的计算，对不对称电路只作扼要阐述。

三相电力系统是由三相电源、三相负载和三相输电线路三部分组成。

第一节　三 相 电 源

【知识目标】

1. 了解对称三相电源及电源相序。
2. 掌握对称三相电源特点，能正确写出表达式。

【能力目标】

1. 理解三相电源在生产、生活中的应用。
2. 理解生活中单相电源和三相电源的关系。

对称三相电源是由 3 个幅值相等、频率相同、相位互差 120°的电源组合而成，简称三相电源，如图 5-1 所示。其参考性正极性端标记为 U_1、V_1、W_1，负极性端标记为 U_2、V_2、W_2。每一个电源称为一相，依次称为 U 相、V 相、W 相。

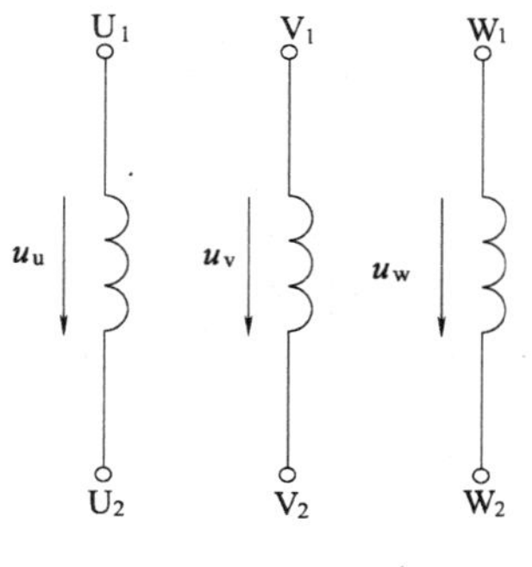

图 5-1　三相电源

其瞬时电压表示为：

$$
\begin{aligned}
u_U &= \sqrt{2}U\sin\omega t\ \text{V} \\
u_V &= \sqrt{2}U\sin(\omega t - 120°)\ \text{V} \\
u_W &= \sqrt{2}U\sin(\omega t + 120°)\ \text{V}
\end{aligned}
\tag{5-1}
$$

式中以 U 相电压 $\dot{U}_U$ 作为参考正弦量，其对应的相量形式为：

$$
\begin{aligned}
\dot{U}_U &= U\angle 0°\text{V} \\
\dot{U}_V &= U\angle -120°\text{V} \\
\dot{U}_W &= U\angle 120°\text{V}
\end{aligned}
\tag{5-2}
$$

其波形和相量图如图 5-2(a)和(b)所示。

由式(5-1)和式(5-2)可得：对称三相电压满足：

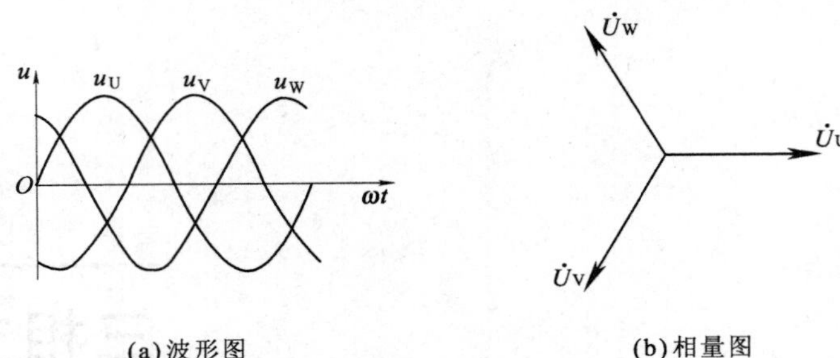

(a) 波形图　　　　(b) 相量图

图 5-2　对称三相电压的波形图和相量图

$$u_U + u_V + u_W = 0 \qquad (5\text{-}3)$$

$$\dot{U}_U + \dot{U}_V + \dot{U}_W = 0 \qquad (5\text{-}4)$$

对称三相电压由三相发电机提供。由 3 个电源联合供电的体制称为三相制，而 3 个电源经过最大值或零的顺序称为相序。

若以 u_U 为参考电压，则 u_U 比 u_V 超前 120°，u_V 比 u_W 超前 120°。三相对称电压的相序为 U—V—W—U，这个相序又称为正相序或顺相序。而相序 U—W—V—U 恰好与正序相反，称为负相序或逆相序。实际工作中，通常采用黄、绿、红三种颜色标识 U、V、W 三相。

【例 5-1】　一个三相对称电源，已知 $u_U = 311\sin(314t - 30°)$ V，求 u_V、u_W 的瞬时表达式。

【解】　$u_V = 311\sin(314t - 150°)$ V

$u_W = 311\sin(314t + 90°)$ V

【例 5-2】　一个三相对称电源，已知 $\dot{U}_V = 220\angle -120°$V 求 $\dot{U}_U$、$\dot{U}_W$ 的相量表达式。

【解】　$\dot{U}_U = 220\angle 0°$V，$\dot{U}_W = 220\angle 120°$V。

教学评价

一、判断题

1. 对称三相电源是由 3 个幅值相等、频率和相位相同的电源组合而成。(　　)
2. 三相对称电压的相序有正序和负序两种。(　　)

二、填空题

1. 已知：一个三相对称电源，$u_V = 311\sin(314t - 30°)$ V，则 u_U = ________，u_W = ________。
2. 已知：一个三相对称电源，$\dot{U}_U = 110\angle 30°$V，则 $\dot{U}_V$ = ________，$\dot{U}_W$ = ________。

第二节　三相电源的连接

【知识目标】

1. 了解三相电源的两种连接方式。
2. 掌握三相对称电源Y接和△线接的连接方式下线电压和相电压的关系。

【能力目标】

1. 根据实际情况，灵活确定三相电源的连接方式。
2. 能正确地把三相电源接成Y或△连接。
3. 能正确区分端线、中线并能指出中点。

三相电源的连接有两种方式：Y形和△形。

一、三相电源的Y形连接

Y形连接是把三相绕组的末端 U_2、V_2、W_2 连接在一起，形成一个公共点 N，此点称为电源的中性点，然后由中性点及绕组的首端 U_1、V_1、W_1 分别向外引出连接线，如图 5-3 所示。

图 5-3 中，从绕组的三个首端 U_1、V_1、W_1 分别引出的导线称为端线或相线(俗称火线)，从中性点 N 引出的导线称为中线(俗称零线)。这样由三根火线和一根零线所组成的输电方式称为三相四线制，无中线称为三相三线制。为了安全起见，通常将中线接地，因此中线又称为地线。图 5-4 表示三相四线制电源。

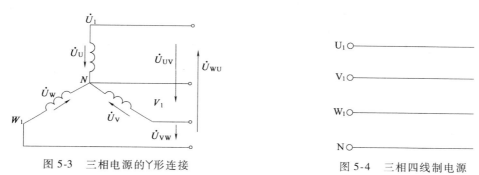

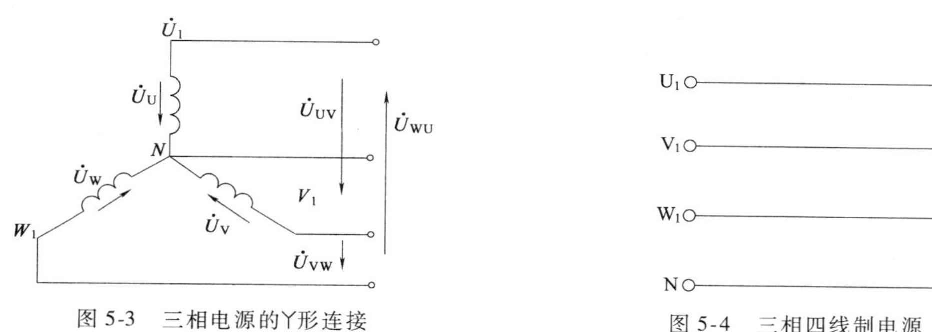

图 5-3　三相电源的Y形连接　　图 5-4　三相四线制电源

每相绕组的电压或各相线与中性线之间的电压称为相电压，分别用$\dot{U}_{UN}$、$\dot{U}_{VN}$、$\dot{U}_{WN}$来表示，简写为$\dot{U}_U$、$\dot{U}_V$、$\dot{U}_W$。相电压的参考方向规定为由相线指向中线。任意两根相线之间的电压称线电压，分别用$\dot{U}_{UV}$、$\dot{U}_{VW}$、$\dot{U}_{WU}$表示。线电压的参考方向由注脚字母的先后次序决定，例，$\dot{U}_{UV}$的电压方向为由 U 端指向 V 端，书写时不能颠倒，否则，将在相位上相差 180°。

在电工技术中，通常用 U_P 表示相电压的有效值，用 U_L 表示线电压的有效值。

按照图 5-3 所示的参考方向，有

$$\begin{aligned}\dot{U}_{UV} &= \dot{U}_U - \dot{U}_V \\ \dot{U}_{VW} &= \dot{U}_V - \dot{U}_W \\ \dot{U}_{WU} &= \dot{U}_W - \dot{U}_U\end{aligned} \tag{5-5}$$

相量图：如图 5-5 所示。

从图上可以看出，得到的三个线电压仍然对称，它们的相位分别超前于相应的相电压 30°。线电压的大小利用几何关系可求得为：

$$U_{UV} = 2U_U\cos30° = \sqrt{3}\,U_U \tag{5-6}$$

同理：

$$\begin{aligned}U_{VW} &= \sqrt{3}\,U_V \\ U_{WU} &= \sqrt{3}\,U_W\end{aligned} \tag{5-7}$$

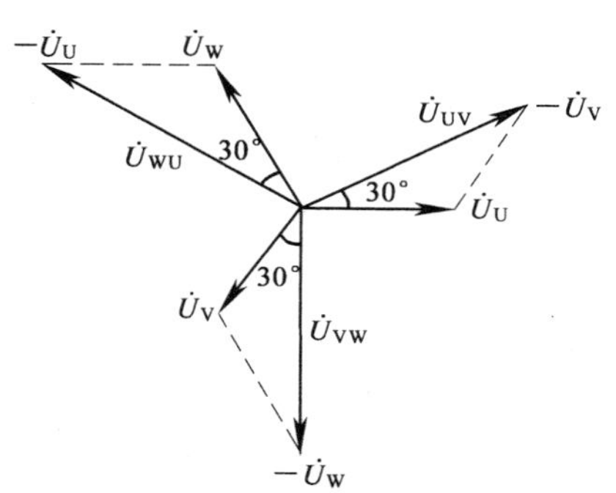

图 5-5　相量图

三相四线制供电系统具有以下特点：

(1) 有两组供电电压，即相电压和线电压，三个相电压和三个线电压均为对称电压。

（2）线电压的有效值等于相电压有效值的 $\sqrt{3}$ 倍，记为

$$U_L = \sqrt{3}\,U_P \tag{5-8}$$

（3）各线电压在相位上比对应的相电压超前 30°，即 $\dot{U}_{UV}$ 超前 $\dot{U}_U$ 30°，$\dot{U}_{VW}$ 超前 $\dot{U}_V$ 30°，$\dot{U}_{WU}$ 超前 $\dot{U}_W$ 30°。

在三相四线制低压配电系统中，电源的相电压为 220V，线电压为 380V。

二、三相电源的△形连接

把三相电源的三个绕组的首端和末端依次相接，使其成闭合回路，再从这三个连接点引出三根端线，这种只用三根端线供电的方式称为三相三线制。

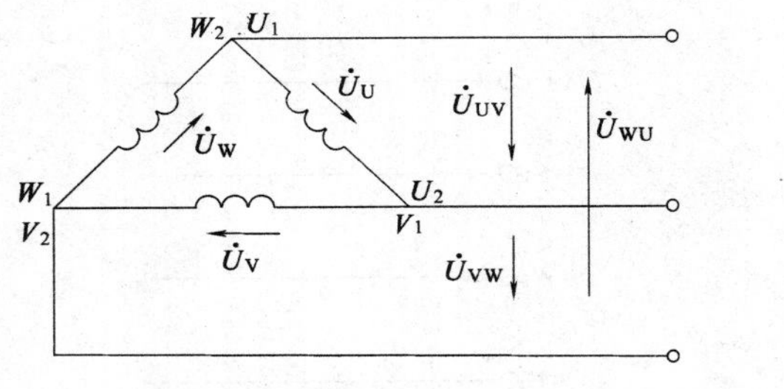

图 5-6　电源的△形连接

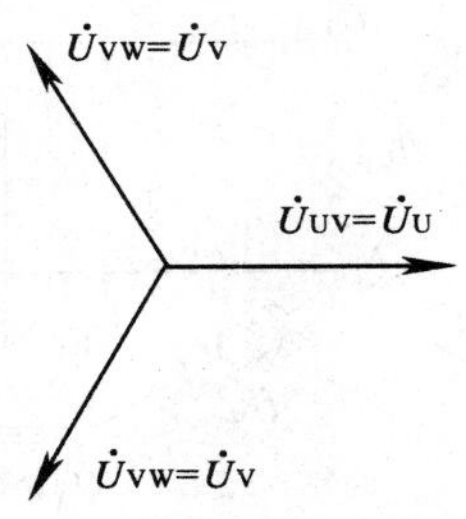

图 5-7　相量图

三相绕组作△形连接时，其线电压等于相应的相电压，即：

$$\dot{U}_{UV} = \dot{U}_U \quad \dot{U}_{VW} = \dot{U}_V \quad \dot{U}_{WU} = \dot{U}_W \tag{5-9}$$

因此，电源线电压的有效值就等于相电压的有效值，即

$$U_L = U_P \tag{5-10}$$

电源作三角形连接时，三个具有电动势的绕组便形成一闭合回路，由于三相电动势是对称的，三个电动势之和为零，所以在回路中不会产生电流。但是若有一相绕组反接，则回路中电动势之和不再为零，在回路中产生很大的环流，导致发电机绕组烧毁。因此，电源作△形连接时，必须正确判定每相绕组的首端、末端后，再按正确的方法接线。

【例 5-3】 已知有一台三相发电机，其每相电动势为 220V，分别求出当三相绕组作Y形连接和△形连接时的线电压和相电压。

【解】（1）Y形连接时：

$$U_P = 220(\text{V})$$

$$U_L = \sqrt{3}\,U_P = \sqrt{3} \times 220 = 380(\text{V})$$

（2）△形连接时：

$$U_L = U_P = 220(\text{V})$$

教 学 评 价

一、判 断 题

1. 同一台三相发电机的三相绕组不论Y接还是△接，其线电压大小都是相等的。（　　）
2. 三相对称电源Y形连接时，线电压等于相电压。（　　）
3. 三相对称电源△形连接时，线电压等于相电压。（　　）

二、填空题

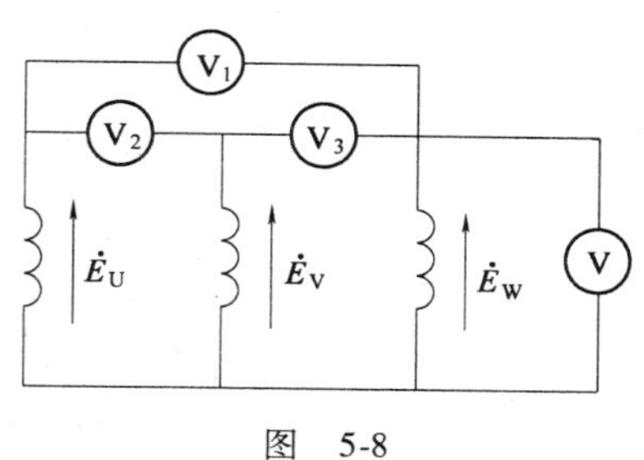

图　5-8

1. 三相对称电源Y形连接时，U_L =________ U_P；三相对称电源△形连接时，U_L =________ U_P。

2. 三相对称电源中，端线又叫________线，指的是____________________；中线又叫________线，指的是____________________。

3. 已知：一台三相发电机绕组连接如图 5-8 示，若 V 表读数为 220V，则 V_1、V_2、V_3 表读数各为多少？

第三节　三相负载的连接

【知识目标】

1. 了解三相负载Y和△连接方式。
2. 掌握三相负载两种连接方式下线电流与相电流的关系。

【能力目标】

1. 根据实际情况，灵活确定三相负载的连接方式。
2. 能正确地计算负载的相电压、相电流、线电流。

交流电器的种类很多，属于单相的照明灯、洗衣机、电冰箱、电视机、小功率电焊机等，此类负载是接在三相电源中任意一相上工作的。还有一类负载，必须接在三相电源上才能正常工作，例如三相电动机、大功率三相电炉、三相整流装置等。接在三相电路中的三相用电器，或是分别接在各相电路中的三组单相用电器，统称为三相负载。

三相负载根据需要和电源电压情况，也有两种连接方式：Y形和△形。

一、Y形连接

将三相负载的首端分别接在三根端线上，末端接在中线上，如图 5-9 所示，这种供电方式称为Y形连接。

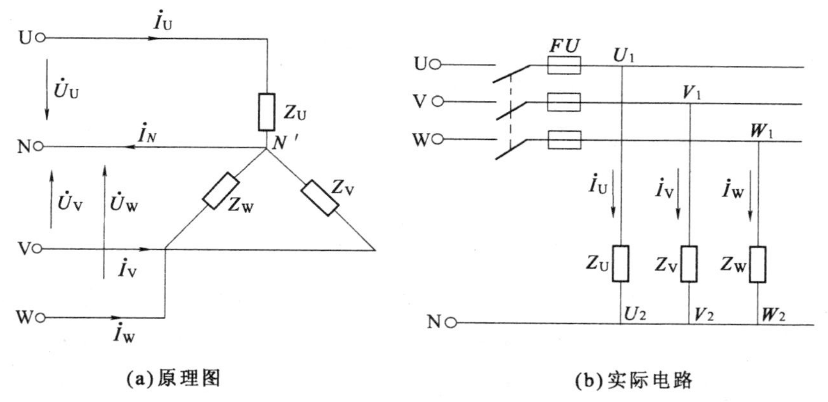

(a) 原理图　　(b) 实际电路

图 5-9　三相负载的星形连接

从图上可以看出，负载两端的电压就是该相的相电压。如果我们忽略输电线上的电压降，则负载的相电压就等于电源的相电压 $\dot{U}_U$、$\dot{U}_V$、$\dot{U}_W$。

在各相电压的作用下，有电流分别流过各端线负载和中线。流过负载的电流称为相电流，分别用$\dot{I}_U$、$\dot{I}_V$、$\dot{I}_W$表示。其正方向与相电压的正方向一致。流过端线的电流称为线电流，用$\dot{I}_U$、$\dot{I}_V$、$\dot{I}_W$表示，其正方向规定是从电源流向负载。流过中线的电流称为中线电流，用$\dot{I}_N$ 表示，其正方向规定为从负载中点 N'流向电源中点 N。

由此可见，在三相四线制中，当负载作星形连接时，各相负载所承受的电压为对称的电源相电压，并且线电流等于相电流，即 $I_L = I_P$。

若三相负载复阻抗分别为：

$$\begin{aligned} Z_U &= R_U + jX_U = z_U \angle \varphi_U \\ Z_V &= R_V + jX_V = z_V \angle \varphi_V \\ Z_W &= R_W + jX_W = z_W \angle \varphi_W \end{aligned} \tag{5-11}$$

则各相电流的大小为

$$\begin{aligned} \dot{I}_U &= \frac{\dot{U}_U}{Z_U} \\ \dot{I}_V &= \frac{\dot{U}_V}{Z_V} \\ \dot{I}_W &= \frac{\dot{U}_W}{Z_W} \\ \dot{I}_N &= \dot{I}_U + \dot{I}_V + \dot{I}_W \end{aligned} \tag{5-12}$$

各相负载的电压与电流之间的相位差为：

$$\begin{aligned} \varphi_U &= \arctan \frac{X_U}{R_U} \\ \varphi_V &= \arctan \frac{X_V}{R_V} \\ \varphi_W &= \arctan \frac{X_W}{R_W} \end{aligned} \tag{5-13}$$

若各相负载对称，即各相负载的阻抗和阻抗角都相等。

$$z_U = z_V = z_W \quad \varphi_U = \varphi_V = \varphi_W \tag{5-14}$$

由于三相电源总是对称的，每相电流的大小与其电压间的相位差均相等，亦即三个相电流也是对称的。这样，三相电路的计算可简化为对一相电路的计算，即

$$I_U = I_V = I_W = \frac{U_P}{z} = \frac{U_l}{\sqrt{3}\,z} \qquad \varphi_U = \varphi_V = \varphi_W = \arctan \frac{X}{R} \tag{5-15}$$

所以，流过中线的电流

$$\dot{I}_N = \dot{I}_U + \dot{I}_V + \dot{I}_W = 0 \tag{5-16}$$

即中线内没有电流流过。因此，当负载对称且采用星形连接时，取消中线也不会影响到各相负载的正常工作，这样三相四线制就可变成三相三线制，如三相异步电动机等负载，皆采用三相三线制供电。三相对称负载连接成星形，虽然可去掉中线，但各相负载的电压仍然是电源相电压。当负载不对称时，仍需连接中线。至于接在三相四线制电网上的单相负载，如照明电路、各种家用电器等，在设计安装供电线路时不应全部接在某一相上，应均匀地分配给三相电源，力求对称。

【例 5-4】 有一星形连接的三相对称负载，已知其每相等效参数 $R_P = 6\Omega$，$X_P = 8\Omega$，现把它接入电源线电压 $U_l = 380V$ 的三相线路中，求通过每相负载的电流 I_P，功率因数 $\cos\varphi$。

【解】 因为负载是对称的，故只需计算一相：

$$U_P = U_l/\sqrt{3} = 380/\sqrt{3} = 220(V)$$

$$z_P = \sqrt{R_P^2 + X_P^2} = \sqrt{6^2 + 8^2} = 10(\Omega)$$

$$I_P = \frac{U_P}{z_P} = \frac{220}{10} = 22(A)$$

$$\cos\varphi = \frac{R_P}{X_P} = \frac{6}{10} = 0.6$$

二、三角形连接

将各相负载依次接在两端线之间，如图 5-10 所示，这时，不论负载是否对称，各相负载所承受的电压(负载的相电压)均为对称的电源线电压，即

$$U_{UV} = U_{VW} = U_{WU} = U_P = U_L \tag{5-17}$$

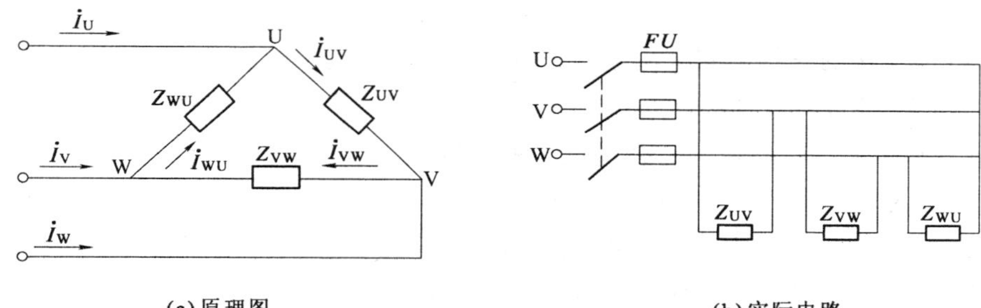

(a)原理图　　(b)实际电路

图 5-10 三相负载的三角形连接

若各相负载复阻抗分别为 Z_{UV}、Z_{VW}、Z_{WU}，则各相负载电流为：

$$\dot{I}_{UV} = \frac{\dot{U}_{UV}}{Z_{UV}},\quad \dot{I}_{VW} = \frac{\dot{U}_{VW}}{Z_{VW}},\quad \dot{I}_{WU} = \frac{\dot{U}_{WU}}{Z_{WU}} \tag{5-18}$$

各相负载的电压与电流之间的相位差分别为：

$$\varphi_U = \arctan\frac{X_{UV}}{R_{UV}},\quad \varphi_V = \arctan\frac{X_{VW}}{R_{VW}},\quad \varphi_W = \arctan\frac{X_{WU}}{R_{WU}} \tag{5-19}$$

由此可以看出，负载三角形连接时，任一端线上的线电流就等于同它相连的两负载中的相电流的相量差，即：

$$\begin{aligned} \dot{I}_U &= \dot{I}_{UV} - \dot{I}_{WU} \\ \dot{I}_V &= \dot{I}_{VW} - \dot{I}_{UV} \\ \dot{I}_W &= \dot{I}_{WU} - \dot{I}_{VW} \end{aligned} \tag{5-20}$$

如果负载对称，即

$$z_{UV} = z_{VW} = z_{WU} \qquad \varphi_{UV} = \varphi_{VW} = \varphi_{WU} \tag{5-21}$$

则负载的相电流也是对称的，即

$$I_{UV}=I_{VW}=I_{WU}=I_P=\frac{U_P}{z} \tag{5-22}$$

$$\varphi_{UV}=\varphi_{VW}=\varphi_{WU}=\arctan\frac{X}{R} \tag{5-23}$$

三个相电流是对称的，所以三个线电流也必然对称，即

$$\dot{I}_U+\dot{I}_V+\dot{I}_W=0 \tag{5-24}$$

并且

$$I_L=\sqrt{3}\,I_P \tag{5-25}$$

即负载对称时，线电流等于负载相电流的$\sqrt{3}$倍。

综上所述，三相负载应采用星形连接还是三角形连接，必须根据每相负载的额定电压与电源线电压的关系而定，而同电源的连接方式无关。当各相负载的额定电压等于三相电源的线电压时，负载应作三角形连接。如果每相负载的额定电压等于电源线电压的$\frac{1}{\sqrt{3}}$时，负载就必须作星形连接，而且若负载不对称时，还必须接有中线。

教 学 评 价

一、判 断 题

1. 负载Y形连接的三相正弦交流电路，线电流与相电流大小相等。（　　）

2. 三相四线制中，当负载对称时，中线上电流为零。（　　）

3. 负载△形连接的三相电路，线电流是相电流值的$\sqrt{3}$倍。（　　）

二、填 空 题

1. 三相对称电源绕组相电压为220V，若有一三相对称负载额定电压为380V，则电源的连接方式为________；负载的连接方式为________。

2. 三根额定电压为220V的电热丝，接到线电压为380V的三相电源上，应采用________接法；如果三根电热丝的额定电压为380V，则应采用________接法。

3. 三相电路，相电流指的是____________________；线电流指的是____________________。

三、计 算 题

已知：三相对称电源线电压为380V，一个三相对称负载每相电阻为8Ω，感抗为6Ω，星形连接，求负载上承受电压、线电流、相电流。

四、画 图 题

已知：三相四线制供电线路，电源的相电压为220V；负载两种：每只灯的额定电压为220V，每台电动机的额定电压为380V。将各组负载正确连接（Y_0和△），如图5-11所示。

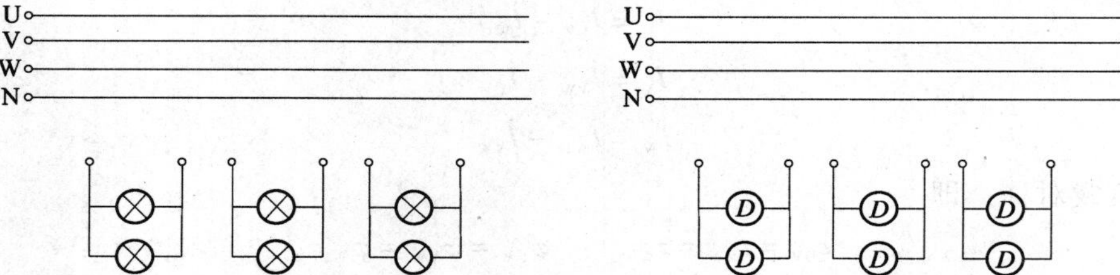

图　5-11

第四节 三相电路的功率

【知识目标】

1. 掌握三相电路的各功率的含义。
2. 掌握三相电路的 P、Q、S 的计算公式(包括对称和一般电路)。

【能力目标】

能正确计算三相电路的有功、无功及视在功率。

三相电路的总功率与单相一样，三相交流电路的功率也分别为有功功率、无功功率和视在功率。

三相交流电路的有功功率 P 为

$$\begin{aligned} P &= P_U + P_V + P_W \\ &= U_U I_U \cos\varphi_U + U_V I_V \cos\varphi_V + U_W I_W \cos\varphi_W \end{aligned} \tag{5-26}$$

式中，U_U、U_V、U_W 为各相相电压；I_U、I_V、I_W 为各相相电流；$\cos\varphi_U$、$\cos\varphi_V$、$\cos\varphi_W$ 为各相负载的功率因数。

三相交流电路的无功功率 Q 为

$$\begin{aligned} Q &= Q_U + Q_V + Q_W \\ &= U_U I_U \sin\varphi_U + U_V I_V \sin\varphi_V + U_W I_W \sin\varphi_W \end{aligned} \tag{5-27}$$

三相交流电路的视在功率 S 为

$$S = \sqrt{P^2 + Q^2} \tag{5-28}$$

若三相电路是对称的，即表明各相的有功、无功及视在功率均相等，则有

$$\begin{aligned} P &= 3U_P I_P \cos\varphi \\ Q &= 3U_P I_P \sin\varphi \end{aligned} \tag{5-29}$$

式中，φ 为相电压 U_P 与相电流 I_P 之间的相位差。

当对称负载作星形连接时，有

$$I_P = I_L \quad U_P = \frac{U_L}{\sqrt{3}} \tag{5-30}$$

当对称负载作三角形连接时，有

$$I_P = \frac{I_L}{\sqrt{3}} \quad U_P = U_L \tag{5-31}$$

由此可得，三相对称交流电路的有功功率 P 为

$$P = \sqrt{3} U_L I_L \cos\varphi \tag{5-32}$$

三相对称交流电路的无功功率 Q 为

$$Q = \sqrt{3} U_L I_L \sin\varphi \tag{5-33}$$

总的视在功率 S 为

$$S = \sqrt{P^2 + Q^2} = \sqrt{3} U_L I_L \tag{5-34}$$

【例 5-5】 已知：一个三相对称负载作星形连接，每相电阻 $R_P = 6\Omega$，每相感抗 $X_P = 8\Omega$，电源线电压 $U_L = 380\text{V}$，求相电流 I_P，线电流 I_L，三相功率 P、Q、S。

【解】 因为 $z_P = \sqrt{R_P^2 + X_P^2} = \sqrt{6^2 + 8^2} = 10(\Omega)$

$$U_P = \frac{U_L}{\sqrt{3}} = \frac{380}{\sqrt{3}} = 220(\text{V})$$

则 $I_P = \frac{U_P}{z_P} = \frac{220}{10} = 22(\text{A})$

$$I_L = I_P = 22(\text{A})$$

又 $\cos\varphi = \frac{R_P}{z_P} = \frac{6}{10} = 0.6$

$$\sin\varphi = \frac{X_P}{z_P} = \frac{8}{10} = 0.8$$

所以 $P = \sqrt{3}U_L I_L\cos\varphi = \sqrt{3} \times 380 \times 22 \times 0.6 = 8.7(\text{kW})$

$$Q = \sqrt{3}U_L I_L\sin\varphi = \sqrt{3} \times 380 \times 22 \times 0.8 = 11.6(\text{kvar})$$

$$S = \sqrt{3}U_L I_L = \sqrt{3} \times 380 \times 22 = 14.5(\text{kV}\cdot\text{A})$$

教学评价

一、判断题

1. 对称三相电路的总视在功率是一相视在功率的 3 倍。（ ）
2. 三相电路的总有功功率是一相有功功率的 3 倍。（ ）

二、填空题

1. 对称三相电路，$P=$________，$Q=$________，$S=$________。
2. 有三根电热丝，其额定电压为 380V，功率为 3kW，现接到 380/220V 的三相电源上，应采用________连接，线电流为________A，电路消耗的功率是________W。

三、计算题

1. 已知：一个三相对称负载，△连接，$U_L=380\text{V}$，$I_L=19.9\text{A}$，$\cos\varphi=0.87$，求其有功功率、无功功率和视在功率。
2. 已知：三相对称电源，相电压为 220V。负载为灯，额定电压为 220V，额定功率为 40W。A 相 15 盏，B 相 20 盏，C 相 25 盏。Y接。求：三个功率表读数及三相总功率。

第五节 对称三相电路的计算

【知识目标】

1. 了解对称三相电路的条件。
2. 能正确计算对称三相电路的电压、电流、功率。
3. 理解对称三相电路的特点。
4. 掌握单相法求解对称三相电路的步骤。

【能力目标】

能正确理解对称三相电路的特点，并将其实际应用。

三相电路是三相电源和三相负载组成的电路。三相电路有对称和不对称之分：所谓对称指三相电源和三相负载都对称；其中任何一部分不对称，称为不对称三相电路。

一、对称三相电路的特点

下图5-12电路为Y_0连接的三相对称电路，其特点：

1. 中线不起作用，两中性点等电位，中线电流为零。

2. 由于电源电压对称，负载对称，所以各相电流和线电流也是对称的。

3. 在三相四线制电路中，各相电流（线电流）及负载端的电压，只跟本相的负载及电源有关，而与其他相无关。各相负载变化时，对其他相的相电流和相电压无任何影响。

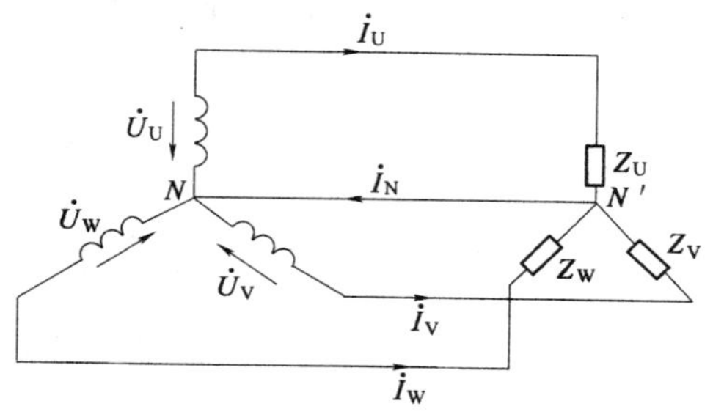

图5-12　三相四线制电路

二、对称三相电路的计算

在对称三相电路中，由于线电压、相电压对称、相电流和线电流对称，因此，对称三相电路有其独特的计算方法：不必分别计算各相的电流和电压，只要计算一相，然后根据对称关系依次写出既可。就是说，对称三相电路可归结为一相进行计算，一般方法如下：

（1）把电路中的三相负载化为等效的Y形连接。

（2）把电源中性点和负载中性点用阻抗为零的中性线连接起来；

（3）取出其中一相进行计算；

（4）当一相的电压和电流求出后，根据对称关系直接写出其他两相的电压和电流。

【例5-6】　已知：三相异步电动机三相对称绕组每相电阻$R=29\Omega$，感抗$X_L=21.8\Omega$。电源为三相对称电源，线电压为380V，电路图如图5-13所示。求：在绕组接成Y形连接和△形连接两种情况下，线电流、相电流及有功功率，并比较结果。

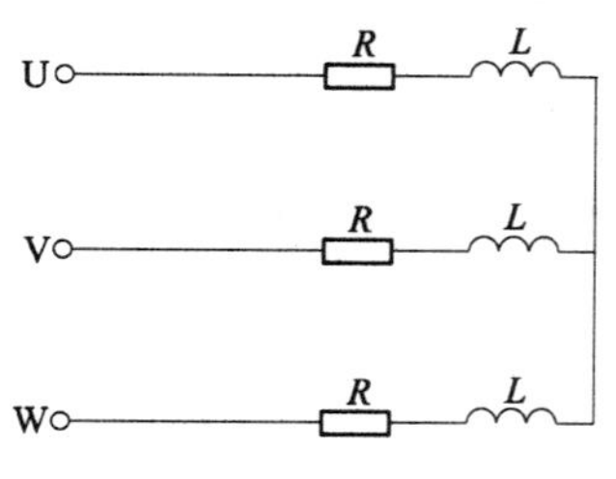

(a)负载的Y形连接

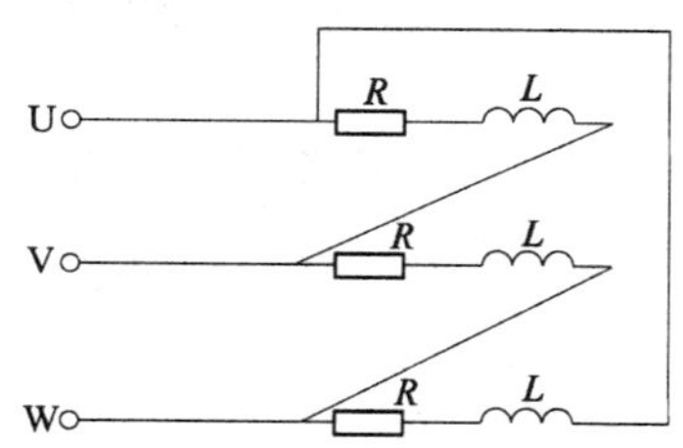

(b)负载的△形连接

图5-13　【例5-6】电路

【解】　负载Y连接时：负载的相电压等于电源的相电压。

$$U_P=220(\text{V})$$

$$z_P=\sqrt{R^2+X_L^2}=\sqrt{29^2+21.8^2}=36.3(\Omega)$$

$$I_P=\frac{U_P}{z_P}=\frac{220}{36.3}=6.1(\text{A})$$

$$I_L=\sqrt{3}I_P=\sqrt{3}\times6.1=10.5(\text{A})$$

$$P=3I_{\mathrm{P}}^{2}R=3\times6.1^{2}\times29=3\ 197(\mathrm{W})$$

负载△形连接时，负载的相电压等于电源的线电压。

$$U_{\mathrm{P}}=380(\mathrm{V})$$

$$z_{\mathrm{P}}=\sqrt{R^{2}+X_{\mathrm{L}}^{2}}=\sqrt{29^{2}+21.8^{2}}=36.3(\Omega)$$

$$I_{\mathrm{P}}=\frac{U_{\mathrm{P}}}{z_{\mathrm{P}}}=\frac{380}{36.3}=10.5(\mathrm{A})$$

$$I_{\mathrm{L}}=\sqrt{3}\,I_{\mathrm{P}}=\sqrt{3}\times10.5=18.3(\mathrm{A})$$

$$P=3I_{\mathrm{P}}^{2}R=3\times10.5^{2}\times29=9\ 591(\mathrm{W})$$

由计算结果可见，把负载由Y形连接改成△形连接时，相电流增为$\sqrt{3}$倍，线电流增为3倍，负载的有功功率增为3倍。

以上结果在工程技术中有重要应用。例如：三相异步电动机Y—△起动就是应用了这个结论。三相异步电动机在启动时三相对称绕组Y接，启动后正常运行时变为△形连接。其目的是：(1)限制启动电流；(2)增大正常工作时的功率，以带动大负载。

【例 5-7】 一座新建的三层楼房，每层楼打算安装额定电压为220V，功率为1kW的单相电动机10台，已知，电源电压线电压为380V，要求配电尽量对称，试问：(1)电机如何接电源？(2)若每天每台电动机工作8h，问一天全部电机耗多少度电？

【解】 (1) 因为电机的额定电压与电源的相电压相匹配，所以电机应星形连接。考虑到负载可能出现不对称情况，所以应接有中线。

(2) $\begin{cases}P=1\times10\times3=30(\mathrm{kW})\\W=Pt=30\times8=240(\mathrm{kW\cdot h})\end{cases}$

教学评价

一、判断题

1. 某一三相对称负载，无论其Y形连接还是△形连接，在同一电源上取用功率相等。(　　)

2. 三相对称电路，其各相电流和线电流都对称。(　　)

3. 对称三相电路在计算时，可以先把其中一相计算出来，其他两相通过对称的关系方法得到。(　　)

二、填空题

1. 三相对称电路指的是________和________都对称。

2. 对称三相电路采用________法计算。

三、计算题

已知：三相对称电源线电压为380V，一个三相对称负载每相电阻为44Ω，若接成星形，求负载上承受电压、线电流、相电流？若接成△形，则负载上承受电压、线电流、相电流为多少？

第六节　安全用电

【知识目标】

1. 了解常见的触电方式和电流对人体的伤害。

2. 掌握常用的安全用电措施。

【能力目标】

能够对触电事故进行自救和互救。

电能是一种方便的能源，它给人类创造了巨大的财富，改善了人们的生活。但如果在生产和生活中不注意安全用电，也会带来灾害。例如，触电可造成人身伤亡，设备漏电产生的电火花可能酿成火灾、爆炸，高频用电设备可产生电磁污染等。因此，学习安全用电知识，认真执行有关各项安全技术规程是十分必要的。

一、常见的触电方式

根据触电者接触的导线数目不同，触电可以分为单相触电和两相触电两种。

1. 单相触电

单相触电是指人体某一部分触及一相电源或触到漏电的电气设备，电流通过人体流入大地造成触电。触电事故中大部分属于单相触电，而单相触电又分为中性点接地的单相触电和中性点不接地的单相触电两种。

（1）中性点接地的单相触电，人站在地面上，如果人体触及一根相线，电流便会经导体渡过人体到大地，再从大地流回电源中性线形成回路，如图 5-14 所示。这时人体承受 220V 的相电压。

（2）中性点不接地的单相触电，人站在地面上，接触到一根相线，这时有两个回路的电流通过人体：一个回路的电流从 W 相相线出发，经人体-大地-对地电容到 V 相；另一个回路从 W 相出发，经人体-大地-对地电容到 U 相，如图 5-15 所示。

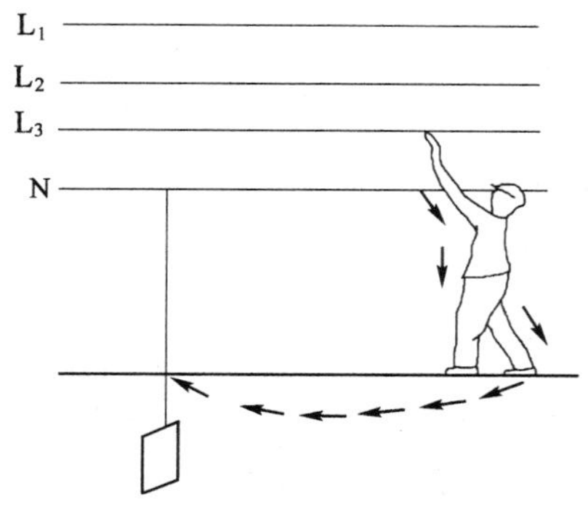

图 5-14 中性点接地的单相触电

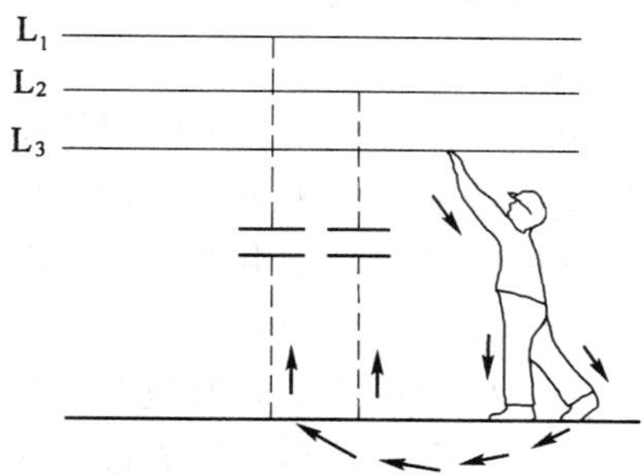

图 5-15 中性点不接地的单相触电

单相触电大多是由于电气设备损坏后绝缘不良，使带电部分裸露而引起的。

2. 两相触电

如图 5-16 所示，两相触电是人体的两个部分分别触及两根相线，这时人体承受 380V 的线电压，危险性比单相触电更大。

3. 跨步电压电击

在高压电网接地点或防雷接地点及高压火线断落后绝缘损坏处，有电流流入地下时，强大的电流在接地点周围的土壤中产生电压降。因此，当人走近接地点附近时，两脚因站在不同的电位上而承受跨步电压，即两脚之间的电位差，如图 5-17 所示。

跨步电压能使电流通过人体而造成伤害。因此，当设备外壳带电或通电导线断落在地面时，应立即将故障地点隔离，不能随便触及，也不能在故障地点走动。

已受到跨步电压威胁者应采取单脚或双脚并拢方式迅速跳出危险区域。

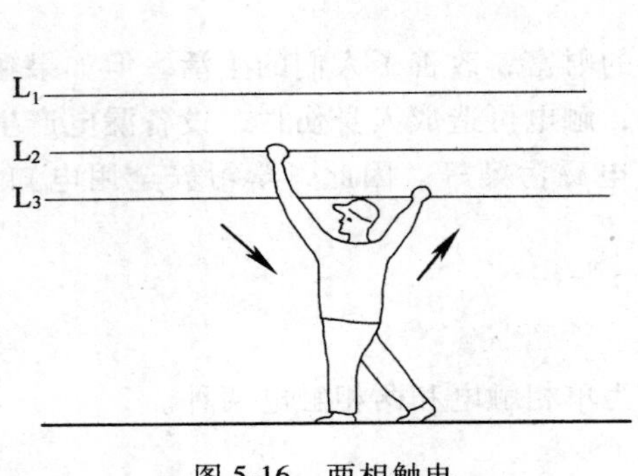

图 5-16　两相触电

图 5-17　跨步电压

二、电流对人体的伤害

电流对人体的伤害程度与下述因素有关。

1. 通过人体的电流值

电流是危害人体的直接因素，当通过人体的电流在 30mA 以上时，就会产生呼吸困难，肌肉痉挛，甚至发生死亡事故，所以一般认为 30mA 以下是安全电流。

2. 人体的电阻值

触电通过人体的电流值取决于作用到人体的电压和人体的电阻值。人体的电阻与触电部分的皮肤表面状态，接触面积及身体的状况有关，通常从几百 Ω 到几万 Ω 不等。一般在干燥环境中，人体电阻大约在 2kΩ 左右；皮肤出汗时，约为 1kΩ 左右；皮肤有伤口时，约为 800kΩ 左右。

人体触电时，皮肤与带电体的接触面积越大，人体电阻越小。

人体电阻的大小是影响触电伤害程度的重要因素。当接触电压一定时，人体电阻越小，流经人体的电流越大，触电者就越危险。

3. 电流通过人体时间的长短

电流在人体内持续的时间越长，电流的热效应和化学电解效应使人体发热和电解越严重，并使人体的电阻减小，使流过人体的电流逐渐增大，伤害越来越大。

4. 电流流过人体的途径

电流通过头部，会使人立即昏迷；通过脊髓，会使人肢体瘫痪；通过心脏和中枢神经，会引起精神失常，心脏停跳，呼吸停止，全身血液循环中断，造成死亡。因此，电流从头部到身体任何部位及从左手经前胸到脚的路径是最危险的，其次是一侧手到另一侧脚的电流途径，再其次是同侧的手到脚的电流途径，然后是手到手的电流途径，最后是脚到脚的电流途径。触电者由于痉挛而摔倒，导致电流通过全身造成二次事故的案例也是很多的。

5. 电流的频率

直流电，高频和超高频电流对人体的伤害程度较小。例如人体能耐受 50mA 的直流电流，对几千以至上万赫兹交流电流，也有较大的耐受能力。特别是超高频电流不通过体内的重要器官(特别是心脏)，一般只产生皮肤上的灼伤。50Hz 的工频交流电流对人体的伤害是最大的。

6. 触电电压

电压越高对人体的危害越大，这就涉及到一个安全电压的问题。

按人体电阻是 2kΩ 计算，若触及 36V 电源，则通过人体的电流是 18mA，对人体的安全不会构成威胁，所以通常规定 36V 或 36V 以下的电压为安全电压。在环境潮湿，容易漏电的场合工作，普通移动式照明灯具应采用 36V 低压线路，在一些条件更差的工作环境则应采用更低的电压(如 12V)供电，才能保证安全。隧道施工照明或建筑工地照明用的安全电压是 36V、24V、12V。

三、常用的安全用电措施

1. 安全用电

一般情况下，36V 电源对人体的安全不会构成威胁，所以通常称 36V 以下的电压为安全电压。根据工作场地的情况，可使用 36V、24V、12V 安全电压。

2. 保护用具

保护用具是保证工作人员安全操作的工具。设备带电部分应有防护罩，或置于不易触电的高处，或采用连锁装置。此外，使用手电钻等移动电器时，应使用橡胶手套，橡胶垫等保护用具，不能赤脚或穿潮湿的鞋子站在潮湿的地面上使用电器。

3. 保护接地和保护接零

在正常情况下，电气设备的外壳是不带电的，但当绝缘损坏时，外壳就会带电，人体触及就会触电。为了保证操作人员的安全，必须对电器设备采用保护接地或保护接零措施。这样即使在电气设备因绝缘损坏而漏电，人体触及时也不会触电。

在低压输配电系统中，不同的接地制式与相应的安全保护方式相结合，就构成不同的低压输配电线路的制式。按照 IEC(国际电工委员会)标准和有关国家标准，低压输配电有以下五种制式。

说明这五种制式前先介绍以下几个术语：

(1) 工作接地　在正常或事故情况下，为了保证电气设备能安全工作，必须把电力系统(电网)某一点(通常是中性点)直接或经电阻、电抗、消弧线圈接地，称为工作接地，又称电源接地。

(2) 保护接地　为了防止因绝缘损坏而遭受触电电压和跨步电压的危险，将电气设备外露导电部分(不事电的金属外壳)用导线和接地体相连接，称为保护接地。

(3) 保护接零　在低压电网中将电气设备的外露导电部分用导线直接与零线连接，称为保护接零。

(4) 保护线(PE)　为防止电击而将设备外露导电部分、装置外导电部分、总接地端子、接地干线、接地极、电源接地点或人工接地点进行电气连接的导体，称为保护线。保护接地线和保护接零线均为保护线。保护线的文字符号为 PE。兼有保护线(FE)和中性线(N)作用的导体，称为保护中性线，文字符号为 PEN。

五种制式：

(1) 三相四线保护接零制。图 5-18 是三相四线保护接零制线路。它由相线 U、V、W 保护中性线 PEN 和工作接地组成。这种制式的工作接地采用变压器低压侧中性点直接接地。其保护方式是将用电设备的外露导电部分与保护中性线 PEN 相连接。本制式中的 PEN 线实际上就是中性线，也是零线，所以此保护方式称为保护接零。PEN 线兼有保护线 PE 和中性线 N(又称工作零线)两种作用。

(2) 三相五线保护接零制。图 5-19 是三相五线保护接零制线路。工作接地采用电力变压器低压侧中性点直接接地。其保护方式是将用电设备的外露导电部分与保护线 PE 相连。本制式中的 PE 线又称保护零线，故此种保护方式也称保护接零。N 线又称工作零线，它没有保护作用。

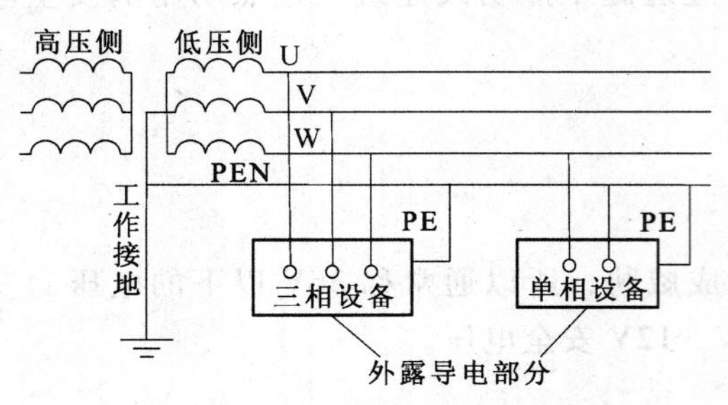

图 5-18 三相四线保护接零制线路

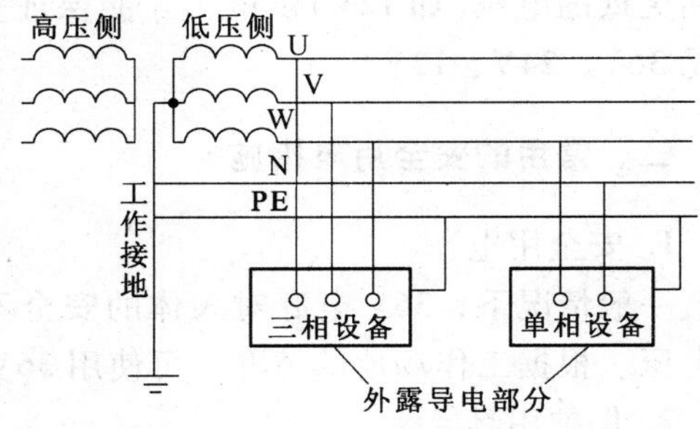

图 5-19 三相五线保护接零制线路

(3) 三相三线保护接地制。图 5-20 是三相三线保护接地制线路。图 5-20(a)中变压器中性点对地绝缘，用电设备外露导电部分独立接地；图 5-20(b)中变压器中性点经阻抗接地，用电设备的外露导电部分独立接地；图 5-20(c)中变压器中性点经阻抗接地，用电设备外露导电部分接到电源的接地体上。

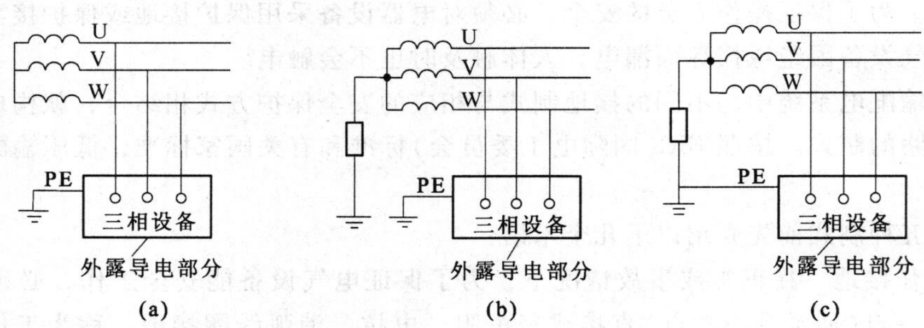

图 5-20 三相三线保护接地制线路

(4) 三相四线保护接地制。图 5-21 是三相四线保护接地制线路。它由相线 U、V、W 中性线 N，工作接地和保护接地 PE 组成。工作接地是采用变压器低压侧中性点直接接地。其保护方式是将用电设备的外露导电部分通过独立的接地装置接地，工作零线没有保护作用。

(5) 三相四线一五线保护接零制。图 5-22 是三相四线一五线保护接零制线路。它是由三相四线保护接零制线路演变而来的，PEN 线自某一点 A 分为保护线 PE 和中性线 N。

4. 注意事项

(1) 判断电线或用电设备是否带电，必须用试电器(或测电笔等)，决不允许用手去触摸。

(2) 在检修电气设备或更换容体时，应切断电源，并在开关处挂上“严禁合闸”的牌子。

(3) 安装照明线路时，开关和插座离地一般不低于 1.3m。有必要时，插座可以装低，但离地不应低于1.5cm。不要用湿手去摸开关，插座，灯头等，也不要湿布去擦灯泡。

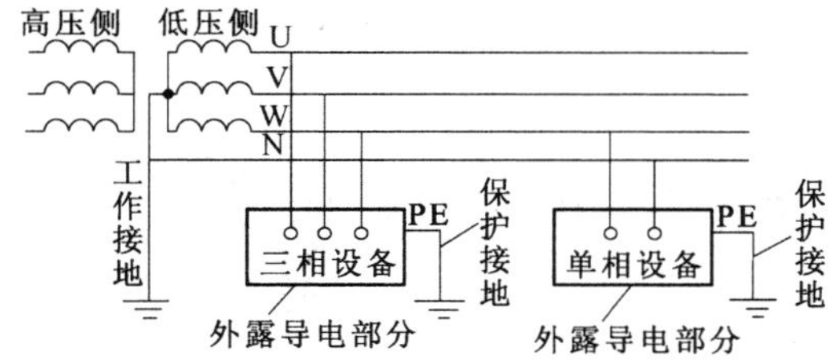

图5-21　三相四线保护接地制线路

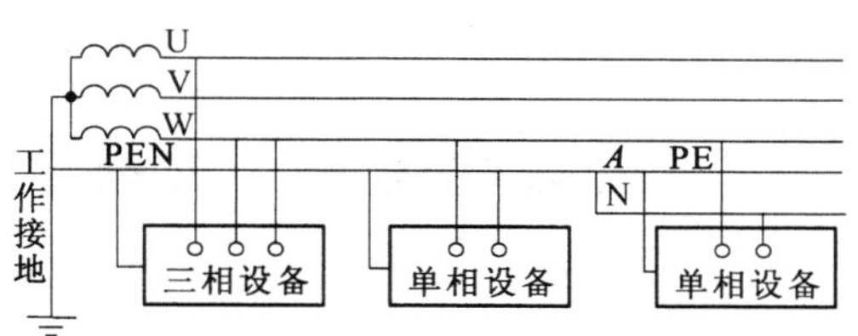

图5-22　三相四线一五线保护接零制线路

屋内配线时禁止使用裸导线和绝缘破损的导线，若发现电线，插头等有损坏，必须及时更换。塑料护套线直接装置在敷设面上时，须用防锈的金属夹头或其他材料的夹头牢固装夹。塑料护套线连接处应加瓷接头或接线盒。严禁将塑料护套线或其他导线直接埋设在水泥或石灰粉刷层内。

拆开的或断裂的裸露的带电接头，必须及时用绝缘物包好并放在人身不容易接触到的地方。

根据需要选择熔断器的熔丝粗细，在照明和电热线路上，严禁用铜丝代替熔丝。

(4) 在电力线路附近，不要安装收音机，电视机的天线；不放风筝，打鸟；更不能向电线，瓷瓶和变压器上扔东西等。在带电设备周围严禁使用钢板尺，钢卷尺进行测量工作。

(5) 发现电线或电气设备起火，应迅速切断电源，在带电状态下，决不能用水或泡沫灭火器灭火。

(6) 雷雨天尽量不外出，遇雨时不要在大树下躲雨或站在高处，而应就地蹲在凹处，并且两脚尽量并拢。

四、触电急救

对触电事故，必须迅速抢救，关键在一个“快”字。“快”包括两个方面，一是快速脱离电源；二是快速作医务救护处理。

1. 自救

当自己触电而有清醒时，首先保持冷静，设法脱离电源，向安全的地方转移，如遇跨步电压电击时要防止摔倒、跌伤等二次伤害事故。

2. 互救

对于他人触电，第一步也是使触电者脱离电源，如拉闸、断电或将触电者拖离电源等，具体方法是：

(1) 迅速拉闸或拔掉电源插头，如一时找不到电源开关或距离较远，可用绝缘工具剪断、切断、砸断电源线。

(2) 迅速用绝缘工具，如干燥的竹竿、木棍挑开触电者身上的导线或电气用具。

(3) 站在干燥的木板、衣物等绝缘体上，戴绝缘手套或裹着干燥衣物拉开导线、电气用具或触电者。

上述方法的原则是既要使触电者脱离电源，又要确保自身安全。

教 学 评 价

1. 电流对人体的危害程度与哪些因素有关?

2. 什么是工作接地、保护接地？

3. 为防止触电事故的发生，必须采取什么安全防护措施？

4. 碰到触电事故应采取哪些措施？

技能训练七　三相星形电路和有功功率的测量

一、实训目的

1. 理解三相负载Y和Y_0连接时，其线电压与相电压、相电流的关系及中线的作用。

2. 掌握三相电路有功功率的测量方法。

二、实训原理

1. 三相四线制电路负载对称时，各相电流、线电流、各相电压的有效值相等，中线电流为零；当负载不对称时，各相电压有效值仍然相等，但各相电流、线电流的有效值不相等，中线电流不为零。

2. 三相三线制电路负载对称时，各相电流、线电流、各相电压的有效值相等；当负载不对称时，各相电压、各相电流、线电流的有效值不相等。

3. 三相四线制电路测量功率时，一般采用三表法；三相三线制电路测量功率时，一般采用两表法。

通常三相四线制电路是不对称的。所以常采用“三表法”来测量电路的功率。就是分别测出各相功率，然后迭加，如技图 7-1(a)所示。

如三相四线制电路是对称的，则采用“一表法”。

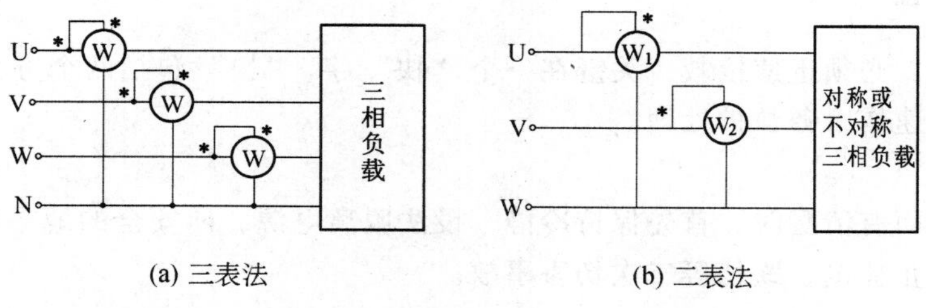

(a) 三表法　　(b) 二表法

技图 7-1

具体接线：将每个功率表的电流线圈分别串接在电路中的一相，且其“ * ”端应接至电源侧；电压线圈的“ * ”端应分别和该功率表电流线圈所在的端线连接，另一端接至中性线。

对于三相三线制电路，无论其是否对称，均可用“二表法”，如技图 7-1(b)所示。

具体接线，二表法接线需遵循以下原则：

两只功率表的电流线圈串入任意两根端线，且其“ * ”端应接至电源侧，电压线圈的“ * ”端应分别和该功率表电流线圈所在的端线连接，另一端接至不串电流回路的那根端线。

实际测量时，有一个功率表的指针可能会在接线正确的情况下反偏，可将该功率表的电流线圈端钮对换，或扳动功率表的极性转换开关，使仪表正偏，但读数取负。在这种情况下，三相电路总功率应为两功率表读数的代数和。

三、实训设备

1. 实验台　　　　　　　　　1个
2. 灯泡　　　　　　　　　　若干
3. 功率表、电压表、电流表　若干
4. 插孔和插塞　　　　　　　若干

四、实训任务

（一）实训电路

（二）实训步骤

1. 三相三线制电路（图中虚线不接）

（1）对称负载

① 合上开关 S_1、S_2、S_4，使各相为对称负载，观察灯泡亮度，测相电压、线电流。

② 用两表法测功率。

（2）不对称负载

再合上开关 S_3、S_5、S_6，使各相为不对称负载，观察灯泡亮度，测相电压、线电流。

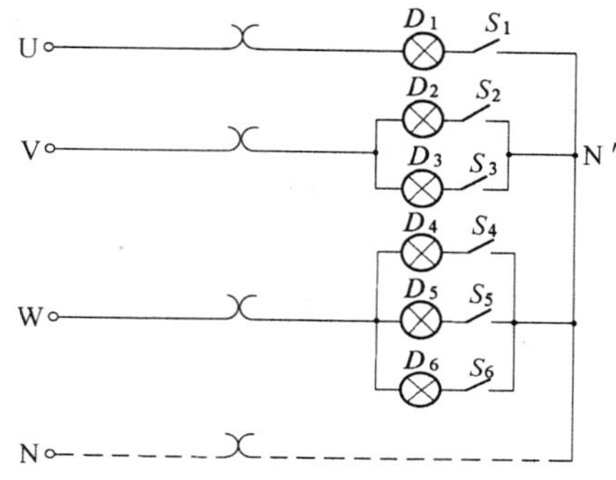

技图 7-2　三相Y接电路

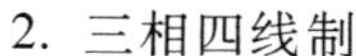

2. 三相四线制

（1）不对称负载

① 在技图 7-2 电路中加一条中线（用虚线表示），灯泡各开关均处于闭合状态，观察灯泡亮度，测相电压、线电流。

② 三表法测功率。

（2）对称电路

将每相负载均为一盏灯泡，（技图 7-2 电路加中线后 V 相关掉 1 盏灯泡，W 相关掉 2 盏灯泡），测相电压、线电流。

五、实训数据

将实训所测数据记入技表 7-1 中。

技表 7-1

电路 / 被测量	三相三线制电路		三相四线制电路	
	对称	不对称	对称	不对称
U_U(V)				
U_V(V)				
U_W(V)				
I_U(mA)				
I_V(mA)				
I_W(mA)				
灯泡亮度变化情况				

续上表

被测量 \ 电路	三相三线制电路		三相四线制电路	
	对称	不对称	对称	不对称
P_1(W)	—	—	—	
P_2(W)	—	—	—	
P_3(W)	—	—	—	
P_1'(W)		—	—	—
P_2'(W)		—	—	—
I_N(mA)	—	—		
$U_{N'N}$(V)				

六、实训报告要求

1. 写出实训原理、实训设备。
2. 画出实训电路，列出实训数据表格，写出实训步骤。
3. 用实训数据证明，三相三线制和三相四线制的特点。
4. 写出实训心得体会。

七、实训注意事项

1. 功率表：电压线圈的非“＊”端接中线，其“＊”端与电流线圈的“＊”短接，功率表的电流线圈用插孔插入相应的相线。

2. 功率表的量程选择：$U_e = 300$V(三表法)、$U_e = 600$V(两表法)、$I_e = 5$A 或 2.5A(电流线圈并联时 5A,串联时 2.5A)。

3. 为了便于查线，中性点的几个点用直线扩展板。

技能训练八　三相三角形电路和无功功率的测量

一、实训目的

1. 验证△形连接负载的线电压和相电压，线电流和相电流的关系。
2. 观察一相负载断路和一线电源断线时，有关电压、电流的变化情况。
3. 验证三相电路无功功率的测量。

二、实训原理

1. △形连接电路中：在忽略输电线电阻的情况下，负载承受的电压等于电源线电压。

2. 在电路对称情况下，线电流与相电流关系：$I_L = \sqrt{3} I_P$。

3. 如一相负载断路，则各相负载相电压及线电压不变，但该相相电流为零，其他两相相电流不变，与该相相连的两个线电流改变(减小为相电流)，另一个线电流不变。

4. 如一线电源断路，与该线相连的两相负载相电压、相电流均变，另一相相电压、相电流不变，断开一线的线电流为零，其他两线线电流改变。

5. 三相电路无功功率的测量

在电源电压对称而负载不对称的三相三线及三相四线制电路测量无功功率，一般采用三表跨相法测量。三表跨相法具体接线：将功率表的电流回路串入一相电路，电压回路的"＊"端接在按正序的下一相上，另一端接在再下一相上，如技图 8-1 所示。

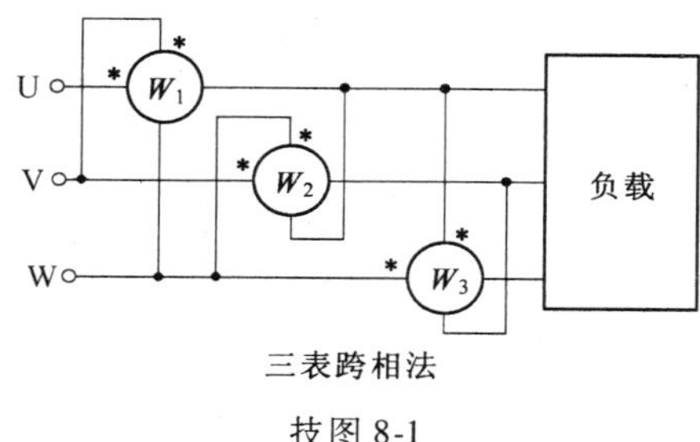

$$Q=\frac{1}{\sqrt{3}}(W_1+W_2+W_3)$$

三表跨相法

技图 8-1

① $W_1+W_2+W_3$——三只功率表读数之和，其中有的可能为负值。三相 Q 是三只功率表读数之和的 0.577 倍。

② 若负载是三角形连接，总可将它化为等效的星形负载，仍可使用。

③ 若三相电路是完全对称，则可用一只功率表测量，即"一表跨相法"。

④ 如电路是三相四线制，则三只功率表的读数和仍是三相无功功率的 0.577 倍，仍可适用。

6. 在电源电压和负载都对称的三相三线制电路，测量无功功率可以采用两表跨相法，如技图 8-2 所示。

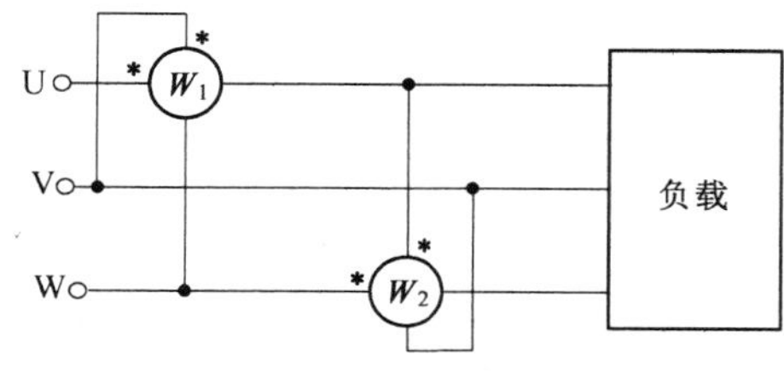

$$Q=\frac{\sqrt{3}}{2}(W_1+W_2)$$

两表跨相法

技图 8-2

三、实训设备

1. 实验台	1 个
2. 灯泡	若干
3. 功率表、电压表、电流表	若干
4. 插孔和插塞	若干

四、实训任务

1. 实训电路

实训电路如技图 8-3 所示。

2. 实训步骤

(1) 每组灯板开 2 个灯泡，测：I_U、I_V、I_W、I_{UV}、I_{VW}、I_{WU}、U_{UV}、U_{VW}、U_{WU}。(说明：每组灯板开两个灯泡。因为实验室里电源的线电压也是 380V，而每盏灯泡的额定电压为 220V。)

(2) 使 U 相负载开路(断开开关 S_1 或 S_2)，再测以上参数。

(3) 使 U 相断开，再测以上参数。

(4) 使 U 相负载由灯泡变为 4μF 电容，测电路总的无功功率。

实验电路如技图 8-4 所示。

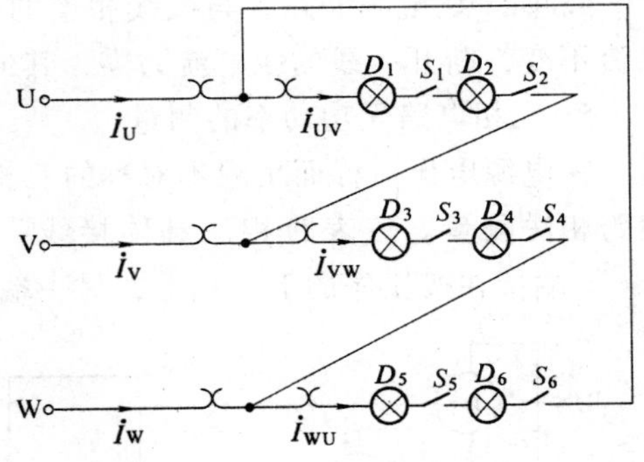

三相△形连接实验电路

技图 8-3

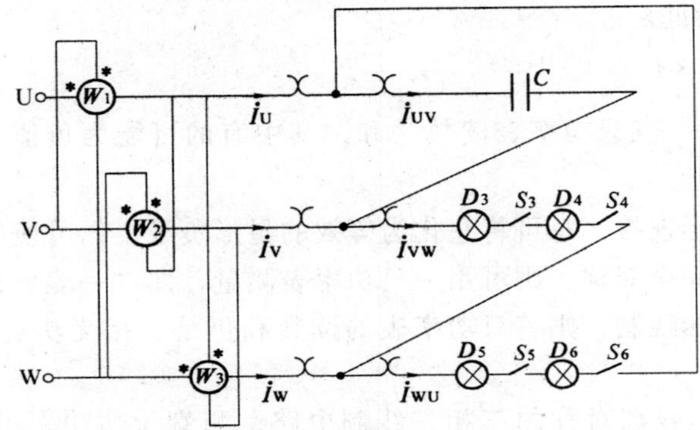

三相△形连接电路无功功率测量

技图 8-4

记录 W_1、W_2、W_3，求 Q。$\left(\text{提示}: Q = \dfrac{W_1 + W_2 + W_3}{\sqrt{3}}\right)$

3. 实训数据

将所测数据填入技表 8-1 所示。

技表 8-1

电路 / 被测量	对称负载	U 相负载开路	U 相端线开路	不对称负载
U_{UV}(V)				
U_{VW}(V)				
U_{WU}(V)				
I_{UV}(mA)				
I_{VW}(mA)				
I_{WU}(mA)				
I_U(mA)				
I_V(mA)				
I_W(mA)				

续上表

被测量 \ 电路	对称负载	U 相负载开路	U 相端线开路	不对称负载
W_1(W)	—	—	—	
W_2(W)	—	—	—	
W_3(W)	—	—	—	
Q(var)	—	—	—	

五、实训报告要求

1. 写出实训原理、实训设备。
2. 画出实训电路，列出实训数据表格，写出实训步骤。
3. 用实训数据证明，△形连接的三相三线制电路对称和不对称的特点。
4. 写出实训心得体会。

六、实训注意事项

1. 故障状态时，应将故障点固定起来，以防触电。
2. 接、拆线时要断电操作。

一、三相电源

1. 三相交流电源产生三相电动势，它的特征是：振幅相等，频率相同，相位上互差 120°。

2. 三相电源可以连成星形或三角形。星形连接时，线电压等于相电压的 $\sqrt{3}$ 倍，且线电压超前相应相电压30°；三角形连接时线电压等于相电压。

二、三相负载

1. 三相对称负载，根据需要可以接成星形或三角形。三相对称负载接成星形时，线电流等于相电流；三相对称负载接成三角形时，线电流是相电流的 $\sqrt{3}$ 倍，且线电流超前滞后相应相电流30°。

2. 若负载不对称，则应采用三相四线制△连接供电，使负载能正常工作。

三、三相功率

对称三相电路，无论是Y形连接还是△形连接

$$P=\sqrt{3}U_LI_L\cos\varphi \quad Q=\sqrt{3}U_LI_L\sin\varphi \quad S=\sqrt{3}U_LI_L$$

四、安全用电

电能是一种方便的能源，它给带来人们生活的便利同时也会带来灾害。因此，学习安全用电知识是十分必要的。

首先了解人们常见的触电类型，其次了解电流给人带来的危害，第三掌握安全用电措施，最后掌握人触电后的急救常识。

第六章

互感与变压器

第一节 互感、互感电压

【知识目标】

1. 了解互感现象的概念及其与自感现象的区别与联系。
2. 理解互感系数、耦合系数的含义及其影响因素。
3. 理解同名端的概念，掌握同名端的判定方法。
4. 会根据同名端确定互感电压的参考方向。

【能力目标】

1. 培养分析、解决实际问题的能力。
2. 能正确判定互感线圈同名端。

一、互感现象

如下图 6-1 的实验，线圈Ⅰ和滑动变阻器 R_W、开关 S 串联后接到直流电源 E 上，线圈Ⅱ的两端分别接到直流电压表 V 的两个接线柱上。在开关 S 闭合或断开的瞬间，可以观察到电压表的指针发生偏转，而且两次的指针偏转方向相反。在开关 S 闭合以后，迅速改变滑动变阻器的阻值，电压表的指针也会左右偏转，而且阻值变化的速度越快，电压表指针偏转的角度越大。

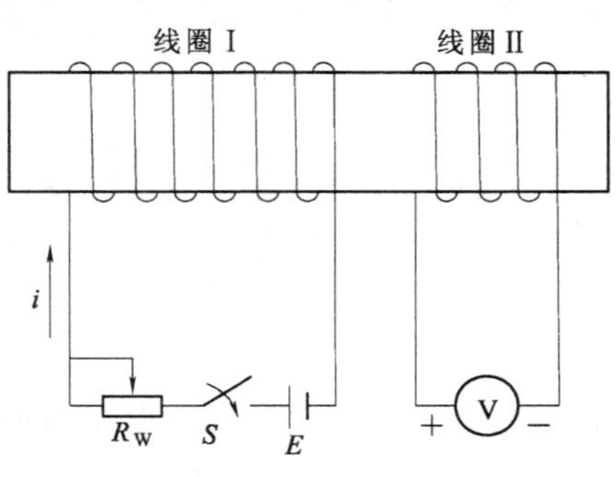

图 6-1 互感现象实验

上述实验说明，当线圈Ⅰ中的电流变化时，线圈Ⅱ中会产生电压。然而线圈Ⅰ和线圈Ⅱ并没有直接的电气连接，为什么会产生电压呢？下面研究这个现象。

图 6-2(a)所示为两个彼此相邻的线圈Ⅰ和Ⅱ，它们的匝数分别为 N_1 和 N_2。当线圈Ⅰ有电流 i_1 流过时，线圈内部产生自感磁通 Φ_{11} 和自感磁链 $\Psi_{11}=N_1\Phi_{11}$。Φ_{11} 中有一部分穿过线圈Ⅱ，记作 Φ_{21}，称为互感磁通。同理，在图 6-2(b)中，当线圈Ⅱ有电流 i_2 流过时，线圈内部产生自感磁通 Φ_{22} 和自感磁链 $\Psi_{22}=N_2\Phi_{22}$。Φ_{22} 中有一部分穿过线圈Ⅰ，记作 Φ_{12}，也称为互感磁通。当电流 i_1 变化时，Ψ_{21} 随之变化。变化的互感磁链 Ψ_{21} 在线圈 N_2 中产生互感电压 u_{M2}。同样，当线圈 N_2 中的电流 i_2 变化时，互感磁链 Ψ_{12} 在线圈 N_1 中产生互感电压 u_{M1}。这种由于一个线圈电流的变化，而使另一个线圈产生感应电压的现象，称为互感现象。由互感现象产生的感应电压叫互感电压。有互感现象的两个线圈称为磁

耦合线圈。上述实验，就是由于线圈Ⅰ中电流变化时，在线圈Ⅱ中产生了感应电压，所以电压表指针发生了偏转。

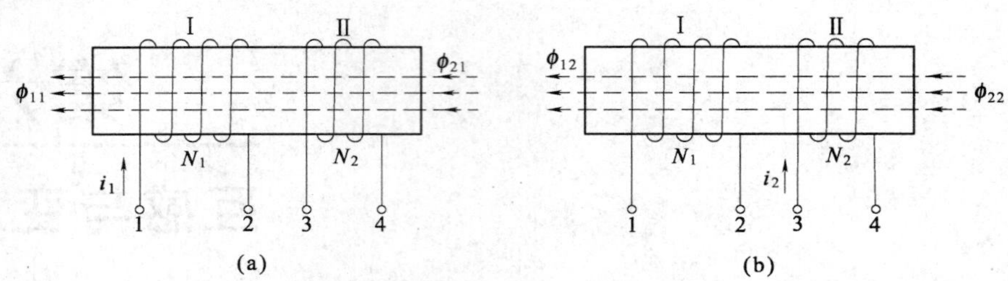

图 6-2　两个磁耦合线圈间的互感

二、互感系数

如图 6-2 所示，互感磁链 Ψ_{21} 是由电流 i_1 产生的，当线圈附近没有铁磁性物质时，则：$\Psi_{21}=M_{21}i_1$，$M_{21}=\dfrac{\Psi_{21}}{i_1}$定义为磁耦合线圈的互感系数，简称互感，单位是亨，用符号 H 表示。同样，$M_{12}=\dfrac{\Psi_{12}}{i_2}$也称为互感系数。因此，互感系数在数值上就等于单位电流产生的互感磁链，它反映了一个线圈的电流在另一个线圈产生磁链的能力。

可以证明，$M_{12}=M_{21}$，这样两个磁耦合线圈的互感系数可省去下标，统一用字母 M 表示，即

$$M=\frac{\Psi_{21}}{i_1}=\frac{\Psi_{12}}{i_2} \tag{6-1}$$

互感系数 M 是磁耦合线圈的固有参数，其大小除了取决于两个线圈的匝数、几何尺寸及磁介质种类外，还与两个线圈的相对位置及距离有关。当周围磁介质是非铁磁性物质时，M 是常数，称为线性互感。本章讨论的互感 M 均为线性互感。

三、耦合系数

互感线圈是通过磁场彼此联系的，这种联系称为磁耦合。工程上用耦合系数 k 来衡量两个线圈磁耦合的紧密程度，耦合系数的定义式为

$$k=\frac{M}{\sqrt{L_1L_2}} \tag{6-2}$$

式中：M 为互感，L_1、L_2 分别为两个线圈的自感。显然，k 是一个无单位的量。可以证明

$$0\leqslant k\leqslant 1 \quad 即 \quad 0\leqslant M\leqslant \sqrt{L_1L_2}$$

若 $k=0$，说明两个线圈无耦合；若 $k=1$，则两个线圈为全耦合。

耦合系数 k 的大小与两个线圈的位置有密切关系。如果两个线圈靠得很近或紧密地绕在一起，则一个线圈的磁感应线几乎全部穿过另一线圈的截面，此时 k 值有可能接近于 1。反之，如果两个线圈相隔很远，或者使它们的轴线相互垂直且对称放置，则两个线圈的耦合程度极差，此时 k 值很小，甚至可能为零。因此，通过调整两线圈的相对位置，可以改变耦合系数的大小，当 L_1、L_2 一定时，也就相应地改变了互感 M 的大小。应用这种原理可以制作

可变电感器。

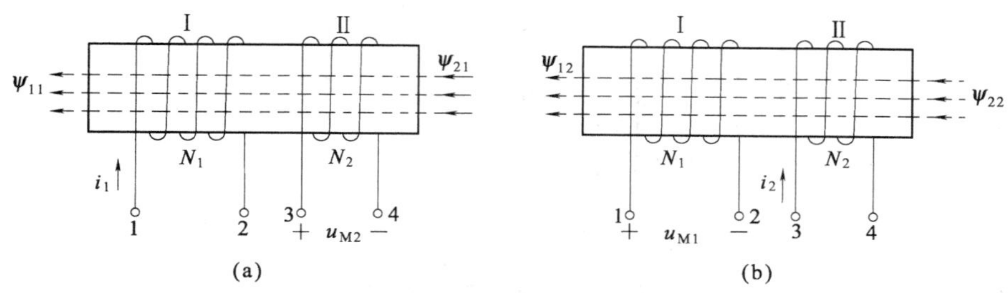

图 6-3　两个磁耦合线圈间的互感电压

四、互感电压

对于图 6-3(a)中的两个磁耦合线圈，当线圈Ⅰ中电流 i_1 变化时，使穿过线圈Ⅱ的互感磁链 Ψ_{21}随之变化，从而在线圈Ⅱ中产生互感电压 u_{M2}。如果选择 u_{M2}的参考方向与 Ψ_{21}的参考方向符合右手螺旋定则，根据电磁感应定律 $u=\frac{\Delta\Psi}{\Delta t}$，得出如下关系式

$$u_{M2}=\frac{\Delta\Psi_{21}}{\Delta t}=M\frac{\Delta i_1}{\Delta t} \tag{6-3}$$

同理，在图 6-3(b)中，当线圈Ⅱ中电流 i_2 变化时，使穿过线圈Ⅰ的互感磁链 Ψ_{12}随之变化，从而在线圈Ⅰ中产生互感电压 u_{M1}。如果选择 u_{M1}的参考方向与 Ψ_{12}的参考方向符合右手螺旋定则，根据电磁感应定律，得出如下关系式

$$u_{M1}=\frac{\Delta\Psi_{12}}{\Delta t}=M\frac{\Delta i_2}{\Delta t} \tag{6-4}$$

由此可见，一个线圈互感电压的大小，与另一个线圈中的电流变化率成正比。

当线圈中的电流 i_1、i_2 是正弦电流时，可以证明，互感电压 u_{M2}、u_{M1}与电流 i_1、i_2 是同频率的正弦量。互感电压与电流的有效值关系是

$$\left.\begin{aligned}U_{M2}&=\omega MI_1\\U_{M1}&=\omega MI_2\end{aligned}\right\} \tag{6-5}$$

相位关系是，u_{M2}超前 i_1 90°；u_{M1}超前 i_2 90°。式中，$X_M=\omega M=2\pi fM$，称为互感电抗，单位是欧姆(Ω)。

五、互感线圈的同名端

工程中，对于两个或两个以上的有磁耦合的线圈，常常要知道互感电压的极性。然而互感电压的极性与电流的参考方向和线圈的绕向有关。实际的互感线圈是被封装起来的，看不到绕向；而且在电路图中绘出线圈的绕向，再根据右螺旋定则确定互感电压的参考方向，是非常不方便的。用标注同名端的方法就可以解决这一问题。

若彼此有互感的两线圈分别有电流流入，且两电流建立的磁场互相增强，则两线圈的电流流入端称为同名端(当然,两线圈的电流流出端也是同名端)。用符号“•”或“*”标注。如图 6-4(a)所示，线圈Ⅰ的“1”端与线圈Ⅱ的“3”端是一对同名端。“2”端和“4”端也是一对同名端，但是标注时只需标注一对。图 6-4 中分别在“1”端和“3”端标注了“•”。

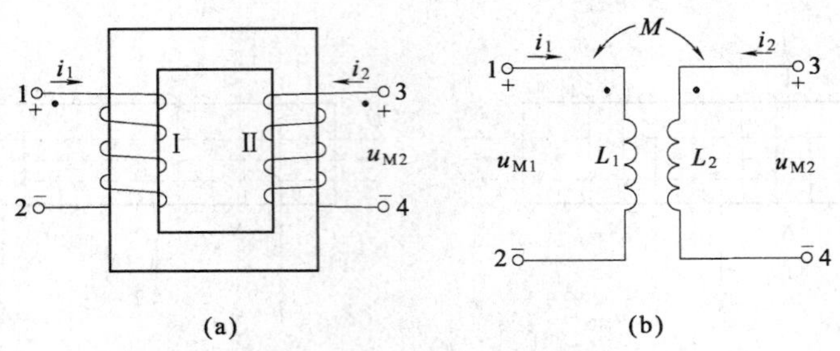

图 6-4　互感线圈的同名端

不是同名端的两端称为异名端，如图 6-4 中的“1”端和“4”端即是异名端。

两线圈标注了同名端以后，就不必再画出线圈的绕向和位置，而是采用图 6-4(b)所示的电路符号来表示图 6-4(a)所示的两个磁耦合线圈。

标注了同名端后，如何确定互感电压的方向呢？如图 6-4(a)所示，线圈Ⅰ中的电流 i_1 是由同名端“1”流向非同名端“2”，它在线圈Ⅱ中产生的互感电压 u_{M2} 也是由同名端“3”指向非同名端“4”。由此可见，互感电压与产生它的电流的参考方向对同名端一致。

如果互感电压与产生它的电流的参考方向对同名端不一致，则式(6-3)、式(6-4)前应加“-”号。

教 学 评 价

一、判 断 题

1. 线圈中感应电动势的大小与磁通的变化率成正比。(　　)

2. 线圈中有磁通就有感应电动势，磁通越多感应电动势越大。(　　)

3. 通过调整两个磁耦合线圈的相对位置，可以改变耦合系数 M 的大小。(　　)

4. 一个线圈互感电压的大小，与另一个线圈中的电流变化率成正比。(　　)

二、填 空 题

1. 由于一个线圈电流的变化，而使另一个线圈产生________的现象，称为互感现象。由互感现象产生的感应电压叫________电压。有互感现象的两个线圈称为________线圈。

2. 互感系数 M 的大小取决于两个线圈的匝数、________、________和两个线圈的________________。

3. 在互感电压 $u_{M2}=\dfrac{\Delta\Psi_{21}}{\Delta t}=M\dfrac{\Delta i_1}{\Delta t}$ 中，规定 ψ_{21} 与 i_1 的参考方向符合________关系；而 u_{M2} 与 ψ_{21} 的参考方向也符合________。

4. 如图 6-5 所示的两互感耦合线圈，其电感系数分别为 $L_1=L_2=0.4\text{H}$，互感系数为 $M=0.1\text{H}$，它们的耦合系数 $k=$________。

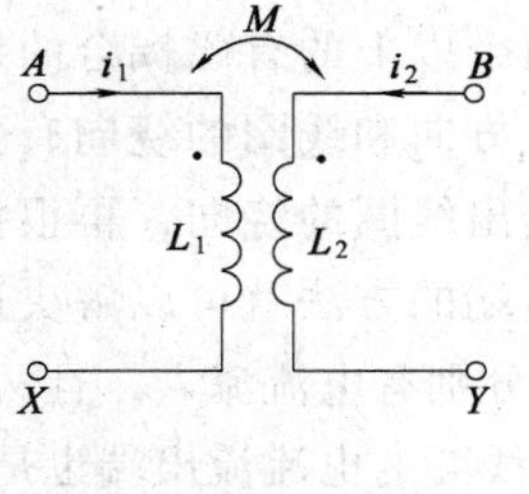

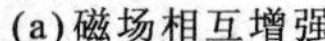
(a)磁场相互增强

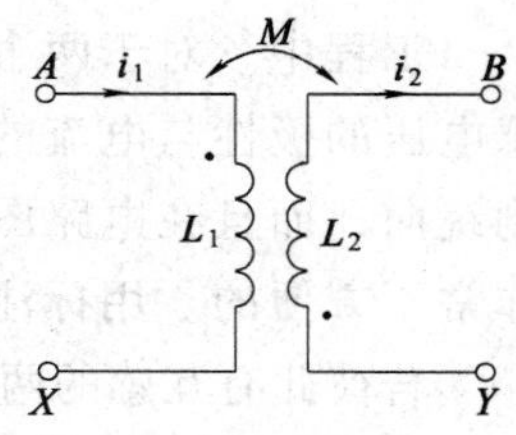

(b)磁场相互削弱

图　6-5

三、计 算 题

1. 两线圈的电感 $L_1=5\text{mH}$，$L_2=4\text{mH}$，耦合系数 $k=0.6$。求互感 M。

2. 若两互感线圈全耦合，其中一个

线圈的自感 $L_1=5\text{mH}$，互感 $M=4\text{mH}$。求 L_2。

3. 一对磁耦合线圈，其中的一个线圈接在频率为50Hz的正弦交流电源上，测得电流为2A；另一个线圈开路，测得开路电压为380V。求互感系数 M。

第二节　互感线圈的串联

【知识目标】

1. 理解顺向串联和反向串联的概念，会计算等效电感 L_S 和 L_F。
2. 掌握互感线圈串联的应用。

【能力目标】

1. 能够正确标出互感线圈中各电压的参考方向。
2. 能够正确计算互感线圈串联时的等效电感。
3. 会正确判断互感线圈的同名端，计算 M。

有互感的两个线圈串联时，有两种方式。如图6-6(a)所示，称为顺向串联，此时两个线圈按从有标记一端至无标记一端的次序串联。顺向串联时，电流从同名端流入两个线圈。另一种称为反向串联，如图6-6(b)，此时两个线圈的同名端接在一起。反向串联时，电流从异名端流入两个线圈。

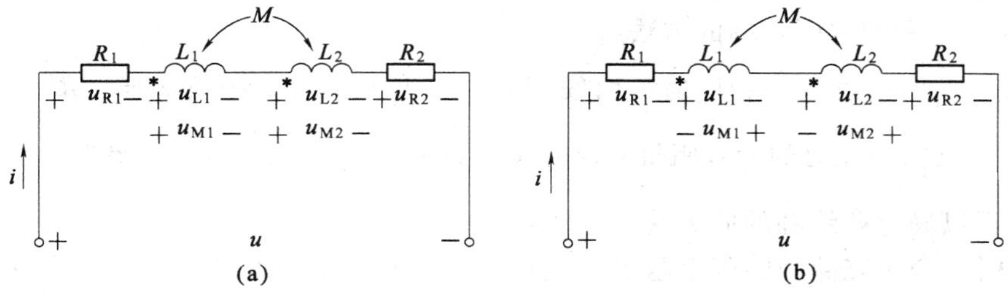

图6-6　两个互感线圈的顺向串联和反向串联

一、顺向串联

在图6-5(a)中，选择电流、电阻电压、自感电压的参考方向与端电压一致，再根据对同名端一致的原则，确定互感电压的参考方向。由于电流 i 从两个线圈的同名端流入，所以互感电压 u_{M1}、u_{M2} 的参考方向与电流相同。根据KVL列出回路电压方程如下：

$$u=u_{R1}+u_{L1}+u_{M1}+u_{R2}+u_{L2}+u_{M2}$$

将 $u_{R1}=R_1 i$，$u_{L1}=L_1\dfrac{\Delta i}{\Delta t}$，$u_{M1}=M\dfrac{\Delta i}{\Delta t}$，$u_{R2}=R_2 i$，$u_{L2}=L_2\dfrac{\Delta i}{\Delta t}$，$u_{M2}=M\dfrac{\Delta i}{\Delta t}$ 代入上式，整理得

$$u=(R_1+R_2)i+(L_1+L_2+2M)\frac{\Delta i}{\Delta t}=Ri+L_S\frac{\Delta i}{\Delta t}$$

其中等效电阻 $R=R_1+R_2$ 是两个线圈电阻之和，等效电感为

$$L_S=L_1+L_2+2M \tag{6-6}$$

式(6-6)表明，互感线圈顺向串联时的总电感与无感时相比，增加了 $2M$。

二、反向串联

在图6-5(b)中，由于电流 i 从两个线圈的异名端流入，所以互感电压 u_{M1}、u_{M2} 的参考方

向与电流相反。根据 KVL 列出回路电压方程时，互感电压前应加“－”号，即

$$u = u_{R1} + u_{L1} - u_{M1} + u_{R2} + u_{L2} - u_{M2}$$

将 $u_{R1} = R_1 i$，$u_{L1} = L_1 \dfrac{\Delta i}{\Delta t}$，$u_{M1} = M\dfrac{\Delta i}{\Delta t}$，$u_{R2} = R_2 i$，$u_{L2} = L_2\dfrac{\Delta i}{\Delta t}$，$u_{M2} = M\dfrac{\Delta i}{\Delta t}$代入上式，整理得

$$u = (R_1 + R_2)i + (L_1 + L_2 - 2M)\frac{\Delta i}{\Delta t} = Ri + L_F\frac{\Delta i}{\Delta t}$$

其中等效电阻 $R = R_1 + R_2$ 仍是两个线圈电阻之和，等效电感为

$$L_F = L_1 + L_2 - 2M \tag{6-7}$$

式(6-7)表明，互感线圈反向串联时的总电感与无感时相比，减少了 $2M$。

三、互感线圈串联的应用

1. 提供了测量互感 M 的一条途径

将式(6-6)的两端减去式(6-7)的两端，得出

$$M = \frac{L_S - L_F}{4} \tag{6-8}$$

由上式可知，只要已知 L_S 和 L_F，就可以计算出互感系数 M。具体方法是：分别将两个磁耦合线圈顺向串联和反向串联，外加同一工频正弦电压，用交流电压表和电流表分别测出端电压和总电流，通过计算求出等效电感 L_S 和 L_F，然后利用式(6-8)计算出互感 M。

2. 提供了一种判定同名端的方法

由于 $L_S > L_F$，当端电压相同时，两线圈顺向串联时的等效阻抗 $z_S = \sqrt{R^2 + (\omega L_S)^2}$，电流为 $I_S = \dfrac{U}{z_S}$；反向串联时的等效阻抗 $z_F = \sqrt{R^2 + (\omega L_F)^2}$，电流 $I_F = \dfrac{U}{z_F}$。显然 $z_S > z_F$，所以 $I_S < I_F$。因此可以确定两线圈的同名端。

【例 6-1】 两个互感线圈的电阻 $R_1 = 5\Omega$，$R_2 = 10\Omega$，将它们串联接到工频 110V 的正弦电压上，测得电流 $I_a = 2.5$A。把其中一个线圈反接后再串联起来，接到同一电源上，测得电流 $I_b = 5$A。(1)判定同名端；(2)求互感 M。

【解】 (1) 由于 $I_b > I_a$，所以第二种情况是反向串联，此时两线圈相连的两端是同名端。

(2) 利用 $M = \dfrac{L_S - L_F}{4}$计算互感，先分别求出等效电感 L_S 和 L_F。

顺向串联时

$$z_S = \frac{U}{I_a} = \frac{110}{2.5} = 44(\Omega)$$

$$\omega L_S = \sqrt{z_S^2 - (R_1 + R_2)^2} = \sqrt{44^2 - 15^2} = 41.4(\Omega)$$

$$L_S = \frac{41.4}{\omega} = \frac{41.4}{314} = 0.132(\text{H})$$

反向串联时

$$z_F = \frac{U}{I_b} = \frac{110}{5} = 22(\Omega)$$

$$\omega L_F = \sqrt{z_F^2 - (R_1 + R_2)^2} = \sqrt{22^2 - 15^2} = 16.1(\Omega)$$

$$L_F=\frac{16.1}{\omega}=\frac{16.1}{314}=0.0513(\mathrm{H})$$

因此，互感系数 M

$$M=\frac{L_S-L_F}{4}=\frac{0.132-0.0513}{4}=0.0202(\mathrm{H})$$

【例 6-2】 一对磁耦合线圈串联，已知 $L_1=10\mathrm{H}$，$L_2=4\mathrm{H}$，$M=2\mathrm{H}$。试计算顺向串联和反向串联两种情况的等效电感。

【解】 两线圈顺向串联时

$$L_S=L_1+L_2+2M=10+4+2\times 2=18(\mathrm{H})$$

反向串联时

$$L_F=L_1+L_2-2M=10+4-2\times 2=10(\mathrm{H})$$

第三节　理想变压器

【知识目标】

1. 了解理想变压器的条件。
2. 掌握理想变压器的电路模型。
3. 掌握理想变压器的电压变换、电流变换、阻抗变换关系。
4. 理解理想变压器变换电流、变换电压、变换阻抗的原理。

【能力目标】

能正确分析含有理想变压器的电路。

变压器是利用互感现象来实现从一个线圈所在的电路，向另一个线圈所在的电路传递能量或传输信号的装置。与电源连接的线圈称为原边绕组，与负载连接的线圈称为副边绕组。

一、理想变压器的定义

理想变压器是实际变压器的理想化模型。满足以下条件的变压器即是理想变压器。

（1）无损耗。变压器在工作时，本身不消耗功率，既无铁损，也无铜损。

（2）无漏磁。变压器线圈中的电流所产生的磁通全部经铁芯闭合，即全部是主磁通。

（3）铁芯所用材料的磁导率 $\mu\to\infty$，因而铁芯磁路的磁阻 $R_m\to 0$，在铁芯中建立一定主磁通所需的磁动势 $F_m\to 0$。

二、理想变压器的电压变换关系

如图 6-7 所示，在交流电源电压 u_1 作用下，原边绕组有一较小的电流 i_0，此电流称为空载电流或励磁电流。在 i_0 作用下，铁芯中产生一交变主磁通 Φ，Φ 通过穿过原、副边绕组，分别产生感应电动势 e_1 和 e_2，因为

$$\begin{aligned}E_1&=4.44fN_1\Phi_m\\E_2&=4.44fN_2\Phi_m\end{aligned}\qquad(6\text{-}9)$$

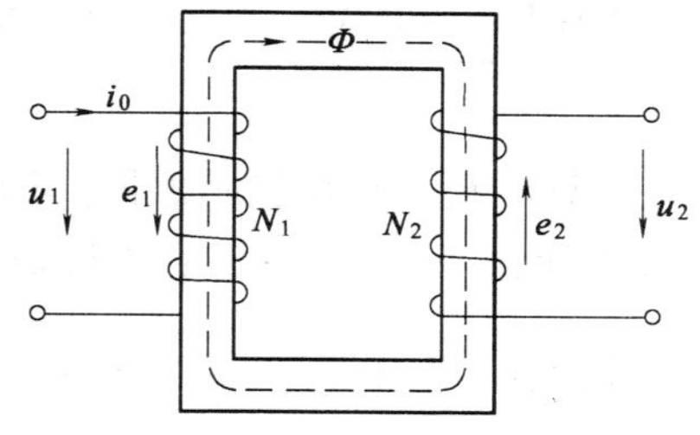

图　6-7

式中　Φ_m——交变磁通最大值；

N_1——原边绕组匝数；

N_2——副边绕组匝数。

$$\frac{E_1}{E_2}=\frac{N_1}{N_2} \tag{6-10}$$

因为无损耗，无漏磁，则有：

$$\begin{aligned} U_1 &= E_1 \\ U_2 &= E_2 \end{aligned} \tag{6-11}$$

所以

$$\frac{U_1}{U_2}=\frac{E_1}{E_2}=\frac{N_1}{N_2}=k \tag{6-12}$$

k 为变压器的变压比。上式说明：理想变压器的原、副边电压与原、副边匝数成正比。

三、理想变压器的电流变换关系

变压器副边接有负载 z_L，原、副边都有电流 i_1，i_2 通过，如图 6-8 所示。

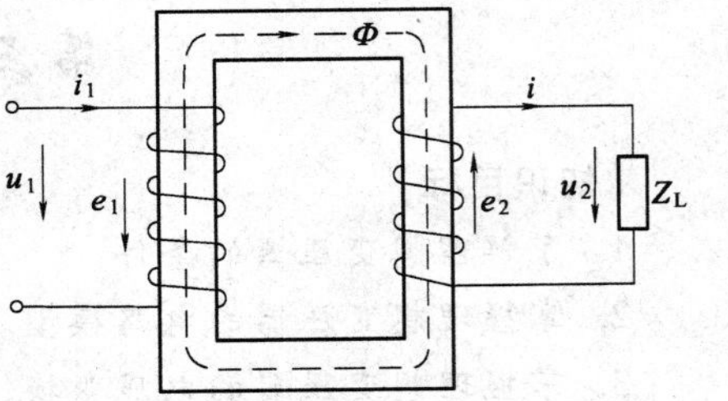

图 6-8

因为无损耗，则原边功率等于副边功率。

$$U_1I_1=U_2I_2 \tag{6-13}$$

所以：

$$\frac{I_1}{I_2}=\frac{U_2}{U_1}=\frac{N_2}{N_1}=\frac{1}{k} \tag{6-14}$$

上式说明：理想变压器的原、副边电流与原、副边匝数成反比。

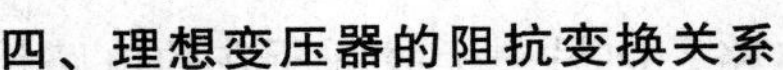

四、理想变压器的阻抗变换关系

当变压器副边接有负载 z_L 时，从原边看进去的输入阻抗为，如图 6-9 所示。

$$z'=\frac{U_1}{I_1}=\frac{kU_2}{\frac{I_2}{k}}=k^2z_L \tag{6-15}$$

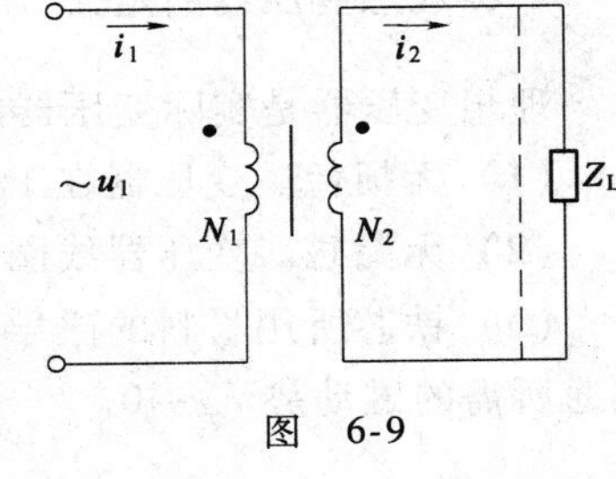

图 6-9

上式表明，理想变压器的原、副边阻抗与原、副边匝数平方成正比。

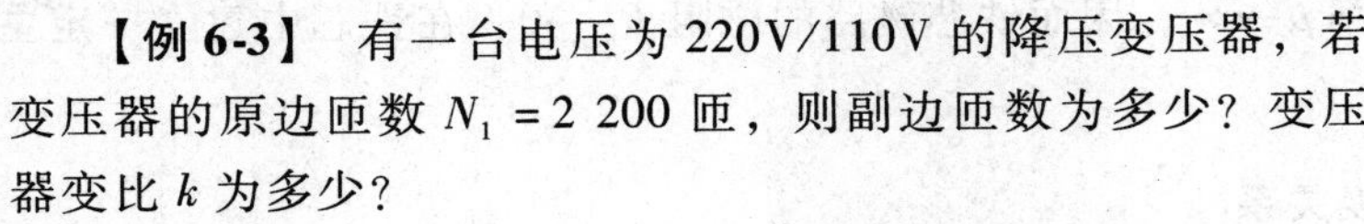

【例 6-3】 有一台电压为 220V/110V 的降压变压器，若变压器的原边匝数 $N_1=2\,200$ 匝，则副边匝数为多少？变压器变比 k 为多少？

【解】 根据式(6-12)，列方程：$\frac{220}{110}=\frac{2\,200}{N_2}=k$

求得：$N_2=1\,100$ 匝 $k=2$

【例 6-4】 变压器示意图如图 6-9 所示，有一扬声器的阻抗为 8Ω，而现在要求折合到原边的阻抗 $z'=3.2\text{k}\Omega$，且阻抗是匹配的，问该变压器的合理变比是多少？

【解】 根据式(6-15)，得：$k=\sqrt{\frac{z'}{z_L}}=\sqrt{\frac{3.2\times10^3}{8}}=20$

教 学 评 价

一、判 断 题

1. 理想变压器的原、副边电压与原、副边匝数成反比。(　　)

2. 理想变压器的原、副边电流与原、副边匝数成反比。(　　)

3. 理想变压器的原、副边阻抗与原、副边匝数成正比。(　　)

二、填 空 题

1. 变压器的基本结构包括________、________、________。

2. 理想变压器要满足的条件是____________、____________、____________。

3. 理想变压器具有变换________、________、________的作用。

4. 理想变压器的电压比$\frac{U_1}{U_2}$ = ________ = ________；电流比$\frac{I_1}{I_2}$ = ________ = ________；当接上负载 z_L 时，原边等效阻抗 z' = ________。

技能训练九　互感线圈的同名端和互感系数的测定

一、实训目的

1. 学会测定两互感线圈的同名端及互感系数。

2. 培养学生的操作能力、理论与实际相结合的能力。

3. 进一步加深对互感及同名端概念的理解。

二、实训原理

（一）同名端的判定方法

1. 直流通断法：根据同名端具有相同极性的道理来判断。

2. 交流判断法：其根据是互感线圈串联的原理，在工程上广泛应用。

由于两个互感线圈顺串和反串时阻抗不同，即 $z_S > z_F$，当端电压相同时，顺串和反串时的电流就不同，即 $I_S < I_F$。由此可以确定两个线圈的同名端。

此外，两个互感线圈顺串和反串时，由于互感电压的相位相反，因此顺串时每个线圈的电压要小于端电压；而反串时每个线圈的电压要大于端电压。由此也可以确定两个线圈的同名端。

（二）互感系数的测定：开路电压法

三、实训设备

干电池、互感线圈、直流电流表、单相调压器、交流电压表、交流电流表、晶体管毫伏表、导线若干等。

四、实训任务

（一）同名端的判定方法

1. 直流通断法

技图 9-1 所示实验电路，在开关 S 闭合瞬间，若检流计正向偏转，则 1 端和 3 端是两线圈的同名端；若检流计反向偏转，则 1 端和 4 端是同名端。注意：线圈Ⅱ所接的电流表，应选用量限为 500mA 的直流电流表。

若开关 S 原来是闭合的，在某一瞬时使其断开，根据检流计的偏转方向，同学们自己确定两个线圈的同名端，并将两次判断的结果填入技表 9-1 中。

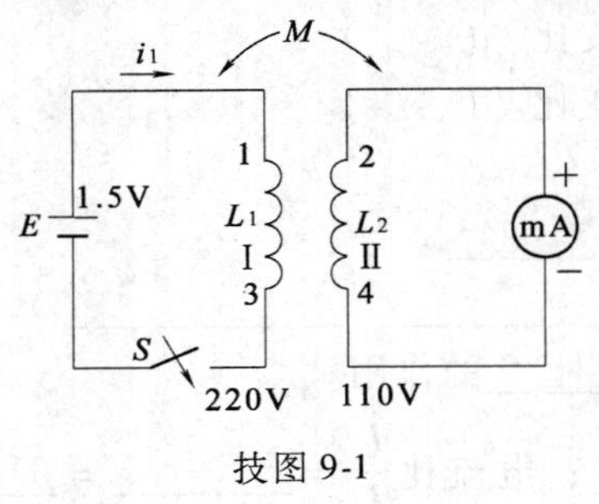

技图 9-1

技表 9-1

	S 闭合瞬间	S 断开瞬间
电流表偏转情况		
同名端		

2. 交流判断法

(1) 用电流表判断

按技图 9-2(a)接线，将两个互感线圈的 2 端和 3 端连接在一起，其余两端串入交流电流表后，接到单相调压器的输出端。调节调压器的输出手柄，使其输出电压达到 $U=50\text{V}$，观察电流表的示数，将其记录下来填入技表 9-2 中。

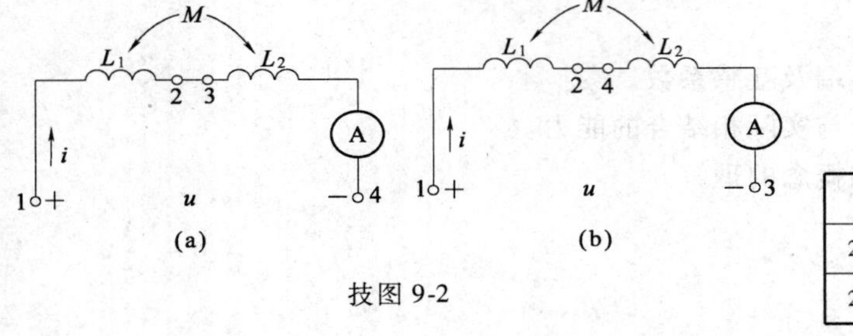

技图 9-2

技表 9-2

	I(mA)	连接形式	同名端
2、3 端相接			
2、4 端相接			

再按技图 9-2(b)接线，将两个互感线圈的 2 端和 4 端连接在一起，其余两端串入交流电流表后，接到单相调压器的输出端。调节调压器的输出手柄，使其输出电压也达到 $U=50\text{V}$，观察电流表的示数，将其记录下来填入技表 9-2 中。比较两种情况电流的大小，从而确定两个线圈同名端。

(2) 用电压表判断

按技图 9-3 接线，将两个互感线圈的任意两端连接在一起，其余两端接到单相调压器的输出端。调节调压器手柄，使其输出电压达到 $U=50\text{V}$，然后用交流电压表分别测量两个线圈的电压 U_1 和 U_2。若 U_1 和 U_2 均小于电源电压 U，则两个互感线圈是顺串；若 U_1 和 U_2 均大于电源电压 U，则两个互感线圈是反串，从而确定两个线圈的同名端。

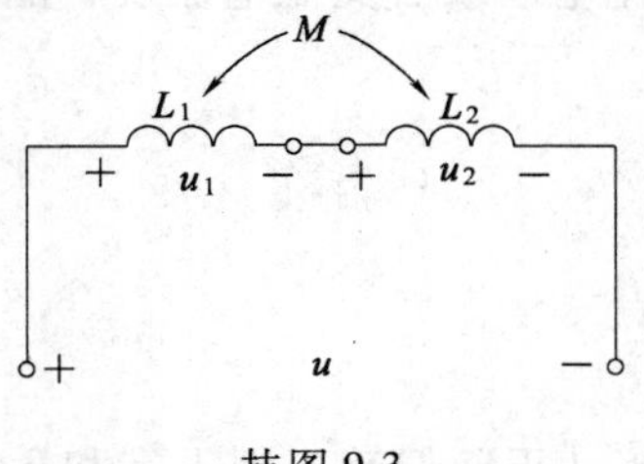

技图 9-3

技表 9-3

U(V)	U_1(V)	U_2(V)	连接形式	同名端

（二）互感系数的测定：开路电压法

按技图 9-4 接线，线圈Ⅰ两端经交流电流表接到调压器的输出端，线圈Ⅱ两端接晶体管电压表。调节调压器输出手柄，使其输出电压由零逐渐升高，观察电流表的示数，当电流 I_1 达到(30～40)mA 时，记录电流表、电压表的示数，并将结果填入到技表 9-4 中。此时，晶体管电压表测量的是线圈Ⅱ的开路电压 U_{20}，也就是由电流 i_1 产生的互感电压 U_{M2}。由于

$$U_{20}=\omega MI_1$$

$$M=\frac{U_{20}}{\omega I_1}$$

由上式即可计算出互感系数 M。并将计算结果填入技表 9-4 中。

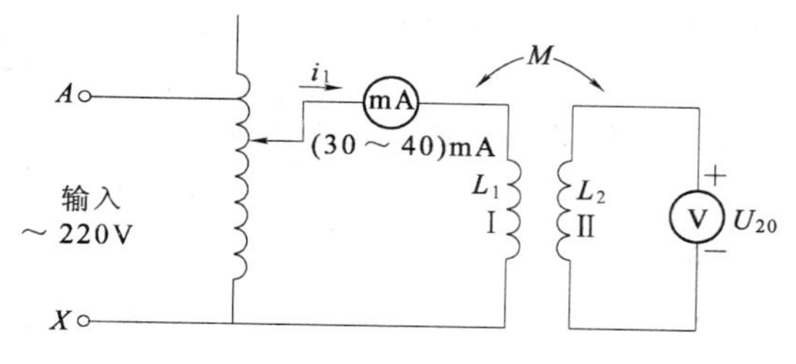

技图 9-4

技表 9-4

I_1(mA)	U_{20}(V)	M(H)

五、实训报告要求

1. 写出实训原理、实训设备。
2. 画出实训电路，写出实训步骤，并将实训结果用表格的形式表示出来。
3. 用实训数据证明，同名端的判定方法。
4. 写出实训心得体会。

六、实训注意事项

1. 不许带电接线、拆线，注意安全。
2. 每个实训完毕后，调压器手柄要回零，以备下次使用。
3. 实训完毕后，整理实训台，填好记录本，签字后方可离开。

本章小结

一、互　　感

1. 互感现象：由于一个线圈电流的变化，而使另一个线圈产生感应电压的现象，称为互感现象。由互感现象产生的感应电压叫互感电压。有互感现象的两个线圈称为磁耦合线圈。

2. 互感系数和耦合系数

互感系数 M　　　$M=\frac{\Psi_{21}}{i_1}=\frac{\Psi_{12}}{i_2}$　（单位:H）

它反映一个线圈的电流在另一个线圈产生互感磁链的能力；也反应线圈产生互感电压的

能力。当周围介质为非铁磁物质时，M 是常数。

耦合系数 k $$k=\frac{M}{\sqrt{L_1L_2}}\quad(0\leqslant k\leqslant 1)$$

它用来衡量两个线圈磁耦合的紧密程度。若 $k=0$，说明两个线圈无耦合；若 $k=1$，则两个线圈为全耦合。

3. 同名端

若彼此有互感的两线圈分别有电流流入，且两电流建立的磁场互相增强，则两线圈的电流流入端称为同名端（当然，两线圈的电流流出端也是同名端）。用符号“●”或“*”标注。

根据互感线圈的同名端和电流的参考方向可以确定互感电压的参考方向。

4. 互感电压

选择互感电压的参考方向与产生它的电流参考方向对同名端一致，则互感电压

$$u_{M2}=\frac{\Delta\Psi_{21}}{\Delta t}=M\frac{\Delta i_1}{\Delta t}$$

$$u_{M1}=\frac{\Delta\Psi_{12}}{\Delta t}=M\frac{\Delta i_2}{\Delta t}$$

正弦情况下，互感电压与产生它的电流二者有效值的关系为

$$\left.\begin{aligned}U_{M2}=\omega MI_1\\U_{M1}=\omega MI_2\end{aligned}\right\}$$

式中，互感电抗 $X_M=\omega M=2\pi fM$，单位是 Ω。

二、互感线圈的串联

1. 顺向串联时的等效电感为 $L_S=L_1+L_2+2M$
2. 反向串联时的等效电感为 $L_F=L_1+L_2-2M$
3. 互感系数 $$M=\frac{L_S-L_F}{4}$$

三、变 压 器

1. 基本结构：原边绕组、副边绕组、铁芯。
2. 功能：变换电压、电流、阻抗。
3. 变压比 $k=\dfrac{U_1}{U_2}=\dfrac{N_1}{N_2}$

第七章

常用半导体元件

电子技术的核心是半导体，半导体元件是电子技术的基础，本章主要介绍常用半导体元件：二极管、三极管、场效应管。内容涵盖其符号、分类、结构、特性及使用。

第一节　半导体二极管

【知识目标】

1. 了解半导体基本知识。
2. 了解二极管的结构、分类。
3. 掌握二极管的符号、特性、检测。
4. 了解常用的特种二极管及其特性。

【能力目标】

1. 通过符号识别二极管的正负极，知道二极管如何导通及截止。
2. 会使用万用表检测二极管的质量和判别电极。
3. 知道特种二极管的使用常识。

一、半导体的基本知识

（一）什么是半导体

物质按导电能力强弱可分为导体、绝缘体、半导体三大类。

1. 导体　容易导电的物质为导体，如铜、铝等金属。

2. 绝缘体　能够可靠地绝缘电流的物质为绝缘体，比如橡胶、陶瓷等。

3. 半导体　而导电能力介于导体与绝缘体之间的物质为半导体，常用的半导体材料有硅、锗。

（二）半导体的特性

半导体被广泛应用，并不是由于其导电能力介于导体和绝缘体之间，而是它具有独特的性质：

1. 光敏性　半导体受到外界光照激发，其导电能力会大大的增强，利用该特性可以制作光敏电阻、光敏二极管、光敏三极管，用于自动控制系统中。

2. 热敏性　半导体受到外界热辐射的激发，其导电能力会大大的增强，利用该特性可以制作热敏元件，用于自动控制系统中。

3. 掺杂性　在纯净的半导体中掺入微量杂质元素，半导体的导电能力就会大大增强，利用该特性可以制作晶体二极管、三极管、场效应管等多种半导体器件。

半导体之所以具有以上特性的根本原因在于半导体的特殊结构及其导电特性。在半导体中，原子结构比较特殊，原子是有规律地整齐有序的排列成晶体。研究发现，在半导体里，有两种载流子，带正电的叫空穴，带负电的叫自由电子，因此，半导体中参与导电的载流子有两种，即空穴和自由电子。

（三）P 型半导体和 N 型半导体

在纯净半导体中，虽然有自由电子和空穴两种载流子，但由于数目很少，其导电能力很弱，而且导电能力的强弱也不好控制，为了克服上述缺点，一般均采用掺杂半导体。

1. N 型半导体　以电子导电为主的掺杂半导体。电子为多数载流子(简称多子)，空穴为少数载流子(简称少子)。

2. P 型半导体　以空穴导电为主的掺杂半导体在这种半导体中，空穴为多子，电子为少子。

二、晶体二极管

（一）二极管的结构、符号和分类

使用半导体技术中的扩散工艺，将 P 型半导体和 N 型半导体结合在一起，在其交界面上便会形成一个特殊的薄层，称为 PN 结。在 PN 结两端接上电极引线，再加上塑料、金属或其他材料的管壳封装就可以制成半导体二极管。二极管结构、符号和外形见图 7-1 所示，其文字符号为 VD。图中正极也称为阳极，负极也称为阴极。在电路符号中二极管的箭头指向为正向导通的电流方向。

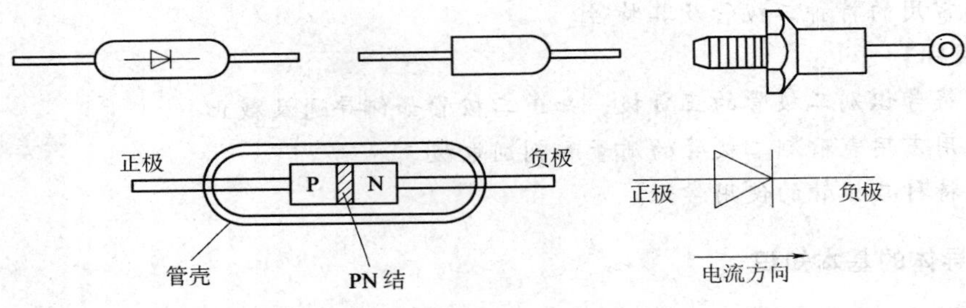

图 7-1　二极管结构、外形、符号

二极管根据内部结构不同，分点接触式和面接触式两种。根据材料不同分成锗二极管和硅二极管两种。二极管还可以从工作方式等方面分类，有整流二极管，稳压二极管，发光二极管，光电二极管，变容二极管等。

（二）二极管的特性

1. 单向导电性

二极管具有单向导电性，在电子电路中，将二极管的正极接在高电位端，负极接在低电位端，二极管就会导通，这种连接方式，称为正向偏置。在正向电压作用下，二极管内部电阻很小，所以会产生较大正向电流，二极管这时的工作状态称为正向导通状态。

反之，在电子电路中，二极管的正极接在低电位端，负极接在高电位端，此时二极管中几乎没有电流流过，二极管处于截止状态，这种连接方式，称为反向偏置。在反向电压作用下，二极管内部电阻很大，电路中几乎没有电流，这种工作状态称为反向截止状态。

综上所述，二极管具有正向偏压导通，反向偏压截止的单向导电特性。

2. 二极管的伏安特性

利用曲线描述二极管的单向导电特性如图 7-2 所示。

正向特性：当加在二极管两端的正向电压很小时，二极管仍然不能导通，流过二极管的正向电流十分微弱。只有当正向电压达到某一数值，该电压称为死区电压。二极管才能直正导通。硅管死区电压约为 0.5V，锗管约为 0.1V。导通后二极管两端的电压基本上保持不变，在室温下，硅二极管的管压降为 0.6V ~ 0.7V，锗二极管的管压降为 0.2 ~ 0.3V。

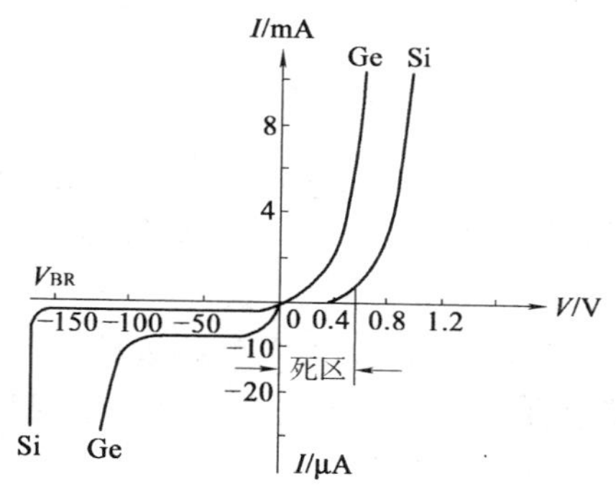

图 7-2　二极管伏安特性曲线

反向特性：二极管处于反向偏置时，仍然会有微弱的反向电流流过二极管，称为漏电流。当二极管两端的反向电压增大到某一数值，反向电流会急剧增大，二极管将失去单方向导电特性，这种状态称为二极管的击穿。这种现象一旦发生会造成二极管的损坏，所以在实际应用中须防止。

3. 二极管的主要参数

用来表示二极管的性能好坏和适用范围的技术指标，称为二极管的参数。不同类型的二极管有不同的特性参数。主要参数有：

（1）最大整流电流 I_F

二极管长期工作时允许通过的最大正向平均电流。使用中若工作电流超过该值二极管就会因过热而损坏。

（2）最高反向工作电压 U_{RM}

二极管在使用时允许加的最大反向电压。使用中二极管实际承受的最大反向电压不应超过此值，否则二极管就有被击穿的危险。为了留有余地，通常标定的最高反向工作电压是反向击穿电压的$\frac{1}{2}$或$\frac{1}{3}$。

（3）反向漏电流 I_R

在规定的反向电压和环境温度下测得的二极管反向电流值。这个电流值越小，二极管单向导电性能越好。

（三）二极管的检测

使用二极管时，首先要知道二极管的好坏和管脚的正、负极性，一般用一只普通万用表就可测试。测量时，将万用表拨到欧姆挡，一般用 $R\times100\Omega$ 或 $R\times1k\Omega$ 这两挡（$R\times1\Omega$ 挡电流较大、$R\times10k\Omega$ 挡电压较高，都容易使被测管损坏）。

如图 7-3（a）所示，将红、黑表笔分别接二极管的两端（应当指出：当万用表拨在欧姆挡时，表内电池的正极与黑表笔相连，负极与红表笔相连，不应与万用表面板上用来表示测量直流电压或电流的“+”、“-”符号混淆），若测得电阻很小，约在几百欧到几 kΩ 时，再将二极管两个电极对调位置，如图 7-3（b）所示，若测得电阻较大，大于几百 kΩ，则表明二极管的质量是好的。所测电阻小的那一次为正向电阻值，此时，与黑表笔相接触的是二极管的正极，与红表笔相接触的是负极。

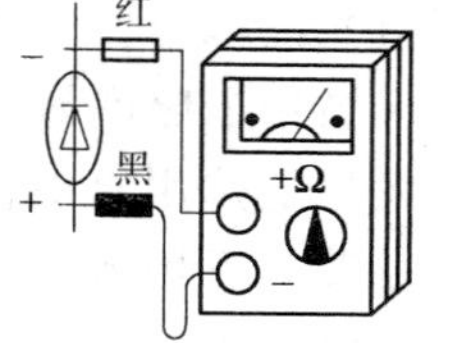

(a) 测出正向电阻小

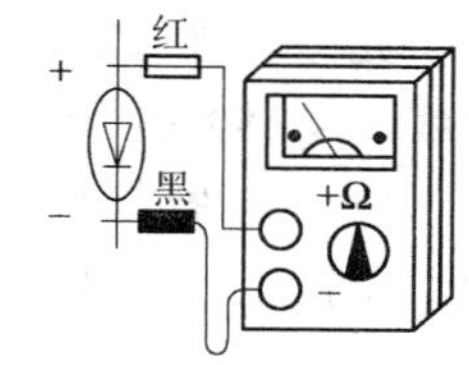

(b) 测出反向电阻大

图 7-3　二极管的测试

如果两次测得的阻值都很小，则表明管子内部已经短路，若两次测得的阻值都很大，则管子内部已经断路。

三、特种二极管

利用PN结的单向导电性，还可以制造其他一些特殊用途的二极管。例如：稳压管、光电管、发光管、肖特基二极管等。

（一）稳压管

稳压管也是由PN结构成的。与普通二极管不同之处在于它采用了特殊的制造工艺，使其适宜于在击穿区域工作而不致损坏。当反向电压达到击穿电压的数值时，很小的电压增大，就会引起很大的电流增加，如图7-4所示。这样，在一个很大的电流范围内，其电压几乎保持恒定，这就是所谓的稳压。

通过不同浓度的掺杂，可制造出具有2.7～200V不同稳压值的稳压管。通常，稳压值$U_Z<6V$的稳压管具有负的温度系数；而稳压值$U_Z>6V$的稳压管具有正的温度系数；当然6V左右的稳压管温度系数最小。为了减少温度系数，可将两只大于6V的稳压管反向串联起来进行温度补偿。由于使用时必然是一管正向工作(二极管正向时,正向压降具有负的温度系数)，另一管反向工作(大于6V稳压管具有正温度系数)。因此温度系数可以相互抵消，管子就具有更高的电压稳定性。

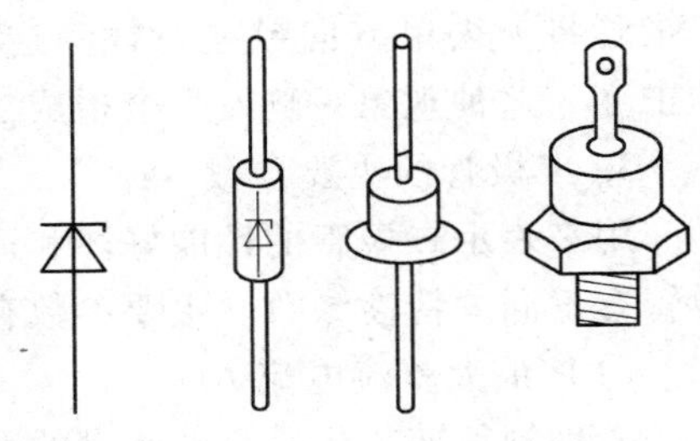

图7-4 稳压二极管的符号和外形

稳压管的主要参数：

1. 稳定电压U_Z

即反向击穿电压，每一个稳压管只有一个稳定电压，但由于同一型号的稳压管参数差别较大，所以U_Z不是一个固定值，一般有其稳压范围。

2. 稳定电流I_Z

指稳压管在稳定电压下的工作电流。

（二）光电二极管

光电二极管是能将光能转化成电能的半导体器件。光电二极管有一个能受到光照射的PN结，当光线进入PN结后，便将能量传递给电子，使电子获得能量挣脱原子轨道的束缚，成对地产生电子和空穴。它们对流过PN结的电流产生影响，这就是光电效应。

光电二极管工作在反偏状态下，流过它的电流随照度的增大而增大。其符号如图7-5所示。在没有光照时，流过二极管的电流是很微弱的暗电流。在有光照时其电流(亮电流或光电流)的增长与光照成正比。

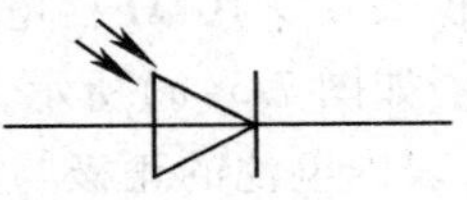

图7-5 光电二极管符号

光电二极管适用于制造光电耦合器、红外线遥控装置。因为它有线性的感光性能，所以也被用于照度计和曝光表中。

使用光电二极管时，应尽量选用暗电流小(指没有光照射时流过的电流)的产品，且极性不能接反。检测光电二极管时可用万用表$R\times1k$挡。在无光照时正、反向电阻差别应较大，有光照时，反向电阻急剧减小，据此可判断管子的好坏。

（三）发光二极管

发光二极管简称LED，可将电能转化成不同波长(颜色)的光。半导体发光二极管是一种把电能直接转换成光能的发光器件。它工作在正向偏置的条件下。导通时，PN 结会发射出一定波长的光。

发光二极管的电路符号见图 7-6。它的导通电压在 1.5～2.5V 之间。可以用作光源发生器和显示器件（例如光电耦合器、显示单元）或作为信号灯和刻度显示等。发光二极管除单个使用外，也常做成七段数码显示器。

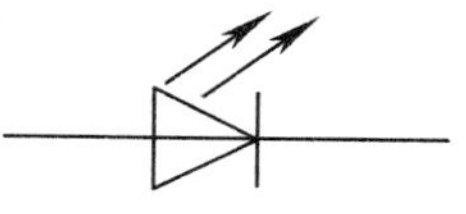

图 7-6　发光二极管符号

发光二极管的发光功率近似地与导通电流成正比。目前大多数产品可以由集成电路直接驱动。也可按用户需要制成各种不同的封装形式，使用起来十分方便。

发光二极管使用时要注意，工作温度一般为 -20～75℃，安装时不要与电路中发热元件靠近，工作时不允许超过规定的极限值，以防电流过大时管子烧毁。

教 学 评 价

一、填 空 题

1. 常见的特种二极管有________、________、________。

2. 半导体中能导电的两种载流子是________和________。

3. 二极管的特性是：________，即加正向电压时，二极管________；加反向电压时，二极管________。

4. P 型半导体的多数载流子是________，N 型半导体的多数载流子是________。

5. 发光二极管的功能是________________________________，光电二极管的功能是____________________________。

6. 硅二极管的死区电压是________V；锗二极管的死区电压是________V。硅二极管的导通电压为________V；锗二极管的导通电压为________V。

7. 稳压二极管必须工作在________才能达到稳压效果 。

8. 二极管两端电压大于________电压时，二极管才导通。

9. PN 结最重要的特性是________，它是一切半导体器件的基础。

10. 杂质半导体有________型和________型之分。

二、画出下列各种二极管的符号

二极管的符号：　　　　　　　　稳压二极管的符号：

发光二极管的符号：　　　　　　光电二极管的符号：

第二节　半导体三极管

【知识目标】

1. 了解三极管的结构、外形、分类。
2. 掌握三极管的符号。
3. 了解三极管的特性曲线。

4. 掌握三极管的检测方法。

【能力目标】

1. 能通过符号识别三极管的类型。
2. 会使用万用表检测三极管的管脚好坏。

半导体三极管是电流控制器件，它是半导体基本元器件之一，具有电流放大功能，是电子电路的核心元件。

一、三极管的结构、符号和分类

半导体三极管是由两个 PN 结构成的三端半导体元件，简称三极管文字符号为 VT。三极管的外形及管脚极性如图 7-7 所示。

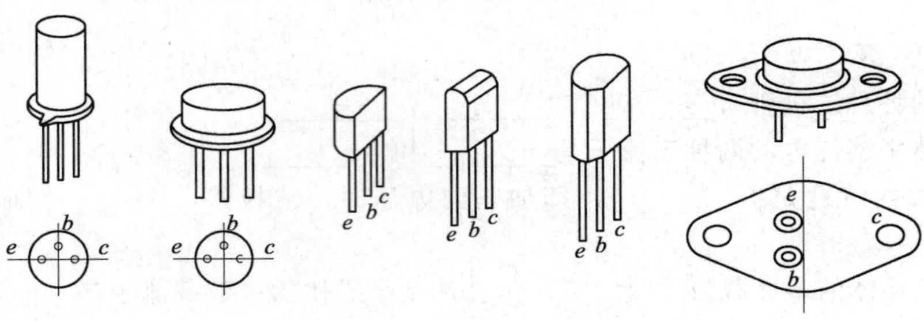

图 7-7　三极管的外形

常用三极管的封装形式有金属封装和塑料封装两大类，引脚的排列方式具有一定的规律，如图对于小功率金属封装三极管，按图示底视图位置放置，使三个引脚构成等腰三角形的顶点上，从左向右依次为 *e b c*；对于中小功率塑料三极管按图使其平面朝向自己，三个引脚朝下放置，则从左到右依次为 *e b c*。

三极管可分为 NPN 型和 PNP 型两种类型，结构和图形符号，如图 7-8 所示。图中所示最下层半导体是发射载流子的故称为发射区，其引脚称为发射极，用字母 $E(e)$表示。中间的一层是基区，作用是控制载流子的发射，其引脚称为基极，用字母 $B(b)$表示。最上层是集电区，作用是收集载流子，其引脚称为集电极，用字母 $C(c)$表示。靠近集电区的 PN 结称为集电结，靠近发射区的 PN 结称为发射结。发射极箭头方向代表管中电流的方向。在制作三极管时要求其内部具有以下特点：

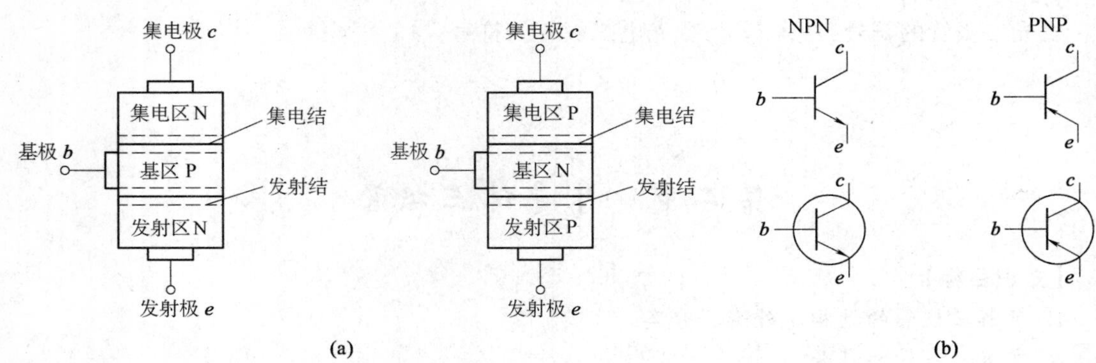

图 7-8　三极管的结构和符号

1. 发射区掺杂浓度要远远大于基区，以便有足够的载流子供发射。

2. 基区很薄，掺杂少，以减少复合机会，使载流子易通过。

3. 集电区的面积比发射区要大，利于收集载流子。

基于以上特点，可知三极管并不是两个 PN 结的简单组合，使用时不可以将发射极和集电极颠倒使用。

二、电流放大作用和电流分配关系

（一）电流放大作用

晶体三极管具有电流放大作用，其实质是三极管能以基极电流微小的变化量来控制集电极电流较大的变化量。这是三极管最基本和最重要的特性。要使三极管能够正常放大信号，必须使基极与发射极之间处于正向偏置，而集电极与基极之间处于反向偏置。对于 NPN 型三极管，c、b、e 三个电极必须符合：$U_C > U_B > U_E$。

显然，PNP 型三极管要使其导通，也必须使发射结正偏，集电结反偏。对于 PNP 型三极管，电源的极性与 NPN 型相反，应符合 $U_C < U_B < U_E$。那么，基极和集电极相对发射极的电压必须都是负的，即将两个电源都改变极性即可。在本书以后的电路分析中都使用 NPN 型三极管。

（二）三极管各极间的电流分配关系

在 NPN 型三极管 I_B 和 I_C 是流进，在 PNP 型三极管中 I_B 和 I_C 是流出。不管是 NPN 型或 PNP 型，都是：

$$I_E = I_B + I_C \tag{7-1}$$

有时考虑到 I_B 比 I_C 小得多，为了计算方便，也可以认为：

$$I_E \approx I_C \tag{7-2}$$

集电极电流 I_C 会因基极电流 I_B 的变化而变化。集电极电流变化量 ΔI_C 与基极电流变化量 ΔI_B 的比值称为三极管交流电流放大系数，以 β 表示。

$$\beta = \frac{\Delta I_C}{\Delta I_B} = \frac{I_C}{I_B} \tag{7-3}$$

三、半导体三极管的特性曲线及参数

（一）输入特性曲线

三极管的基极-发射极回路构成了输入回路（控制回路），测试电路如图 7-9 所示。基极电流对三极管的集电极电流起控制作用，同时基极电流由基极-发射极电压决定。表示的是三极管的集电极和发射极之间电压为常数时，I_B 与 U_{BE}间的关系三极管输入特性如图7-10（a）所示。显然它与二极管正向特性曲线类似。

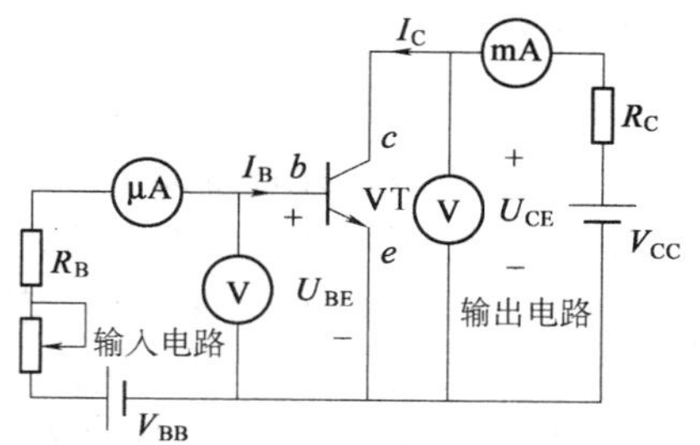

图 7-9　三极管电流电压关系测试

（二）输出特性曲线

三极管的集电极-发射极回路构成了输出回路（受控电路）。输出特性曲线，如图 7-10（b）所示，它表明了在一组基极电流作用下，集电极电流和集电极-发射极之间电压的关系，根据三极管集电结和发射结的偏置情况，可以在它的输出特性曲线上划分三个区域，它对应三极管的三种工作状态，如图 7-11 所示。

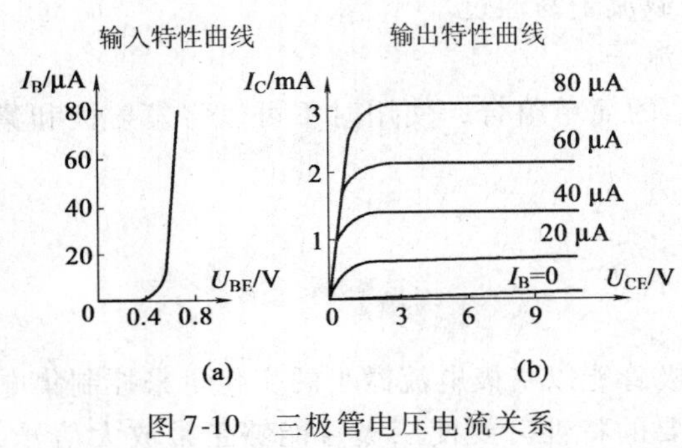

图 7-10　三极管电压电流关系

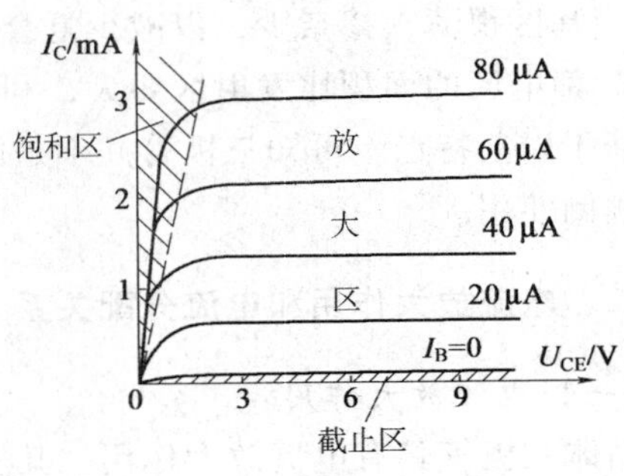

图 7-11　三极管的三个工作区域

1. 放大状态

工作在放大区的三极管是处于放大状态。此时需要三极管发射结正偏，集电结反偏。在这种情况下，I_C 受 I_B 的控制，其控制量为 β，即 $I_C=\beta I_B$。由于该段特性曲线与横轴 U_{CE} 平行。显然 I_C 不受 U_{CE} 的控制。

2. 截止状态

截止区在 $I_B=0$ 曲线以下区域，该区域 I_C 基本为零。此时，要求三极管发射结反偏或零偏，此时集电结也为反偏。在这种偏置下，由于没有集电极电流，从而使集电极和发射极之间相当于一个断开的开关。

3. 饱和状态

饱和区内 $I_C=\beta I_B$ 的关系不存在，I_B 的变化几乎不影响 I_C。此时，要求发射结正偏，集电结也正偏。在这种偏置下，I_C 增大到 I_B 无法控制并为某一常数的情况。由于集电极和发射极之间的完全导通，管压降很小，相当于一个闭合的开关。饱和时管压降称为饱和压降，用 U_{CES} 表示。一般情况下，锗管为 0.1V，硅管为 0.3V，都可以近似看成 0V。

根据三极管工作时各个电极的电位高低，就能判别三极管的工作状态，因此，电子维修人员在维修过程中，经常要拿万用表测量三极管各脚的电压，从而判别三极管的工作情况和工作状态。

（三）主要参数

对三极管的评价除了通过特性曲线外，还可以通过参数来给出。三极管参数可分成极限参数、静态参数和动态参数。

其中极限参数：由制造厂家规定给出的，不允许超过的最高参数。否则，将会引路元件参数的改变、缩短其使用寿命甚至完全损坏。

1. 集电极最大允许电流 I_{CM}

该数值是这样测定并给出的，当集电极电流 I_C 增大到 I_{CM} 附近时，三极管的 β 值会降低，将 β 下降到某规定值时的 I_C 定义为 I_{CM}。

2. 集电极反向击穿电压 U_{CEO}(BR)

基极开路时，集电结上允许施加的最大电压。超过此值，三极管会被击穿而损坏。

3. 电极最大允许耗散功率 P_{CM}

集电极电流流过集电结时使结温升高导致三极管发热，引起晶体管参数变化。在参数变化不超过允许值时，集电极所消耗的最大功耗定义为 P_{CM}。

静态参数：表明三极管的直流特性。静态参数有漏电流，饱和电压和电流放大系数等。

穿透电流 I_{CEO}：I_{CEO} 为基极开路时集-射极间的电流，称穿透电流。穿透电流实际就是人们不希望出现的漏电流。它是由本征激发产生的，所以对温度很敏感。选用时愈小愈好。

动态参数：描述三极管在交流量激励控制下或脉冲驱动时的特性。交流电流放大系数 β 表征三极管放大能力的参数。

四、三极管的识别和简单测试

（一）根据管脚排列识别

目前三极管种类较多，封装形式不一，管脚也有多种排列方式。多数金属封装的小功率管的管脚是等腰三角形排列。顶点是基极，左边为发射极，右边为集电极。此外，也有少量的三极管的管脚是一字形排列，中间是基极，集电极管脚较短，或用集电极与其他电极距离最远来区别。大功率三极管一般直接用金属外壳作集电极。

（二）硅管或锗管的判别

因为硅管发射结正向压降一般为 0.6～0.7V，而锗管只有 0.2～0.3V，所以只要测得基-射极的正向压降，即可区别硅管或锗管。

（三）管脚的判别

NPN：先假定一个管脚为基极，将万用表选挡开关放在 $R\times1\text{k}\Omega$ 挡或 $R\times100\Omega$ 挡，将黑表笔接在假定的基极上，红表笔分别接另外两个管脚，如图 7-12 所示。若两次测得电阻值大小不同，则假定的基极不正确，继续假定另一个为基极直到两次测得电阻值均小相同，则假定的基极正确；然后用黑表笔接基极以外的任意一个管脚，并用手将这个管脚与基极捏住，将人体电阻接入。但不要使黑表笔将两个极短路，红表笔接另一个管脚，观察万用表上指针摆动，再将黑表笔与红表笔对调，按上述方法重测一次。比较两次表针摆动幅度，摆动幅度较大的一次黑表笔所接管脚为集电极，红表笔所接为发射极。

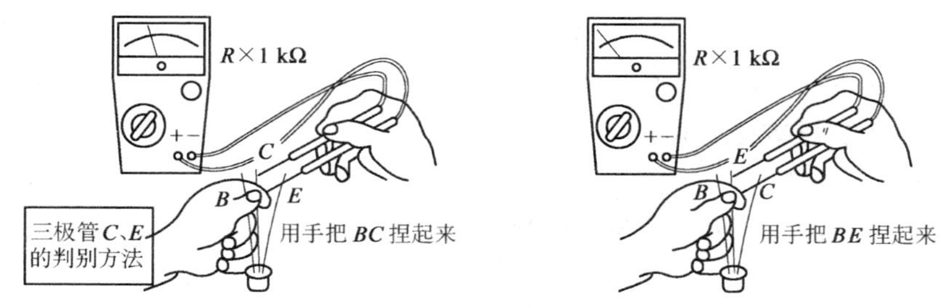

图 7-12　三极管的测量

PNP：红表笔所接为基极。上述方法中将红、黑表笔对换。

教 学 评 价

一、画出下列三极管的符号

NPN 型三极管：　　　　　　　　PNP 型三极管：

二、填 空 题

1. 三极管的三个极的名称是________极、________极和________极。

2. 三极管若要工作在放大状态，必须要发射结________，集电结________。

3. 三极管具有________的功能，其三个极的电流关系是________，它的三种工作状态是________，________，________。

4. 某处在放大状态中三极管的三个电极 A、B、C 的对地电位是 $U_A=6V$，$U_B=1.3V$，$U_C=1V$，则该管子是________型，A 是________极，B 是________极，C 是________极。

5. 测得某处在放大状态中三极管各极电压如下：①脚电压为0V，②脚电压为6V，③脚电压为0.7V，则①脚为________极，②脚为________极，③脚为________极，是________（锗、硅）管，是________型（PNP、NPN）。

6. 某三极管管脚①流进 2mA 电流，②流出 1.95mA 电流，③流出 0.05mA 电流，则①脚为________极，②脚为________极，③脚为________极，是________型（PNP、NPN）。

7. 如果在 NPN 型三极管放大电路中测得发射结为正向偏置，集电结也为正向偏置，则此管的工作状态为________。

8. 判断下图并填空。

+6 V　+0.7　0 V　　　　−6 V　+0.3　0 V

三极管处于________工作状态　　　　三极管处于________工作状态

第三节　MOS 型场效应晶体管

【知识目标】

1. 了解场效应管的结构、符号。
2. 了解场效应管的特性、参数。

【能力目标】

1. 熟识常见场效应管外形、符号、引脚。
2. 掌握场效应管的使用。

在晶体三极管中，基极注入电流的大小，直接影响集电极电流的大小，是一种利用输入电流控制输出电流的半导体器件，称为电流控制型器件。还有一种半导体器件是利用输入电压产生的电场效应来控制输出电流的，称为电压控制型器件。场效应管就是电压控制型器件，场效应管又称单极型晶体三极管。它有结型场效应管和绝缘栅场效应管（简称 MOS 管）两种，后者使用较多。场效应管基本原理是利用栅极电压控制漏极电流，实质上就是控制导电沟道电阻的大小。与三极管相比场效晶体管中电流只经过一个相同导电类型的半导体区域，所以场效管也称为单极型晶体管。而三极管的负载电流须流经 PN 结，所以三极管也称为双极型晶体管。三极管（双极型晶体管）是通过对基极的载流子注入来控制半导体的电阻，在此期间，半导体导电段并未发生变化。而场效管（单极型晶体管）中，传导电流的半导体电阻是通过外加电压来控制的，这个电压能影响半导体区域（沟道）的截面。

一、结型场效应管

（一）结构和符号

结型场效应管的文字符号为 V，图 7-13 是结型场效应管的结构示意图和图形符号。结型场效应管有三个电极：栅极 G、源极 S 和漏极 D。D、S 之间的 N 型区（或 P 型区）称为导电沟道。

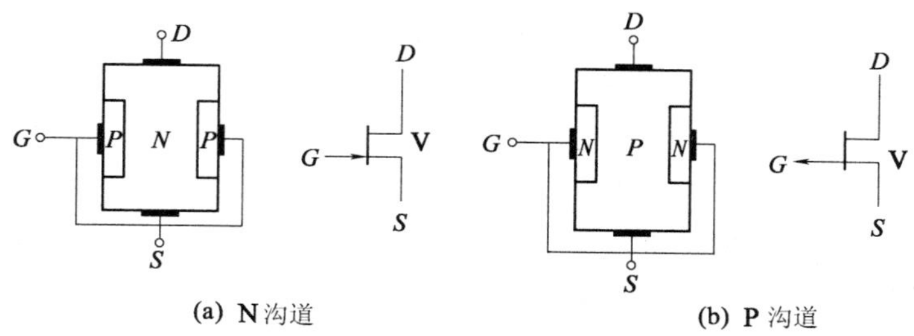

图 7-13　结型场效应管的结构和符号

（二）N 沟道结型场效应管的特性曲线

转移特性曲线是用来说明在一定的漏源电压 U_{DS}时，栅极电压 U_{GS}和漏极电流 I_D 之间变化关系的曲线，如图 7-14（a）所示

当 $U_{GS}=0$ 时，漏极电流为 I_{DSS}，称为饱和电流。

当 $U_{GS}=U_P$ 时，$I_D=0$，此时的栅源电压 U_{GS}称为夹断电压，用 U_P 表示。

输出特性曲线是用来说明当 U_{GS}一定时，I_D 和 U_{DS}之间变化关系的曲线，如图 7-14（b）所示输出特性曲线可分为三部分：可变电阻区、饱和区（放大区或恒流区）和击穿区。分别为图中的Ⅰ区、Ⅱ区和Ⅲ区。

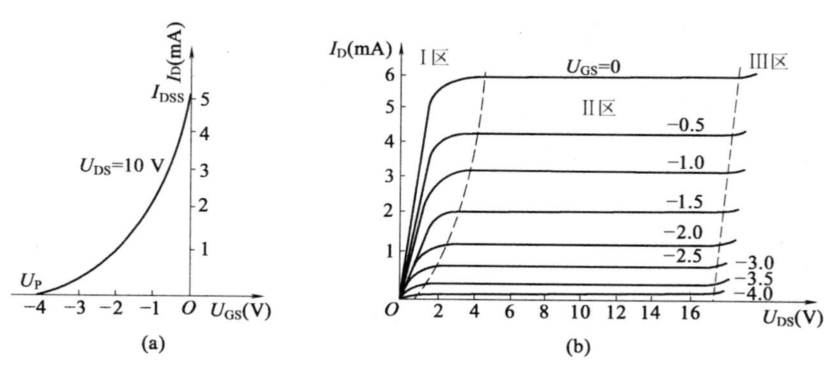

图 7-14　N 沟道结型场效应管的特性曲线

二、绝缘栅场效管

（一）结构特点

MOS 场效晶体管是金属-氧化物-半导体绝缘栅场效晶体管的简称。它也是一种三端半导体元件，三个管脚分别称为源极，漏极和栅极，如图 7-15 所示。场效晶体管分 N 沟道和 P 沟道。其沟道的两个引出电极分别称为源极（S）和漏极（D），控制端称栅极（G）。

由图 7-15 可见，场效管是通过加在栅、源极之间的电压（电场）作用（效应）控制沟道截面，从而控制电流大小的。尽管栅、源极之间加有电压，但栅极至沟道之间有绝缘层的隔离并不出现控制电流，即输入电阻很高。

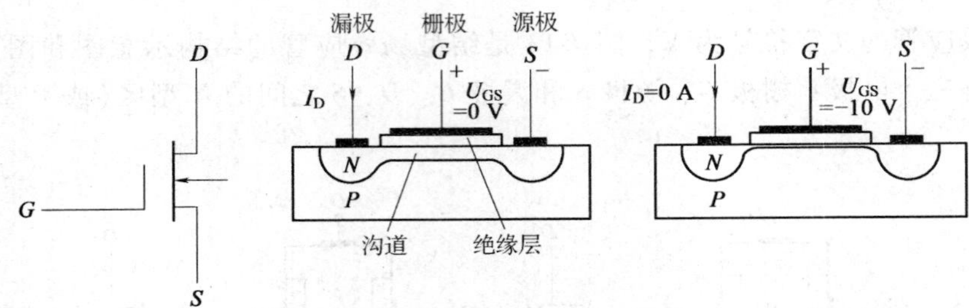

图 7-15　场效应管的结构符号

目前应用最广泛的绝缘栅场效应管是金属-氧化物-半导体场效应管，简称 MOS 管，它也有 N 沟道和 P 沟道两类，其中每一类又可以分为增强型和耗尽型两种。表 7-1 为 MOS 管的符号，箭头向内为表示为 N 沟道，反之为 P 沟道；断续线为增强型，连续线为耗尽型。

表 7-1　MOS 场效管的图形符号

N 沟道		P 沟道	
增强型	耗尽型	增强型	耗尽型
D G S	D G S	D G S	D G S

（二）电压电流关系

“耗尽型”场效晶体管在制作时已在源、漏极之间预先制成了一条原始沟道。图 7-16 是对 N 沟道耗尽型场效应管进行测试的线路。图中 U_{DS} 为源漏极之间所加电压，U_{GS} 为栅源极之间所加电压，I_D 为漏极电流。测试结果如下：

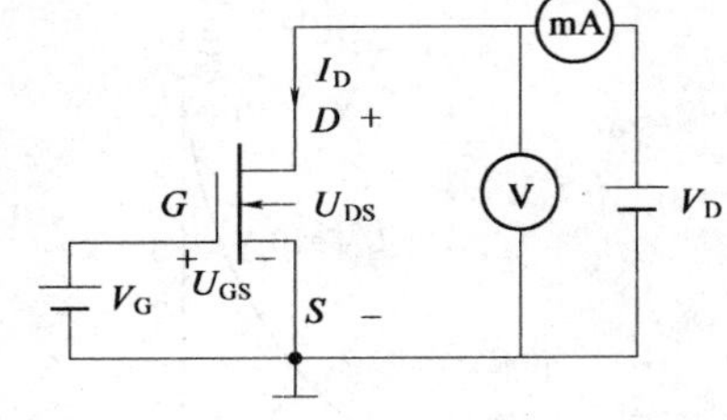

图 7-16　N 沟道耗尽型场效晶体管电压电流关系测试

1. $U_{DS}>0$ 时，即使 $U_{GS}=0$，$I_D\neq0$ 且 I_D 的大小随 U_{GS} 变化而变化。

2. 在 U_{DS} 取较大值时，保持 U_{GS} 为常数，即使 U_{DS} 变化，I_D 也保持不变，表现出恒流特性。U_{GS} 取不同值时，重复上述过程，可得一组以 U_{GS} 为参量的 $I_D=f(U_{DS})$ 曲线。它们与三极管输出特性曲线有些类似。

3. $U_{GS}=0$ 时，$I_D\neq0$。$U_{GS}>0$ 其值越大，I_D 越大；$U_{GS}<0$ 时，负值越增加，I_D 越小。可见，U_{GS} 可以控制 I_D 的大小。

4. U_{GS} 足够负时，$I_D=0$，此时的 U_{GS} 值称为夹断电压，以 U_P 表示。也就是说，当 $U_{GS}\leqslant U_P$ 时，$I_D=0$。

综上所述，可得结论如下：

场效管的漏极电流 I_D 受 U_{DS} 和 U_{GS} 两者的影响，即 $I_D=f(U_{DS},U_{GS})$，U_{GS}，U_{DS} 能直接控

制 I_D 的大小。因此，它是一种电压控制器件。只有在 $U_{GS} \leqslant U_P$ 时，$I_D=0$，U_{GS}失去控制作用。

当 U_{DS}较大时，U_{GS}保持恒定，表现出明显的恒流特性。上述在两个 N 区间预先已形成导电沟道的场效管称为耗尽型场效管。增强型场效晶体管则是在两个 N 区之间未预先形成导电沟道，基本工作原理是：$U_{GS}=0$ 时，漏源之间没有导电沟道，$I_D=0$，当 $U_{GS}>0$ 时，漏源之间才有导电沟道，加上一定的漏源电压，便形成 I_D。

那么当 $U_{GS}=0$ 时，$I_D=0$，管子不能导通。只有在栅极上施加足够大的正向电压使电场增到足够强时，才能形成导电沟道，使管子导通。

（三）场效晶体管主要参数

1. 动态跨导 g_m

动态跨导是表征场效晶体管放大能力的参数，用 g_m 表示。当 U_{DS}固定时，I_D 的变化量 ΔI_D 与引起此变化的 U_{GS}的变化量 ΔU_{GS}的比值，称为跨导：

$$g_m = \Delta I_D / \Delta U_{GS} \mid U_{DS} = \text{常数}$$

2. 夹断电压 U_P

使管子截止所需要的 U_{GS}的最小值，当 $U_{GS} \leqslant U_P$ 时，管子截止，$I_D=0$。

3. 直流输入电阻 R_{GS}

指源极和栅极之间的等效电阻，其阻值一般很大，约为 $10^7 \sim 10^{14}\,\Omega$。

（四）N 沟道增强型 MOS 管的特性曲线

1. 转移特性曲线

如图 7-17(a)所示。

2. 输出特性曲线

如图 7-17(b)所示。

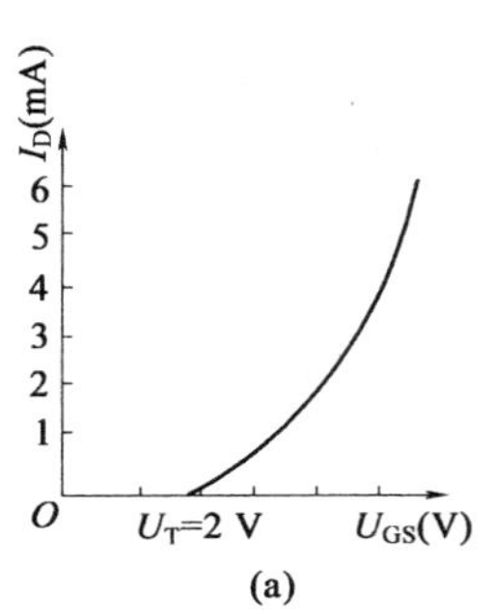

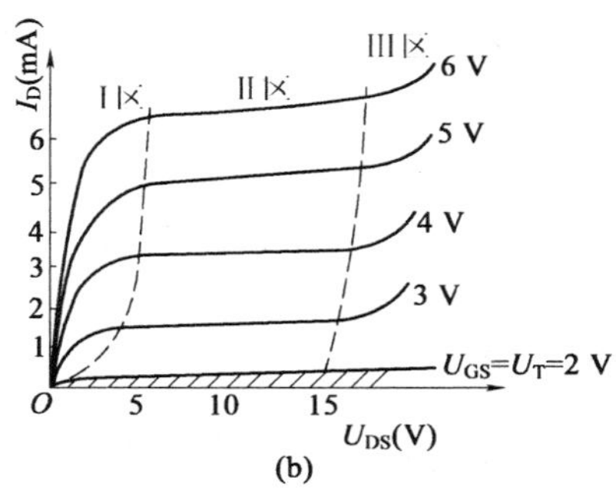

图 7-17　N 沟道增强型 MOS 管的特性曲线

（五）MOS 管的使用及注意事项

场效应管在使用时要注意电压极性，以及电压和电流数值不能超过最大允许值。

MOS 管输入电阻阻抗极高，故不能在开路状态下保存。MOS 器件出厂时通常装在黑色的导电泡沫塑料袋中，切勿自行随便用普通塑料袋装。也可用细铜线把各个引脚连接在一起，或用锡纸包装，即使不使用，也应将三个电极短路，以防感应电势将栅极击穿。取出的 MOS 器件不能在塑料板上滑动，应用金属盘来盛放待用器件。

为了防止栅极击穿，要求一切测试仪器、电烙铁都必须有外接地线。焊接时，用小功率烙铁迅速焊接、或切断电源后利用余热焊接，MOS 器件各引脚的焊接顺序是漏极、源极、栅极。拆机时顺序相反。MOS 场效应晶体管的栅极在允许条件下，最好接入保护二极管。在检修电路时应注意查证原有的保护二极管是否损坏。

场效应管的漏极和源极通常制成对称的，故可互换使用。但有些产品源极与衬底已连在一起，此时漏极和源极不能互换使用。

教学评价

一、填空题

1. 场效应管是一种________控制器件，它是利用输入电压产生的________来控制输出电流。

2. 场效应管按结构的不同可分为________型和________型两大类，各类又有________沟道和________沟道的区别。

3. 场效应管的三个电极分别为________、________、________。

4. 存放________场效应管时，应将三个电极________，以防止________。

5. 焊接场效应管时应先焊________，最后焊________。

二、画出以下场效应管的符号

P 沟道结型场效应管：

N 沟道增强型绝缘栅场效应管：

P 沟道耗尽型绝缘栅场效应管：

技能训练十　二、三极管的简单测试

一、实训目的

巩固所学二、三极管的知识，学会测量方法。

二、实训仪器

万用表、实验板

三、实训内容与步骤

1. 测试二极管的好坏：选用万用表的欧姆挡，选择用 $R\times100\Omega$ 或 $R\times1\text{k}\Omega$ 这两挡中任意挡，二极管是好的表现为________；二极管是坏的表现为________。如果两次测得的阻值都很小，则表明管子内部已经短路，若两次测得的阻值都很大，则管子内部已经断路。

2. 测试二极管的极性：选用万用表的欧姆挡，选择用 $R\times100\Omega$ 或 $R\times1\text{k}\Omega$ 这两挡中任意挡，将红、黑表笔分别接二极管的两端(应当指出：当万用表拨在欧姆挡时，表内电池的正极与黑表笔相连，负极与红表笔相连，不应与万用表面板上用来表示测量直流电压或电流的“+”、“-”符号混淆)，若测得电阻很小，约在几百 Ω 到几 kΩ 时，再将二极管两个电极对调位置，若测得电阻较大，大于几百 kΩ，则表明二极管是正常的。所测电阻小的那一次为正向电阻值，此时，与黑表笔相接触的是二极管的正极，与红表笔相接触的是负极。

3. 测试三极管的极性 NPN：先假定一个管脚为基极，将黑表笔接在假定的基极上，红表笔分别接另外两个管脚，若两次测得电阻值大小不同，则假定的基极不正确，继续假定另一个为基极直到两次测得电阻值均相同，则假定的基极正确；然后用黑表笔接基极以外的任意一个管脚，并用手将这个管脚与基极捏住，将人体电阻接入。但不要使黑表笔将两个极短路，红表笔接另一个管脚，观察万用表上指针摆动，再将黑表笔与红表笔对调，按上述方法重测一次。比较两次表针摆动幅度，摆动幅度较大的一次黑表笔所接管脚为集电极，红表笔所接为发射极。

PNP：红表笔所接为基极。上述方法中将红、黑表笔对换。

四、实训小结

1. 如何测二极管好坏和极性？

2. 如何测三极管的极性？

1. 半导体中有电子和空穴两种载流子。P 型半导体中空穴是多数载流子，电子是少数载流子；N 型半导体中电子是多数载流子，空穴是少数载流子。

2. P 型半导体和 N 型半导体结合在一起时，交界处将形成 PN 结，PN 结是构成各种半导体器件的基础，它的主要特性是单向导电性。

3. 二极管由一个 PN 结构成，二极管的特性就是 PN 结的特性。二极管零偏时无电流，加正向电压时有正向电流。如果正向电压很小，正向电流也极小，称为死区。正向电压大于死区电压时，正向电流剧增，呈导通状态，加反向电压时，反向电流很小，呈截止状态。若反向电压过高，PN 结则反向击穿，反向电流剧增，若不加限制，则烧毁 PN 结。

二极管有两个主要参数：最大整流电流和最高反向工作电压。这两项参数必须同时满足电路要求才能正常工作。

三极管是一种电流控制型器件，它由两个 PN 结构成，最主要的功能是电流放大。I_B 的变化控制 I_C 按 β 倍比例变化，体现了电流放大作用。NPN 型和 PNP 型两者工作原理、特性曲线及功能都一样，但二者电流方向相反，各极所加电压极性相反。

4. 三极管有放大、截止和饱和三种状态。

（1）实现电流放大，三极管各极电压必须满足：NPN 型的 $U_C > U_B > U_E$；PNP 型的 $U_E > U_B > U_C$。放大能力由 β 来衡量，$I_C = \beta I_B$。

（2）当集电结反偏、发射结反偏或零偏时为截止状态，此时 I_B、I_C 均很小，近似为零，如同各电极间开路。

（3）当集电结正偏、发射结正偏时为饱和状态，此时 I_B 对 I_C 失去控制作用，而且 $I_C = \beta I_B$ 不再成立，无放大作用。

5. 场效应晶体管有电压放大作用，是电压控制元件。它工作时基本上不向前级信号源取用电流，直接由输入电压来控制输出电压。

第八章

放大电路

本章主要介绍单管共射放大电路的组成、工作原理和分析方法；射极输出器的电路结构、性能、特点及应用；多级放大电路的组成：负反馈的概念、负反馈类型及其对放大器性能的影响；通过实训使学生理解静态工作点对波形失真的影响和负反馈对放大器性能的影响，并能正确使用常用电子仪器进行测试。

第一节　单级交流小信号放大器

【知识目标】

1. 掌握共射放大电路的组成和工作原理。
2. 理解静态工作点的概念及对放大电路的影响。
3. 了解电压放大倍数、输入电阻、输出电阻的概念。

【能力目标】

1. 能够认识图中各元件及其作用。
2. 能够通过电路图进行定性分析。

一、电路组成

共射放大电路是晶体管放大电路的典型结构，图 8-1 是三极管组成的最简单的单管电压放大电路。

电路中输入信号 u_i 通过电容 C_1、三极管的基极和发射极组成输入回路，而负载电阻 R_L 则从电容 C_2、三极管的集电极和发射极组成的输出回路取得信号，发射极是输入回路与输出回路的公共端，故此电路称为共发射极放大电路，简称共射电路。

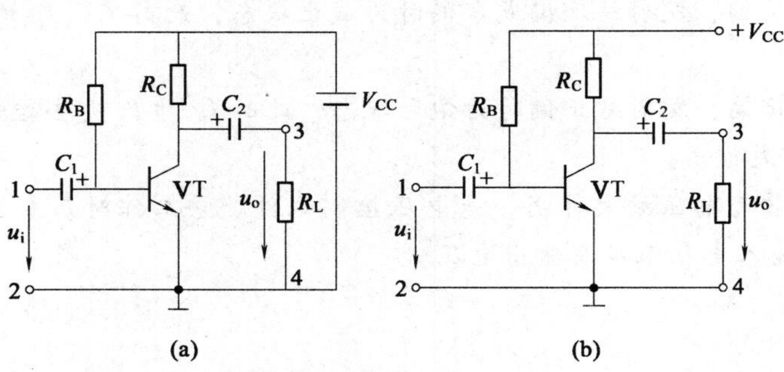

图 8-1　共射极放大电路的结构

共射电路的各元器件的作用如下：

VT 为 NPN 型三极管，起电流放大作用，是放大电路的核心元件。

V_{CC}是直流电源，它为放大电路提供能源。电源负极接在三极管的发射极上，正极分为两路，一路通过电阻 R_C 加到集电极，另一路通过电阻 R_B 加到基极，为三极管提供工作在放大状态所需要的电压。电源电压一般为几 V 到十几 V。

R_B 是基极偏置电阻，电源 V_{CC}通过 R_B 为三极管提供发射结正偏电压。这是三极管工作在放大状态的必要工作条件之一。R_B 的阻值一般为几十 kΩ 到几百 kΩ。

R_C 为集电极负载电阻，电源 V_{CC}通过 R_C 为三极管提供集电结反向偏置电压。这是三极管工作在放大状态的另一必要条件。R_C 的另一个作用是将三极管的电流放大作用转换为电压放大。R_C 一般为几 kΩ 到几十 kΩ。

C_1、C_2 称为耦合电容，或称隔直耦合电容，其作用是隔直通交。C_1 与 C_2 的电容量较大，通常为几十 μF，故选用电解电容器。电解电容器的极性必须正确连接，使用时不能接反。u_i 为输入电压信号，u_o 为输出电压信号，R_L 为负载电阻，接在放大电路的输出端。

二、放大电路的工作原理

对放大电路的分析可分为静态和动态两种情况。静态是指放大电路没有输入信号(即 $u_i=0$)而只有直流信号时的工作状态；动态则是指有交流输入信号时的工作状态。静态分析是要确定放大电路的静态值(直流值)I_{BQ}、I_{CQ}、U_{BEQ}和 U_{CEQ}，这些值称为静态值。放大电路的质量与静态工作点关系甚大，所以必须合理设置静态工作点。动态分析是要确定放大电路的电压放大倍数 A_u、输入电阻 R_i 和输出电阻 R_o。

（一）静态工作点的估算

静态值既然是直流值，就可以用放大电路的直流通路来分析计算。如图 8-2 所示。由于电容 C_1、C_2 有隔直作用，直流电流不会从 C_1 和 C_2 所在的支路通过。三极管处于放大状态时，其发射结必须正向偏置，这时，基-射电压的静态值 U_{BEQ}约为硅管 0.7V，锗管 0.3V。

$$I_{BQ}=\frac{V_{CC}-U_{BEQ}}{R_B} \tag{8-1}$$

$$I_{CQ}=\beta I_{BQ} \tag{8-2}$$

$$U_{CEQ}=V_{CC}-I_{CQ}R_C \tag{8-3}$$

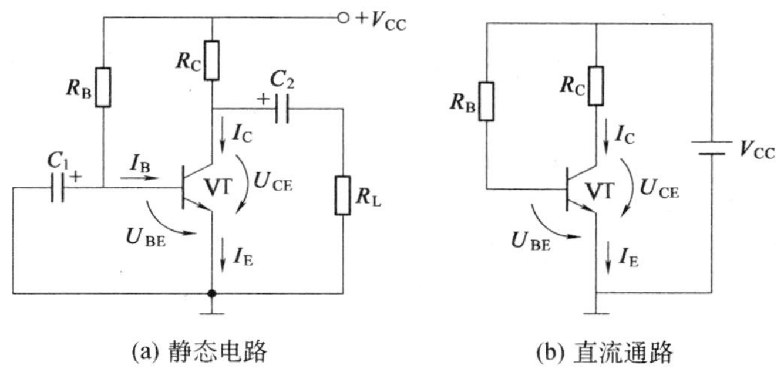

(a) 静态电路　　(b) 直流通路

图 8-2　放大电路的直流通路

由以上估算可知，三极管放大电路的静态工作点是由电路参数和电源电压决定的。当

V_{CC}和 R_C 选定后，静态工作点便由 I_B 所决定。可见，基极电流对于确定静态工作点起着关键作用。当改变基极偏置电阻 R_b 时，I_B 随之变化。因此，通常以调节基极偏置电流的方法使放大电路获得一个静态工作点。

【例 8-1】 在图 8-1 所示电路中，已知 $V_{CC}=12V$，$R_C=5.1k\Omega$，$R_B=470k\Omega$，硅三极管 $\beta=50$，试用估算法求电路的静态工作点。

【解】 硅管 $U_{BEQ}=0.7V$

$$I_{BQ}=(V_{CC}-U_{BEQ})/R_B=(12-0.7)/470=0.26(mA)=26(\mu A)$$

$$I_{CQ}=\beta I_{BQ}=50\times0.026=1.3(mA)$$

$$U_{CEQ}=V_{CC}-I_{CQ}R_C=12-1.3\times5.1=5.4(V)$$

（二）放大原理

放大电路的功能是将微小的输入信号放大为较大的输出信号。

放大电路在有输入信号时的工作状态为动态，如图 8-3 所示。设输入信号 $u_i\neq0$，放大电路在直流电源和输入的交流信号共同作用下，电路中的电流和电压既有直流成分，又有交流成分，总的电流与电压是随交流信号变化的脉动直流。

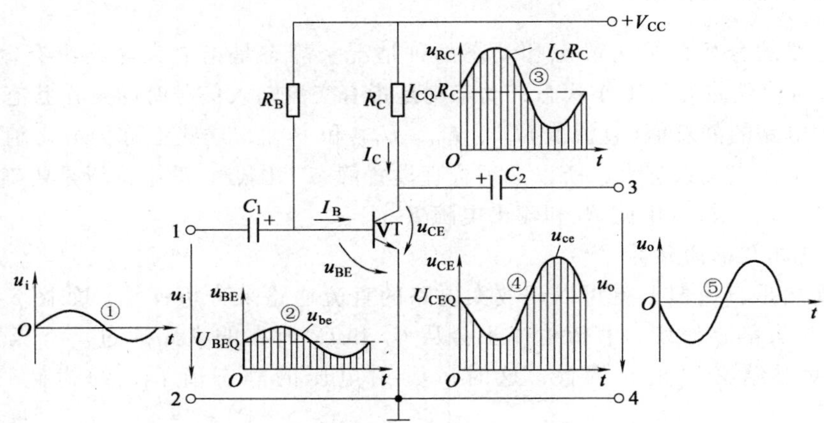

图 8-3　电压放大原理图

通常，输入的信号电压 u_i 的值很小，其幅值一般只有几 mV 或几百 mV。若输入信号 ui 是正弦交流电压，波形如图①，通过电容 C_1 加到基极上，则基-射总电压 U_{BE} 为其直流电压 U_{BEQ} 与交流信号电压 u_i 的代数和，波形如图②。

由输入特性曲线可知，如工作在线性区，基极电流 i_B 随其基-射电压 u_{BE} 成比例变化，波形与 u_{BE} 相似。经三极管电流放大后，集电极电流 i_C 为 i_B 的 β 倍，波形与 i_B 相似。因此，集电极电流 i_C 在电阻 R_C 上产生的压降 u_{RC} 波形也与 u_{BE} 相似，但幅值增大了许多，如波形图③。u_{RC} 是由集电极的直流电流 I_{CQ} 和交流信号电流 i_C 一起加在电阻 R_C 上产生的压降。

从集电极电路可知，集-射电压 U_{CE} 与电阻 R_C 两端电压 U_{RC} 之和，总是等于集电极电源电压 U_{CC}。因此，当 i_C 增大而使 u_{RC} 增大时，u_{CE} 电压则减小，反之，i_C 减小时，u_{CE} 则增大。所以集-射电压 u_{CE} 的波形如图④所示。比较波形图③和④可见，集-射电压 u_{CE} 的交流分量 u_{ce} 与 R_C 两端电压 u_{RC} 的交流分量 i_CR_C 大小相等，相位相反。

由于 C_2 的阻直作用，经 C_2 输出给负载的只能是 u_{CE} 中的交流分量 u_{ce}。所以输出端的输出电压 $u_o=u_{ce}$，波形如图⑤。

由于三极管的电流放大作用，i_c 远大于 i_b。因此，只要适当选择 R_C，可得 $u_o>u_i$ 交流信号得到了放大。

从图 8-3 可以看出，电路中的各电压、电流量均是单向脉动直流量，也就是一个交流量和一个静态直流量的迭加，随着输入信号的变化，各量均在静态值上下变化，总是大于 0，可见，交流信号电压的输入，只改变了放大电路电流的大小，不会改变电流方向。

综上所述，共射极放大电路具有如下特点：①它具有电压放大作用，交流量是迭加到直流量上进行放大的。②输出信号电压与输入信号电压的相位相反。

（三）静态工作点与非线性失真

静态工作点设置情况对信号输出波形影响较大，设置不当就容易引起失真。所谓失真，就是指放大器的输出波形和输入波形比较发生了畸变。

1. 截止失真

静态工作点设置太低时，在交流信号的负半周，三极管因发射极反偏而进入截止状态没有放大作用，使输出波形出现失真，如图 8-4(a)所示，这种因工作点过低使三极管进入截止区而产生的失真称为截止失真。截止失真的特征是输出电压波形的正半周被削去一部分，提高静态工作点的位置（如减小 R_B）可减小或消除这种失真。

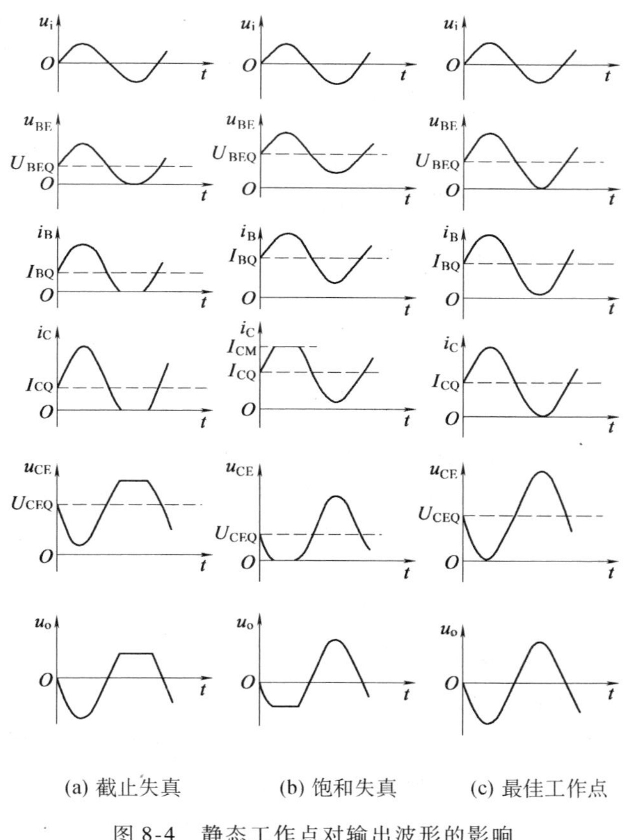

(a) 截止失真　　(b) 饱和失真　　(c) 最佳工作点

图 8-4　静态工作点对输出波形的影响

2. 饱和失真

静态工作点设置太高时，在交流信号的正半周，随输入信号的增大，集电极电流 i_C 因最大值 I_{CM} 的限制而不能相应的增大，i_B 失去对 i_C 的控制，三极管进入饱和区，使输出波形产生失真，如图 8-4(b)所示，这种因工作点过高使三极管进入饱和区而产生的失真称为饱和失真。饱和失真的特征是输出电压波形的负半周被削去一部分，降低静态工作点的位置(如增大 R_B)可减小或消除这种失真。

3. 最佳工作点

选择适当的静态工作点保证输出信号不失真的输出，这个工作点就是放大电路的最佳工作点，如图 8-4(c)所示。

(四) 放大电路的性能指标

不同的放大电路，其放大的性能有好有坏。放大电路性能好坏，是有许多性能指标来衡量。这些指标主要是：电压放大倍数 A_u、输入电阻 r_i、输出电阻 r_o 等。图 8-5 为共射放大电路的交流通路。

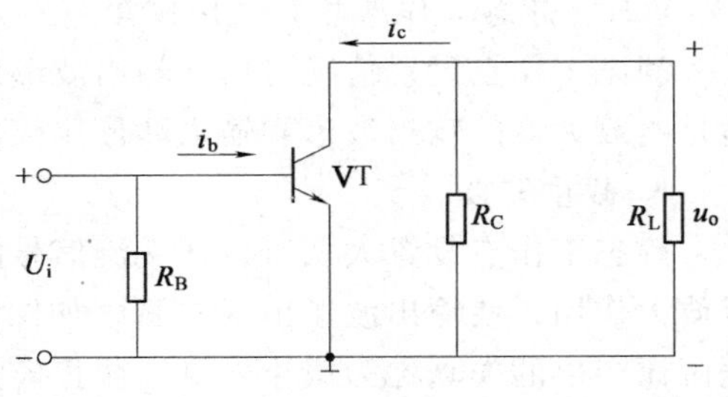

图 8-5 共射放大电路的交流通路

1. 电压放大倍数 A_u

电压放大倍数表示放大电路对信号电压的放大能力，其大小定义为输出信号电压的幅度 u_o 与输入信号电压的幅度 u_i 的比值，用 A_u 表示：

$$A_u = \frac{u_o}{u_i} = \frac{i_c \cdot R'_L}{i_b \cdot r_{be}} = -\beta \frac{R'_L}{r_{be}} \tag{8-4}$$

式(8-4)中

$$R'_L = R_L // R_C = \frac{R_L R_C}{R_L + R_C} (\text{“//”号表示并联}) \tag{8-5}$$

R'_L 是 R_C 与 R_L 的并联等效电阻，称为交流负载等效电阻。r_{be} 为三极管基射极间等效电阻。

又因 $I_C = \beta I_b$，将以上各式代入式(9-4)中得：

$$A_u = -\beta \frac{R'_L}{r_{be}} \tag{8-6}$$

式中负号表示输出信号电压与输入信号电压相位相反。

放大电路空载时(即不带负载,负载电阻 $R_L \to \infty$)，交流负载 R'_L 就是集电极电阻 R_C，因此空载电压放大倍数为：

$$A_0 = -\beta \frac{R_C}{r_{be}} \tag{8-7}$$

式(8-6)和(8-7)，放大电路的电压放大倍数由电路元件的参数 β、R_C、r_{be} 所决定，但又受到外接负载电阻 R_L 的影响。

当放大电路外接负载时，由于 $R'_L < R_C$，故 $A_u < A_0$，其电压放大倍数比空载时下降了。放大电路接入负载后电压放大倍数下降的程度，反映了放大电路带负载能力的大小。

放大电路的放大能力有时也以增益(G)来衡量。当电压增益以分贝(dB)为单位时，则：$G = 20\text{lgA}$

如一个电压放大倍数为 100 的放大电路的电压增益为 40dB。

2. 输入电阻 r_i 与输出电阻 r_o

放大电路的输入端与信号源相连接，对信号源来说，放大电路相当于它的负载，可用一个等效电阻来代替。

从输入端来看，放大电路对输入信号所呈现的交流等效电阻称为输入电阻，用 r_i 表示

$$r_i = R_B // r_{be} \tag{8-8}$$

一般 $R_B \gg r_{be}$，故 $r_i \approx r_{be}$。

放大电路的输出端与负载相连，将信号输出给负载。对负载来说，放大电路相当于信号源，存在一定的内阻，这个内阻就是放大电路的输出电阻，用 r_o 表示。

$$r_o \approx R_C \tag{8-9}$$

输入电阻和输出电阻是衡量放大电路性能的重要指标。一般希望放大电路的输入电阻大些，而输出电阻小些。输入电阻大，则放大电路对信号源影响小，可保证信号源正常工作。输出电阻小，电路带负载能力强一些。

【例 8-2】 在图 8-1 的放大电路中，已知硅三极管 $\beta = 40$，$r_{be} = 1.2\text{k}\Omega$，$V_{CC} = 12\text{V}$，$R_C = 5.1\text{k}\Omega$，$R_B = 380\text{k}\Omega$，$R_L = 2.2\text{k}\Omega$，试求：

（1）电路的静态工作点；

（2）空载和带载时的电压放大倍数；

（3）放大电路的输入电阻和输出电阻；

（4）若输入正弦信号电压 $U_i = 9\text{mV}$（有效值），则负载可得到信号电压的最大值为多少？

【解】（1）静态工作点

取 $U_{BEQ} = 0.7\text{V}$

$$I_{BQ} = (V_{CC} - U_{BEQ})/R_B = (12 - 0.7)/380 = 0.03(\text{mA})$$

$$I_{CQ} = \beta I_{BQ} = 40 \times 0.03 = 1.2(\text{mA})$$

$$U_{CEQ} = V_{CC} - I_{CQ}R_C = 12 - 1.2 \times 5.1 = 5.9(\text{V})$$

（2）电压放大倍数

空载时，$A_o = -\beta R_C / r_{be} = -40 \times 5.1/1.2 = -170$

带载时，$R'_L = R_C R_L/(R_C + R_L) = 5.1 \times 2.2/(5.1 + 2.2) = 1.54(\text{k}\Omega)$

$$A_u = -\beta R_L / r_{be} = -40 \times 1.54/1.2 = -51$$

（3）输入电阻和输出电阻

$$r_i = R_B // r_{be} = 380//1.2 \approx 1.2(\text{k}\Omega)$$

$$r_O \approx R_C = 5.1(\text{k}\Omega)$$

（4）输出电压幅值

$$U_o = A_u U_i = 51 \times 9 = 459(\text{mV})$$

$$U_{oM} = \sqrt{2} U_o = 1.41 \times 459 = 630(\text{mV})$$

教 学 评 价

一、判 断 题

1. 共射极放大电路的特点是输出电压与输入电压相位相同。（ ）

2. 所有放大电路都必须先设置静态，后输入交流。（ ）

3. 电路如图 8-1 所示，输入输出波形如图 8-6 所示，则该放大电路产生的失真是饱和失真。（ ）

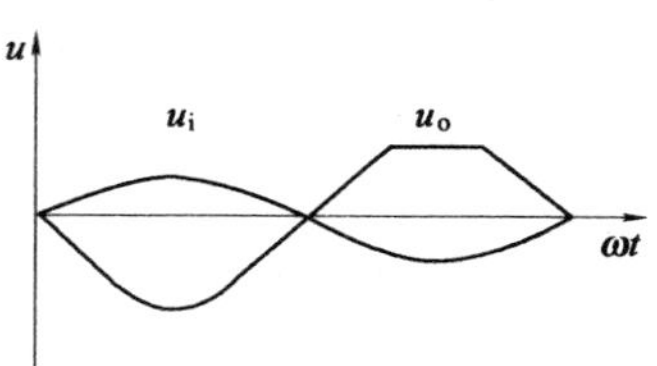

图 8-6

二、填 空 题

1. 放大电路的静态工作点的设置必须合适，工作点过高可能产生________失真，工作点过低可能产生________失真。

2. 共射放大电路常用来放大________。

3. 放大器中的晶体管应工作在________，即满足发射结________，集电结________。

4. 要使静态工作点设置合理，或在电路工作过程中出现失真现象，就需要调整。最常用的方法是________。

三、计 算 题

电路如图 8-1 所示，已知三极管 $\beta=60$，$V_{CC}=12\text{V}$，$R_C=4\text{k}\Omega$，$R_B=300\text{k}\Omega$，$R_L=4\text{k}\Omega$，$r_{be}=961\Omega$，试求：

(1) 电路的静态工作点 I_{BQ}、I_{CQ}、U_{CEQ}；

(2) 电压放大倍数 A_u；

(3) 放大电路的输入电阻 r_i 和输出电阻 r_o。

第二节　射极输出器

【知识目标】

1. 了解射极输出器的结构和特点。

2. 掌握射极输出器的性能和应用。

【能力目标】

培养分析问题、解决问题的能力。

一、电路结构

射极输出器的电路结构如图 8-7 所示。其电路特点是集电极直接接直流电源，输出信号 u_o 由发射极电阻 R_E 两端引出，故称射极输出器。交流信号的输入与输出电路以集电极为公共端，因此又称共集电极放大电路。

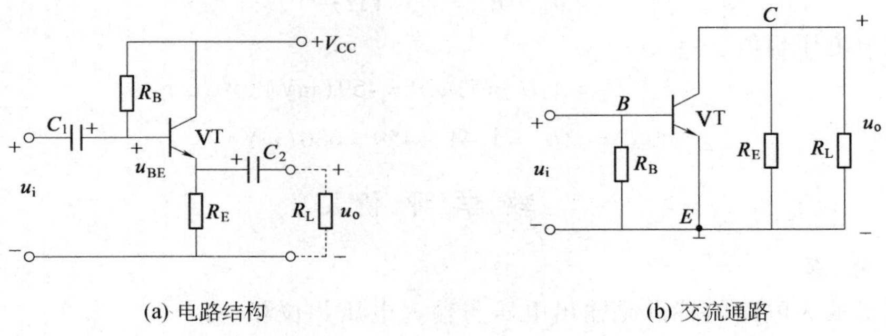

(a) 电路结构　　(b) 交流通路

图 8-7　共集电极电路

二、射极输出器的特点

(一) 稳定静态工作点

由图 8-6 的直流通路可列出

$$V_{CC}=I_{BQ}R_B+U_{BEQ}+(1+\beta)I_{BQ}R_E$$

于是得

$$I_{BQ}=\frac{V_{CC}-U_{BEQ}}{R_B+(1+\beta)R_E} \tag{8-10}$$

$$I_{CQ}=\beta I_{BQ} \tag{8-11}$$

$$U_{CEQ}\approx V_{CC}-I_{CQ}R_C \tag{8-12}$$

射极输出 R_E 具有稳定静态工作点的作用。例如温度升高时

$$\text{温度}\uparrow\rightarrow I_{CQ}\uparrow\rightarrow U_E\uparrow\rightarrow U_{BEQ}\downarrow\rightarrow I_{BQ}\downarrow\rightarrow I_{CQ}\downarrow$$

（二）电压放大倍数 A_u 近似等于1，但小于1

分析射极输出器输入输出关系，可知：

$$u_i=u_{be}+u_o \text{ 或 } u_o=u_i-u_{be}(u_{be}\text{很小,可以忽略不计})$$

$$u_o\approx u_i$$

$$A_u=\frac{U_o}{U_i}\approx 1$$

$$A_u=\frac{U_o}{U_i} \tag{8-13}$$

所以 $A_u\approx 1$，但略小于1。

由以上分析可知，电压放大倍数近似等于1并为正值，说明输出电压 u_o 随输入电压 u_i 变化而变化，大小近似相等，且相位相同，因此，射极输出器又称射极跟随器。由于它的电压放大倍数与三极管的参数无关，所以其稳定性很高。

虽然射极输出器的电压放大倍数等于1，无电压放大能力，但仍具有电流放大和功率放大的作用。

（三）输入电阻高

由图8-7(b)可知

$$R_i=R_B//[r_{be}+(1+\beta)R'_L]\approx R_B//\beta R'_L \tag{8-14}$$

R_i 约等于几十kΩ到几百kΩ

（四）输出电阻低

因为射极输出器的 $u_o\approx u_i$，当 u_i 保持不变时，u_o 就近似不变。可见，负载电阻对输出电压影响很小，说明射极输出器带负载能力强。输出电阻的估算公式为

$$R_o\approx\frac{r_{be}}{\beta} \tag{8-15}$$

从上式可看出输出电阻很小，一般只有几十Ω。

三、应用场合

虽然射极输出器没有电压放大作用，但电流放大作用仍然存在，并且具有射极跟随性及输入电阻很高，输出电阻很低的特点，因此应用广泛。由于输入电阻高，取用信号源的电流小，在用于电子测量电路时，可以提高测量仪表的精度。因为输出电阻低，带负载的能力强，所以在负载电阻较小时，可以向负载输出较大的功率。在用作多级放大电路中间级时，其高输入阻抗对前级影响很小，而对后级因输出电阻低，又有射极跟随性，在与输入电阻不

高的共射放大电路配合时，既可保证输入的相位不变，又可起阻抗变换的作用，从而可以提高多级放大器的放大能力。

教学评价

一、判断题

1. 共集电极放大电路不能放大电压，也不能放大电流。(　　)

2. 射极输出器是一种共射放大电路。(　　)

3. 射极输出器的输出电压与输入电压在相位上的关系是同相。(　　)

二、填空题

1. 射极输出器的特点是电压放大倍数________，输入电阻________，输出电阻________。

2. 共集电极放大电路常用来________。

第三节　多级放大电路

【知识目标】

1. 了解多级放大电路的组成。
2. 掌握多级放大电路的级间耦合方式和特点。
3. 了解多级放大电路的电压放大倍数的估算。

【能力目标】

1. 培养理论联系实际的能力。
2. 会估算多级放大电路的电压放大倍数。

一、多级放大电路的组成

单级放大电路的放大倍数一般只有几十倍，实际应用中，常需要把一个电压为 mV 和 μV 数量级，功率不到 1mW 的微弱信号放大几千倍或更高。这就需要把几个单级放大电路连接起来组成多级放大电路。一个多级放大器主要由输入级、中间级和输出级组成。输入级，又称前置放大级：用来接受信号源输入信号，并初步加以放大。中间放大级：主要任务是电压放大。要求用较少的级数获得足够大的电压放大倍数。功率放大输出级：向负载提供一定的输出功率。要求有较高的效率，较低的输出阻抗。在要求输出功率较大时，往往需要增加驱动输出级的末前级，如图 8-8 所示。

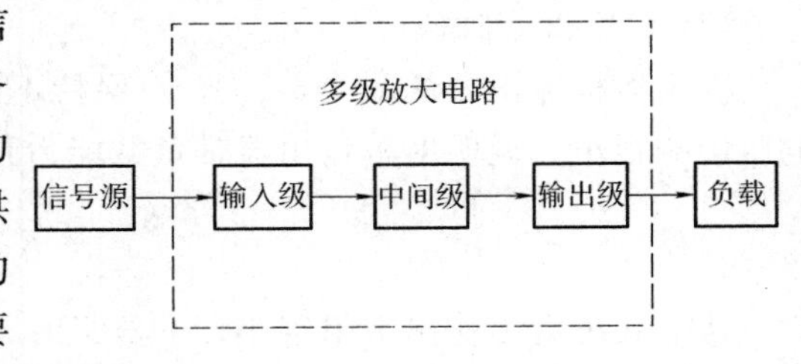

图 8-8　多级放大电路组成框图

二、放大电路的级间耦合方式和特点

在多级放大电路中，各级放大电路之间的连接方式称为耦合。常见的级间耦合方式有直接耦合、阻容耦合和变压器耦合，如图 8-9 所示。

虽然有不同耦合方式，但应满足以下两个要求：

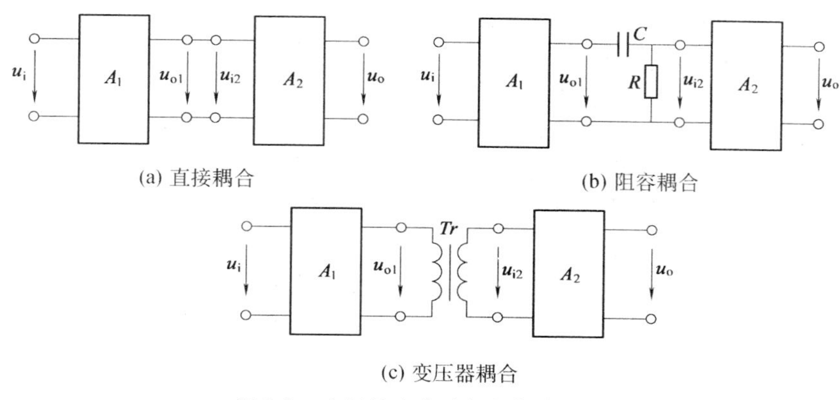

(a) 直接耦合

(b) 阻容耦合

(c) 变压器耦合

图 8-9 多级放大电路级间耦合方式

（1）要求前级输出的信号能顺利地传递到后级，而且在传递过程中失真要小。

（2）互相耦合后，前后级均不改变各自的工作点，以保证各级都工作在放大状态。

直接耦合是前级放大电路的输出端直接接到后级放大电路的输入端，如图 8-9(a)所示。由于前后两级放大电路直接相连，所以它们的静态工作点相互牵制、互相影响，给电路的设计、调试带来较大的不便。直接耦合方式的另一个缺点是电路中存在着较为严重的零点漂移现象，这是由于在直接耦合方式中，前级的漂移将与有用的信号一起耦合到下一级，并得到后级的放大，逐级累加下去，在放大电路的输出端出现很大的漂移。零点漂移严重地影响放大电路的正常工作，甚至可能使有用信号被漂移电压"淹没"掉。这是在设计电路时必须考虑解决的问题。直接耦合可以使信号不受损耗地从前级传送给后级，而且交流信号和直流信号(即直流成分的变化量)都可采用直接耦合。所以直接耦合放大器也称为直流放大器。阻容耦合是将前级输出端与后级输入端通过电容器连接起来，如图 8-9(b)所示。利用电容器具有隔断直流而耦合交流的特性，与电路中的电阻元件相配合，将使前后两级的工作点互不影响，而交流信号则可通过电容器从前级传送到后级。但只能放大交流信号，不能放大直流及缓变信号。阻容耦合结构简单、价格低廉、性能较好，故为一般交流放大器所采用。

变压器耦合是将前级放大电路的输出端和后级放大电路的输入段，分别接在变压器的原边绕组和副边绕组上，如图 8-9(c)所示。由于原副绕组之间彼此绝缘，隔断了前后两级之间的直流联系，因此，各级电路的静态工作点互不影响，便于计算和调试。但只能放大交流信号，不能放大直流及缓变信号。且体积大，不能集成化，也不便于小型化。

阻容耦合和变压器耦合适用于交流放大器。由于电容器和变压器在集成电路中难以制造，所以集成电路级间采用直接耦合。

三、阻容耦合多级放大电路的分析

以两级阻容耦合放大电路为例，如图 8-10 所示，电容器 C_2 是级间耦合电容。从电容 C_2 上看前后两级电路之间的关系为：

1. 后级电路的输入电压就是前级电路的输出电压，即 $u_{i2}=u_{o1}$。

2. 后级电路是前级电路的负载，前级电路是后级电路的信号源。

3. 后级电路的输入电阻是前级电路的外接负载电阻。两级放大电路总的电压放大倍数计算式为：

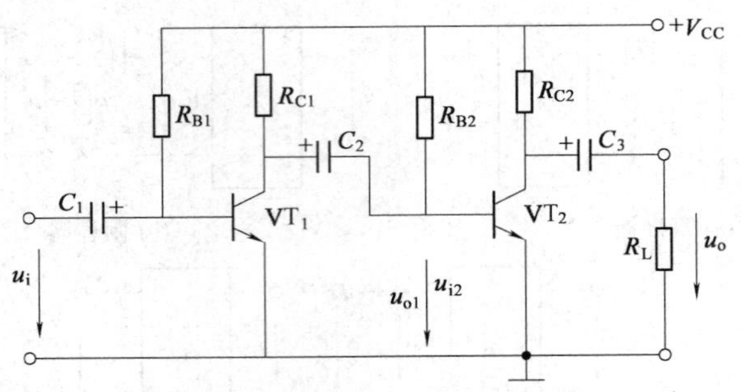

图 8-10　两级阻容耦合放大电路

$$A = U_o / U_i$$

由于 $U_{o1} = U_{i2}$，

$$A = U_{o1} / U_i \times U_o / U_{i2} = A_1 A_2 \qquad (8\text{-}16)$$

式中 A_1、A_2 分别为第一级与第二级放大电路的电压放大倍数。由此可见，多级放大电路的电压放大倍数为其各级电压放大倍数之乘积。

计算各级电路的电压放大倍数时，必须注意到前后级间的相互影响，尤其是后级电路对前级的影响。由于两级电路耦合在一起，前级电路的外接负载电阻就是后级电路的输入电阻。因此，前级放大电路的电压放大倍数比其耦合之前降低了，降低的程度与后级电路的输入电阻直接有关。

多级放大器的输入电阻等于第一级(输入级)电路的输入电阻；输出电阻等于末级(输出级)电路的输出电阻。

教 学 评 价

一、判 断 题

1. 只有阻容耦合的多级放大电路的总电压放大倍数 $A_u = A_{u1} \cdot A_{u2} \cdot A_{u3} \cdots A_{un}$。(　　)

2. 直接耦合放大电路的静态工作点相互影响，只能放大直流信号。(　　)

3. 放大变化缓慢的信号应采用变压器耦合。(　　)

4. 因为阻容耦合电路的两级间的耦合电容的隔直作用，所以各级静态工作可独自计算。(　　)

二、填 空 题

1. 两个单管电压放大电路单独工作，空载时它们的电压放大倍数各为 $A_{u1} = -40$，$A_{u2} = -60$，当用阻容耦合方式连接两级放大电路时，总的电压放大倍数为________。

2. 多级放大电路的级间耦合方式主要有________、________和________。

三、简 述 题

直接耦合、阻容耦合及变压器耦合的特点。

第四节　负反馈在放大电路中的作用

【知识目标】

1. 理解负反馈的概念。
2. 了解负反馈类型。

3. 了解负反馈对放大器性能的影响。

【能力目标】

1. 培养分析问题、解决问题的能力。
2. 能够判断负反馈电路的类型。

在电子电路中，利用负反馈来改善放大电路的性能。实际上，几乎所有的实用放大器中都设有负反馈电路。因此，负反馈技术在电子电路中十分重要。

一、负反馈的概念

负反馈放大电路是由基本放大电路与负反馈电路组成，结构框图如图 8-11 所示。A 为基本放大电路，F 是有反馈元件组成的接在输入与输出回路之间的反馈电路。在基本放大电路中，信号从输入端向输出端正向传输；而在反馈电路中，信号传输方向与之相反，由输出端回授给输入端。反馈电路与基本放大电路一起构成封闭的环路。因此，将含有反馈的电路称为闭环电路；不包含反馈的电路称为开环电路。

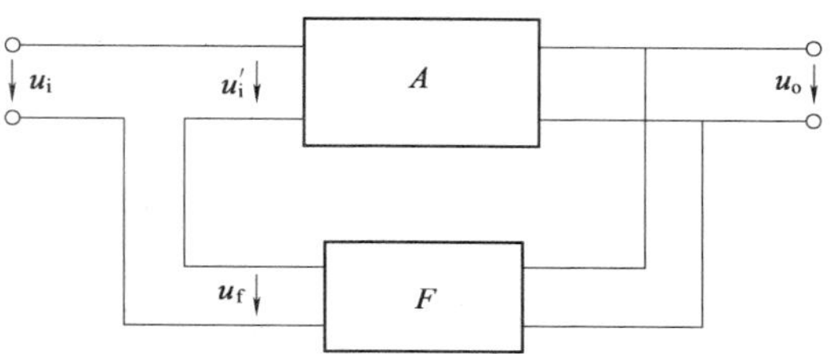

图 8-11 负反馈放大电路的结构框图

在图 8-11 中，u_i 是输入信号，u_o 是输入信号，u_f 是反馈信号，u'_i 是基本放大电路的净输入信号。

二、负反馈的类型及判别

（一）负反馈的类型

负反馈放大电路中，在输出回路和输入回路中采用不同的连接方式，可以构成不同类型的负反馈放大电路。负反馈共有四种基本类型：电流串联负反馈、电流并联负反馈、电压串联负反馈和电压并联负反馈。若反馈取样的对象是输出电压，则称为电压反馈。若反馈取样的对象是输出电流，则称为电流反馈。当反馈信号与输入信号在输入端同一节点引入时，称为并联反馈。若反馈信号与输入信号不在同一节点引入时，则称为串联反馈。

（二）负反馈类型的判别

负反馈类型的判别通过下面具体电路实例来分析，了解其判断方法和要领。

【例 8-3】 图 8-12 所示电路，是属于哪种类型的负反馈：是电压反馈还是电流反馈？是串联反馈还是并联反馈？

【解】 因 R_E 接在发射极，既位于输入回路，又位于输出回路，它将输出回路与输入回路联系起来，因而 R_E 元件为反馈元件。

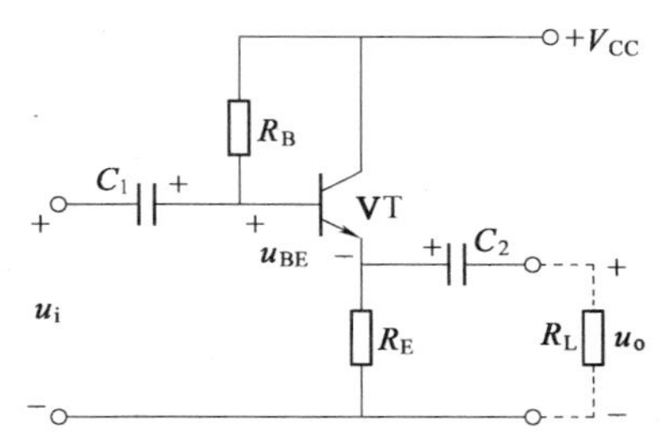

图 8-12 负反馈类型的判别

由于信号是从发射极输出的，若将输出端对地短路，输出电压变为零，R_E 两端的反馈电压也自然消失，所以是电压反馈。若将输入端对地短路，R_E 两端的反馈电压依然存在，所以是串联反馈。

由上述分析可知，射极输出器是电压串联负反馈放大器。

判断反馈类型时应注意，电压反馈还是电流反馈是对输出端反馈取样而言的，将输出端短路(对地短路)，若反馈信号消失，则为电压反馈；若反馈信号依然存在，则为电流反馈。串联反馈还是并联反馈是对输入信号与反馈信号在输入端的连接方式而言的，将输入端短路(对地短路)，若反馈信号消失，则为并联反馈；若反馈信号依然存在，则为串联反馈。

三、负反馈对放大器性能的影响

1. 负反馈对放大倍数的影响

负反馈放大电路的电压放大倍数称为闭环电压放大倍数，为其输出电压与输入电压之比，以 A_f 表示闭环电压放大倍数，则

$$A_f = U_o / U_i \tag{8-17}$$

基本放大电路的电压放大倍数称为开环电压放大倍数，为其输出电压与净输入电压之比，以 A 表示开环电压放大倍数，则

$$A = U_o / U_i' \tag{8-18}$$

在负反馈放大电路中，U_f 与 U_i 的相位相反，则净输入电压为：

$$U_i' = U_i - U_f \tag{8-19}$$

再看反馈电路，它的输出电压(即反馈电压 u_f)与其输入电压(即放大电路的输出电压 u_o)之比，称为反馈系数，并以 F 表示，则

$$F = U_f / U_o \tag{8-20}$$

显然，$F \leqslant 1$。

将以上各式代入式(8-17)，可得

$$A_f = U_o / (U'_i + U_f) = U_o / (U'_i + FU_o) = A/(1 + FA) \tag{8-21}$$

式(8-21)是负反馈放大电路的基本关系式，它表达了闭环电压放大倍数及反馈系数之间的关系。因为 $1 + FA > 1$，所以 $A_f < A$，即负反馈放大电路的闭环放大倍数小于开环电压放大倍数。可见，放大电路引入负反馈后，电压放大倍数降低了，$1 + FA$ 称为反馈深度，FA 值越大，则负反馈作用愈强，A_f 就愈降低。

2. 能展宽通频带

放大器的通频带是指放大器能够按照 $70.7\% \times A_o$ 的放大倍数放大信号的频率范围。一般说，频带越宽越好。但由于各种原因，限制了通频带的宽度。事实上，对于一个具体的放大器来说，超过一定频率范围(频率过高或过低)的信号的放大倍数会有较大的下降，放大倍数与信号频率关系如图 8-13 所示。

图中 f_L、f_H 之间的频率范围是放大器无反馈时的通频带。引入负反馈后可以使通频带加宽。这是因为，当频率升高或降低时，由于开环通频带不够宽而使输出电压 u_o 下降，反馈信号 u_f 也随之减小，而净输入信号将因此而有所增大，致使输出 u_o 自动提高。这样 u_o 实际下降程度比开环小，从而展宽了通频带。图中 f'_L、f'_H 之间包含的频率范围是放大器右边负反馈时的通频带。显然，这个频带比开环时的通频带展宽了。

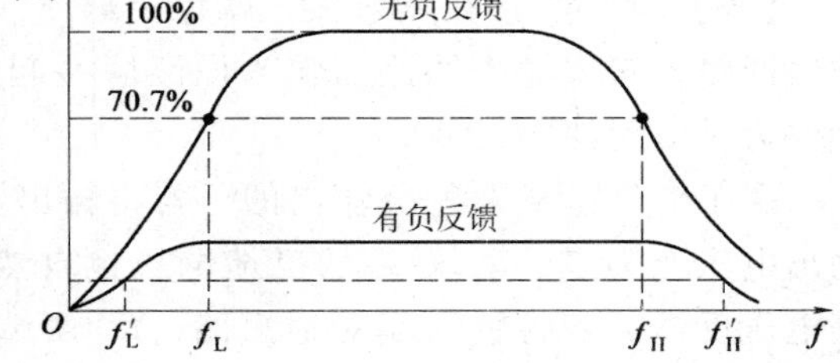

图 8-13　负反馈展宽通频带

3. 改变输入电阻或输出电阻

根据要求，如果需要增大输入电阻，则可引入串联负反馈，减小输入电阻，引入并联负反馈；如果需要提高带负载的能力、减小输出电阻，则可引入电压负反馈。增大输出电阻，引入电流负反馈。

4. 减小非线性失真

由于放大电路内部存在晶体管等非线性元件，若工作点选择不合适，或输入信号过大，都会使输出信号产生失真。引入负反馈后，可以利用负反馈的自动调节作用改善波形的效果。如图8-14(a)所示电路中可以看出，输入为正弦信号，在未加反馈信号时，由于某种原因，经放大电路A输出的信号正半周幅度大，负半周幅度小，出现失真。

引入如图8-14(b)所示的负反馈后，反馈信号的波形与输出信号波形相似，也是正半周大、负半周小，经过比较环节，使净输入量变成正半周小、负半周大的波形，再经过放大电路A，就把输出信号的前半周幅度压缩，后半周幅度扩大，结果使前后半周的输出幅度趋于一致，输出波形接近正弦波。当然，减小非线性失真的程度也与反馈深度有关，反馈越深，失真越小，但A_f也越小。

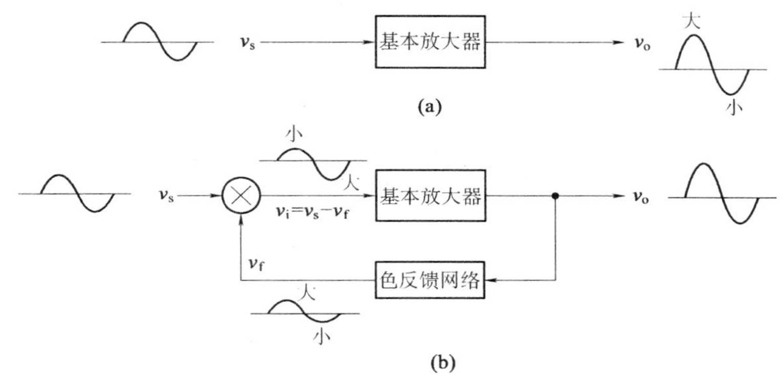

图8-14　负反馈改善非线性失真

应当注意，负反馈减小非线性失真是指减小放大电路内部引起的失真，对于输入信号源本身的非线性失真，负反馈无法改变。

5. 稳定输出电压和电流

电流负反馈能稳定输出信号的电流幅度，电压负反馈能稳定输出信号的电压幅度。

教 学 评 价

一、判 断 题

1. 负反馈可以提高放大器的放大倍数。(　　)
2. 放大器引入负反馈后就一定能改善其各种性能。(　　)
3. 对于电压负反馈要求负载电阻尽可能大。(　　)

二、填 空 题

1. 负反馈有四种基本类型，即________，________，________和________。若想稳定输出电压幅度，同时又减小输入电阻，则应采用________负反馈。
2. 需要一个阻抗变换电路，要求R_i大，R_o小，应选________负反馈放大电路。
3. 某放大电路，要求R_i大，输出电流稳定，应引进________负反馈。

三、回答问题

1. 负反馈放大器具有哪些优点？

2. 图 8-15 所示电路，是属于哪种类型的负反馈：是电压反馈还是电流反馈？是串联反馈还是并联反馈？

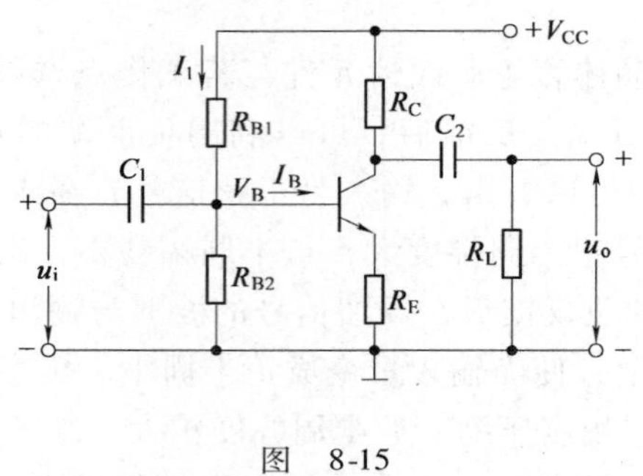

图 8-15

技能训练十一　单管放大电路测试实验

一、实训目的

1. 熟悉设置和测试放大电路的静态工作点。
2. 理解静态工作点对波形失真的影响。
3. 掌握放大电路的动态测试和测量方法。

二、实训原理

1. 静态工作情况

当 $u_i=0$，放大电路工作在直流状态，I_{BQ}、I_{CQ}、U_{CEQ}。

$$I_{BQ}=\frac{V_{CC}-U_{BEQ}}{R_W}$$

$$I_{CQ}=\beta I_{BQ}$$

$$U_{CEQ}=V_{CC}-I_{CQ}R_C$$

（1）静态工作点的选择

选择合适静态工作点是保证输出波形不产生线性失真，并使放大器有较大的增益，噪声低，耗电要少，所以对输入为毫伏和毫安级的中、低频小信号前置放大器，工作点常常选得比较低，I_C 常取 0.5 ~ 1mV，以减小噪声。

（2）静态工作点的调试

将放大器输入（耦合电容 C_1 左端）接地，用万用表分别测量三极管 B、C、E 对地电压 U_{BQ}、U_{CQ}、U_{EQ}（E 接地，$U_{EQ}=0$）。如出现 $U_{CEQ}\approx V_{CC}$，说明三极管已截止；如出现 $U_{CEQ}=(U_{CQ}-U_{EQ})<0.5V$，说明三极管已饱和。

当出现上述两种情况，说明静态工作点设置得不合适，需要调整。调整方法是改变放大器基极偏置电阻 R_W 的大小，同时用万用表测量 U_{BQ}、U_{CQ}的值，I_{CQ}、U_{CEQ}值可由下面式子计算

$$U_{CEQ}=U_{CQ}-U_{EQ}$$

$$I_{CQ}=\frac{V_{CC}-U_{CEQ}}{R_C}$$

如 U_{CEQ} 为正几 V，说明三极管工作在放大状态，这时在输入端加规定信号（$u_i=15\text{mV}, f=1\text{kHz}$ 的正弦波），输出端接示波器，观察输出波形。如果输出波形顶部被削波，说明出现截止失真，工作点设置偏低，把 R_W 调小，以增大 I_{BQ}。如果输出波形底部被削波，说明出现饱和失真，工作点设置偏高，把 R_W 调大，以减小 I_{BQ}。

2. 动态工作情况

当 $u_i\neq0$，放大电路工作在脉动状态，即在直流量上叠加有交流分量，能够使放大电路将输入信号不失真地放大。按技图 11-1 测出输入输出电压的有效值 U_iU_o，可根据定义计算

放大倍数为：
$$A_u=\frac{U_o}{U_i}$$

三、实训设备

示波器	1 台	低频信号发生器	1 台
晶体管毫伏表	1 台	直流稳压电源	1 台
万用表	1 块	实验电路板	1 块

四、实训任务

（一）实训电路

（二）实训步骤

1. 按技图 11-1 连接好电路，并接上 +12V 直流电源。

2. 电路接通直流电源后，按给定的工作点（$I_{CQ}=1\text{mA}$），测量静态工作点，记入技表 11-1 中。

3. 最佳静态工作点调整及放大倍数测量

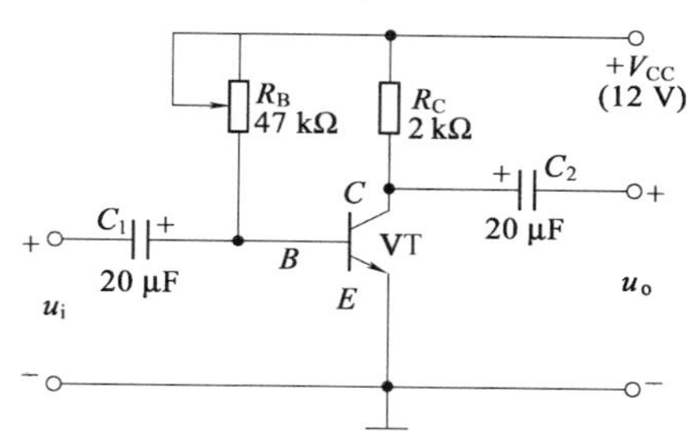

技图 11-1　共射放大电路

在放大器输入端加入 1kHz 的正弦信号，用示波器观察输出电压 u_o 的波形，然后不断加入输入信号的幅度，观察示波器上的波形来调节 R_W，使输出波 u_o 波形的失真对称，在减小输入信号的幅度，使波形上下的失真同时消失，这时的 u_o 为电路的最大不失真输出电压，用晶体管毫伏表测量 U_iU_o，并将结果填入技表 11-2 中。然后将输入端接地，测量此时电路的静态工作点，填入技表 11-2 中。

五、实训数据

技表 11-1　静态工作点测量

测试方法	测量值/V			计算值/V	
	U_C	U_B	U_E	U_{BE}	U
给定工作点 $I_C=1\text{mA}$					
最佳工作点					

技表 11-2　共射放大电路电压放大倍数的测量

R_L/Ω	输入电压/V		输出电压/V		$A_u=U_o/U_i$	
	毫伏表	示波器	毫伏表	示波器		
∞						
5.1kΩ						

六、实训报告要求

1. 写出实训原理、实训设备。
2. 画出实训电路，列出实训数据表格，写出实训步骤。
3. 用实训数据证明，静态工作点 R_w 对静态工作点及波形失真的影响。
4. 写出实训心得体会。

七、实训注意事项

1. 正确使用各种仪器、仪表。
2. 稳压电源、信号发生器的输出端不能短路。
3. 电路连线必须是在关闭仪器电源的情况下进行，即在不带电的情况下操作。
4. 实训结束应正确复位。

技能训练十二　多管负反馈放大电路测试实验

一、实训目的

1. 学会调试和测量多级放大器静态工作点的方法。
2. 理解负反馈对放大电路的各项性能指标的影响。

二、实训原理

负反馈在电子电路中有着非常广泛的应用，虽然它使放大器的放大倍数降低，但能在多方面改善放大器的动态指标，如稳定放大倍数，改变输入、输出电阻，减小非线性失真和展宽通频带等。因此，几乎所有的实用放大器都带有负反馈。

负反馈放大器有四种组态，即电压串联，电压并联，电流串联，电流并联。本实验以电压串联负反馈为例，分析负反馈对放大器各项性能指标的影响。

技图 12-1 为带有负反馈的两级阻容耦合放大电路，在电路中通过 R_F 把输出电压 u_o 引回到输入端，加在晶体管 VT_1 的发射极上，在发射极电阻 R_{E1} 上形成反馈电压 u_f。根据反馈的判断法可知，它属于电压串联负反馈。

三、实训设备与器材

1. 直流稳压电源　　1 台
2. 低频信号发生器　　1 台
3. 双踪示波器　　1 台

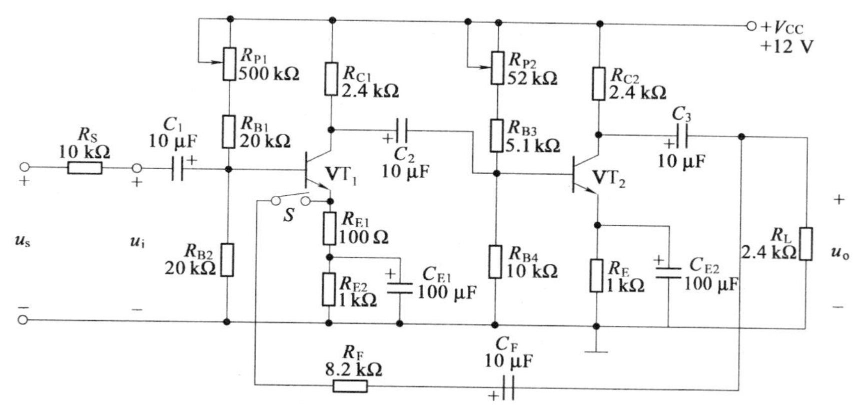

技图 12-1 带有电压负反馈的两级阻容耦合放大器

4. 晶体毫伏表 1 块
5. 万用表 1 块
6. 频率计 1 块
7. 晶体三极管(3DG6 ×2、β = 50 ~ 100)、电阻器、电容器若干

四、实训电路

实训电路如技图 12-1 所示。

五、实训内容与步骤

1. 测试负反馈放大器的电压放大倍数 A_{uf}，输入电阻 r_{if}和输出电阻 r_{of}

(1) 先断开开关 S，测量开环时的电压放大倍数 A_u、输入电阻 r_i 和输出电阻 r_o。调节低频信号发生器，使放大器的输入信号为 u_i = 5mV、f = 1kHz 的正弦波信号。用示波器观察输出电压波形 u_o，在 u_o 不失真的情况下，用晶体毫伏表测量 u_S、u_i 带负载输出电压 u_o、空载输出电压 u'_o，并填入技表 12-1 中。

(2) 闭合开关 S，将电路接成带有负反馈的放大电路形式。保持输入信号为 u_i = 5mV、f = 1kHz 的正弦波信号不变，用晶体毫伏表测量 u_S、u_i 带负载输出电压 u_o、空载输出电压 u'_o，并填入技表 12-1 中。

(3) 根据下列公式，利用上述测量数据计算出对应的开环电压放大倍数 A_u、闭环电压放大倍数 A_{uf}、开环输入电阻 r_i、闭环输入电阻 r_{if}、开环输出电阻 r_o、闭环输出电阻 r_{of}，并填入技表 12-1 中，将两组数据进行比较。

电压放大倍数 $$A_u(A_{uf}) = \frac{u_o}{u_i}$$

输入电阻 $$r_i(r_{if}) = \frac{u_i}{u_S - u_i}R_S$$

输出电阻 $$r_o(r_{of}) = \left(\frac{u'_o}{u_o} - 1\right) \times R_L$$

技表 12-1

基本放大器	u_S(mV)	u_i(mV)	u_o(V)	u'_o(V)	A_u	r_i(kΩ)	r_o(kΩ)
负反馈放大器	u_S(mV)	u_i(mV)	u_o(V)	u'_o(V)	A_{uf}	r_{if}(kΩ)	r_{of}(kΩ)

对比时注意：

$$A_{uf}=\frac{A_u}{1+A_uF_u} \qquad F_u=\frac{R_{EI}}{R_{EI}-R_F}$$

$$r_{if}=(1+A_uF_u)\times r_i \qquad r_{of}=\frac{r_o}{1+A_uF_u}$$

2. 测试负反馈放大器的通频带

(1) 接上 R_L，保持输入信号为 $u_i=5\text{mV}$、$f=1\text{kHz}$ 的正弦波信号不变，测出输出电压 u_o 的值，计算出 A_u 值，将数据填入技表 12-2 中。

技表 12-2

类　型	输入电压 u_i(mV)	输出电压 u_o(V)		电压放大倍数 A_u		信号频率 f(Hz)		通频带 f_{BW}(Hz) $f_{BW}=f_H-f_L$
基本放大器	5	u_o		A_u		f	1 000	
		$u_{o(H)}$		$A_{u(H)}$		f_H		
		$u_{o(L)}$		$A_{u(L)}$		f_L		
负反馈放大器	5	u_o		A_u		f	1 000	
		$u_{o(H)}$		$A_{u(H)}$		f_H		
		$u_{o(L)}$		$A_{u(L)}$		f_L		

(2) 保持输入信号为 $u_i=5\text{mV}$ 的正弦波，调节低频信号发生器的频率旋钮，使输入信号 u_i 的频率增大，测出输出电压 $u_{o(H)}=0.707u_o$ 时所对应的频率值 f_H，此时的电压放大倍数 $A_{u(H)}=0.707A_u$，f_H 为上限频率，将所测数据填入技表 12-2 中。

(3) 保持输入信号为 $u_i=5\text{mV}$ 的正弦波，调节低频信号发生器的频率旋钮，使输入信号 u_i 的频率减小，测出输出电压 $u_{o(L)}=0.707u_o$ 时所对应的频率值 f_L，此时的电压放大倍数 $A_{u(L)}=0.707A_u$，f_L 为下限频率，将所测数据填入技表 12-2 中。

(4) 计算通频带 $f_{BW}=f_H-f_L$，填入技表 12-2 中。

(5) 通过控制反馈电路接入开关 K，就可分别测出基本放大器、负反馈放大器的通频带。测试方法均同上。

3. 观察负反馈对非线性失真的改善

(1) 将实验电路接成基本放大器形式，在输入端加入 $f=1\text{kHz}$ 的正弦波信号，输出端接示波器，逐渐增大输入信号的幅度，使输出波形开始出现失真，记下此时的波形和输出电压的幅度。

(2) 再将实验电路改接成负反馈放大器形式，增大输入信号幅度，使输出电压幅度的大小与(1)相同，比较有负反馈时输出波形的变化。

六、实训报告要求

1. 将基本放大器和负反馈放大器动态参数的实测值和理论估算值列表进行比较。
2. 根据实训结果，总结电压负反馈对放大器性能的影响。
3. 分析测试中的问题，总结实训收获。

七、实训注意事项

1. 正确使用各种仪器、仪表。
2. 稳压电源、信号发生器的输出端不能短路。
3. 电路连线必须是在关闭仪器电源的情况下进行，即在不带电的情况下操作。
4. 实训结束应正确复位。

本章小结

1. 放大电路的各种电流和电压信号中，既有直流，又有交流，交流性能受静态工作点的影响，要使信号不失真放大，就必须选择合理的静态工作点。静态工作点由直流通路估算，交流性能由交流通路分析。

2. 射极输出器具有电压放大倍数为1，输入电阻高，输出电阻低的特点，应用十分广泛。

3. 单级放大电路的放大倍数不够大时可以采用多级放大电路。多级放大电路常见的耦合方式有阻容耦合、直接耦合、变压器耦合三种。多级放大电路的电压放大倍数等于各级放大倍数的乘积，总输入电阻就是第一级的输入电阻，总输出电阻就是最后一级的输出电阻。

4. 为了改善放大电路的性能，通常引入负反馈。负反馈能稳定放大倍数，展宽通频带，减小非线性失真，改变放大电路的输入、输出电阻。反馈越深，性能改善越好，但放大倍数也下降越多。

第九章

运算放大器及其应用

集成运算放大器简称集成运放，是一种具有一定运算能力的放大电路，也是目前应用最广泛的集成放大器。本章主要介绍集成运放的电路组成、理想特性及简单应用。通过实训了解集成运放的使用常识。

第一节　运算放大器

【知识目标】

1. 认识集成运放的外形、符号及分类。
2. 了解集成运放的组成。
3. 掌握集成运放的理想特性。

【能力目标】

1. 能识别和画出集成运放的符号。
2. 能识别集成运放的引脚。

一、集成运放的外形、符号和分类

集成电路是把晶体管、必要的元件和连接导线集中制造在一小块半导体基片上而形成具有电路功能的器件。集成运算放大器是目前最通用的模拟集成器件，是一种高电压放大倍数(几万至几千万倍)的多极直接耦合放大器。其外形如图 9-1 所示，主要有圆壳式和双列直插式，现在使用的多为双列直插式。

集成运放既可以作为直流放大器，也可以作为交流放大器。其特点是电压放大倍数很大，功率放大能力很强，输入电阻非常大和输出电阻很小。运放符号如图 9-2 所示。图中“－”端为反相输入端，“＋”端为同相输入端。

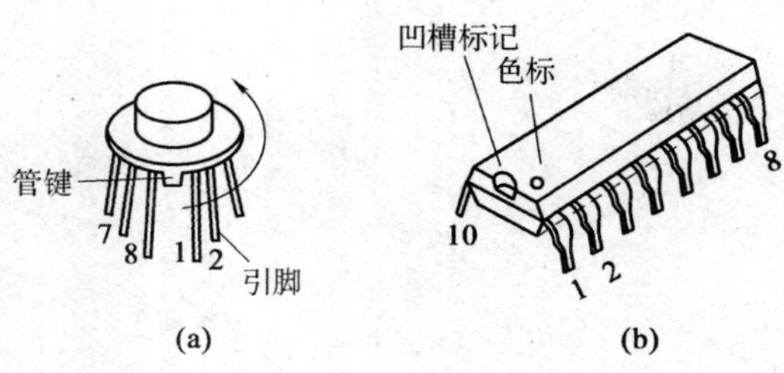

图 9-1　集成运放的外形

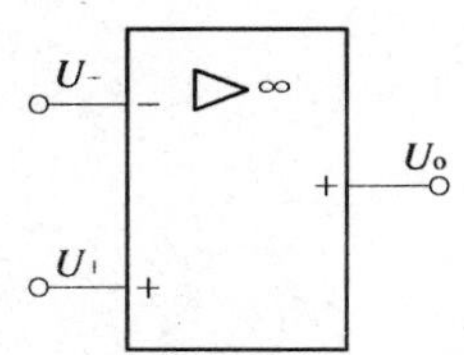

图 9-2　集成运放的符号

图 9-3 为 LM324 的外引脚图，它是一个具有四个运放的双列直插式集成芯片，其中 11 脚为接地端 GND，4 脚为电源 V_{CC}，采用单个电源电压工作。

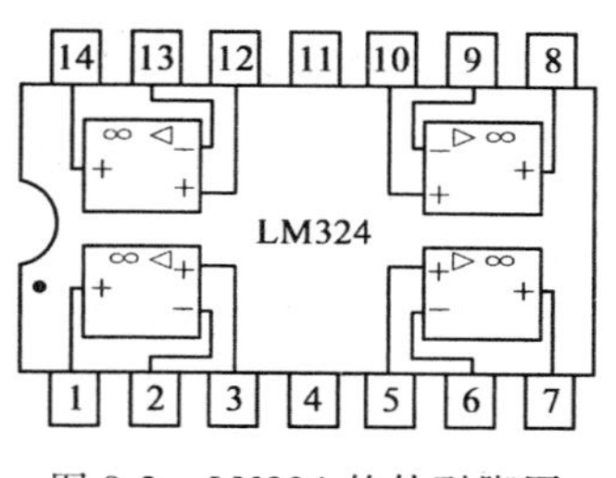

图 9-3　LM324 的外引脚图

通常运放工作时，需要一组正、负的电源。当然，运放也有采用单个电源电压工作的。在电路图中电源电压连接不再标出，但实际应用中必须连接电源才能正常工作。常用的 LM741 的管脚、外形如图 9-4 所示。

集成运放分为通用型和特殊型两大类，其中通用型集成运放按主要参数由低到高分为通用Ⅰ型、通用Ⅱ型和通用Ⅲ型；特殊型集成运放又分为高输入阻抗型、高精度型、宽带型、低功耗型、高速型和高压型等。

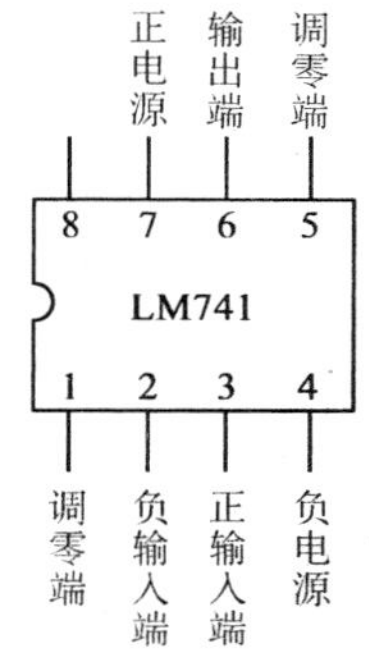

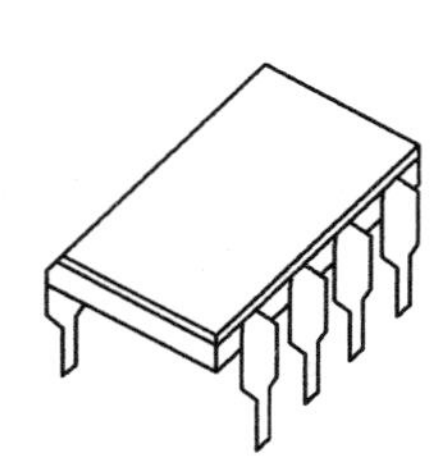
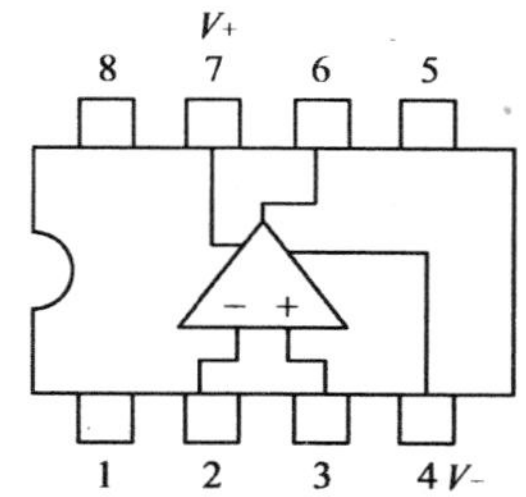

图 9-4　LM741 的管脚、外形

二、集成运放的电路构成

集成运放的内部电路一般由四部分组成，如图 9-5 所示。

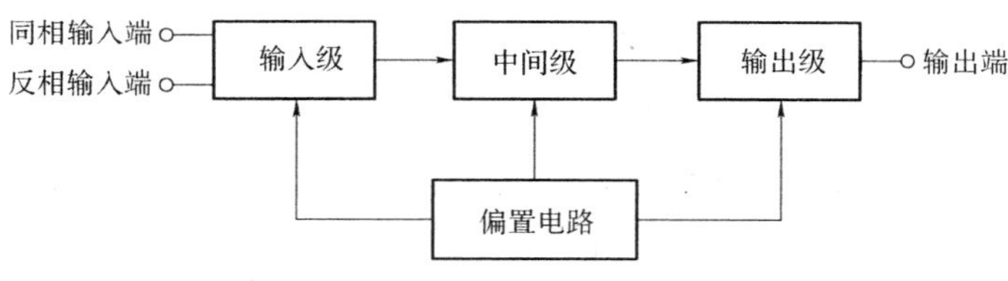

图 9-5　集成运放的组成框图

（一）输入级

输入级是影响集成运放工作性能的关键级，为了保证直接耦合放大器静态工作点的稳定，通常采用差分放大器。

（二）中间级

中间级主要用来进行电压放大，要求有高的电压放大倍数，故一般采用共射放大电路。

（三）输出级

为了减小输出电阻，提高电路的带负载能力，输出级通常采用互补对称放大电路。

（四）偏置电路

偏置电路的主要目的是给各级放大电路提供稳定的直流偏置。

三、理想运算放大器

由于运算放大器性能优良，通常将实际运放看成理想运放进行分析，等效电路如图9-6，它具备以下理想特性：

开环电压放大倍数为无穷大 $A_{uo}\to\infty$

输入电阻为无穷大 $r_i\to\infty$

输出电阻为零 $r_o\to 0$

频带宽度为无穷大 $B_W\to\infty$

根据上述观点。可以推出两个重要结论：

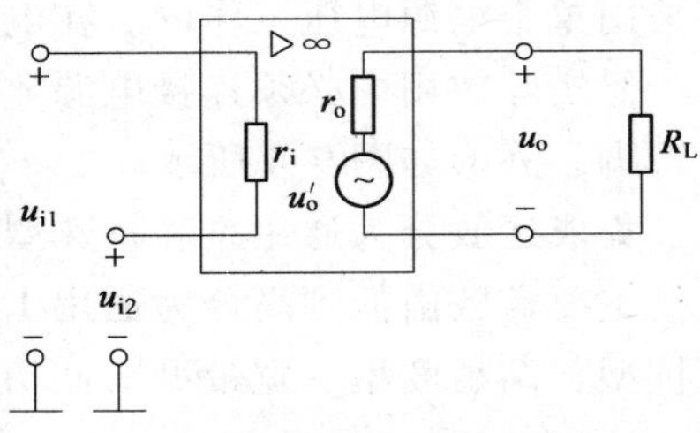

图 9-6　理想运放等效电路

1. 运算放大器两个输入端的输入电流为0。这是因为 $r_i=\infty$，那么流入放大器的电流为零，相当于断开一样，故通常称为“虚断”。

即

$$i_+=i_-=0 \tag{9-1}$$

2. 理想集成运放两输入端电位相等，这是因为电压放大倍数为无穷大。那么

$$u_+=u_-=0 \tag{9-2}$$

教 学 评 价

一、填 空 题

1. 集成运放有两个输入端，称为________输入端和________输入端。
2. 集成运放的理想特性是________、________、________、________。
3. 集成运放既可以做________放大器，也可以做________放大器。
4. 集成运算放大电路是__________________，内部主要由四部分________、________、________、________所组成。
5. 运算放大器两条重要结论：__________________和__________________。

二、画出集成运放的符号

三、说出 LM741 各管脚的名称

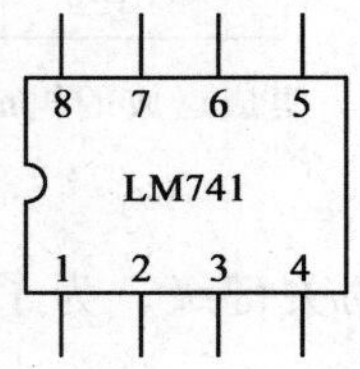

第二节　运算放大器的基本应用

【知识目标】

1. 掌握反相放大电路，了解其特例——反相器。
2. 掌握同相放大电路，了解其特例——电压跟随器。
3. 掌握加法运算电路的组成和计算。
4. 了解减法电路的组成。

【能力目标】

1. 能画出反相放大电路、同相放大电路。
2. 根据电路输入输出电压关系，能确定电阻阻值。
3. 能画出加法运算电路，并会相应的计算。

一、反相比例运算放大电路及反相器

（一）电路结构

基本反相放大器电路结构如图 9-7 所示。信号由反相端输入，同相端经 R_2 接地，反馈电阻 R_F 跨接于输出端和反相输入端之间。

（二）电压放大倍数

反向放大器的电压放大倍数主要取决于 R_F 和 R_1 因同相端接地，故 $u_+=0$

根据式(9-2)，则 $u_-=u_+=0$

在 u_i 的作用下，输入电流 i_1 为：

$$i_1=\frac{u_i-u_-}{R_1}=\frac{u_i}{R_1}$$

流过 R_F 电流：$i_F=\dfrac{u_--u_o}{R_F}=-\dfrac{u_o}{R_F}$

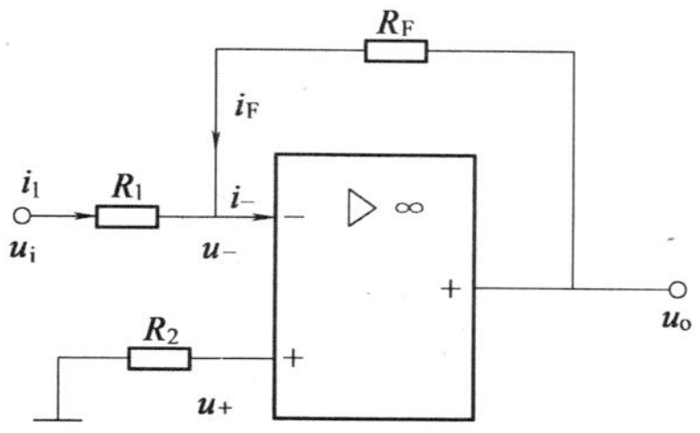

图 9-7　反相放大器

由基尔霍夫电流定律　　$i_1=i_-+i_F$

根据式(9-1)　　$i_-=0$

则有　　$i_F=i_1$

所以　　$$\frac{u_i}{R_1}=-\frac{u_o}{R_F},\quad 或\quad u_o=-\frac{R_F}{R_1}u_i \tag{9-3}$$

式(9-3)中负号说明反相放大器输入和输出信号反相，其数值大小由比例系数$\left(-\dfrac{R_F}{R_1}\right)$来决定，与运算放大器内部电路无关，取决于 R_F 和 R_1。

【例 9-1】　在图 9-7 反相放大器电路中，若取 $R_1=R_F$，求此时的输入输出关系式。

【解】　由式(9-3)

$$u_o=-\frac{R_F}{R_1}u_i，当 R_1=R_F 时，u_o=-u_i$$

此时，输入与输出大小相等，相位相反，实际是一种“反相器”。

集成运算放大器作反相比例运算时输出电压与输入电压关系为 $u_o=-\dfrac{R_F}{R_1}u_i$，当比例系数 $-\dfrac{R_F}{R_1}$等于 -1 时，集成运算放大器成为反相器。

二、同相比例运算放大电路及电压跟随器

（一）电路结构

基本同相放大器电路结构如图 9-8 所示。信号由同相端输入，反相端经 R_1 接地，反馈电阻 R_F 仍跨接于输出端和反相输入端之间。

（二）电压放大倍数

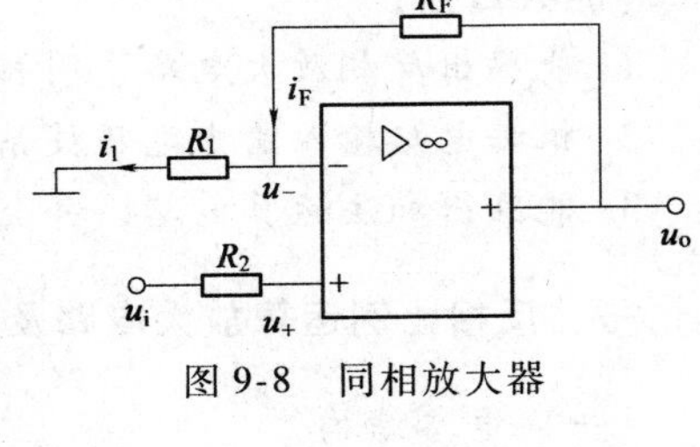

图 9-8　同相放大器

根据式(9-2)，　$u_- = u_+$

又因　$i_- = 0$

即　$u_i = u_+$

所以　$u_- = u_i$

$$i_1 = \frac{u_-}{R_1} = \frac{u_i}{R_1} \qquad i_F = \frac{u_o - u_-}{R_F} = \frac{u_o - u_i}{R_F}$$

根据　$i_- = 0$

那么

$$i_1 = i_F$$

所以

$$\frac{u_i}{R_1} = \frac{u_o - u_i}{R_F}$$

整理可得：

$$u_o = \left(1 + \frac{R_F}{R_1}\right) u_i \qquad (9\text{-}4)$$

式(9-4)中同相放大器的输入和输出信号同相，并且其大小是大于1的比例系数$\left(1 + \frac{R_F}{R_1}\right)$。

【例9-2】 在图9-8所示同相放大器中，若取$R_F = 0$，$R_1 = \infty$。求放大器输入输出关系式。

【解】 由式(9-4)

$$u_o = \left(1 + \frac{R_F}{R_1}\right) u_i$$

由于

$$R_F = 0,\ R_1 = \infty$$

则有

$$u_o = u_i$$

此时，输出与输入大小相等，相位一致，实际是一种“同相跟随器”，如图9-9所示。

集成运算放大器作同相比例运算时输出电压与输入电压关系为$u_o = \left(1 + \frac{R_F}{R_1}\right) u_i$，当比例系数$\left(1 + \frac{R_F}{R_1}\right)$等于1时，集成运算放大器成为电压跟随器。

三、加法运算

加法运算又叫求和运算，在集成运放的反相输入端，增加多个输入信号即成为图示的反相加法运算电路。

加法运算电路如图9-10所示。输入信号采用反相输入。

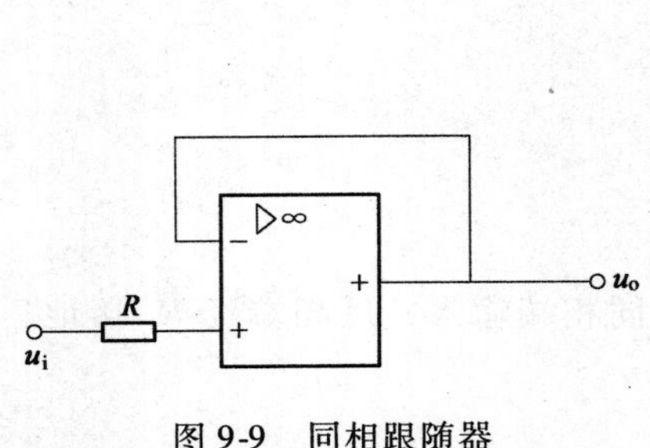

图 9-9　同相跟随器

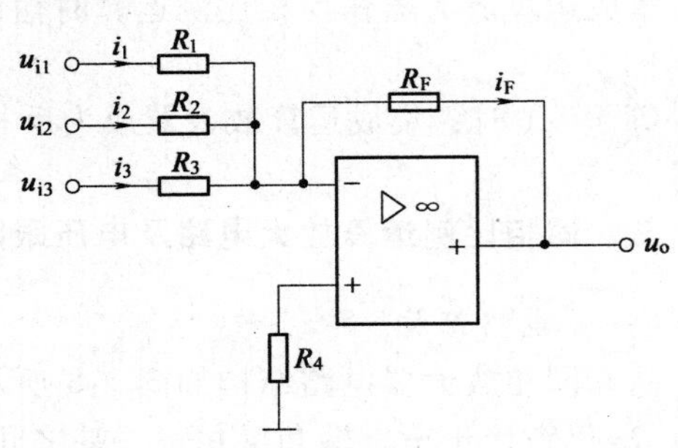

图 9-10　加法运算电路

由于　　$u_+=0$，　$u_+=u_-=0$

$u_o-u_-=-i_F\cdot R_F$，即 $u_o=-i_F\cdot R_F$

因，$i_F=i_1+i_2+i_3$，$i_1=\dfrac{u_{i1}}{R_1}$，$i_2=\dfrac{u_{i2}}{R_2}$，$i_3=\dfrac{u_{i3}}{R_3}$

所以
$$u_o=-\left(\frac{R_F}{R_1}u_{i1}+\frac{R_F}{R_2}u_{i2}+\frac{R_F}{R_3}u_{i3}\right) \tag{9-5}$$

当 $R_1=R_2=R_3=R_F$ 时
$$u_o=-(u_{i1}+u_{i2}+u_{i3}) \tag{9-6}$$

可见，输出信号等于输入各信号的和，从而构成具有加法运算功能的加法运算电路。

【例 9-3】　图 9-10 电路中，若 $R_F=R_1=R_2=R_3=10\text{k}\Omega$，

$u_{i1}=0.1\text{V}$，$u_{i2}=0.2\text{V}$，$u_{i3}=0.5\text{V}$　　求 u_o 的大小。

【解】　由(9-6)可知：
$$u_o=-(u_{i1}+u_{i2}+u_{i3})=-(0.1+0.2+0.3)=-0.8(\text{V})$$

若要得到 +0.8V，可在图 9-10 电路后级增加一级反相器即可。

四、减法运算

减法运算电路如图 9-11 所示。

由图可见该电路采用双端输入的运算电路构成。

电路电阻取　$R_1=R_2=R_3=R_F$
$$u_-=u_{i1}-R_1i_1=u_{i1}-R_1\frac{u_{i1}-u_o}{R_1+R_F}=u_{i1}-\frac{1}{2}(u_{i1}-u_o)$$
$$u_+=\frac{R_3}{R_2+R_3}\cdot u_{i2}=\frac{1}{2}u_{i2}$$

由于　　$u_+=u_-$

所以
$$u_o=u_{i2}-u_{i1} \tag{9-7}$$

输出电压为输入电压 u_{i2} 和 u_{i1} 之差，构成具有减法运算功能的减法运算电路。

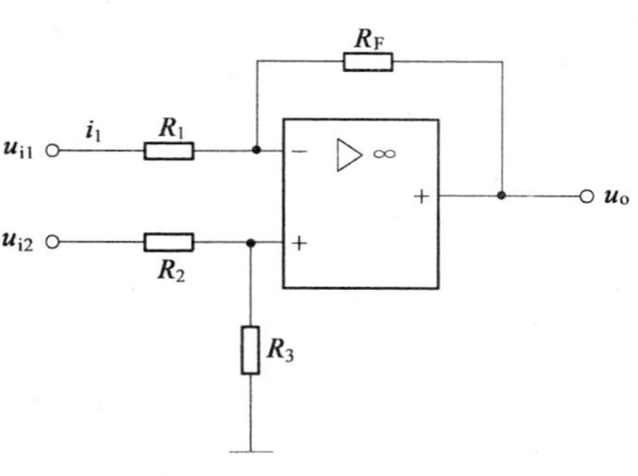

图 9-11　减法运算电路

教　学　评　价

一、填　空　题

1. 反相放大器是指反馈电阻 R_F 跨接于输出端和反相输入端之间，信号由________端输入，________端经 R_2 接地的电路。

2. 同相放大器是指反馈电阻 R_F 跨接于输出端和反相输入端之间，信号由________端输入，________端经 R_1 接地的电路。

3. 集成运算放大器成为反相器，是指输入与输出________相等，________相反；当反相放大器电路中________，即为反相器。

4. 集成运算放大器成为电压跟随器，是指输出与输入________相等，相位________。

二、计　算　题

1. 在如图 9-12 所示的电路中，$R_1=10\text{k}\Omega$，$R_F=100\text{k}\Omega$，$u=0.2(\text{V})$，求：输出电压 u_o 的值。

2. 如图 9-13 所示电路中，当 $R_1 = 20\text{k}\Omega$，$R_F = 120\text{k}\Omega$，$u = 1\text{V}$ 时，求电路的 u_o 值。

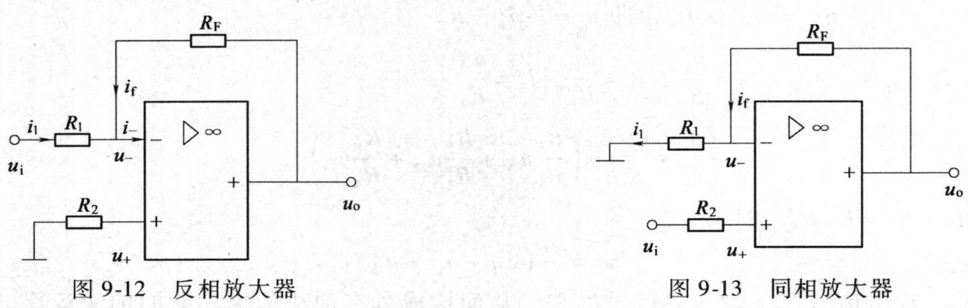

图 9-12　反相放大器　　　　图 9-13　同相放大器

3. 电路如图 9-10 所示，其输入电压分别为 0.4V 和 0.8V。试算出输出电压值。

4. 试画出能实现 $u_o = -(u_{i1} + 5u_{i2})$ 运算关系的运算放大电路（设 $R_F = 50\text{k}\Omega$）。

技能训练十三　运算放大器及应用

一、实训目的

通过实训的测试及分析，进一步掌握比例运算电路的特点性能及输入输出特性。

二、实训设备

学习机、万用表、比例运算电路板。

三、实训电路

实训电路如技图 13-1 所示。

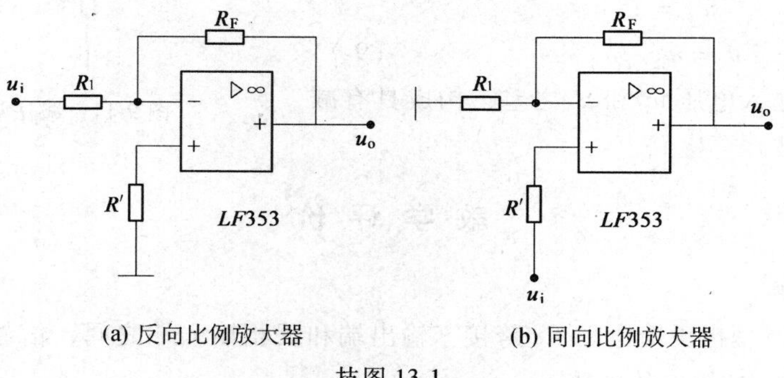

(a) 反向比例放大器　　(b) 同向比例放大器

技图 13-1

其中：$R_1 = 10\text{k}\Omega$　$R_F = 100\text{k}\Omega$　$R' = R_1 / R_F$

四、实训内容与步骤

（一）反相比例放大器

1. 将 WL-V 型学习机电源开关打开，调整直流电源使之输出 ±15V。

2. 将比例运算实验板中 S_1 扳向左方，S_2 扳向右方，S_3 扳向右方，这时电路接成技图 13-1(a)所示。为反相比例放大器，然后，将实验板插入印刷线路板插座，电源 ±15V 接入电路中。

3. 用学习机 +5V 电源和 10kΩ 电位器得到电压 V_i，调整电位器改变输入电压，测量 V_o。将测量结果填入技表 13-1。(测 V_o 时注意其极性用黑表笔接"OUT"、红表笔接"⊥")

由 U_o = ________ V_i(填公式)估算 V_o，估算值也填入技表 13-1，并求测量值的误差。

技表 13-1

直流输入电压 V_i		30.0mV	0.1V	0.3V	1V	3V
U_o(V)	计算值					
	测量值					
	误差					

4. 使 $V_i=0$，测量 V_o、V_{NP}、V'_R 和 U_{R1}，将结果填入技表 13-2。

5. 使 $V_i=0.8$V，测量 V_o、V_{NP}、V'_R、V_{R1} 将结果填入技表 13-2。

由以上数据可计算出电阻 R_i，计算方法是：R_i = ____________。

技表 13-2

V_i(V)	V_o(V)	V_{np}(V)	V'_R(V)	V_{R1}(V)	R_i(Ω)
0	0				
0.8					

6. 使 $V_i=0.8$V，分别测量 R_L 开路(S 扳向右方)和 $R_L=3.3$kΩ(S_3 向左)时输出电压 V_o 及 V'_o，结果填入技表 13-3。计算输出电阻 R_o，计算方法是____________，数值填入技表 13-3。

技表 13-3

V_i(V)	V'_o(V)	V_o(V)	R_o
0.8			

(二) 同相比例放大器

1. 将 WL-V 型学习机电源打开调整直流电源使输出为 ±15V。

2. 将实验板中 S_1 扳向右方，S_2 扳向左方，S_3 扳向右方，这时电路接成技图 13-1(b)所示，为同相运算电路。V_i 仍用 +5V 电源和 10kΩ 电位器得到，改变电位器得到不同 V_i，用万用表测量所对应的输出电压值，填入技表 13-4 中，由 V_o = ________ V_i，估算 V_o。将计算值也填入技表 13-4，并求测量值误差。

3. 使 $V_i=0$，测量 V_o、V_{np}、V_{R1}、V'_R，结果填入技表 13-4。

4. 使 $V_i=0.8$V，测量 V_o、V_{np}、V'_R、V_{R1}，结果填入技表 13-4。并计算 R_i。

技表 13-4

V_i(V)	V_o(V)	V_{np}(V)	V'_R(V)	V_{R1}(V)	R_i
0	0				
0.8					

5. 使 $V_i=0.8$V，分别测量 R_L 开路时(S_3 扳向右方)和 $R_L=3.3$kΩ(S_3 扳向左方)时 V_o 及 V'_o，并计算 R_o，结果填入技表 13-5。

技表 13-5

V_i(V)	V'_o(V)	V_o(V)	R_o
0.8			

五、实训思考题

1. 反相比例放大器与同相比例放大器的运算规律是什么？它们的输入输出电阻各有什么特点？

2. 工作在线性范围内的集成运算器，两输入端的电流和电位差是否可看成零？

1. 集成运放是一种高放大倍数多级直接耦合的直流放大器。内部主要由输入极、中间级、输出级、偏置电路组成。

2. 理想集成运放可认为开环放大倍数为无穷大、输入电阻无穷大、通频带无穷大、输出电阻为零。

3. 理想集成运放的两条重要结论：$u_+ = u_-$，$i_+ = i_- = 0$

4. 根据集成运放的线性特性，运放可组成加法、减法、比例等运算电路。

第十章

低频功率放大电路

大多数具有多级放大电路电子设备末级输出信号往往都是传送到负载，驱动负载装置正常工作。常见的负载装置有扬声器、伺服电机、记录仪表、继电器以及电视机的扫描偏转线圈等。这类主要向负载提供信号功率放大的电路被称为功率放大电路，本章讨论低频功率放大电路。

第一节　低频功率放大电路的一般问题

【知识目标】

1. 了解功率放大器的定义。

2. 了解低频功率放大器的工作任务、基本要求。

【能力目标】

能够从功率管工作波形上判断出功率放大器类型。

一、功率放大电路的基本要求

功率放大电路和前面章节介绍的电压放大电路都是利用晶体管的放大作用来工作，但所要完成的任务是不同的。电压放大器的主要任务是把微弱的信号电压进行放大，讨论的主要指标是电压放大倍数，输入和输出电阻等，输出的功率并不一定大。而功率放大电路则不同，它的主要任务是不失真地放大信号功率，通常在大信号状态下工作，讨论的主要指标是最大输出功率、电源效率、放大管的极限参数及电路防止失真的措施。针对功率放大器工作在大信号状态这一特点，对功率放大器有以下几点基本要求。

1. 有足够大的输出功率

为了获得足够大的输出功率，要求功率放大电路的晶体管（简称功放管）的电压和电流都允许有足够大的输出幅度，但又不超过功放管的极限参数 $V_{(BR)CEO}$、I_{CM}、P_{CM}。

2. 效率要高

放大电路的效率是指负载获得的功率 P 与电源提供的功率 P_E 之比，用 η 表示，即

$$\eta = \frac{P}{P_E} \tag{10-1}$$

功率放大电路输出的功率是由直流电源转换过来的，在输出同样的信号功率时，效率愈高的功率放大器，直流电源消耗的功率就愈低。

3. 非线性失真要小

由于功放管处于大信号工作状态，v_{CE} 和 i_C 的变化幅度较大，有可能超越晶体管特性曲

线的线性范围，所以容易失真。要求功率放大器的非线性失真尽量小，特别是高保真的音响及扩音设备对这方面有较严格的要求。

4. 功放管散热要好

功率放大器有一部分电能以热的形式消耗在功放管上，使功放管温度升高，为了使功放电路既能输出较大的功率，又不损坏功放管，通常功放管具有金属散热外壳，通常需要给功放管安装散热器和采取过载保护措施。

二、功率放大器的分类

根据功放管静态工作点 Q 在交流负载线上的位置不同，可分为甲类、乙类、甲乙类三种功率放大器。

（1）甲类功率放大器。三极管的静态工作点 Q 设置在交流负载线的中点附近，如图10-1(a)所示。在工作过程中，功放管始终处于导通状态。若输入电压 v_i 为正弦信号，集电极电流 i_C 波形无失真。由于静态电流大，放大器的效率较低，最高只能达到50%。

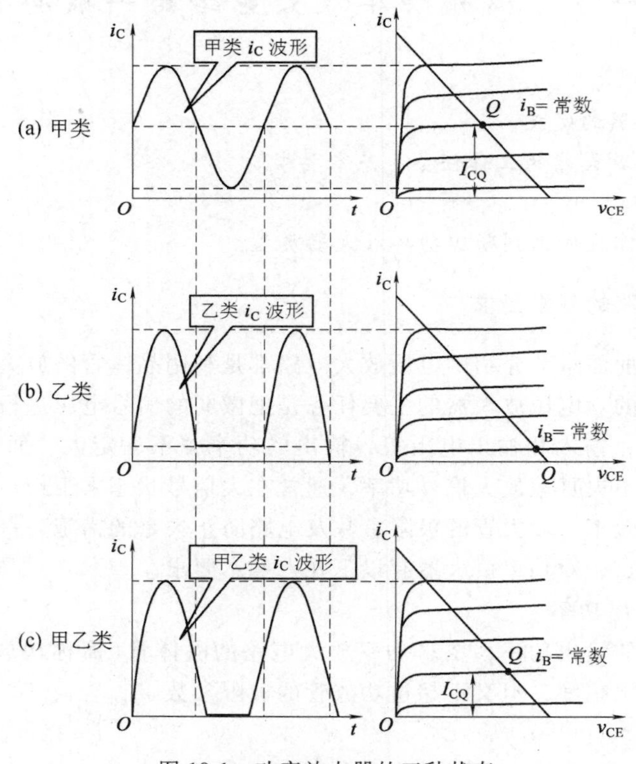

图 10-1　功率放大器的三种状态

（2）乙类功率放大器。三极管的静态工作点 Q 设置在交流负载线的截止点，如图10-1(b)所示。在工作过程中，三极管仅在输入信号的正半周导通，正弦信号输入时集电极电流 i_C 波形只有半波输出。由于几乎无静态电流，功率损耗减到最少，使效率大大提高。乙类功率放大器采用两个三极管组合起来交替工作，则可以放大输出完整的全波信号。

（3）甲乙类功率放大器。三极管的静态工作点介于甲类和乙类之间，三极管有较小的静态电流，正弦信号输入时的集电极电流 i_C 波形如图 10-1(c)所示，它的波形失真情况和效率介于上述两类之间，是实用的功率放大器经常采用的方式。

教 学 评 价

一、判 断 题

1. 凡是向负载提供信号功率放大的电路被称为功率放大电路。(　　)
2. 功率放大电路的主要任务是不失真地放大信号功率，通常工作在大信号状态下。(　　)
3. 放大电路的效率是指电源提供的功率 P_E 与负载获得的功率 P 之比。(　　)
4. 甲类功率放大电路中，在没有信号输入时，电源功耗最小。(　　)

二、填 空 题

1. 对功率放大器基本要求有________、________、________、________。
2. 根据功放管静态工作点 Q 在交流负载线上的位置不同，可分为________、________及________三种功率放大器。

第二节　常用低频功率放大电路

【知识目标】

1. 了解 OCL 与 OTL 功率放大器的含义。
2. 理解 OCL 与 OTL 功率放大电路特点及简要工作原理。

【能力目标】

能够从应用角度掌握消除交越失真的方法。

一、电路组成

工作在乙类的放大电路，虽然管耗小，有利于提高效率，但存在严重的失真，使得输入信号的半个波形被削掉了。如果用两个管子，使之都工作在乙类放大状态，但一个在正半周工作，而另一个在负半周工作，同时使这两个输出波形都能加到负载上，从而在负载上得到一个完整的波形，这样就能解决效率与失真的矛盾。

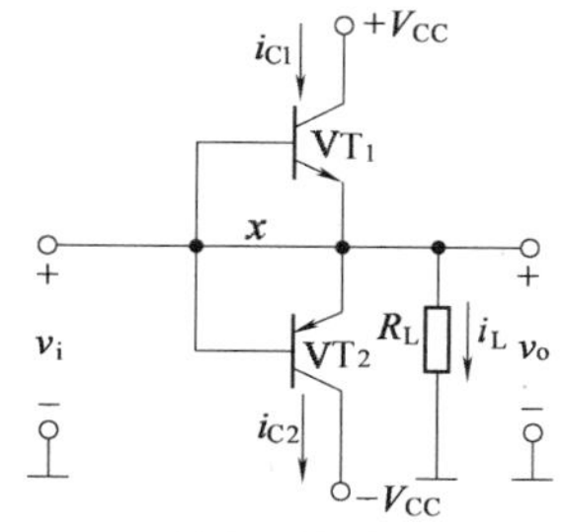

(a) 基本互补对称电路

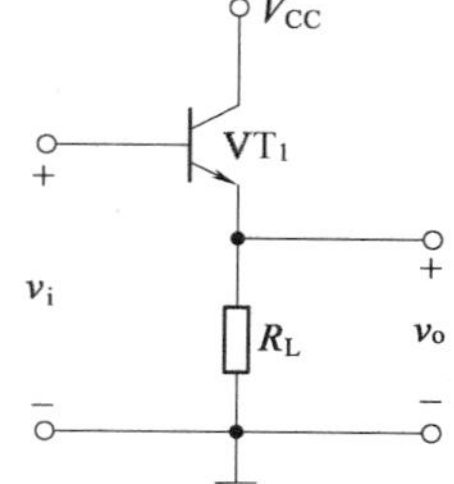

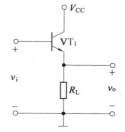

(b) 由 NPN 管组成的射极输出器

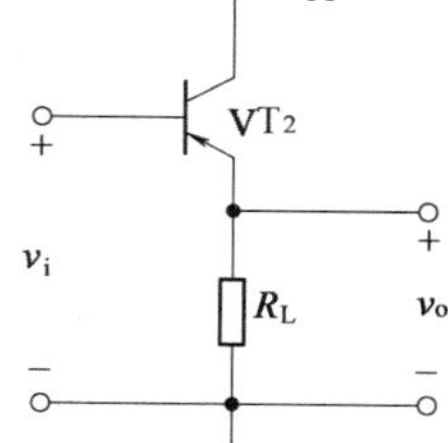

(c) 由 PNP 管组成的射极输出器

图 10-2　两射极输出器组成的基本互补对称电路

怎样实现上述设想呢？下面来研究一下图 10-2(a)所示的互补对称电路。VT_1 和 VT_2 分别为 NPN 型管和 PNP 型管，两管的基极和发射极相互连接在一起，信号从基极输入，从射极输出，R_L 为负载。这个电路可以看成是由图 10-2(b)、(c)两个射极输出器组合而成。考虑到晶体管发射结处于正向偏置时才导电，因此当信号处于正半周时，VT_2 截止，VT_1 承担放大任务，有电流通过负载 R_L；而当信号处于负半周时，VT_1 截止，由 VT_2 承担放大任务，仍有电流通过负载 R_L；这样，图 10-2(a)所示基本互补对称电路实现了在静态时管子不取电流，而在有信号时，VT_1 和 VT_2 轮流导电，组成推挽式电路。由于两个管子互补对方的不足，工作性能对称，所以这种电路通常称为互补对称电路。

这种双电源互补对称电路属于无输出电容功率放大器，简称 OCL 电路。OCL 为英文 Output Capacitorless 的缩写。

二、OCL 电路工作原理、输出功率及效率

（一）工作原理

OCL 电路的基本结构如图 10-3 所示。图中 V_1 为 NPN 型三极管，V_2 为 PNP 型三极管。

静态时，由于 OCL 电路的结构对称，所以输出端的 A 点电位为零，没有直流电流通过 R_L，因此输出端不接隔直流电容。

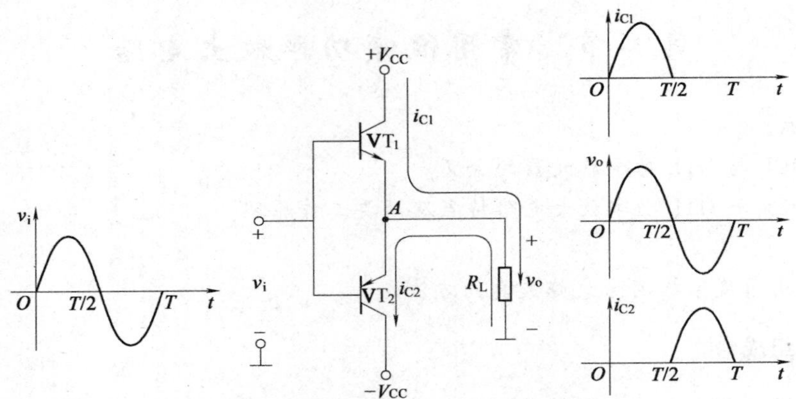

图 10-3　OCL 基本电路及工作波形图

当输入信号 v_i 的正半周时，VT_1 管发射结正偏而导通，VT_2 管发射结反偏而截止，产生电流 i_{C1} 流经负载 R_L 形成输出电压 v_o 的正半周。

当输入信号 v_i 的负半周时，VT_1 管的发射结反偏而截止，VT_2 管的发射结正偏而导通，产生电流 i_{C2} 流经负载 R_L 形成输出电压 v_o 的负半周。

综上所述，VT_1 管与 VT_1 管交替导通，分别放大信号的正、负半周，由于工作特性对称，互补了对方的工作局限，使之能向负载提供完整的输出信号(见图 10-3 的波形)，这种电路通常又称为互补对称功率放大电路。

（二）输出功率

OCL 电路中，负载可能获得的最大功率 P_{om} 为

$$P_{om}=\frac{V_{CC}^2}{2R_L} \tag{10-2}$$

（三）效率

OCL 电路中，电源输出功率用 P_E 表示，可以证明 OCL 电路的理想效率为

$$\eta=\frac{P_{om}}{P_E}=78.5\% \tag{10-3}$$

三、交越失真及其消除方法

前面讨论图 10-3 所示 OCL 电路工作原理时不考虑三极管死区电压的影响，为理想状态，实际上这种电路并不能使输出波形很好地反映输入信号的变化。由于没有直流偏置，在输入电压 v_i 低于死区电压(硅管 0.6V,锗管 0.2V)时，VT_1 和 VT_2 管都截止，i_{E1} 和 i_{E2} 基本为零，即在正、负半周的交替处出现一段死区，如图 10-4(a)所示，这种现象称为交越失真。如果音响功率放大器出现交越失真，会使声音质量下降；如果是电视机场扫描功放电路出现交越失真，则在电视屏的中间会出现一条较亮的水平线。

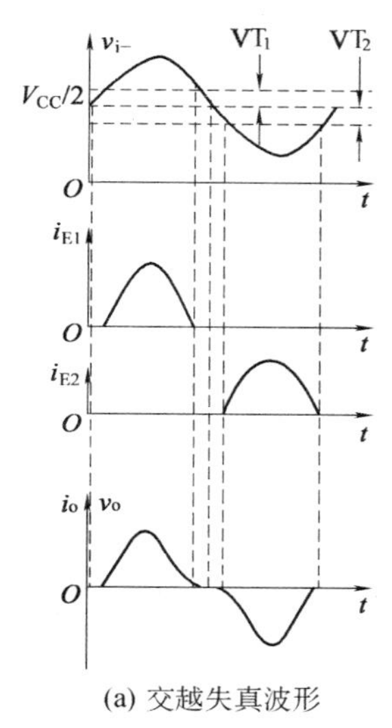

(a) 交越失真波形

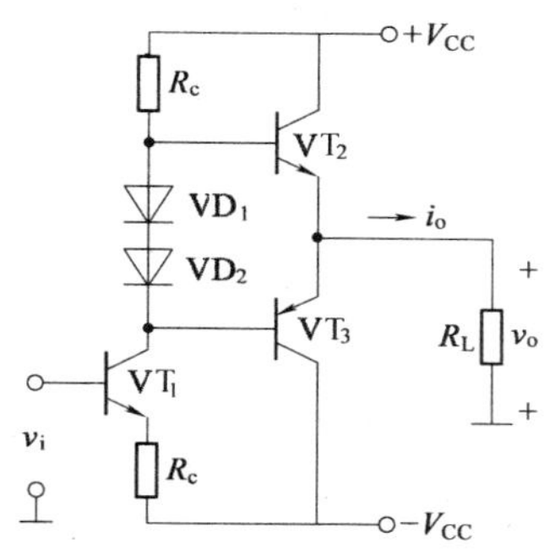

(b) 消除交越失真 OCL 电路

图 10-4　交越失真原理波形及消除电路

消除交越失真的具体电路如图 10-4(b)所示，在两个功放管基极间串入二极管 VD_1 和 VD_2，利用二极管的压降为 VT_2、VT_3 管的发射结提供正向偏置电压，使管子处于微导通状态，即工作于甲乙类状态，此时负载 R_L 上输出的正弦波就不会出现交越失真。

四、OTL 基本电路

前面介绍的 OCL 电路具有线路简单、频响特性好、效率高等特点，但要使用正、负两组电源供电，给使用干电池供电的便携式设备带来不便，同时对电路的静态工作点的稳定度也提出较高的要求。因此，目前用得更为广泛的是单电源供电的互补对称式功率放大电路。该电路输出管采用共集电极接法，输出电阻较小，能与低阻抗负载较好匹配，无需变压器进行阻抗匹配，所以该电路又称 OTL 电路，OTL 为英文 Output Transformerless 的缩写，表示该功放电路没有使用输出变压器。

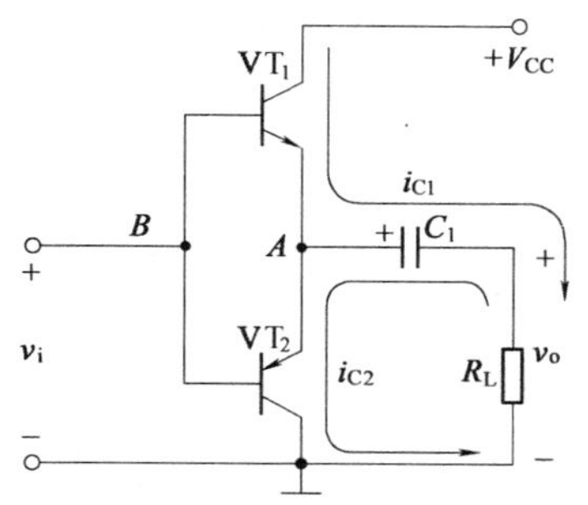

图 10-5　OTL 功率放大电路

图 10-5 所示为 OTL 功率放大电路的基本电路，VT_1 管与 VT_2 管是一对导电类型不同，特性对称的配对管。从电路连接方式上看两管均接成射极输出电路，工作于乙类状态。与 OCL 电路不同之处有两点：第一，由双电源供电改为单电源供电；第二，输出端与负载 R_L 的连接由直接耦合改为电容

耦合。

五、OTL电路工作原理、输出功率及效率

（一）工作原理

静态时，由于两管参数一致，所以A点及B点电压均为电源电压的一半，此时管子VT_1与VT_2的发射结电压$V_{BE}=V_B-V_A=0$，两管都截止。

输入交流信号v_i为正半周时，由于v_B电压升高，使NPN型的VT_1管导通，PNP型VT_2管截止，电源V_{CC}通过VT_1向耦合电容C_1充电，并在负载R_L上输出正半周波形。

输入交流信号v_i为负半周时，由于v_B电压下降，VT_1管截止，VT_2管导通，耦合电容C_1放电向VT_2管提供电源，并在负载R_L上输出负半周波形。要注意的是，在v_i负半周时，VT_1管截止，使电源V_{CC}无法继续向VT_2供电，此时耦合电容C_1利用其所充的电能代替电源向VT_2管供电。虽然电容C_1有时充电，有时放电，但因容量足够大，所以两端电压基本上维持在$\frac{1}{2}V_{CC}$。

综上所述可知，VT_1管放大信号的正半周，VT_2管放大信号的负半周，两管工作性能对称，在负载上获得正，负半周完整的输出波形。

（二）输出功率

OTL电路中，负载可能获得的最大功率P_{om}为

$$P_{om}=\frac{V_{CC}^2}{8R_L} \tag{10-4}$$

（三）效率

OTL电路中，电源输出功率用P_E表示，可以证明OTL电路的理想效率为

$$\eta=\frac{P_{om}}{P_E}=78.5\% \tag{10-5}$$

教学评价

一、判断题

1. OCL功率放大电路采用双电源供电。（　　）
2. OTL功率放大电路采用单电源供电。（　　）
3. OCL与OTL功率放大电路具有相同的理想效率。（　）
4. 图10-5所示OTL功率放大电路不存在交越失真。（　）

二、填空题

1. 乙类OTL功率放大电路的主要优点是提高__________。若不设偏置电路，OTL功率放大电路输出信号将出现________失真。

2. 互补对称式OTL功率放大电路在正常工作时，其输出端中点电压应为________。

3. OCL功率放大电路在输出最大不失真信号的情况下，输出最大功率$P_{om}=$________，OCL功率放大电路在理想情况下效率为$\eta=$________。

4. 在OCL功率放大电路中，要想在负载阻抗为8Ω的负载上获得9W最大不失真功率，电源电压为________V。

第三节　集成功率放大器

【知识目标】

了解集成功率放大器特点及应用。

【能力目标】

熟悉 LM386 集成功率放大器应用。

随着微电子技术的发展，集成功率放大器已经被广泛应用于电子设备中，现以 LM386 集成功率放大器为例，介绍其电路功能及典型应用。

集成功率放大器，通常可以分为通用型和专用型两大类。通用型是指可以用于多种场合的电路，专用型指用于某种特定场合（如电视、音响专用功率放大集成电路等）。LM386 属于通用集成功路放大器。

LM386 是一种音频集成功率放大器，主要特点是频带宽，典型值可达 300kHz，具有自身功耗低，电压增益可调整，电源电压范围大，外接元件少和总谐波失真小等优点，广泛应用于录音机、收音机之中、对讲机和光控继电器等。

一、LM386 的外形与内部电路结构

（一）外形及管脚排列

LM386 外形及管脚排列如图 10-6，采用 8 脚双列直插塑封结构。其中 1 脚和 8 脚为增益设定端。当 1 脚、8 脚断开时，电路增益为 20 倍；若在 1 脚、8 脚之间接入旁路电容，则增益可升至 200 倍；若在 1 脚、8 脚之间接入 R（可调）C 串联网络，其增益可在 20～200 之间任意调整。

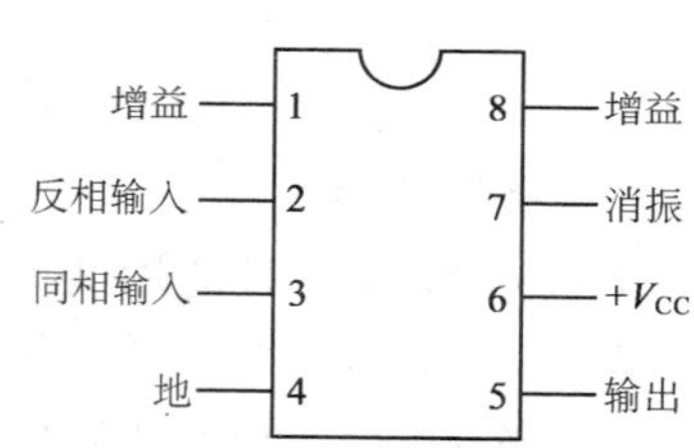

图 10-6　LM386 外形图

（二）内部电路及工作原理

LM386 的内部原理电路如图 10-7 所示。VT_1 与 VT_2，VT_3 与 VT_4 构成同型达林顿复合管

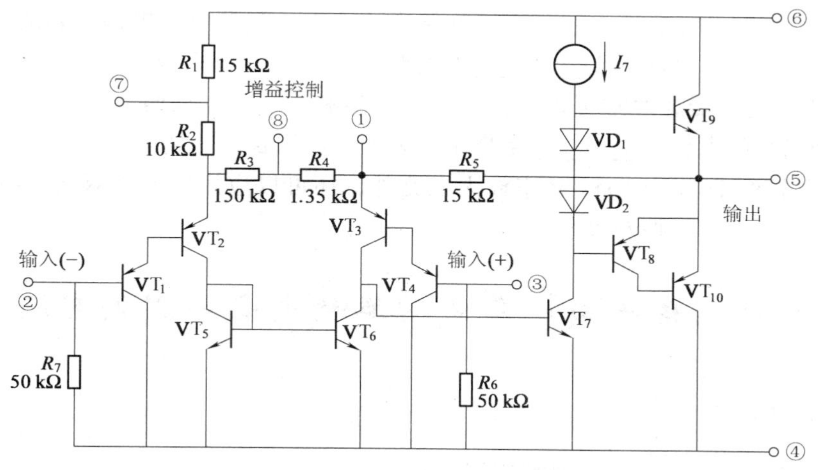

图 10-7　LM386 内部原理电路图

差分输入电路，VT_5、VT_6 为其集电极镜像电流源负载，R_6、R_7 为输入偏置电阻，并决定输入阻抗大小。由 VT_3 单端输出的信号，加到共射中间放大级 VT_7，中间级负载为一恒流源 I_7，因而具有极高的电压增益。VT_8、VT_9、VT_{10} 及 VD_1、VD_2 组成甲乙类准互补输出级电路。R_3、R_4、R_5 及增益控制端用以改变反馈量，调节电路的闭环增益。

二、LM386 简要参数及应用实例

（一）简要参数

LM386 在 6V 电源电压下可驱动 4Ω 负载，在 9V 电源电压下可驱动 8Ω 负载。

（二）LM386 组成的 OTL 功率放大电路

电路如图 10-8 所示，1 脚与 8 脚之间所接 RC 阻容元件用于 LM386 集成功率放大器增益控制，7 脚所接电容的作用是电源退耦，5 脚所接 RC 阻容元件作用是消除 LM386 集成功率放大器的寄生振荡。

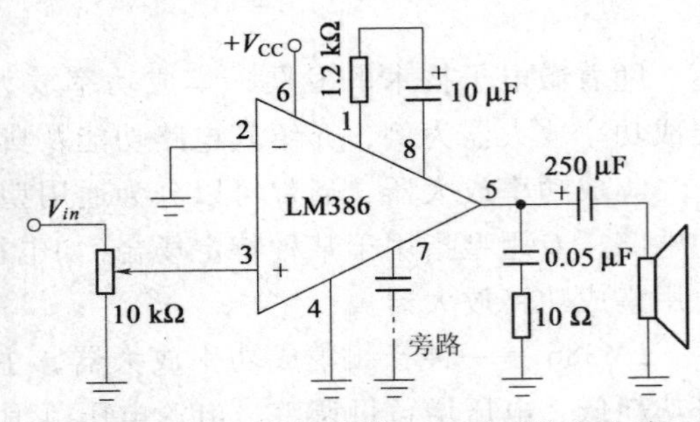

图 10-8　LM386 组成的 OTL 功率放大电路

LM386 集成功率放大器的应用除上面介绍 OTL 功率放大电路外，还可以用于单工双向有线对讲机电路以及中小功率继电器控制等，总之 LM386 集成功率放大器应用非常广泛。

教学评价

一、判断题

1. LM386 是一种通用型集成功率放大器。（　　）
2. 集成功率放大器可以分为通用型和专用型两大类。（　　）
3. LM386 是一种高功耗集成功率放大器。（　　）
4. LM386 是一种专用的音频集成功率放大器。（　　）

二、填空题

1. LM386 是一种音频集成功率放大器，主要特点是频带________，典型值可达________ kHz，具有自身功耗________，电压增益________调整，电源电压范围________，外接元件________和总谐波失真________等优点。

2. 集成功率放大器，通常可以分为________型和________型两大类。________型是指可以用于多种场合的电路，________型指用于某种特定场合。

3. LM386 除可以应用于 OTL 功率放大电路外，还可以应用于单工双向有线________电路以及中小功率________控制等。

技能训练十四　集成功率放大器的测试实验

一、实训目的

1. 学会组装集成功率放大器典型应用电路。
2. 会用万用表测量集成电路的引脚电压和用示波器观测波形。

二、实训设备

1. 低频信号发生器 1台
2. 示波器 1台
3. 万用表 1块
4. 直流稳压电源 1台
5. 毫伏表 1块
6. 电烙铁、镊子、剪线钳等常用工具 各1个
7. 集成功放电路器件 1套

三、实训内容与步骤

1. 按技图14-1将电路焊接安装好。

2. 检查接线无误后接通电源，在无信号输入时用示波器观察输出端有无振荡波形，看有无自激现象。若有，可适当调整消振电容的容量。

3. 用万用表直流电压挡测量集成电路各引脚的直流电压，并记入技表14-1中。

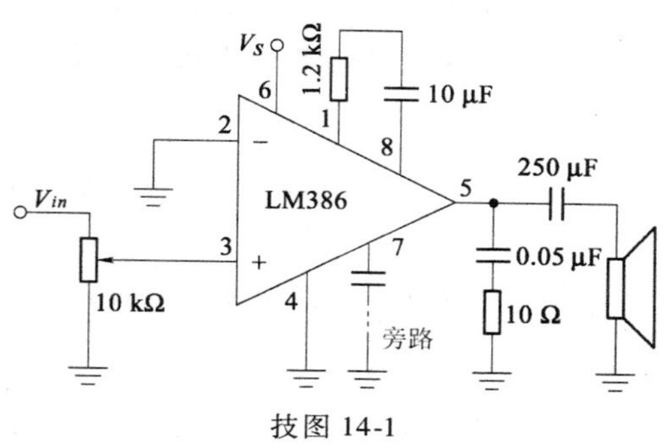

技图14-1

技表14-1

集成电路引脚	1	2	3	4	5	6	7	8
直流电压/V								

4. 测算最大不失真功率 P_{om}

(1) 将示波器接OTL电路的输出端，低频信号发生器接OTL电路的输入端，将频率调为1kHz，并逐渐调大输入信号 V_i 的幅度，直至输出信号为最大的不失真波形。

(2) 用毫伏表接在输出端，测出该状态下的信号电压 V_o。

(3) 应用 $P_{om}=\dfrac{V_o^2}{R_L}$ 计算出最大不失真功率。

5. 测算功放电路效率 η

(1) 在功放电路输出最大不失真信号的状态下，用万用表测量电源电流 I_{cc}，并作记录。

(2) 计算电源供给功率 $P_E=I_{CC}\times V_{CC}$。

(3) 用 $\eta=\dfrac{P_{om}}{P_E}$ 计算电路效率。

四、实训思考题

1. 试分析实训电路中各个元件的作用。
2. 如集成功率放大电路产生自激现象，应采取什么措施来克服？

五、实训报告要求

1. 写出实训目的、实训设备和仪表等。
2. 画出实训电路，写出实训过程，列表记录实训数据。

3. 写出实训心得体会。

1. 功率放大器的主要任务是不失真地放大信号功率。常用的功率放大器按静态工作点的设置不同，分为甲类、乙类和甲乙类。

2. 目前广泛应用的功率放大器是互补对称式功放电路，它有 OCL 和 OTL 两种类型，它们都是由对称的两个射极输出器组合而成，两只配对管导电极性相反，轮流放大信号的正、负半周，在负载上得到完整的放大信号。为了克服交越失真，应将推挽电路的静态工作点设置在甲乙类状态。

3. OCL 电路采用双电源供电，与负载连接采用直接耦合，最大输出功率 $P_{om}=\frac{V_{CC}^2}{2R_L}$；OTL 电路采用单电源供电，与负载连接采用电容耦合，最大输出功率 $P_{om}=\frac{V_{CC}^2}{8R_L}$。

4. 集成功率放大器是由输入级、中间放大级和 OTL 输出级构成，具有体积小、重量轻、工作可靠、调试组装方便之优点，目前得到越来越广泛的应用。使用集成功率放大器的关键是弄清引脚功能、接线图和各外部元件的作用。

第十一章

直 流 电 源

本章主要介绍单相二极管整流、滤波、稳压电路的工作原理，以及集成稳压器的使用。在实训部分通过学生的动手操作加深学生对所学理论知识的理解，熟悉单相调压器和示波器的使用方法及注意事项。

在实际生产和科研中常需要直流电源，例如电解、电镀、电子计算机、电子测量仪器、自动控制装置等。这些设备所需要的直流电源，通常是由交流电经过整流得到的。有些用电设备还要求电源的直流电压能够保持稳定，即需要直流稳压电源。常用的直流稳压电源一般由电源变压器、整流电路、滤波电路和稳压电路组成，结构框图如图 11-1 所示。

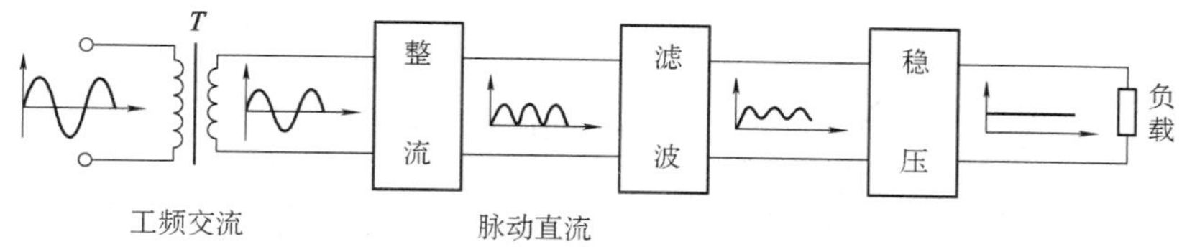

图 11-1 直流稳压电源的原理示意图

电源变压器也称整流变压器，它将交流电源的电压大小加以改变，为整流电路提供大小合适的交流输入电压。整流电路则将交流电压变换为单向脉动的直流电压。滤波电路的作用是降低直流电压的脉动程度，使之趋向平滑。考虑电网电压的波动或负载变化，还需加入稳压电路，稳压电路的作用是通过电路的自动调节而使输出电压保持恒定。

第一节 整 流 电 路

【知识目标】

1. 了解单相半波整流电路和桥式全波整流电路的结构和画法。
2. 掌握单相半波整流电路和单相桥式全波整流电路的工作原理。
3. 了解单相半波整流和桥式全波整流电路的计算。

【能力目标】

1. 能够根据电路图分析其工作原理。
2. 能够绘出整流电路波形。

根据所用交流电源的相数，整流电路可分为单相整流、三相整流与多相整流。从整流所得的电压波形看，又可分为半波整流与全波整流。

一、单相半波整流电路

（一）工作原理

单相半波整流电路如图 11-2 所示。图中 T 是变压器，VD 是二极管，R_L 是直流负载电阻。变压器副边电压 u_2 作为整流电路的交流输入电压，加在二极管与负载相串联的电路上。设输入电压

$$u_2=\sqrt{2}U_2\sin\omega t$$

式中 U_2 为变压器副边电压的有效值。当 u_2 为正半周时，a 端为正，b 端为负，a 端电位高于 b 端电位，二极管 VD 承受正向电压而导通，电流的通道为：$a^+\rightarrow$VD 导通$\rightarrow R_L\rightarrow b^-$。如果二极管正向导通时的管压降很小忽略不计，则加在负载 R_L 上的电压为 u_2 的正半周电压，即 $u_L\sim u_2$。当 u_2 为负半周时，则 b 端为正，a 端为负，b 端电位高于 a 端电位，二极管 VD 承受反向电压而截止，电路电流为零，这时，R_L 两端电压即输出电压 u_L 等于零，所以 u_2 的负半周电压全部加在二极管上。电路电流和电压的波形如图 11-3 所示。

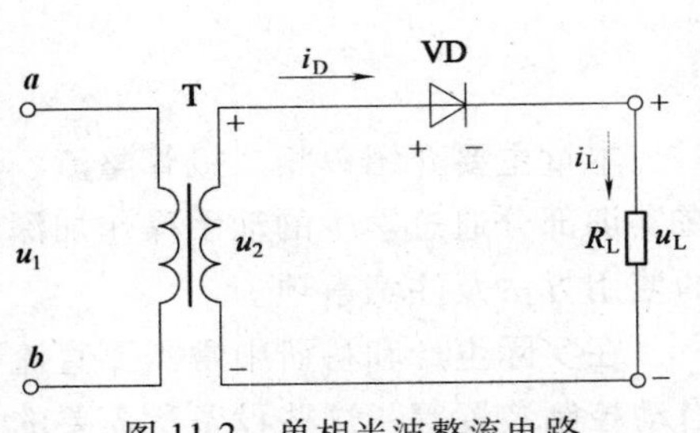

图 11-2 单相半波整流电路

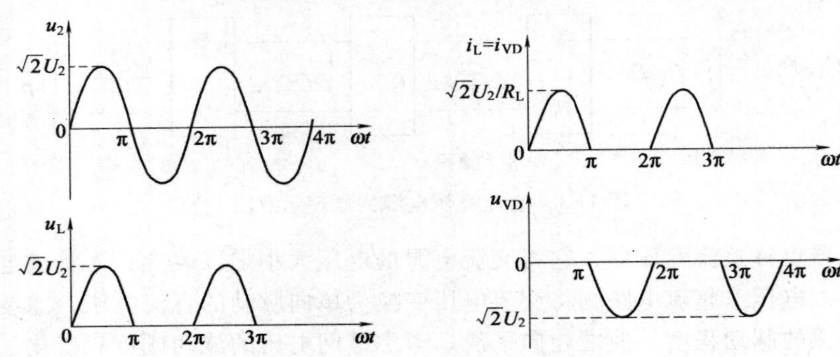

图 11-3 单相半波整流波形

这种电路，使负载在一个周期内只得到输入正弦交流电压的半个波，故称为半波整流。半波整流输出电压即负载 R_L 两端的电压为：

$$u_L=\sqrt{2}U_2\sin\omega t \qquad (0\leqslant\omega t<\pi)$$

$$u_L=0 \qquad (\pi\leqslant\omega t\leqslant 2\pi)$$

（二）负载上的直流电压与电流计算

整流输出电压的大小以其平均值表示。由图 11-4 可见，设输出的半波电压 u_L 在一周期内的平均值为 U_L，则可得

$$U_L=0.45U_2 \qquad (11\text{-}1)$$

上式表明，半波整流电路输出的直流电压平均值，等于输入的交流电压有效值的 0.45 倍。

因此，通过负载的直流电流平均值为

$$I_L=\frac{U_L}{R_L}=0.45\frac{U_2}{R_L} \qquad (11\text{-}2)$$

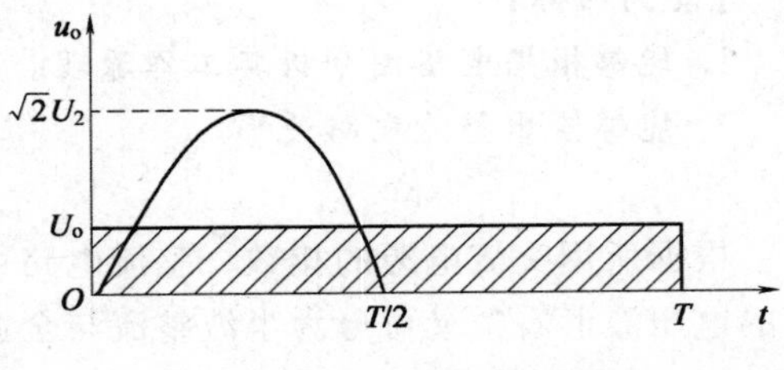

图 11-4 半波电压的平均值

通过二极管的正向电流平均值等于通过负载的电流，即

$$I_{VD}=I_L \tag{11-3}$$

二极管截止时所承受的最大反向电压等于变压器副边电压的幅值，即

$$U_{RM}=\sqrt{2}U_2=1.414U_2 \tag{11-4}$$

整流二极管的选择标准如下：

（1）通过二极管的电流 I_{VD} 与负载电流 I_L 相等，所以选用二极管时有如下关系

$$I_F \geqslant I_{VD}=I_L \tag{11-5}$$

（2）二极管承受的最大反向电压就是变压器的二次侧交流电压 u_2 最大值，即

$$U_{RM} \geqslant \sqrt{2}U_2 \tag{11-6}$$

根据 I_F 和 U_{RM} 计算值，查阅有关半导体器件手册选用合适二极管型号，使其额定值大于计算值一倍左右。

单相半波整流电路结构简单，所用整流器件少。但半波整流设备利用率低，而且输出电压脉动较大，一般仅适用于整流电流较小（几十 mA 以下）或对脉动要求不严格的直流设备。

二、单相桥式全波整流电路

（一）工作原理

单相桥式全波整流电路如图 11-5 所示。电路中采用了四个二极管接成电桥形式，故称桥式整流电路。电桥的一组对角顶点 a、b 接交流输入电压；另一组对角顶点 c、d 接至直流负载。其中二极管 VD_1 和 VD_2 的负极接在一起的共负极端 c，为整流电源输出端的正极，而 VD_3 和 VD_4 的正极接在一起的共正极端 d 为其负极。

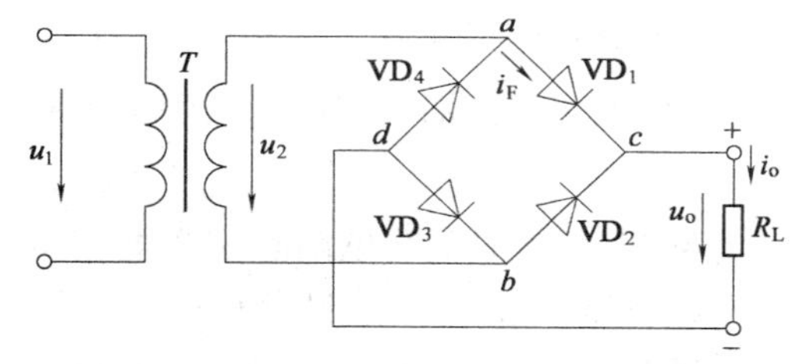

图 11-5　单相桥式整流电路

桥式整流电路工作原理如下：当交流电压 u_2 为正半周时，a 端为正，b 端为负，a 端电位高于 b 端，二极管 VD_1 和 VD_3 因正向偏置而导通，而二极管 VD_2、VD_4 因反向偏置而截止，电流的流经路径：$a^+ \rightarrow VD_1$ 导通 $\rightarrow R_L \rightarrow VD_3 \rightarrow b^-$。当 u_2 为负半周时，b 端为正，a 端为负，b 端电位高于 a 端，二极管 VD_2、VD_4 导通，VD_1、VD_3 截止，电流的流经路径：$b^+ \rightarrow VD_2$ 导通 $\rightarrow R_L \rightarrow VD_4 \rightarrow a^-$。由此可见，在交流电压 u_2 的一个周期内，二极管 VD_1、VD_3 和 VD_2、VD_4 轮流导通半个周期，并且无论在正半周或负半周，流过 R_L 的电流方向都相同，故称为全波整流。输出直流电压的脉动程度比半波整流降低了。

单相桥式整流的电流和电压波形如图 11-6 所示。

图 11-7 为桥式整流电路的简化画法，其中二极管符号的箭头指向为整流电源的正极。

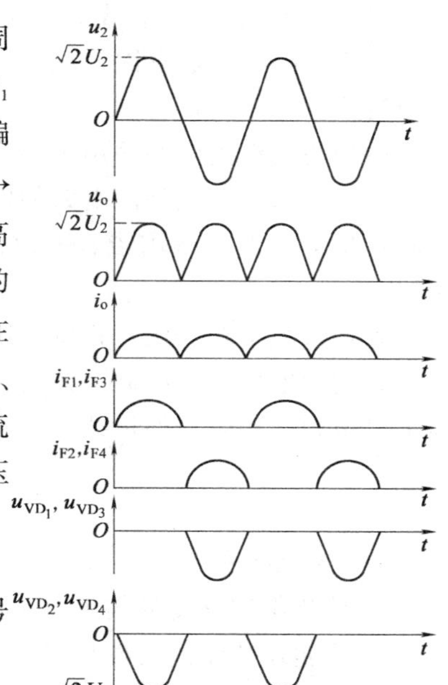

图 11-6　单相桥式整流波形图

（二）负载上的直流电压与电流计算

显然，全波整流负载上输出的直流电压或电流的平均

值为半波整流电路的两倍。由于两组二极管轮流工作，所以通过各个二极管的电流为负载电流的一半。二极管截止时承受的反向电压最大值仍等于输入交流电压幅值。即

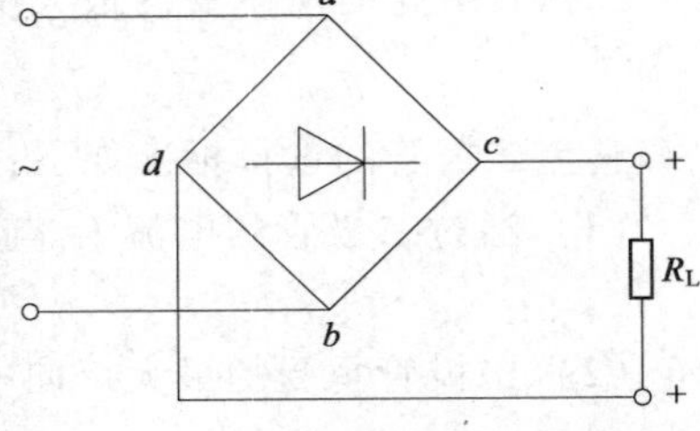

图 11-7　单相桥式整流电路简化

负载两端的直流电压平均值

$$U_o = 0.9U_2 \tag{11-7}$$

通过负载的直流电流平均值

$$I_o = 0.9\frac{U_2}{R_L} \tag{11-8}$$

通过每只二极管的正向平均电流

$$I_F = \frac{1}{2}I_o \tag{11-9}$$

每个二极管承受的最大反向电压

$$U_{DRM} = \sqrt{2}U_2 = 1.57U_o \tag{11-10}$$

（三）整流二极管的选择

1. 流经二极管的电流平均值 I_D 为负载电流 I_o 的一半，所以选择二极管应要求

$$I_D = \frac{U_L}{R_L} = 0.45\frac{U_2}{R_L} \tag{11-11}$$

2. 由分析结果可知，在正半周 VD_1 导通，VD_2 截止，此时变压器两个二次侧电压全部加在二极管 VD_2 两端，因此二极管承受的反向峰值电压是 $\sqrt{2}U_2$ 的两倍，即

$$U_{RM} \geqslant U_{DM} = 2\sqrt{2}U_2 \tag{11-12}$$

【例 11-1】 1 个纯电阻负载单相—桥式整流电路接好以后，通电进行实验，一接通电源，二极管马上冒烟了。试分析产生这种现象的原因。

【解】 分析的第一步，二极管冒烟说明流过二极管电流太大；分析的第二步，怎么会有大电流流过二极管呢？从电源变压器副边与二极管、负载构成的回路来看，出现大电流主要原因有两反面：(1)首先看负载有没有短路。如果负载短路，变压器副边感电压 e_2 经过二极管构成通路，二极管因过流烧坏。(2)如果负载确实没有短路，就要看四臂桥路中整流管是否接反。

单相桥式整流电路适用于中、小功率的整流。

必须注意，桥式整流电路的四个二极管的正负极不能接反。交流电压和直流负载分别应接的对角顶点也不许接错。否则，可能发生电源短路，不仅烧坏整流管，甚至烧坏电源变压器。

单相整流电路只用三相供电线路中的一相电源，如果电流较大，将使三相负载严重不平衡，影响供电质量。因此，大功率整流(几 kW 以上)一般采用三相整流电路。三相整流不仅可以做到三相电源的负载平衡，而且输出的直流电压脉动较小。

教学评价

一、判断题

1. 单相半波整流的输出电压比单相桥式整流的输出电压小。(　　)

2. 能实现整流的元件是三极管。(　　)

3. 若单相桥式整流电路的输出电压为 18V，则输入电压的有效值是 20V。(　　)

4. 单相半波整流电路仅适用于整流电流较小(几十 mA 以下)或对脉动要求严格的直流

设备。（　　）

二、填空题

1. 直流稳压电源由________、________、________和________四部分组成。

2. 整流电路的作用是________，整流常用的元件是________。

3. 整流按所得的电压波形可分为________和________。

三、计算题

1. 单相半波整流电路如图 11-8 所示，按图中所给条件，试求：

（1）输出电压 U_o 的大小。

（2）流过二极管的平均电流 I_D 和二极管承受的最大反向电压 U_{RM}。

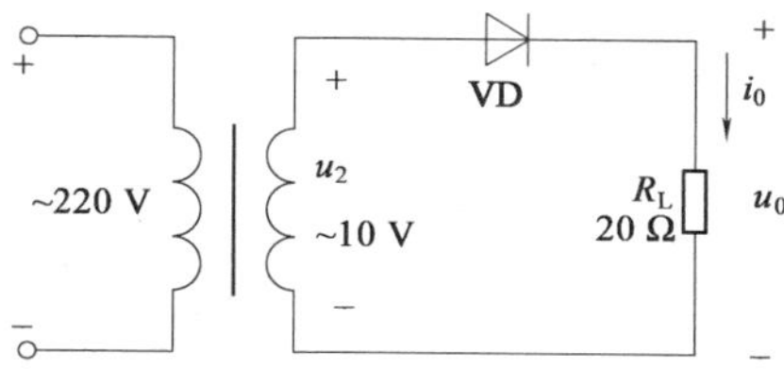

图　11-8

2. 单相桥式整流电路如图 11-9 所示，按图中所给条件，试求：

（1）输出电压 U_o 的大小。

（2）流过二极管的平均电流 I_D 和二极管承受的最大反向电压 U_{RM}。

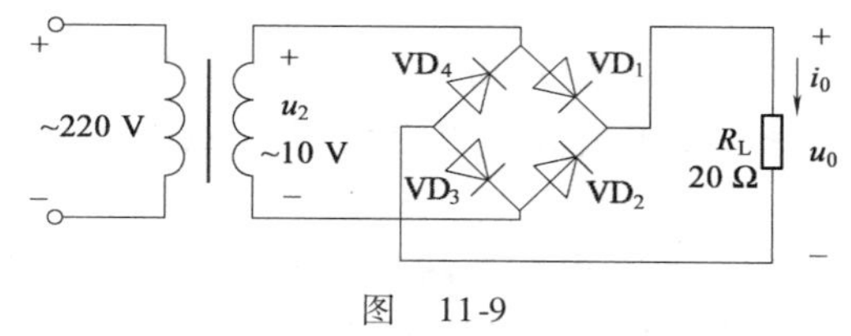

图　11-9

第二节　滤波电路

【知识目标】

1. 掌握滤波电路的基本类型。

2. 掌握电容滤波电路的工作原理和特点。

3. 掌握电感滤波电路的工作原理和特点。

【能力目标】

1. 能够根据电路图分析其工作原理。

2. 能够绘出滤波电路波形。

利用整流电路虽能把交流电转变为直流电，但整流输出的直流电压脉动程度仍然比较大，包含着多种频率的交流成分。为了滤除或抑制交流分量以获得脉动更小的直流电，必须加装滤波器。

滤波器通常由电容器和电感器组成。在滤波电路中，利用电容和电感对不同频率具有不同电抗的特性，大家知道，电感对直流来说感抗为零，对交流则随频率升高而增大；电容对直流的容抗为无穷大，对交流则容抗随频率升高而降低。所以，将电容与负载并联，可以旁路交流分量；而将电感与负载串联，则能抑制交流分量，均可达到滤波的目的。

一、电容滤波

单相半波整流电容滤波电路如图 11-10 所示。滤波电容 C 与负载电阻 R_L 相并联，因此，负载两端电压等于电容器 C 两端电压，即

$$U_o = U_C$$

由于电容器的滤波作用，输出电压的波形如图 11-11 所示。

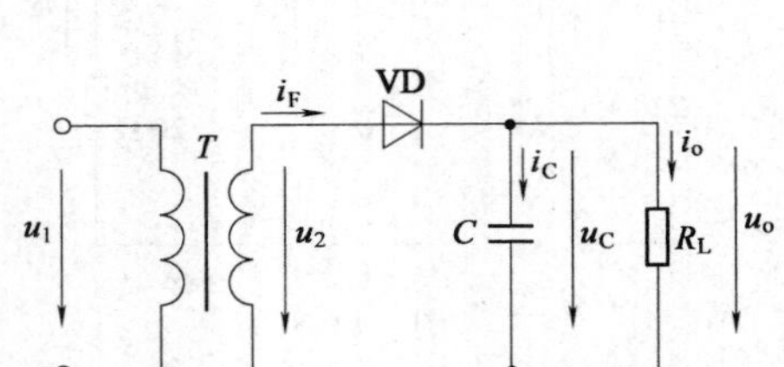

图 11-10　单相半波整流电容滤波电路

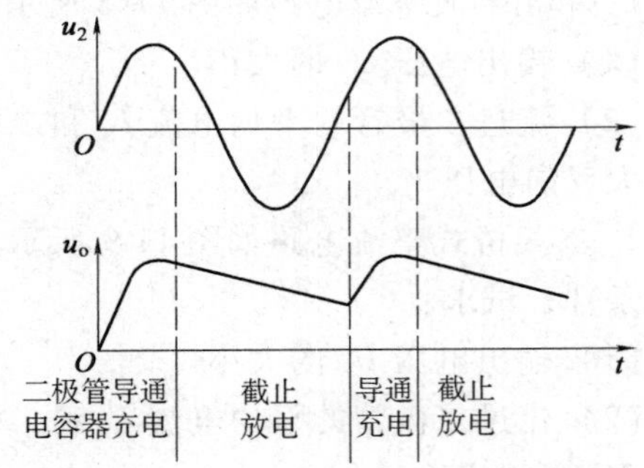

图 11-11　单相半波整流电容滤波电压波形图

设起始时电容器两端电压为零。当 u_2 由零进入正半周时，二极管导通，电容 C 被充电，其两端电压 u_C 将随 u_2 的上升而逐渐增大，直至达到 u_2 的最大值。在此期间，电源经二极管向负载提供电流。

当 u_2 从最大值开始下降时，由于电容器两端电压不会突变，将出现 $u_2 < u_C$ 的情况。这时，二极管则因反向偏置而提前截止，电容器通过 R_L 放电为负载提供电流，通过负载的电流方向与二极管导通时的电流方向相同。在 R_L 和 C 足够大的情况下，放电过程持续时间较长，直至交流电压 u_2 正向上升至 $u_2 > u_C$ 时，二极管再次导通，重复上述过程。

由于二极管的正向导通电阻很小，所以电容充电很快，u_C 紧随 u_2 升高。当 R_L 较大时，电容器放电较慢，负载两端的电压徐徐下降，甚至几乎保持不变。因此，输出电压不仅脉动程度减小，其平均值也可得到提高。

对于单相桥式整流电容滤波电路的工作原理，和半波整流电容滤波电路的类似，如图 11-12(a)所示，所不同的只是在一个周期内电容充放电各两次，其输出波形更加平滑，输出电压也有所提高，它的波形如图 11-12(b)实线所示。

在滤波电路中，电容容量愈大，滤波效果愈好，输出波形愈处于趋于平稳。为了获得比较平滑的直流电压，通常选取 $R_L C \geqslant (3-5)\dfrac{1}{2}T$ 来选择滤波电容，式中 T 为交流电的周期。

若取 $R_L C = 4 \times (T/2) = 2T$，电容滤波后的输出电压的平均值约为

半波整流　　$U_L = U_2$　　(11-13)

桥式整流　　$U_L \approx 1.2U_2$　　(11-14)

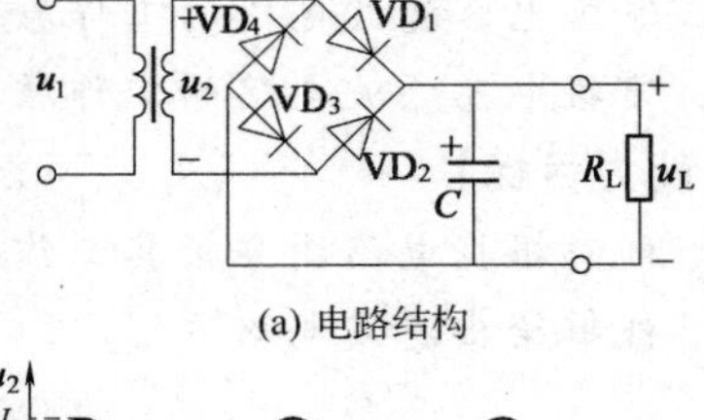

(a) 电路结构

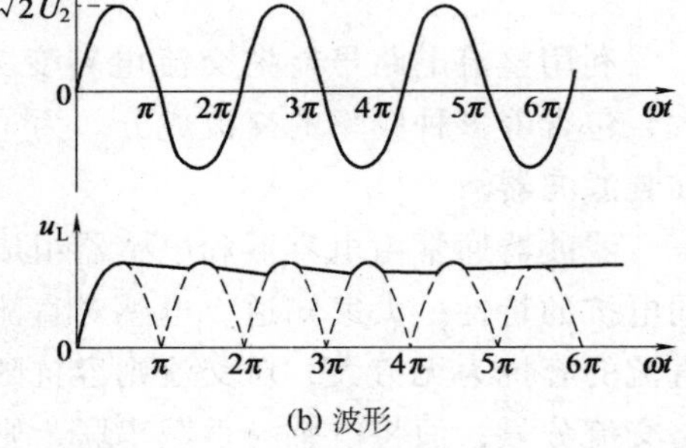

(b) 波形

图 11-12　桥式整流电容滤波电路及其波形

电容滤波输出电压随输出电流变化很大，所以电容滤波只适用于负载电流较小并且负载基本不变的场合。

二、电感滤波

电感滤波电路如图 11-13 所示，电感 L 与负载电阻 R_L 串联，利用通过电感的电流不能突变的特性来实现滤波。当通过电感中的电流增大时，自感电动势的方向与原电流方向相反，自感电动势阻碍了电流的增加，同时也将能量储存了起来，使电流变化率减小。反之，当通过电感中的电流减小时，自感电动势的方向与原电流方向相同，自感电动势的作用又阻碍了电流的减小，同时释放能量，使电流变化率减小，因此减少了输出电压的脉动，在负载上得到平滑的电压。不仅如此，当负载变化引起输出电流变化时，电感线圈也能抑制负载电流的变化。所以电感滤波适用一些大功率整流设备和负载电流变化较大的场合。

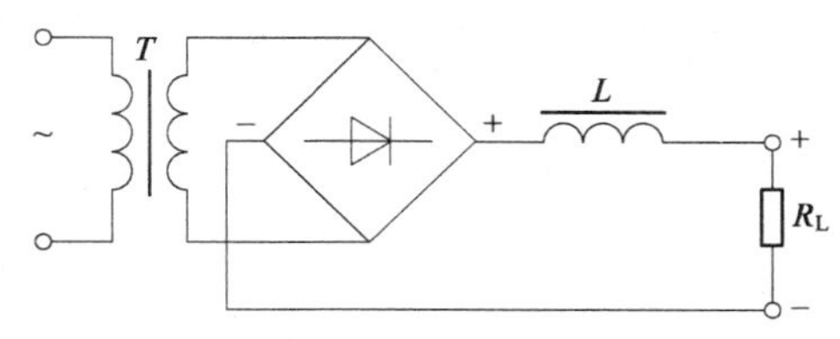

图 11-13　电感滤波电路

显然，L 愈大，滤波效果愈好。但电感量较大时，电感器的铁芯粗大笨重、线圈匝数较多，其应用有一定的局限性，在小功率的电子设备中很少采用。

三、复式滤波器

为了取得更好的滤波效果，使输出电压脉动更小，可用电容和电感混合组成复式滤波器。常见的有 Γ 型和 Π 型两种，如图 11-12 所示。

Γ 型滤波电路如图 11-14(a)所示，同时利用电感阻止交流分量和电容旁路交流分量的特性，所以滤波效果较好。又因电感线圈电流不能突变，所以在接通电路的瞬间冲击电流较小。

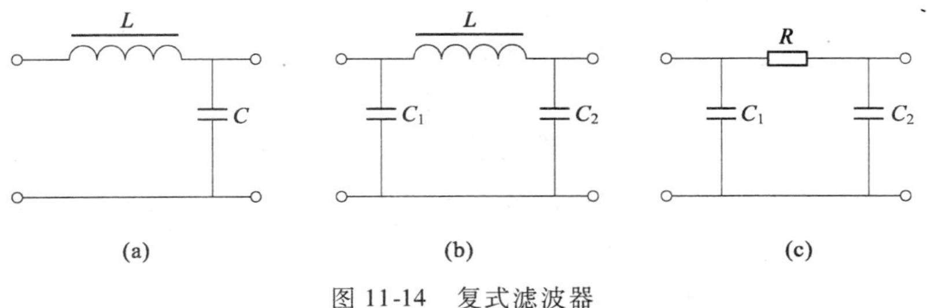

图 11-14　复式滤波器

Π 型滤波器如图 11-14(b)，由于再并联一个电容器，所以滤波性能更好一些，因此在许多电子设备中得到广泛应用。考虑到冲击电流，C_1 的电容量应比 C_2 小。

对于负载电流较小和负载比较稳定的场合，为了简单经济，可用适当的电阻 R 代替电感 L 组成 Π 型 RC 滤波器，如图 11-14(c)。RC 滤波器结构简单，电阻 R 还起降压、限流作用，滤波效果较好，是最实用的一种滤波器。

教 学 评 价

一、判 断 题

1. 滤波电容使用时，正极接电路中的高电位端、负极接低电位端。(　　)

2. 单相半波、桥式全波整流电容滤波电路中，滤波电容与负载串联。(　　)

3. 大功率整流设备和负载电流变化较小场合。(　　)

二、填 空 题

1. 滤波电路的功能是________，常用滤波元件是________和________。

2. 滤波器通常由________和________组成。

3. 在电感滤波电路中，L 愈________，滤波效果愈________。

三、计 算 题

单相桥式整流电容滤波电路如图 11-12(a)所示，电路中 $f=50\text{Hz}$，$u_2=24\sqrt{2}U_2\sin\omega t$ V。试问：

1. 估算输出电压 U_o，标出电容 C 上的极性。

2. 当 R_L 开路时，对输出电压 U_o 的影响。

3. 当滤波电容 C 开路时，对输出电压 U_o 的影响。

4. 若有一个二极管开路时，对输出电压 U_o 的影响。

5. 电路中有一个二极管的正、负极性接反，将产生什么后果？

第三节　稳 压 电 路

【知识目标】

1. 了解稳压电路的作用。
2. 了解稳压管稳压电路的结构和工作原理。
3. 掌握串联型稳压电路的组成和工作原理。
4. 熟悉集成三端稳压器的应用方法。

【能力目标】

1. 能够对串联型稳压电路进行初步分析。
2. 具备熟练地测量电子电路工作参数的技能。

交流电压经过整流、滤波后，虽然变成了直流电压，脉动程度很小，但当电网电压波动或负载变化时，其直流电压的大小也将随之发生变化。因此，必须使用稳压电路来获得更稳定的输出电压，通常在整流滤波电路之后，需要再加一级稳压电路。

一、稳压管并联型稳压电路

稳压管组成最简单稳压电路如图 11-15 所示。稳压管 VG 与负载 R_L 并联，电阻 R 起限流作用，用以保护稳压管，同时限制负载电流，当流过负载的电流超过 R 允许的最大电流时，R 会烧断。稳压电路的输入电压 U_i 是由整流滤波电路提供的直流电压，而输出电压 U_o 即稳压管的稳定电压 U_z。

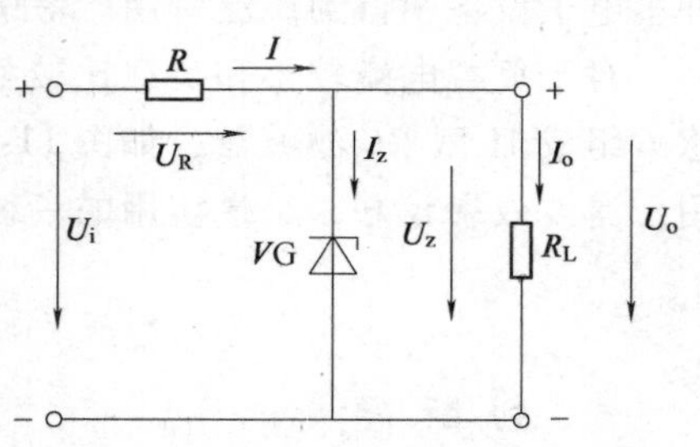

图 11-15　稳压管并联型稳压电路

稳压电路的工作原理如下：若电网电压波动，导致输入电压 U_i 增大时，VG 两端电压即输出电压 U_o 也将增大。根据稳压管的反向击穿区特性，只要加在稳压管上的反向电压稍有增加时，其工作电流 I_z 就显著增大。

这时，电路电流 I 增大，在电阻 R 上的压降增大，以抑制输出电压的升高，使得负载两端电压基本保持不变。反之，输入电压降低时，通过稳压管与电阻 R 的调节作用，将使电阻 R 上的压降减小，以抑制输出端电压的降低而使负载电压基本不变。其工作过程是：

$$U_i \uparrow \rightarrow U_o \uparrow \rightarrow I_z \uparrow \rightarrow I \uparrow \rightarrow IR \uparrow \rightarrow U_o \downarrow$$

如果输入电压下降，其工作过程与上述相反，U_o 仍保持稳定。

如果电网电压不变而负载发生变化时，该电路也能起到稳压作用。当负载电流变大而使电源的端电压降低时，稳压管的工作电流将减小，以补偿负载电流的变化。因此，通过电阻 R 的电流基本不变。这样，电阻 R 上的压降基本不变，输出端电压便趋向稳定。其工作过程是：

$$I_o \uparrow \rightarrow I \uparrow \rightarrow IR \uparrow \rightarrow U_o \downarrow \rightarrow I_z \downarrow \rightarrow IR \downarrow \rightarrow U_o \uparrow$$

为使稳压电路正常工作，输入电压 U_i 必须高于稳压管的稳定电压 U_Z。通过稳压管的工作电流也必须在最大稳定电流与最小稳定电流之间。因此，必须适当选择限流电阻 R 的阻值。

在稳压管稳压电路中，U_o 的大小总等于 VG 的稳压值。为了提高电路带负载的能力，减少输出电压的波纹，常在稳压管上并联一个滤波电容。在实际应用中，如果选择不到稳压值符合需要的稳压管，也可以使用稳压值较低的稳压管串联后，来获得所需的电压值。

并联型稳压电路结构简单，仅适用于功率较小和负载电流变化不大的场合。

二、晶体管串联型稳压电路

串联型稳压电路克服了稳压管稳压电路的输出电压不能调节、负载电流变化不大的缺点，稳压效果较好，是一种常用的稳压电路。

（一）电路结构

串联型稳压电路的基本结构如图 11-16 所示，电阻 R 是稳压二极管 VG 的限流电阻，又为三极管的基极电流提供通路，保证三极管 VT 工作在放大状态。三极管 VT 在电路中是调整元件，当输出电压 U_o 发生变化时，它能及时地加以调节，使输出电压保持稳定，因此它被称作调整管。由于调整管与负载相串联，所以称为串联稳压电路。稳压管 VG 为调整管提供基极电压，因此调整管的基极电压就等于稳压管的稳定电压，并基本保持不变，故称为基准电压。

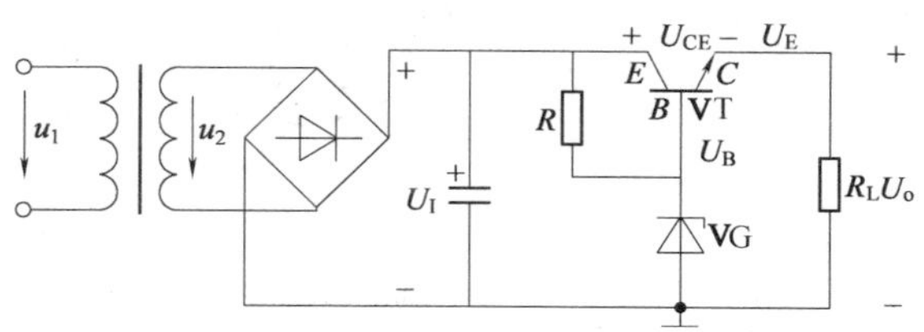

图 11-16 串联型稳压电路基本结构

（二）工作原理

交流电经变压、桥式全波整流及滤波后，得到脉动直流电压 U_i，作为稳压电路的输入电压。

当电网电压降低或负载电阻减小而使输出端电压 U_o 有所下降时，发射极电压 U_E 下降，由于 U_B 电压固定不变(等于 VG 的稳压值)，调整管的发射结的电压 U_{BE} 将增大，基极电流 I_B 随之增大，集电极电流 I_C 相应增大，从而使管压 U_{CE} 降低，抵消 U_o 下降部分，使 U_o 稳定。上述稳压过程简述如下：

$$U_o\downarrow\rightarrow U_E\downarrow\rightarrow U_{BE}\uparrow(=U_B-U_E)\rightarrow I_B\uparrow\rightarrow I_C\uparrow\rightarrow U_{CE}\downarrow\rightarrow U_o\uparrow$$

同理，当 U_o 增加时，由于 U_B 电压固定，调整管发射结电压 U_{BE} 将下降，I_B 随着下降，I_C 相应下降，U_{CE} 上升，输出电压 U_o 下降，从而保持输出电压稳定不变。

从图 11-17 可见，调整管 T_1 与负载电阻 R_L 组成的是射极输出器电路，所以具有稳定输出电压的特点。要求在稳压电路的工作过程中，调整管始终处在放大状态。通过调整管的电流等于负载电流，因此必须选用适当的大功率管作调整管，并按规定安装散热装置。为了防止短路或长期过载烧坏调整管，在直流稳压器中一般还设有短路保护和过载保护等环节。

三、集成稳压器

随着电子技术的发展，集成化的稳压器应用越来越广泛。集成稳压器具有性能好，体积小、重量轻、价格便宜、使用方便，有过热、短路电流限流保护和调整管安全区等保护措施，使用安全可靠等优点。集成稳压器的电路结构绝大多数为串联型稳压电路。按照输出电压是否可调，可分为固定和可调两种形式。

(一) 三端电压固定式集成稳压器

1. 型号规格

三端电压固定式集成稳压器，它将稳压电路中的所有元件做在一起，形成一个稳压集成块，对外只引出三个引脚接即输入端、输出端和接地端。其封装形式有金属壳封装和塑料封装两种，如图 11-17 所示，1 为输入端，2 为接地端，3 为输出端。

三端电压固定式集成稳压器有 W7800(正电压输出)和 W7900(负电压输出)两大系列，输出电压为 5V、6V、8V、12V、15V、18V 和 24V，共七个档次。输出电压值由型号中的后两位数字表示。例如，W7805 表示输出电压 +5V，W7912 表示输出电压 -12V。在保证充分散热的条件下，输出电流有 0.1A、0.5A 和 1.5A 三个档次。

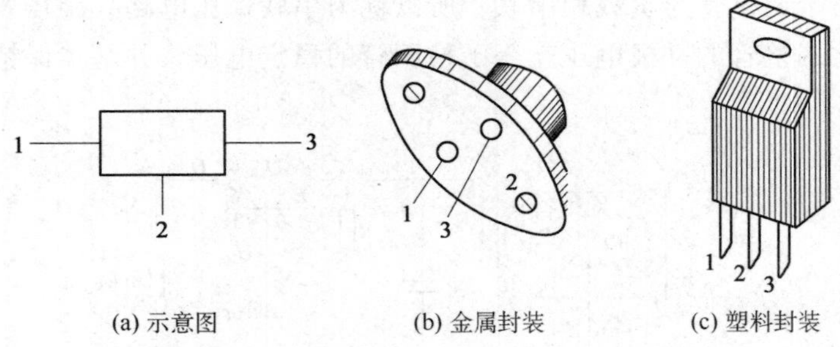

(a) 示意图　(b) 金属封装　(c) 塑料封装

图 11-17　三端电压固定式集成稳压器的封装与管脚排列

2. 应用电路

图 11-18(a)为固定正电压输出电路。交流电网电压经变压、整流、电容滤波后的不稳定直流电压加到 7800 系列集成稳压器的输入端 1 和接地端 2 之间，则在输出端 3 和接地端 2 之间就可得到固定的稳定电压输出。其中电容 C_1 用于减小输入电压的脉动，C_2 用于削弱电

路的高频噪声。

图 11-18(b)为 7900 系列固定负电压输出电路。

图 11-18(c)为 7800、7900 系列组成具有正、负固定电压输出的电路。

使用三端电压固定式集成稳压器后，可使稳压电路变得简洁，如图 11-18(a)(b)所示，只需在输入端和输出端上分别加一个滤波电容就可以了，但接线时应注意区分输入端与输出端，假若接错，将使调整管的发射结承受过高的反向电压可能导致击穿。7800 及 7900 系列集成稳压器，属于功耗较大的集成电路，必须装配散热器才能正常工作。如果散热不良，稳压器内部的过热保护电路对输出电压进行限制，使稳压器中止工作。

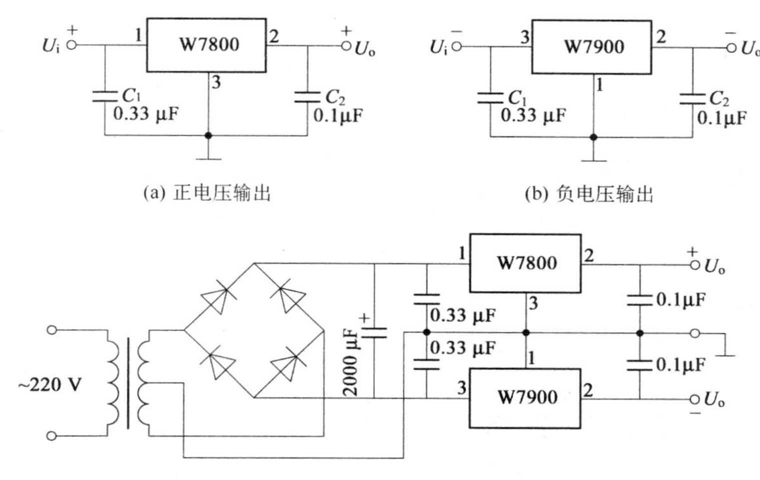

图 11-18 三端电压固定式集成稳压器接线图

三端固定式集成稳压器，原为固定输出电压设计的，但如外接某些元器件后，也可以改变输出电压，并使输出电压可调。

（二）可调式集成稳压器

三端可调集成稳压器的输出电压在小范围内是可调的，有一定的灵活性，但价格较固定式贵得多。它也分正电压稳压器 317(117、217)系列和负电压稳压器 337(137、237)系列。317 的符号如图 11-19 所示，它的三个端子除输入端和输出端以外，第三个端子不是公共端，而是电压调整端，通过调整外接电阻 R_1 和电位器 R_P 组成调压电路如图 11-19(c)，只需调节电位器 R_P，就能使输出电压在 1.2～37V 范围内连续可调。

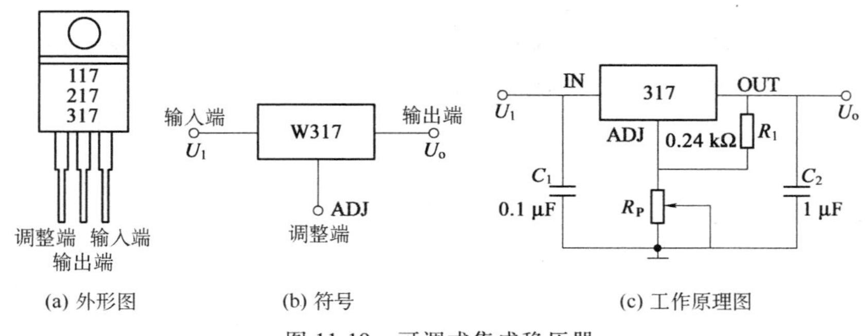

图 11-19 可调式集成稳压器

目前，线性集成稳压器正在朝大电流方向发展，以适应直流稳压电源大容量的需要。如最近生产的 42055 系列三端固定式集成稳压器的最大输出电流可达 20A，42015 系列可达 10A。

教学评价

一、判断题

1. 三端固定式集成稳压器 7800 系列输出负电压，7900 系列输出正电压。(　　)
2. 具有稳压功能的器件是二极管。(　　)
3. 7800 系列和 7900 系列不用装配散热器也能正常工作。(　　)
4. 317 可调式集成稳压器有三个端子即输入端、输出端和电压调整端。(　　)

二、填空题

1. 稳压电路的作用是________。
2. 三端电压固定式集成稳压器有________和________两大系列。
3. 晶体管串联型稳压电路在工作中，要求调整管始终处在________状态，并按规定安装________装置。

三、回答问题

三端电压固定式集成稳压器如何使用?

技能训练十五　稳压电源的制作

一、实训目的

1. 掌握用三端集成稳压器构成双路稳压电源的方法。
2. 掌握稳压电源的焊接、调整和测试方法。
3. 理解稳压电源的稳压原理。

二、实训原理

常用的双路直流稳压电源的组成框图与单路直流稳压电源类似，也分为变压、整流、滤波和稳压等几个环节。本实验要求稳压电源输出正、负两种极性的电压，用三端集成稳压器实现的稳压电源性能价格比好，得到了广泛的应用。

电路中的 $V_{REF} = V_{31}$(或 V_{21}) = 1.2V，$R_1 = R_3 = (120 \sim 240)\Omega$，为保证空载情况下输出电压稳定，$R_1$ 和 R_3 不宜高于 240Ω。R_2 和 R_4 的大小根据输出电压调节范围确定。该电路输入电压 V_i 分别为 ±25V，则输出电压可调范围为 ±(1.2 ~ 20V)。

三、实训设备

1. 模拟电子技术实验箱　　1 个
2. 双踪示波器　　1 台
3. 万用表　　1 块
4. 集成电路和元器件：

　双路输出变压器　　1 个

三端集成稳压器	2 个
普通二极管	若干
电阻、电容	若干

四、实训任务

（一）实训电路

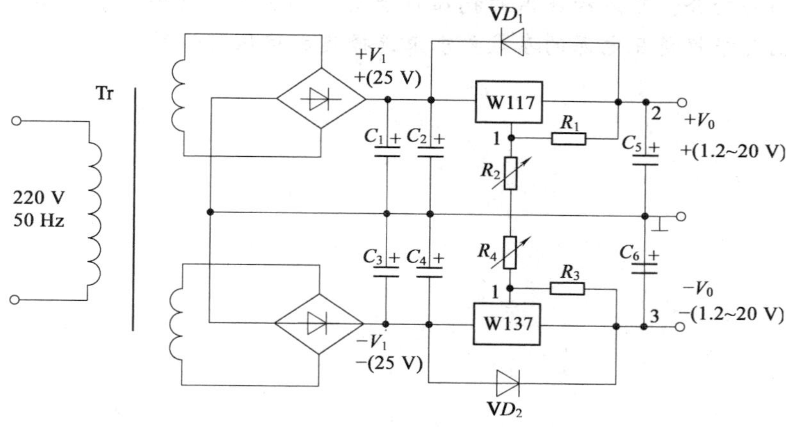

技图 15-1

（二）实训步骤

1. 稳压电源的焊接

稳压电源的电路如技图 15-1 所示。

（1）将所领元件测量一下，检验它们的好坏。

（2）按技图 15-1 进行焊接。

2. 调试电路

（1）仔细检查有无错焊、漏焊、虚焊等现象，如有，应排除。

（2）检查确定无误后，按技图 15-1 接好电路，然后进行调整，观察输出电压。

五、实训报告要求

1. 写出实训原理、实训设备。
2. 画出实训电路，写出实训步骤。
3. 写出实训心得体会。

1. 直流稳压电源一般由常用的直流稳压电源一般由电源变压器、整流电路、滤波电路和稳压电路组成。

2. 把交流电压，通过二极管的单向导电作用，变为脉动直流电，称作整流。单相整流电路常用的有半波整流和桥式全波整流两种。半波整流电路能量利用率低，只适用于一些小负载且要求不高的场合。桥式全波整流能量利用效率较高，得到广泛应用。

3. 应用滤波电路可以使整流电路的输出电压脉动减小。滤波电路有电容滤波、电感滤波和复式滤波。电容滤波适用于负载电流较小并且负载基本不变的场合。电感滤波适用于负载电流变化较大的场合。

4. 为了获得稳定的电压，在直流电源中采用了稳压电源。并联型稳压电路是利用硅稳压管的稳压特性来稳定负载电压。适用于功率较小和负载电流变化不大的场合。串联型稳压电路中，调整管与负载串联，串联型稳压电源输出电压可以调节，适用于稳压精度要求高、对效率要求不高的场合。集成稳压器的稳压性能好、品种多、体积小、重量轻、使用方便、安全可靠，我们可根据稳压电源的参数要求来选择集成稳压器的型号。

第十二章

数字电路基础

本章主要介绍数字电路的特点、数制、码制、二进制及运算，基本逻辑门电路的逻辑符号、逻辑功能及表示法，与非门、或非、异或门的逻辑符号、逻辑功能及表示法，集成TTL、COMS门电路特性和参数及其应用。在实训部分通过学生的动手操作加深学生对所学理论知识的理解，掌握TTL与非门的功能，并能熟练而灵活地使用它实现其他门电路的功能。

第一节　数字电路基础知识

【知识目标】

1. 了解数字信号的概念及脉冲信号与数字电路的特点。
2. 掌握常用计数制及不同数制之间的转换。
3. 掌握二进制的运算。
4. 了解码制的概念及常用码。

【能力目标】

1. 能够进行任意进制和十进制之间的转换。
2. 能够进行任意两种进制之间的转换。

一、数字信号与数字电路

以工作信号的特点来划分，电子电路所传递和处理的信号通常分为两大类：一类是模拟信号，所谓模拟信号，是指无论从时间上还是从大小上看其变化都是连续的信号，处理模拟信号的电子电路叫做模拟电路；另一类是数字信号，所谓数字信号，是指无论从时间上还是从大小上看其变化都是离散的电信号，它具有不连续和突变的特性，因而也称为脉冲信号，处理数字信号的电子电路叫做数字电路。

数字信号的波形称为脉冲波。“脉冲”即脉动和短促的意思。常见的脉冲波有矩形波、尖峰波、锯齿波、阶梯波、三角波等，如图12-1所示。

理想的矩形脉冲如图12-2(a)所示。矩形脉冲有正脉冲和负脉冲之分。脉冲跃变后的值比初始值高，称为正脉冲，反之称为负脉冲。

对于不同的脉冲信号，表示其特征的参数也不同。矩形脉冲(矩形波)是应用最广泛的脉冲信号，其主要参数如下：

1. 脉冲幅值 U_m：脉冲从起始值到最大值之间的变化量。
2. 脉冲上升时间 t_r(脉冲前沿)：从脉冲幅度的10%上升到90%所需的时间。

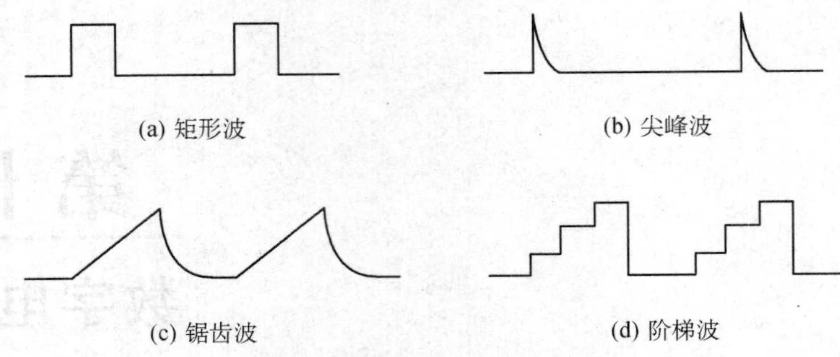

图 12-1 常见的几种脉冲波形

3. 脉冲下降时间 t_f(脉冲后沿)：从脉冲幅度的90%下降到10%所需的时间。

4. 脉冲宽度 t_{pw}：从上升沿的50%到下降沿的50%所需要的时间。

5. 脉冲周期 T：在周期性的脉冲信号中，任意两个相邻脉冲前沿之间或后沿之间的时间间隔。

6. 脉冲频率 f：单位时间(秒)内脉冲信号重复出现的次数。显然，$f=1/T$。

实际的矩形脉冲如图 12-2(b)所示。图中脉冲从起始值开始突变的一边称为脉冲前沿；脉冲从峰值变为起始值的一边称为脉冲后沿。

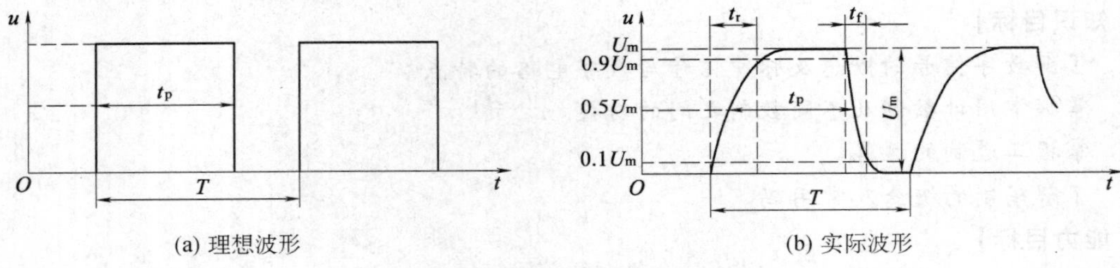

图 12-2 矩形脉冲波形的参数

脉冲波的底部与顶部的电位是不相等的，电位的相对高低常用电平表示。对于规定的零电平来说，高电位对应高电平，低电位对应低电平。正脉冲在持续期内为高电平；负脉冲在持续期内为低电平。

从上可知，数字信号具有如下特点：

1. 只具有高电平和低电平两种状态。

2. 如果赋予高、低两种电平代表1和0这两种数字的意义，则一组脉冲可以看成是1、0表示的一串数字量。

3. 可以用高低电平表示自然界中的各种物理量的有无、强弱、高低的相互关系，只要按照一定的关系建立起某种逻辑关系式，就可以实现判断、推理、计算和记忆等。

数字电路是用来处理数字信号的，它利用脉冲的有无以及脉冲的多少代表某种特定的信息或数量。根据数字信号的特点，数字电路结构形式有以下特点：

1. 数字电路的基本工作信号是二进制的数字信号，用数字0和1表示，反映在电路上就是低电平和高电平两种状态，可以用开关的通断来实现。因此，数字电路是一系列开关电路，电路结构简单，容易制造，便于集成和系列化生产，成本较低，使用方便。

2. 数字电路不仅能进行数值运算，而且能进行逻辑判断和逻辑运算，这在控制系统中是不可少的，因此也把它称为“逻辑电路”。

3. 由于只考虑信号的有无、数目，无须考虑信号的大小，因此数字电路抗干扰能力强，可靠性高；用三极管构成开关电路时，三极管工作在截止或饱和状态，这样功耗低。

在数字电路中，把电路的“1”态称为逻辑“1”，“0”态称为逻辑“0”。若规定高电平为逻辑“1”，低电平为逻辑“0”，则称为正逻辑；反之则称为负逻辑。本书采用正逻辑。

二、数制和码制

（一）数制

数制是指多位数码中每一位的构成方法和低位向高位的进位规则。组成数制的两个基本要素是进位基数与数位权值，简称基数与位权。

基数：它是计数制中每一位数所用到的数码的个数，记为 R。例如，十进制有 0，1，2，3，4，5，6，7，8，9 十个数码，则基数 $R=10$。二进制一个数位上包含 0、1 两个数码，基数 $R=2$。

位权：位权是基数的幂，记为 R^i，它与数码在数中的位置有关，不同的数位有不同的位权。例如，十进制数 $137=1\times10^2+3\times10^1+7\times10^0$，$10^2$、$10^1$、$10^0$ 分别为最高位、中间位和最低位的位权。

1. 十进制

十进制是用 0、1、2、3、4、5、6、7、8、9 十个数码的不同组合表示一个数，并且自左向右由高位到低位排列。

十进制数的特点：

（1） 十进制数的基数是 10。

（2） 十进制的位权是 10 的幂，即 10^i。也就是说任何一个十进制数都可以用其幂的形式表示，例如：

$$125.68=1\times10^2+2\times10^1+5\times10^0+6\times10^{-1}+8\times10^{-2}$$

（3） 低位向相邻高位按“逢十进一”进位。十进制常用 D 来表示，如 412 表示为 $(412)_D$。

2. 二进制

二进制数有 0 或 1 这两种数码，它同十进制数一样，自左向右由高位到低位排列。

二进制数的特点：

（1） 二进制数的基数为 2。

（2） 二进制数的位权是 2 的幂，相邻高位是相邻低位权值的 2 倍。

（3） 低位向相邻高位按“逢二进一”进位。二进制常用 B 来表示，如 1011 表示为 $(1011)_B$。同十进制数一样，每个数码处在不同的数位代表不同数值，例如：

$$(1101.101)_B=1\times2^3+1\times2^2+0\times2^1+1\times2^0+1\times2^{-1}+0\times2^{-2}+1\times2^{-3}=(13.625)_D$$

二进制的运算法则如下：

加法法则为：$0+0=0$；$1+0=1$；$0+1=1$；$1+1=10$。

乘法法则为：$0\times0=0$；$1\times0=0$；$0\times1=0$；$1\times1=1$。

3. 八进制

八进制有 0、1、2、3、4、5、6、7 八个数码，也是自左向右由高位到低位排列。

八进制数的特点：

(1) 八进制数的基数是 8。

(2) 八进制数的位权是 8 的幂，相邻高位是相邻低位权值的 8 倍。

(3) 低位向相邻高位按“逢八进一”进位。八进制常用 O 来表示。每个数码处在不同的数位代表不同数值，例如：

$$(153)_O = 1\times8^2 + 5\times8^1 + 3\times8^0 = (107)_D$$

4. 十六进制

十六进制有 0~9、A(10)、B(11)、C(12)、D(13)、E(14)、F(15) 十六个数字符号，它也是自左向右由高位到低位排列。

十六进制数的特点：

(1) 十六进制数的基数是 16。

(2) 十六进制数的位权是 16 的幂，相邻高位是相邻低位权值的 16 倍。

(3) 低位向相邻高位按“逢十六进一”进位。十六进制常用 H 来表示。每个数码处在不同的数位代表不同数值，例如：

$$(5AE)_H = 5\times16^2 + 10\times16^1 + 14\times16^0 = (1454)_D$$

在计算机上常用八进制和十六进制。

5. 不同数制之间的转换

(1) 二进制和其他进制转换成十进制

只要将二进制、八进制和十六进制数按权展开，求各位数值之和，则可得相应的十进制数。

(2) 十进制转换成二进制

一个具有整数部分和小数部分的十进制数转换为二进制数时，应当分别将其整数部分和小数部分转换为二进制数，然后用小数点将两部分连接起来。

将十进制正整数转换为二进制数，采用“除 2 倒取余”法，即用 2 不断去除十进制数，直到商为零为止，所得余数由下向上的顺序读取，即为所求的二进制数。

【例 12-1】 将$(56)_D$转换成二进制数。

【解】

$$\begin{array}{r|l}
2 & \underline{56} \cdots\cdots 0\ (K_0) \\
2 & \underline{28} \cdots\cdots 0\ (K_1) \\
2 & \underline{14} \cdots\cdots 0\ (K_2) \\
2 & \underline{7} \cdots\cdots 1\ (K_3) \\
2 & \underline{3} \cdots\cdots 1\ (K_4) \\
2 & \underline{1} \cdots\cdots 1\ (K_5) \\
 & 0
\end{array}\ \uparrow$$

即$(56)_D = (K_5K_4K_3K_2K_4K_0)_B = (111000)_B$

十进制数的小数部分，可以采用“乘 2 取整，顺序排列”直至的小数部分为 0，或者满足误差要求进行“四舍五入”为止，各次乘积的整数部分依次排列即为十进制小数的二进制表达式。

【例 12-2】 $(0.913)_D$转换成误差不大于2^{-5}的二进制纯小数。

【解】 用“乘 2 取整，顺序排列”法，可求出相应的二进制纯小数：

取整

$$0.913\times2=1.826...1\quad 即 K_{-1}$$
$$0.826\times2=1.652...1\quad 即 K_{-2}$$
$$0.652\times2=1.304...1\quad 即 K_{-3}$$
$$0.304\times2=0.608...0\quad 即 K_{-4}$$

由于最后余的小数 0.608 >0.5 则根据“四舍五入”的原则，可得 $K_{-5}=1$。因此

$$(0.913)_D=(K_{-1}K_{-2}K_{-3}K_{-4}K_{-5})_B=(11101)_B$$

且其误差 $e<2^{-5}$。

（3）八进制、十六进制和二进制的转换

① 二进制和八进制的相互转换

由于八进制基数为 8，而 $8=2^3$，因此，3 位二进制数就相当于一位八进制数。

二进制数转换成八进制数，将二进制数由小数点开始，整数部分自右向左，三位成一组，直至分到最高位为止，若此时不足三位，可在高位补零。其小数部分可由小数点起向右推，三位成一组，直至分到最低位为止，若此时不足三位，可在低位补零。

【例 12-3】　$(10011101.01)_B$ 转换成八进制数。

【解】　二进制数　　010　011　101 . 010

　　　　　　　　　　　↓　　↓　　↓　　↓

　　　　八进制数　　　2　　3　　5　　2

即 $(10011101.01)_B=(235.2)_O$

八进制数转换成二进制数，只需将八进制数的每一位转换为相应的 3 位二进制即可。

【例 12-4】　将八进制数 $(6403.1)_O$ 转换成二进制数。

【解】　八进制数　　6　　4　　0　　3 . 1

　　　　　　　　　　　↓　　↓　　↓　　↓　　↓

　　　　二进制数　　110　100　000　011　001

即 $(6403.1)_O=(110100000011.001)_B$

② 二进制和十六进制的相互转换

由于十六进制基数为 16，而 $16=2^4$，因此，四位二进制数就相当于一位十六进制数。按照八进制和二进制之间的转换步骤，只要将二进制数按四位分组，即可实现它们之间的转换。

【例 12-5】　将二进制数 $(1011100)_B$ 转换为十六进制数。

【解】　二进制数　　0101　　1100

　　　　　　　　　　　↓　　　↓

　　　　十六进制数　　5　　　C

即 $(1011100)_B=(5C)_H$

【例 12-6】　将 $(6A)_H$ 转换为二进制数。

【解】　十六进制数　　6　　　A

　　　　　　　　　　　　↓　　　↓

　　　　二进制数　　　0110　　1010

即 $(6A)_H=(1101010)_B$（最高位为 0 可舍去）

几种数制之间的对应关系如表 12-1 所示。

表 12-1　几种数制之间的关系对照表

十进制数	二进制数	八进制数	十六进制数
0	00000	0	0
1	00001	1	1
2	00010	2	2
3	00011	3	3
4	00100	4	4
5	00101	5	5
6	00110	6	6
7	00111	7	7
8	01000	10	8
9	01001	11	9
10	01010	12	A
11	01011	13	B
12	01100	14	C
13	01101	15	D
14	01110	16	E
15	01111	17	F

（二）码制

数字系统处理的信息有两类：一类是数值信息；另一类是文字和符号，表示非数值的其他事物。对于后一类信息，常用按一定规律编制的各种代码来代表，这一规律称为码制。

对数字系统而言，使用最方便的是按二进制数编制代码。如在用二进制数码表示一位十进制数的 0 ~9 这十个状态时，经常采用 8—4—2—1 的码制(又称 BCD 码)。用 8421 码制编制的代码如表 12-2 所示。

表 12-2　8421 码制代码表(10 以内)

十进制数	代　码			
	D	*C*	*B*	*A*
0	0	0	0	0
1	0	0	0	1
2	0	0	1	0
3	0	0	1	1
4	0	1	0	0

续上表

十进制数	代码			
	D	C	B	A
5	0	1	0	1
6	0	1	1	0
7	0	1	1	1
8	1	0	0	0
9	1	0	0	1
权	8	4	2	1

还有一种格雷码（又称循环码、反射码）较常用，如表12-3所示。其特点是任两相邻代码间只有一位数码不同，常用于测量仪器中。

表12-3　格　雷　码

十进制数	格雷码	十进制数	格雷码
0	0000	8	1100
1	0001	9	1101
2	0011	10	1111
3	0010	11	1110
4	0110	12	1010
5	0111	13	1011
6	0101	14	1001
7	0100	15	1000

教 学 评 价

一、判 断 题

1. 若二进制数转换成八进制数时，将二进制数由小数点开始，整数部分自右向左，小数部分自左向右，每三位一组，每组都相应转换为1位八进制数。（　　）

2. 将十进制数的小数部分转换成二进制数时，可以采用“乘2取整，倒序排列”法。（　　）

3. 码制是指用十进制数表示数字或字符的编码方式。（　　）

4. 用8421BCD码表示十进制的数码9为1001。（　　）

二、填 空 题

1. 按工作信号的特点来划分，电子电路所传递和处理的信号通常分为________和________两大类。

2. 数制的两个基本要素是________和________。

3. $(35)_D$ =（　　）$_B$ =（　　）$_H$ =（　　）$_{8421BCD}$。

4. 将二进制数$(101.011)_B$按权展开________。

三、计 算 题

1. 将下列十进制数转换为十六进制数：

(1) $(59)_D$　　(2) $(43.25)_D$

2. 将下列二进制数转换成八进制数：

(1) $(101001)_B$　　(2) $(11.01101)_B$

第二节　基本逻辑门电路

【知识目标】

1. 了解与逻辑、或逻辑和非逻辑的概念。
2. 掌握与门、或门和非门电路的逻辑符号、逻辑功能及表示法。

【能力目标】

1. 培养理论联系实际的能力。
2. 培养分析、解决问题的能力。
3. 能够根据输入波形状态绘出输出波形状态。

门电路是逻辑门电路的简称，是一种具有多个和一个输出端的开关电路。它能按照给定的条件，决定是否让信号通过，起到控制信号传递的作用，就像在满足了一定条件后自动打开的门一样。

基本逻辑门电路是数字电路的基本单元，它们反映的是事物的基本逻辑关系。

逻辑是指事物的条件与结果之间的因果关系。基本的逻辑关系有三种，即“与”逻辑、“或”逻辑和“非”逻辑。

与逻辑关系是当决定某一种结果的条件全部具备时，这个结果才能发生，简称与逻辑。例如图 12-3(a)，由两个开关 S_1、S_2 串联控制灯泡 L 的电路，只有当 S_1、S_2 都闭合时(条件全部具备)，灯泡才亮(结果发生)。

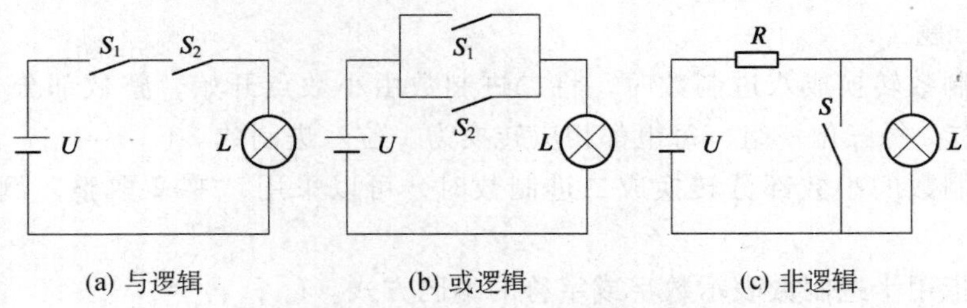

图 12-3　由开关组成的逻辑电路

或逻辑关系是在决定某一结果的若干个条件中，有一个或一个以上的条件满足时，结果就会就会发生，简称或逻辑。例如图 12-3(b)，两个开关 S_1、S_2 并联控制灯泡 L 的电路，只要 S_1 或 S_2 有一个闭合(具备任何一个条件)，灯泡就亮(结果发生)。

非逻辑表示否定或相反的关系。如果条件不满足时结果发生；而条件满足时结果反而不发生。如图 12-3(c)，当开关 S 闭合时(条件具备)，灯泡不亮(结果不发生)；而开关 S 断开时，灯泡发亮。

能够实现与、或、非逻辑关系的电路分别称为与门、或门、非门电路。它们是组成各种逻辑电路的基本逻辑门。

一、与门电路

图 12-4(a)是由二极管组成的与门电路。A、B、C 是它的三个输入端，Y 是输出端。VD_A、VD_B、VD_C 是二极管，经限流电阻 R 接至电源 $+U_{CC}$。当输入端全为高电平时，例如三者均为 3V，则输出端电平近似等于 3V，也是高电平。若输入端中任一端或几端为 0V 低电平，例如 A 端为 0V，B、C 端为 3V 时，则 VD_A 优先导通并把输出端 Y 的电位箝制在 0V 低电平上。这时，VD_B、VD_C 因承受反向电压而截止，从而把 B、C 端与 Y 端隔离开来。

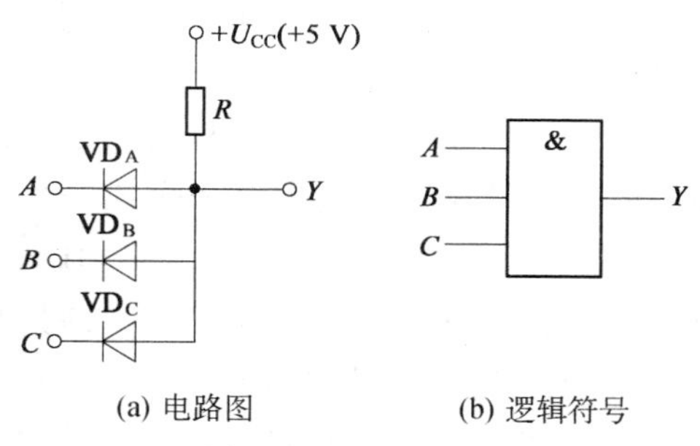

图 12-4　二极管与门电路及与门逻辑符号

可见，图 12-4(a)输出端与输入端之间的逻辑关系是：当 A、B、C 中任一端或几端为“0”态时输出便是“0”态；只有当输入全为“1”态时输出才为“1”态，即具有与逻辑关系。与逻辑可概括为：“入 0 出 0，全 1 出 1”。

与门的逻辑符号如图 12-4(b)所示。

与门的逻辑功能也可以用逻辑状态表(真值表)和逻辑表达式描述。表 12-4 是与门逻辑状态表，式(12-1)是与门逻辑表达式。

表 12-4　与门逻辑状态表

输　入			输　出
A	B	C	Y
0	0	0	0
0	0	1	0
0	1	0	0
0	1	1	0
1	0	0	0
1	0	1	0
1	1	0	0
1	1	1	1

$$Y = A \cdot B \cdot C \tag{12-1}$$

式 12-1 与普通代数的乘式相似，故逻辑与又称逻辑乘。式中“·”即逻辑乘号(有的文献上用“X”或“∧”,也可省略而直书 ABC)。但需指出，逻辑乘与代数乘不同，其变量仅表示某种逻辑状态(“1”态或“0”态)而不表示具体的数值，其运算规则用下式表示：

$$0 \cdot 0 = 0$$
$$0 \cdot 1 = 0$$
$$1 \cdot 0 = 0$$
$$1 \cdot 1 = 1$$

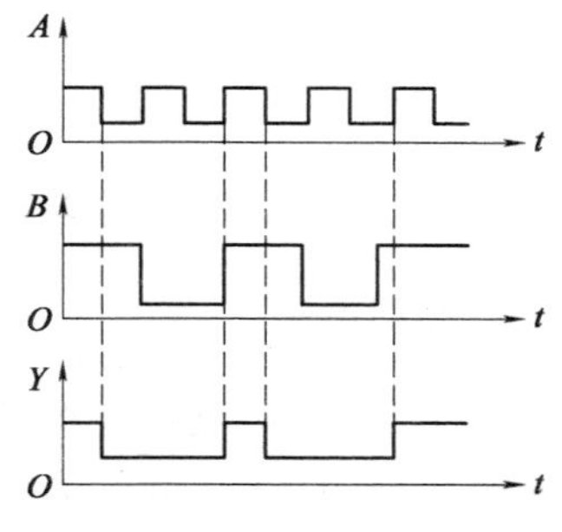

图 12-5　与门电路的输入输出波形图

图 12-5 是与门电路的输入输出关系波形图。

二、或门电路

图 12-6(a)是由二极管组成的或门电路。其电路结构与图 12-4(a)相似，只是二极管连接方向相反并取负电源供电而已。当 A、B、C 端全是低电平时，输出端 Y 也是低电平；当输入端中任一端或几端是高电平时，Y 端便是高电平。

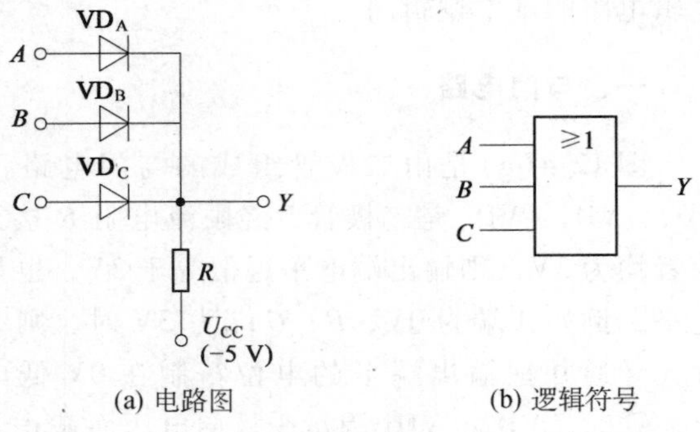

(a) 电路图　　(b) 逻辑符号

图 12-6　二极管或门电路及或门逻辑符号

可见，图 12-6(a)输出与输入之间的逻辑关系是：只要输入端中有一个或一个以上是"1"态，输出便是"1"态；只有输入全是"0"态时，输出才是"0"态，即具有或逻辑关系。或逻辑可概括为："入 1 出 1，全 0 出 0"。或门逻辑符号如图 12-6(b)所示。

表 12-5 是或门逻辑状态表，式(12-2)是或门逻辑表达式。

表 12-5　或门逻辑状态表

输入			输出
A	B	C	Y
0	0	0	0
0	0	1	1
0	1	0	1
0	1	1	1
1	0	0	1
1	0	1	1
1	1	0	1
1	1	1	1

$$Y = A + B + C \tag{12-2}$$

式(12-2)与普通代数和式相似，故逻辑或又称逻辑加。当然，逻辑加与代数和仅是形式相似，二者的含意是不同的。其运算规则如下：

$$0 + 0 = 0$$
$$0 + 1 = 1$$
$$1 + 0 = 1$$
$$1 + 1 = 1$$

图 12-7 是或门电路的输入输出关系波形图。

三、非门电路

图 12-8(a)是由晶体管组成的非门电路，又称反相器。

当输入端 A 为 0V 低电平时，晶体管截止，输出端 Y 接近 U_{CC} 为高电平；当 A 端为 5V 高电平时，晶体管饱和，Y 端近于 0V 为低电平。可见，Y 端与 A 端的逻辑状态相反，A 为

"1"态时 Y 为"0"态，A 为"0"态时 Y 为"1"态，即具有逻辑非的关系。非逻辑可概括为："入 0 出 1，入 1 出 0"。

图 12-8(b)是非门逻辑符号，输出端上的小圆圈表示非的意思。

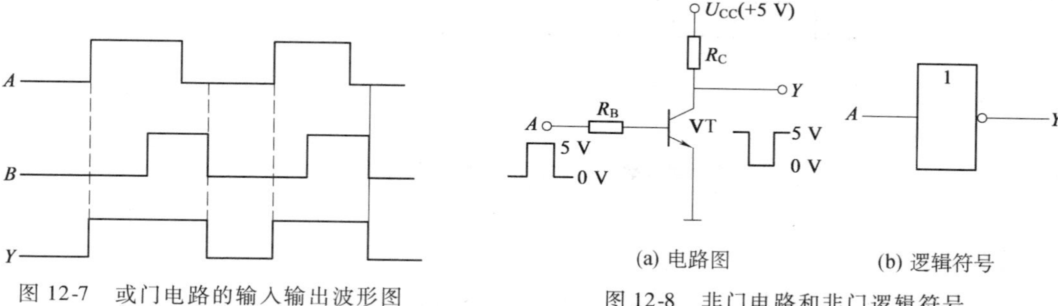

图 12-7　或门电路的输入输出波形图

图 12-8　非门电路和非门逻辑符号

非门逻辑功能可以列表表示，如表 12-6 称为逻辑状态表，也可以用逻辑表达式来描述，如式(12-3)所示，

$$Y=\overline{A} \tag{12-3}$$

式中 $\overline{A}$ 读作"A 非"或 A 反。

其运算规则为

$$\overline{1}=0$$

$$\overline{0}=1$$

非门电路的逻辑功能可概括为："入 0 出 1，入 1 出 0"。

图 12-9 为非门电路的波形图。

表 12-6　非门逻辑状态表

输　入	输　出
A	Y
1	0
0	1

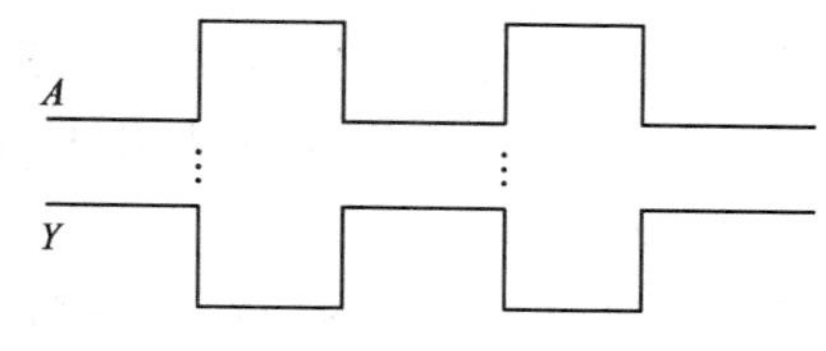

图 12-9　非门电路的波形图

教 学 评 价

一、判 断 题

1. 与门电路的逻辑功能是：只要输入端有一个低电平，则输出端即为低电平；输入端全是高电平时，输出端是高电平。(　　)

2. 非门电路可以有多个输入端。(　　)

3. 或门电路的逻辑表达式为 $Y=A\cdot B\cdot C$。(　　)

二、填 空 题

1. 逻辑电路中三种基本逻辑运算是________、________和________。

2. 或门电路的逻辑功能是________________。

3. 基本逻辑门电路是数字电路的________。

三、若 A、B 的信号波形如图 12-10 所示，试画出图中电路的输出波形。

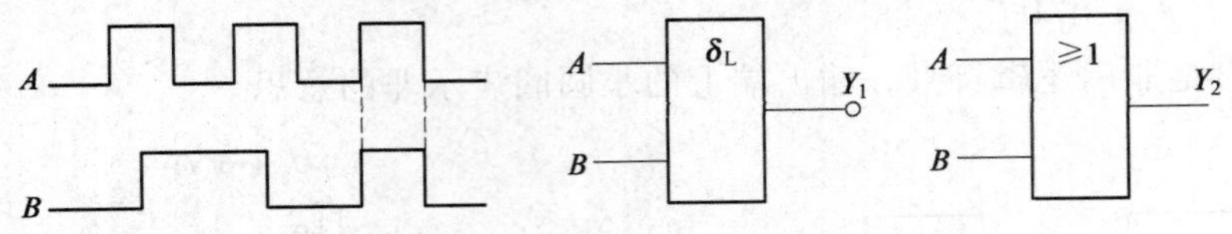

图 12-10

第三节 复合逻辑门电路

【知识目标】

1. 了解与非门、或非门、与或非门和异或门的逻辑结构。
2. 掌握与非门、或非门和异或门的逻辑功能和逻辑表达式。

【能力目标】

1. 能够根据逻辑要求绘出逻辑状态表。
2. 能够根据输入波形状态绘出输出波形状态。

用与门、或门、非门三种基本逻辑门可以组成各种复合门电路。常用的复合门有与非门、或非门、与或非、异或门等。

一、与 非 门

与非门是由一级与门和一级非门直接连接而成的，其中与门电路的输出作为非门电路的输入，其逻辑结构图如图 12-11(a)所示。

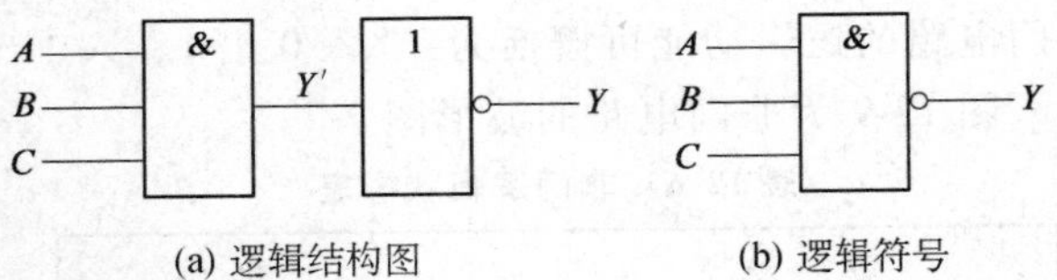

(a) 逻辑结构图　　(b) 逻辑符号

图 12-11　与非门逻辑结构图及逻辑符号

显然，当输入端全为“1”态时，与门输出端 Y' 为“1”态，非门输出端 Y 为“0”态。当输入端中有一端或几端为“0”态时，Y' 端为“0”态，Y 端为“1”态。所以与非门的逻辑功能是：“全 1 出 0，有 0 出 1”。其逻辑状态表如表 12-7 所示，逻辑表达式如式(12-4)所示。

表 12-7　与非门逻辑状态表

输入			输出
A	B	C	Y
0	0	0	1
0	0	1	1
0	1	0	1
0	1	1	1
1	0	0	1
1	0	1	1
1	1	0	1
1	1	1	0

$$Y=\overline{Y'}=\overline{ABC} \tag{12-4}$$

通常是把与非门做成单独的逻辑组件，在电路中用图 12-11(b)所示的逻辑符号表示。

二、或 非 门

或非门是由一级或门和一级非门直接连接而成的，其中或门电路的输出作为非门电路的输入，其逻辑结构图和逻辑符号如图 12-12 所示。

根据或门和非门逻辑功能不难得出：当输入全为“0”态时输出为“1”态；当输入有一个或几个为“1”态时输出为“0”态。所以或非门的逻辑功能是：“全 0 出 1，有 1 出 0”。它的逻辑状态表如表 10-8 所示，其逻辑表达式如式(10-5)所示。

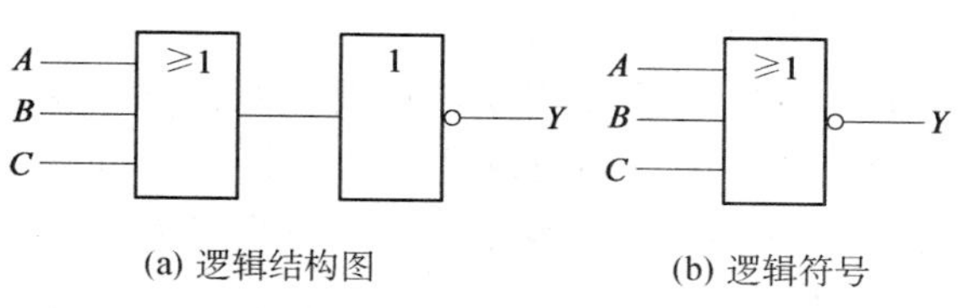

(a) 逻辑结构图　(b) 逻辑符号

图 12-12　或非门逻辑结构及逻辑符号

$$Y = \overline{A + B + C} \tag{12-5}$$

表 12-8　或非门逻辑状态表

输　入			输　出
A	B	C	Y
0	0	0	1
0	0	1	0
0	1	0	0
0	1	1	0
1	0	0	0
1	0	1	0
1	1	0	0
1	1	1	0

三、异 或 门

异或门的逻辑电路可以由与非门电路简单连接而成，其逻辑符号如图 12-13 所示，表 12-9 是异或门的逻辑状态表。

由表 12-9 可知，异或门电路的逻辑功能是：当两个输入变量 A、B 的状态相同时(同为 1 或 0)，输出为 0；当 A、B 状态相异时(一个为 0,另一个为 1)输出为 1。简言之，相同出 0，相异出 1。其逻辑表达式为：

$$Y = A\overline{B} + \overline{A}B = A \oplus B \tag{12-6}$$

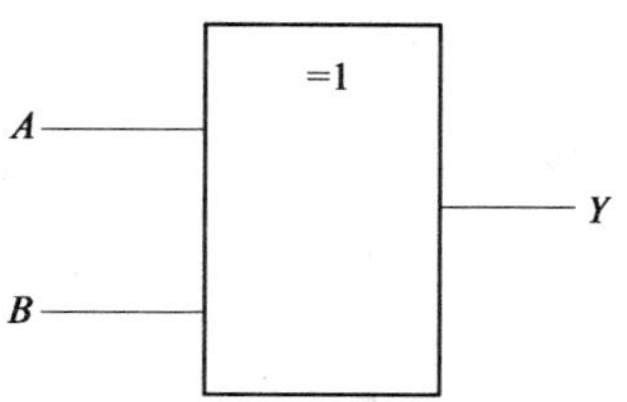

图 12-13　异或门逻辑符号

表 12-9　异或门逻辑状态表

输　入		输　出
A	B	Y
0	0	0
1	1	0
0	1	1
1	0	1

由上可知，逻辑门电路都是由二极管、三极管或 MOS 场效应管所组成，并且都是利用其开关特性来实现其逻辑状态 0 和 1 的；逻辑门在任一时刻的输出变量值(0 或 1)仅仅取决于该时刻门电路的输入变量值(0 或 1)。

教学评价

一、判断题

1. 与非门电路的逻辑功能是：只要输入端有一个低电平，则输出端即为高电平；输入端全是高电平时，输出端是低电平。(　　)

2. 异或门的输入变量可以是三个以上。(　　)

3. 或非门的逻辑功能是：输入端是低电平，输出端是高电平；只要输入端有一个是高电平，则输出端即为低电平。(　　)

二、填空题

1. 与非门电路的逻辑表达式为________。

2. 异或门的逻辑表达式为________。

3. 或非门的逻辑符号是________。

三、若 A、B、C 是输入变量，Y 为逻辑函数，列出与非门的逻辑状态表。

四、若 A、B、C 是输入变量，Y 为逻辑函数，列出或非门的逻辑状态表。

第四节　集成门电路

【知识目标】

1. 了解 TTL 与非门电路的特性和 COMS 门电路的特点。
2. 掌握 TTL 与非门电路的主要参数。
3. 掌握 TTL 与非门和 COMS 门的使用方法。

【能力目标】

1. 培养理论联系实际的能力。
2. 能够熟练而灵活地使用 TTL 与非门电路实现其他门电路的功能。

一、TTL 与非门

TTL 电路是一种由三极管构成的门电路，这种电路的输入端和输出端都采用三极管结构，因此称为 TTL 电路。典型的 TTL 与非门电路如图 12-14 所示。

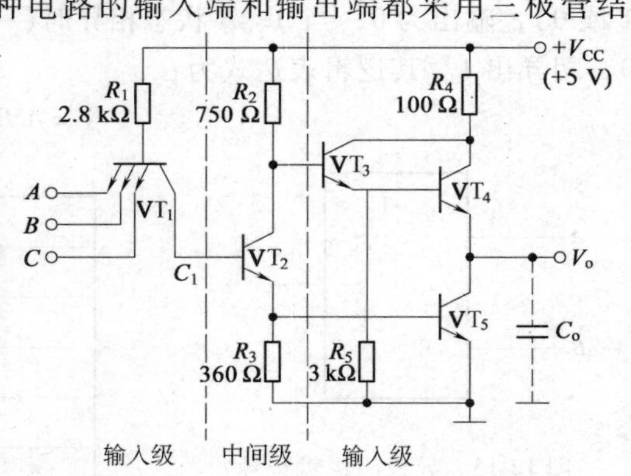

图 12-14　TTL 与非门电路

(一) TTL 与非门电路的特性

1. 电压传输特性

图 12-15(a)、(b)分别电压传输特性测试和电压传输曲线。根据图 12-15 所示的电路，将电压传输特性曲线划分为 4 个区域进行分析。

(1) AB 段(截止区)

由于 $0 < V_I < 0.6V$，所以 VT_1 管深度饱和，则 $V_{C1} < 0.7V$，故 VT_2、VT_5 管均截止，而 VT_3、

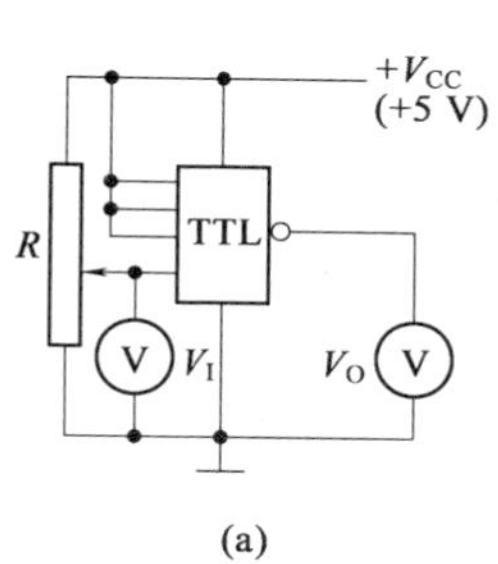

(a)

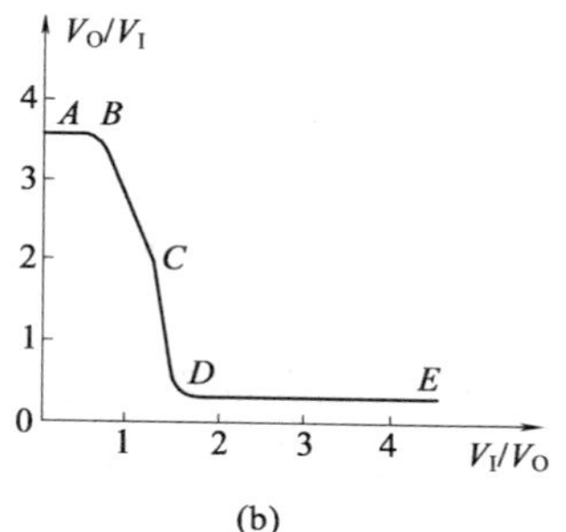

(b)

图 12-15　TTL 与非门电压传

VT_4 导通，输出电压为高电平 3.6V。

（2） *BC* 段（线性区）

这时 $0.6 < V_I < 1.3V$，当 V_I 上升到 0.6V 时，$V_{B2} = 0.7V$，VT_2 管开始导通，随着 VT_2 管集电极电流 I_{C2} 的增大，V_{C2} 开始下降，而

$$V_O = V_C - V_{BE3} - V_{BE4}$$

故 V_O 随 V_{C2} 降低而下降。*B* 点的特征是 VT_2 开始导通，当 V_I 继续上升但小于 1.3V 以前，VT_2 基极电位 V_{B2} 仍小于 1.4V，故 VT_5 仍截止。但随着 V_I 增大，I_{C2} 增大，V_{C2} 相应下降，输出电压也跟着下降，这就是 *BC* 段。

（3） *CD* 段（转折区）

该区域 $3 < V_I < V_{TH}$，当 $V_I > 1.3V$ 以后，$V_{C1} = 1.4V$，$V_{B5} = 0.7V$，这时 VT_2、VT_3、VT_4、VT_5 管都处在放大区，当 V_I 继续增加，电流 I_{R1} 不再流向发射极，而是全部流向集电极，形成很大的集电极电流 I_{C2}，VT_2 管迅速饱和，I_{C2} 和 I_{E2} 迅速增加。一方面 V_{C2} 迅速下降，使 V_O 也急剧下降；另一方面，I_{E2} 的剧增，提供较大的基极电流 I_{B5}，使 VT_5 管迅速饱和，也促使输出 V_O 急剧到低电平 0.3V。这两种因素造成 *CD* 段下降陡峭。VT_2、VT_5 饱和后，$V_O = 0.3V$，$V_{C2} = 1V$，所以 VT_3、VT_4 管截止。*D* 点特征是 VT_5 开始饱和。

（4） *DE* 段（饱和区）

当 $V_I < V_{TH}$，以后继续增加，只能使 VT_5 管的饱和深度加深，V_O 已基本不变，则图 12-15(b)中的 *DE* 段为平坦曲线，这时 VT_1 管为倒置工作状态，VT_3、VT_4 截止。

2. 关门电平、开门电平和阈值电压

（1） 关门电平

在保证输出为标准高电平 V_{SH} 时，允许输入低电平的最大值称为关门电平，用 V_{OFF} 表示。显然，只有当输入 $V_I < V_{OFF}$ 时，与非门才关闭，输出高电平，如图 12-16 所示。

（2） 开门电平

在保证输出为标准低电平 V_{SL} 时，允许输入高电平的最小值称为开门电平用 V_{ON} 表示。显然，只有当 $V_I > V_{ON}$ 时，与非门才开通，输出低电平。

（3） 阈值电压

工作在电压传输特性转折区中点对应的输入电压称为阈值电压，又称门槛电平。

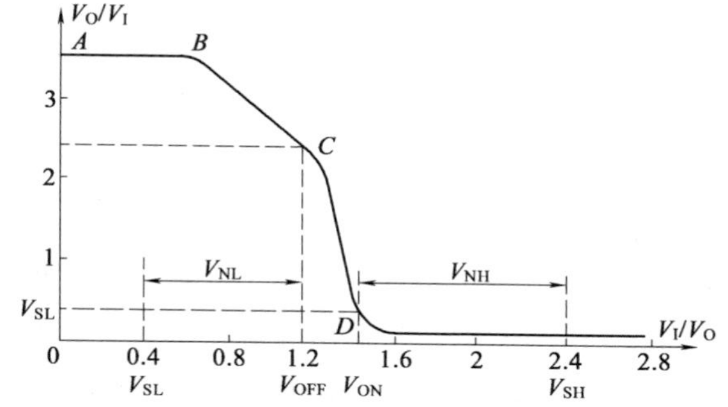

图 12-16　开门电平、关门电平、噪声容限

实际上，阈值电压有一定范围，但通常取 1.4V 为阈值电压，用 V_{TH}表示

3. 噪声容限

$$V_{HL}(\text{低电平噪声容限}) = V_{OFF} - V_{SL}$$

$$V_{NH}(\text{高电平噪声容限}) = V_{SH} - V_{ON}$$

4. 输入负载特性

在实际应用中，TTL 门电路的输入端常经过一个电阻 R_I 接地，V_I 随 R_I 变化的关系称为输入端负载特性如图 12-17 所示。

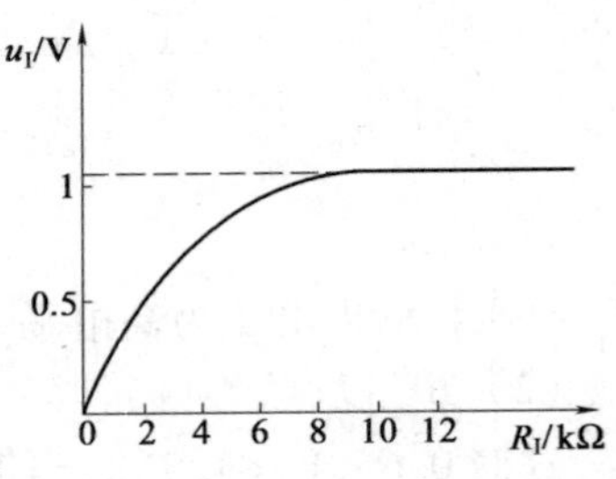

图 12-17 LSTTL 与非门输入端负载特性曲线

(1) 关门电阻 R_{OFF}

从图 12-16 中可以看出，当 R_I 较小时，$V_I < V_{OFF}$。当 R_I 增大时，V_I 也随之增大。当 $V_I = V_{OFF}$，所对应的 R_I 值称为关门电阻 R_{OFF}。若 $R_I < R_{OFF}$，则 $V_I < V_{OFF}$，输入端相当于接低电平，电路处于关门状态，输出高电平。

(2) 开门电阻 R_{ON}

从图 12-16 中可以看出，当 V_I 较小时，V_I 随 R_I 增大而增大。当 V_I 增大到 1V 左右时，V_I 的值基本不再变化。当$R_I = R_{ON}$，所对应的 R_I 值称为开门电阻 R_{ON}，当 $R_I > R_{ON}$时，输入端相当于接高电平，与非门处于开门状态，输出为低电平。

5. TTL 与非门输出特性

输出特性是描写与非门输出电压 V_O 与负载电流 I_L 关系曲线。

(1) 输入为低电平时的输出特性

从图 12-18 中可以看出，当负载电流小于 5mA 时，输出电压 V_{OH}随负载变化较小；当负载电流大于 5mA 以后，V_{OH}随 I_L 增大而线性下降。

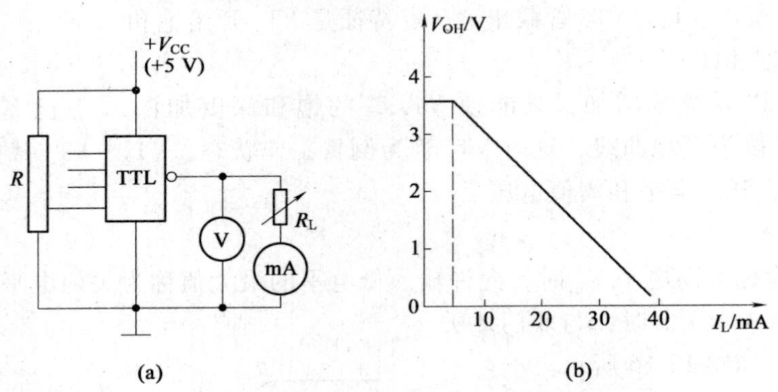

图 12-18 TTL 与非门输入为低电平特性曲线

(2) 输入为高电平时的输出特性

当输入全为高电平时，输出为低电平。VT_4 集电极电流即为负载电流 I_L，从外电路流入 VT_5 管。所以，输出特性就是一个晶体管在基极电流为某一数值时的共射接法的输出特性曲线，如图 12-19 所示。当输出为低电平时，VT_5 管饱和，I_L 流入的增加，VT_5 的饱和程度减轻，输出的低电平随 I_L 的增加而略有上升。如 I_L 增大到某一数值时，VT_5 将脱离饱和而进入放大区，显然这是不允许的。

（二）TTL与非门电路的参数

1. 输出高电平 V_{OH}

V_{OH}是指输入端有一个或一个以上为低电平时输出的高电平值。产品典型值 V_{OH} = 3.6V，但不超过4V，否则说明 VT_3、VT_4 管的发射结损坏或短路。

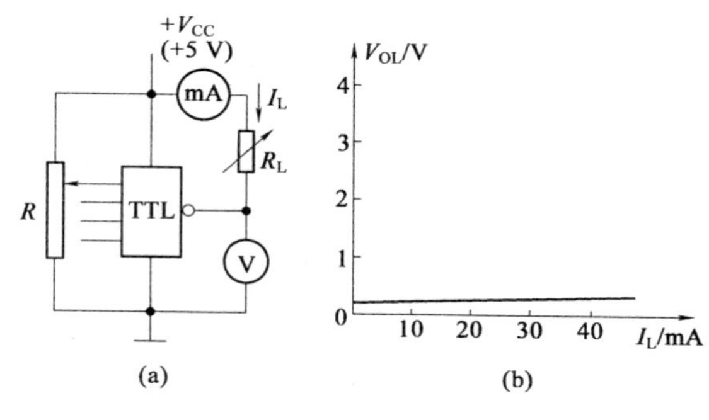

图 12-19　TTL与非门输入为高电平特性曲线

2. 输出低电平 V_{OL}

V_{OL}是指输入端全部高电平时的输出低电平值。V_{OL}是在规定的灌电流负载为12mA的条件下测试的。

3. 开门电平 V_{ON}

V_{ON}是指在额定负载下，使电路的输出达到标准低电平时的最小输入电平。V_{ON}的大小反映了输入低电平的抗干扰能力。

4. 关门电平 V_{OFF}

V_{OFF}是指在空载情况下，使电路输出为标准高电平 V_{SH}时的最大输入低电平值。V_{OFF}反映了输入低电平的抗干扰能力。

5. 扇出系数 N_O

N_O 是指与非门正常工作时最多能驱动同类与非门的个数。

6. 平均传输时间 t_{Pd}

t_{Pd}是指电路导通传输延迟时间 t_{PHL}和截止延迟时间 t_{PLH}的平均值。即

$$t_{pd}=\frac{t_{PLH}+t_{PHL}}{2}$$

规定从输入电压上升到1.5V开始到输出电压下降到1.5V的时间间隔，称为导通传输延迟时间 t_{PHL}；从输入电压下降到1.5V到输出电压上升到1.5V的时间间隔称为截止延迟时间 t_{PLH}。

7. 低电平输出时的电源电流 I_{CCZ}

I_{CCZ}是指输入端全部开路、输出端也开路的情况下，电源提供的总电流。I_{CCZ}和电源电压 V_{CC}的乘积就是该与非门的空载导通功耗 P_L。

8. 高电平输出时的电源电流 I_{CCH}

I_{CCH}是指输入端有一个接地、输出端空载时，电源提供的总电流。它与电源电压 V_{CC}的乘积就是该与非门的空载截止功耗 P_H。

9. 输入短路电流 I_{IS}

I_{IS}是指输入端有一个接地、其余输入端开路时，流入接地输入端的电流。在多级电路连接时，I_{IS}实际上就是灌入前级的负载电流。所以，它是一个和电路负载能力有关的参数。显然，I_{IS}大，则使前级带同类与非门的能力下降。

10. 输入漏电流 I_{IH}

I_{IH}是指一个输入端接高电平、其余端接地时，流入该输入端的电流。I_{IH}是前级与非门输出高电平时的拉电流负载。

TTL电路的特点是运行速度比较快，电源电压比较低（仅5V）有较强的带负载能力。

图12-20是两种TTL与非门的外引线排列图。它的外形多取双列直插式，也有做成扁平

式的，如图 12-21 所示。TTL 与非门输出高电平一般取 3.6V，输出低电平一般取 0.4V。不同规格的 TTL 门电路参数可查阅有关手册。

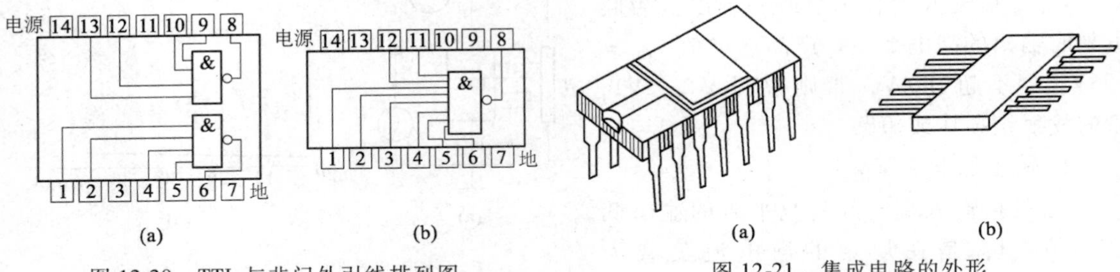

图 12-20 TTL 与非门外引线排列图　　图 12-21 集成电路的外形

TTL 与非门有多个输入端。当输入信号的数目较少时，对多余输入端（即闲置端）的处理一般有以下方法：

1. 将闲置端悬空（相当于 1 态），这样处理的缺点是易受干扰；
2. 将闲置端与信号输入端并接，这样处理的优点是可以提高工作可靠性，缺点是增加前级门的负载电流；
3. 通过一个数千欧的电阻将闲置端接到电源 U_{CC} 的正极（相当于高电平 1）。

二、CMOS 门

CMOS 门是以 MOS 管为核心的集成电路，它的优点是集成度高，功耗低，可靠性好，工艺简单，电源电压范围宽，容易和其他电路接口；缺点是工作速度低，表 12-10 列出了 TTL 与 CMOS 电路性能比较。

表 12-10 TTL 和 CMOS 电路性能比较

性能名称	TTL	CMOS
主要特点	高速	微功耗、高抗干扰能力
集成度	中	极高
电源电压（V）	5	3 ~ 18
平均延迟时间（ns）	3 ~ 10	40 ~ 60
最高计数频率（MHz）	35 ~ 125	2
平均导通功耗（mW）	2 ~ 22	0.001 ~ 0.01
输出高电平（V）	3.4	电源电压
输出低电平（V）	0.4	0

常用的 CMOS 门电路除了非门、与非门外，还有 CMOS 传输门。

CMOS 传输门是一种受电压控制的传输信号的双向开关，它的逻辑符号如图 12-22 所示。当 $C=1$，$\overline{C}=0$ 时，传输门开启，信号可以在 A-Y 间传输；反之，当 $C=0$，$\overline{C}=1$ 时，传输门关断，信号不能通过。

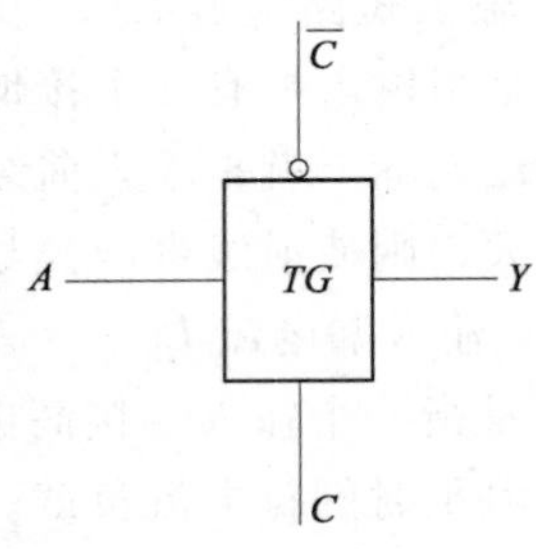

图 12-22 CMOS 传输门的逻辑符号

使用 CMOS 组件时应注意安全保护，多余的输入端不能悬空。工作频率不太高时，可将输入端并联使用；工作频率较高时应根据逻辑要求把多余的输入端接 U_{DD} 或 U_{SS}。

CMOS 电路的输出端绝不能短路。

教学评价

一、判断题

1. TTL 门电路输入端悬空时，应视为高电平。(　　)

2. CMOS 门的特点功耗大。(　　)

3. 对于 CMOS 三输入端与非门电路，只用了两个输入端，多余的输入端必须悬空。(　　)

二、集成 TTL 门电路构成的电路如图 12-23 所示，试写出输出函数表达式 *Y*。

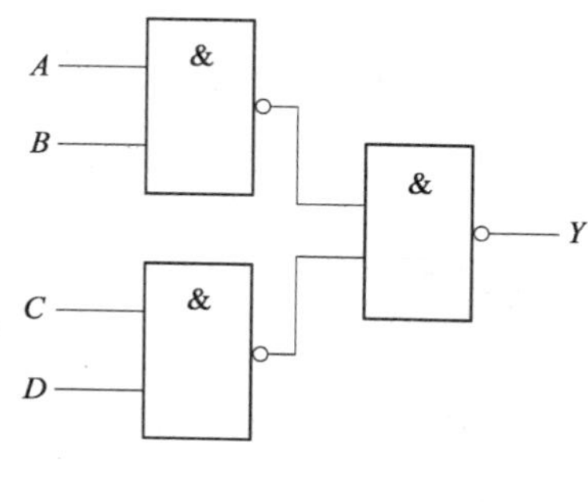

图　12-23

技能训练十六　集成门电路的测试及其应用

一、实训目的

1. 熟悉 ET-A 电子技术实验仪的功能，学会使用方法。
2. 掌握 TTL 与非门逻辑功能的测试方法。
3. 掌握用与非门组成其他门电路的方法。

二、实训原理

集成逻辑门电路是最简单、最基本的数字部件。TTL 集成电路工作速度高、种类多、工作可靠，因而使用广泛。TTL 与非门是应用最多的一种门电路，通过逻辑变换，还可以转换成非门、与门、或门、或非门等门电路。

TTL 门电路使用规则：

1. 电源 V_{CC}： ±5(1 ±10%)V。
2. 输出端严禁并联使用(OC 门、三态门除外)。
3. 输出端不能直接接电源或地。
4. 不用的输入端悬空或接高电平。
5. 负载不能超过允许值。

三、实训设备

1. ET-A 电子技术实验仪　　1 台

2. 直流稳压电源　　　　　1 台
3. 万用表　　　　　　　　1 块
4. 与非门 74HC00　　　　 1 片

四、实训任务

（一）实训电路

实训电路如技图 16-1，技图 16-2，技图 16-3 所示。

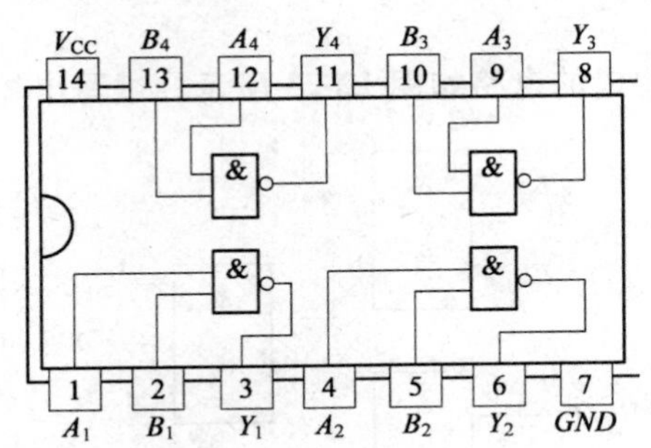

技图 16-1　74HC00 引脚图

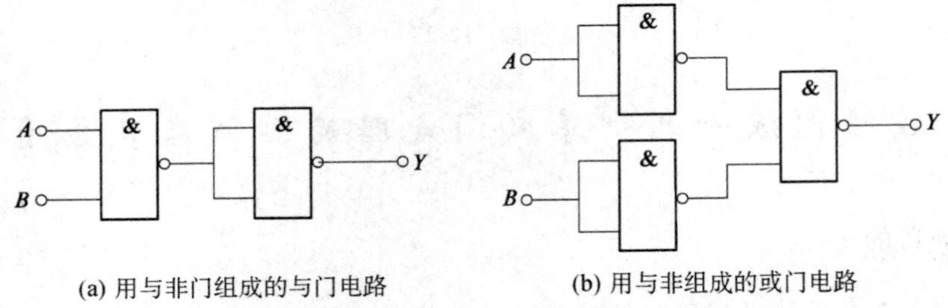

(a) 用与非门组成的与门电路　　(b) 用与非组成的或门电路

技图 16-2　用与非门组成其他门电路

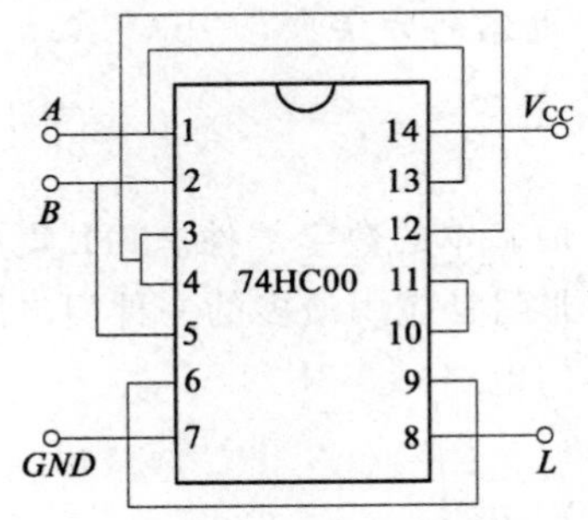

技图 16-3　用 74HC00 组成的电路

（二）实训步骤

1. 与非门逻辑功能测试

与非门的输入端接逻辑开关，与非门的输出端接发光二极管（逻辑电平显示器）。接通电源开始实验，并将结果记入技表 16-1 中，并用万用表测高、低电平。

2. 用与非门组成其他门电路

（1）用与非门组成与门、或门，其电路如技图 16-2 所示，测试其逻辑功能，将结果记

入技表 16-1 中

（2）用与非门 74HC00 组成的另一种逻辑门。测试其逻辑功能，将结果记入技表 16-3 中，并分析其逻辑功能。

五、实训数据

实训数据填入技表 16-1，技表 16-2 中。

技表 16-1　与非门逻辑功能测试表

门 1			门 2			门 3			门 4		
输入		输出	输入		输出	输入		输出	输入		输出
1*A*	1*B*	1*Y*	2*A*	2*B*	2*Y*	3*A*	3*B*	3*Y*	4*A*	4*B*	4*Y*
0	0		1	0		0	0		0	0	
0	1		0	1		0	1		0	1	
1	0		1	0		1	0		1	0	
1	1		1	1		1	1		1	1	

技表 16-2　与门、或门逻辑功能测试表

A	*B*	与门输出 *Y*	*A*	*B*	与门输出 *Y*
0	0		0	0	
0	1		0	1	
1	0		1	0	
1	1		1	1	
Y =			*Y* =		

技表 16-3　功能分析记录

A	*B*	*Y*	*A*	*B*	*Y*
0	0		1	0	
0	1		1	1	
Y =			*Y* =		

六、实训报告要求

1. 写出实训原理、实验设备。
2. 画出实训电路，整理实训数据和表格，写出实训步骤。
3. 写出实训心得体会。

1. 数字电路处理的信号是离散的数字信号，通常用二进制表示。
2. 日常生活中常用十进制，在数字电路中使用最多的是二进制和十六进制。

3. 基本逻辑关系有与、或、非三种逻辑关系，对应的有三种最基本的逻辑门电路：与门、或门、非门。

4. 把基本逻辑门组合在一起，可以构成与非门、或非门、异或门等一些复合门。

5. 集成逻辑门电路中最常见的是TTL电路和CMOS电路，TTL电路速度高，抗干扰能力强，但功耗大。CMOS电路具有功耗低、输入电阻大、抗干扰能力强、电源电压范围大等特点。

第十三章 组合逻辑电路

组合逻辑电路是数字电路的一部分，组成它的基本单元是逻辑门电路。

数字电路按其逻辑功能和结构特点可分为两大类，即组合逻辑电路和时序逻辑电路。前面介绍了分析和设计数字电路的工具：逻辑代数以及构成数字系统的基本单元——逻辑门电路，本章将运用这些基本知识去分析组合逻辑电路。对于组合逻辑电路，按其逻辑功能不同可分为基本运算器、数值比较器、编码器、译码器、数据选择器、数据分配器等。这些常用的组合逻辑电路，中、小规模集成电路都已有现成的产品，因能完成相对独立的逻辑功能称为逻辑部件或功能模块，使用时可根据逻辑功能直接选用。本章主要介绍常用组合逻辑电路：编码器、译码器、数据选择器、数据分配器等；讲解组合逻辑电路的分析方法。在实训部分通过学生动手操作，连接并测试组合逻辑电路的逻辑功能，加强对所学理论知识的掌握。

组合逻辑电路简称组合电路，是由门电路组成的。其特点是：在任一时刻，电路的输出只取决于该时刻各输入状态的组合，而与前一时刻电路的状态无关。组合电路可有多个输入端和多个输出端。

第一节　组合逻辑电路的分析

【知识目标】

1. 了解组合逻辑电路组成及特点。
2. 掌握组合逻辑电路的分析方法。

【能力目标】

能够独立分析组合逻辑电路的逻辑功能。

组合逻辑电路的分析就是对给定的组合逻辑电路，利用逻辑代数原理进行功能描述，确定其逻辑功能。

一、组合逻辑电路的分析步骤

1. 确定电路的输入输出端。
2. 写出输出函数逻辑表达式并化简。
3. 根据最简逻辑表达式列出真值表，并分析电路的逻辑功能。

在实际工作中，可以用实验的方法测出输出与输入逻辑状态的对应关系，从而确定电路的逻辑功能。

二、组合逻辑电路分析举例

（一）一位数值比较器

图 13-1 所示为一位数值比较器逻辑电路图。

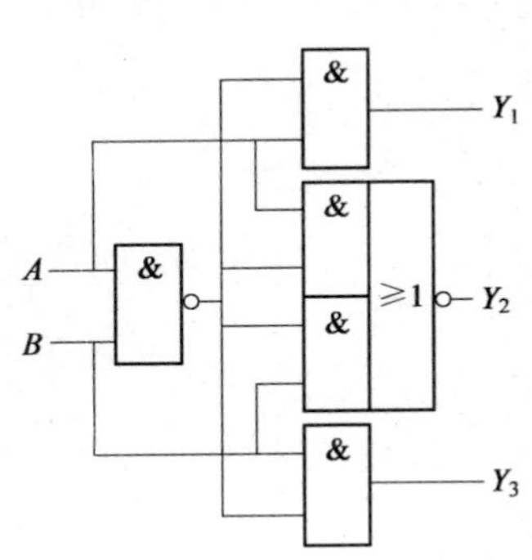

图 13-1 一位数值比较器

1. 确定输入输出端

此图中，信号由左向右传输，则 A、B 是输入端，Y 是输出端。

2. 写出逻辑表达式

根据图 13-1 写出表达式：

$Y_1=\overline{AB}A=A\overline{B}$

$Y_2=\overline{A\overline{AB}+B\overline{AB}}=\overline{A}\,\overline{B}+AB$

$Y_3=\overline{AB}B=\overline{A}B$

3. 列真值表

由真值表 13-1 可看出，当时 $A>B$，$Y_1=1$；当 $A=B$ 时，$Y_2=1$；当 $A<B$ 时，$Y_3=1$。所以，此电路是一位数值比较器。

表 13-1 真 值 表

输入		输出		
A	B	Y_1	Y_2	Y_3
0	0	0	1	0
0	1	0	0	1
1	0	1	0	0
1	1	0	1	0

（二）半加器

半加器电路如图 13-2 所示。

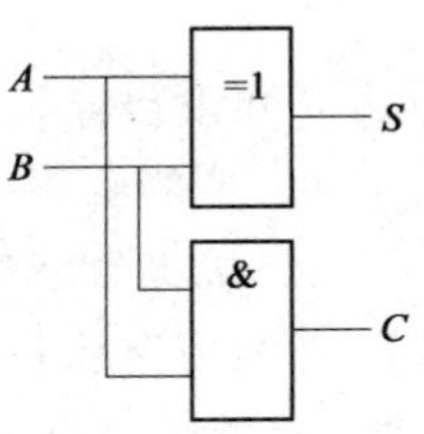

图 13-2 半加器

1. 确定输入输出端

此图中，信号由左向右传输，则 A、B 是输入端，S、C 是输出端。

2. 写出逻辑表达式

根据图 13-2 写出表达式：

$$S=A\overline{B}+\overline{A}B=A\oplus B$$

$$C=AB$$

3. 列真值表

由真值表 13-2 可看出此电路为半加器，S 为和端，C 为进位端。

两个 1 位二进制数相加，若只考虑两个加数本身，而不考虑来自相邻低位的进位，称为半加。实现半加运算功能的电路称为半加器。

表 13-2 真 值 表

输入		输出		输入		输出	
A	B	S	C	A	B	S	C
0	0	0	0	1	0	1	0
0	1	1	0	1	1	0	1

教 学 评 价

一、填 空 题

1. 数字电路按其逻辑功能和结构特点可分为两大类，即________电路和________电路。

2. 构成组合逻辑电路的基本单元是________________。

3. 组合逻辑电路的特点是：在任一时刻，电路的输出________________该时刻各输入状态的组合，而与________________无关。组合电路可有________________输入端和________________输出端。

二、分析图 13-3 各组合逻辑电路的逻辑功能

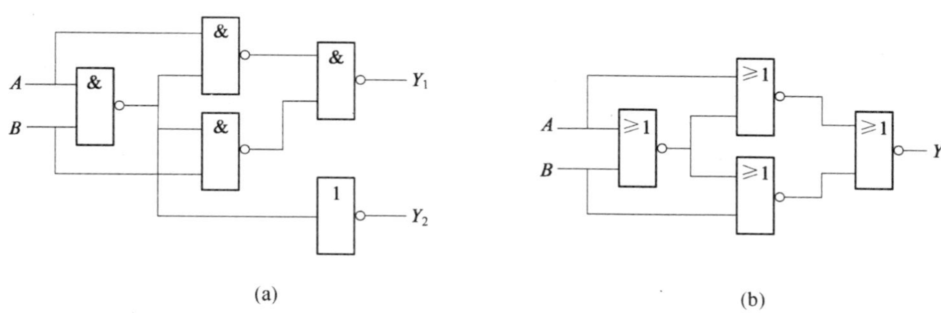

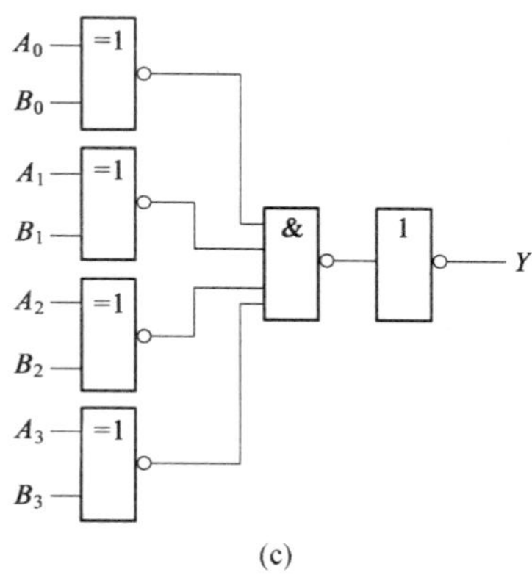

(c)

图 13-3　组合逻辑电路

第二节　常用组合逻辑电路

【知识目标】

1. 了解编码器、译码器的基本概念。
2. 了解半导体数码管基本结构及引脚排列。
3. 了解集成编码器、译码器的引脚排列及逻辑功能。
4. 了解数据选择器、数据分配器的基本原理及应用。

【能力目标】

1. 掌握半导体七段显示数码管的使用方法。

2. 能够分析一般的编码器、译码器电路。

3. 能够查阅集成电路手册，根据需要选择合适型号的集成电路。

一、编 码 器

在数字系统中，常用多位“0”、“1”数码表示数字、文字、符号、信息、指令等，这种多位“0”、“1”数码叫代码。用代码表示特定对象的过程称为编码。能够完成编码功能的逻辑电路称为编码器。它的输入是反映不同信息的一组变量，输出是一组代码。

根据被编码信号的不同特点和要求，编码器可分为二进制编码器、二－十进制编码器、优先编码器等。

二进制编码器就是用二进制代码对特定对象进行编码的电路。其输入端与输出端的数目满足 $n=2^m$。即：若有 n 个输入端，则输出为 m 个。

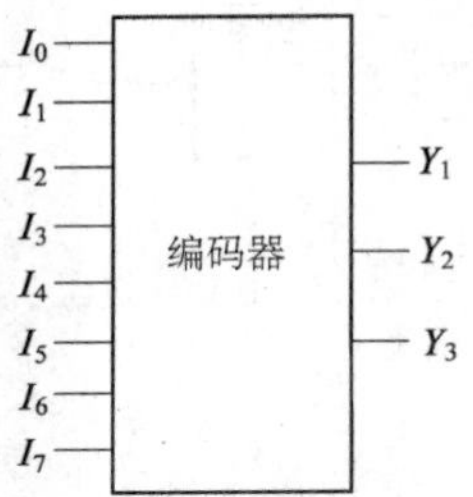

图 13-4　三位二进制编码器示意图

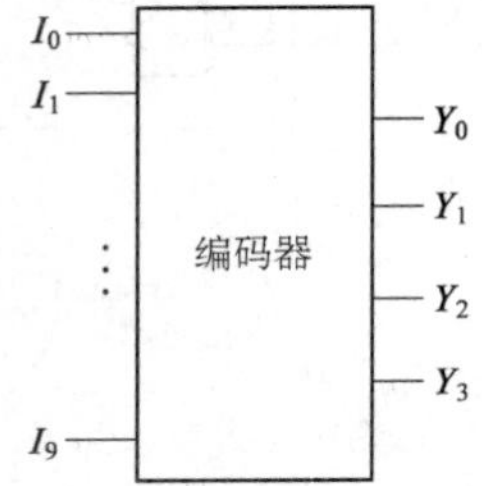

图 13-5　二-十进制编码器示意图

二－十进制编码器又称 BCD 编码器，它是用 4 位二进制代码表示 1 位十进制数码的电路。由于其输入为十进制的 10 个数码，输出为 4 位二进制数代码，故也称为 10-4 线编码器。

上述两种编码器共同特点是输入信号相互排斥，即任何时刻只允许一个输入信号有效，其余输入信号无效。但在实际应用中，经常存在两个以上的输入信号同时有效。若要求输出编码不出现混乱，只能对其中一个输入信号进行编码，这就产生了优先编码器。所谓优先编码器就是在同时输入的若干信号中，只对其中优先级别最高的输入信号进行编码的电路。输入信号的优先级别是由设计人员根据需要决定的。

优先编码器的突出优点是电路对其中优先级别最高的输入信号进行编码，因此不必对输入信号提出严格的要求，而且可靠，应用极为广泛。

（一）集成二进制编码器

8-3 线优先编码器常见型号有 T1148、74LS148、CC40147 等。图 13-6（a）、（b）所示为 74LS148 管脚排列图和逻辑符号，其功能表如表 13-3 所示。

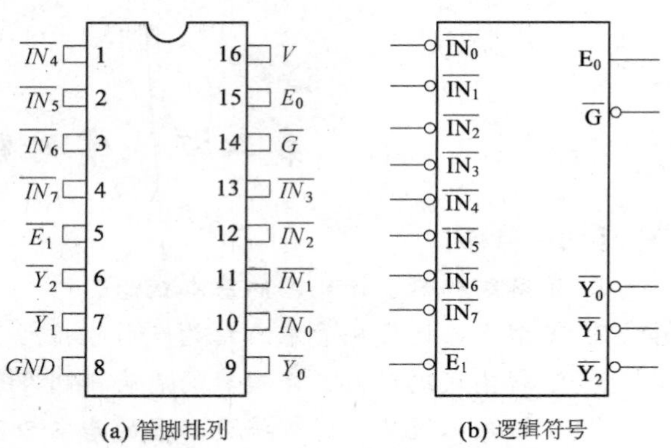

(a) 管脚排列　　(b) 逻辑符号

图 13-6　8-3 线优先编码器 74LS148

表　13-3

输入									输出				
$\overline{E}_1$	$\overline{IN}_0$	$\overline{IN}_1$	$\overline{IN}_2$	$\overline{IN}_3$	$\overline{IN}_4$	$\overline{IN}_5$	$\overline{IN}_6$	$\overline{IN}_7$	$\overline{Y}_2$	$\overline{Y}_1$	$\overline{Y}_0$	$\overline{G}_S$	E_0
0	×	×	×	×	×	×	×	0	0	0	0	0	1
0	×	×	×	×	×	×	0	1	0	0	1	0	1
0	×	×	×	×	×	0	1	1	0	1	0	0	1
0	×	×	×	×	0	1	1	1	0	1	1	0	1
0	×	×	×	0	1	1	1	1	1	0	0	0	1
0	×	×	0	1	1	1	1	1	1	0	1	0	1
0	×	0	1	1	1	1	1	1	1	1	0	0	1
0	0	1	1	1	1	1	1	1	1	1	1	0	1

$\overline{IN}_0 \sim \overline{IN}_7$ 为 8 位输入端，$\overline{Y}_0$-$\overline{Y}_2$ 为 3 位输出端，且均为低电平有效。$\overline{IN}_7$ 优先级别最高，$\overline{IN}_6$ 次之，$\overline{IN}_0$ 优先级别最低。

$\overline{E}_1$ 为使能输入端。$\overline{E}_1=0$ 允许编码；$\overline{E}_1=1$ 禁止编码，$\overline{E}_1=1$ 时无论$\overline{IN}_0 \sim \overline{IN}_7$ 为何种状态，输出 $\overline{Y}_2\overline{Y}_1\overline{Y}_0=111$。

$\overline{G}_S$ 为优先编码器输出端。$\overline{E}_1=0$，且$\overline{IN}_0 \sim \overline{IN}_7$ 有信号时，$\overline{G}_S=0$ 表示该片编码器有输入信号；$\overline{E}_1=0$，且$\overline{IN}_0 \sim \overline{IN}_7$ 无信号时，$\overline{G}_S=1$ 表示该片编码器无输入信号。

E_0 为使能输出端，受 $\overline{E}_1$ 控制，当 $\overline{E}_1=1$ 时，$E_0=1$。当 $\overline{E}_1=0$ 时，$\overline{IN}_0 \sim \overline{IN}_7$ 有信号时，$E_0=1$ 表示本片工作；当 $\overline{E}_1=0$，$\overline{IN}_0 \sim \overline{IN}_7$ 无信号(全部为“1”)时，$E_0=0$ 表示本片不工作。

(二) 二－十进制编码器

以二-十进制优先编码器即 10-4 线优先编码器为例。其常见型号有 T340、74LS147、C340 等。图 13-7(a)、(b)所示为 74LS147 的管脚排列图和逻辑符号，其功能表如表 13-4 所示。

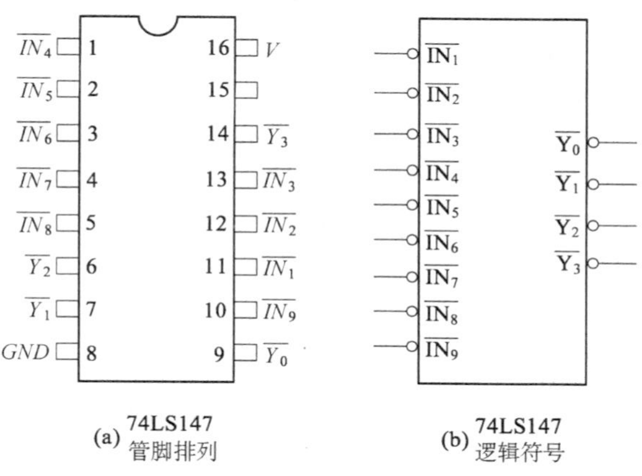

图 13-7　10-4 线优先编码器

表 13-4

输入									输出			
$\overline{IN_9}$	$\overline{IN_8}$	$\overline{IN_7}$	$\overline{IN_6}$	$\overline{IN_5}$	$\overline{IN_4}$	$\overline{IN_3}$	$\overline{IN_2}$	$\overline{IN_1}$	$\overline{Y_3}$	$\overline{Y_2}$	$\overline{Y_1}$	$\overline{Y_0}$
0	×	×	×	×	×	×	×	×	0	1	1	0
1	0	×	×	×	×	×	×	×	0	1	1	1
1	1	0	×	×	×	×	×	×	1	0	0	0
1	1	1	0	×	×	×	×	×	1	0	0	1
1	1	1	1	0	×	×	×	×	1	0	1	0
1	1	1	1	1	0	×	×	×	1	0	1	1
1	1	1	1	1	1	0	×	×	1	1	0	0
1	1	1	1	1	1	1	0	×	1	1	0	1
1	1	1	1	1	1	1	1	0	1	1	1	0
1	1	1	1	1	1	1	1	1	1	1	1	1

编码器的输入、输出均为低电平有效。输入$\overline{IN_1} \sim \overline{IN_9}$是按高位优先编码，$\overline{IN_9}$优先级别最高。当$\overline{IN_1} \sim \overline{IN_9}$均为“1”时，相当于$\overline{IN_0}=0$，输出代码为1111，隐含着对$\overline{IN_0}$编码，所以不单设$\overline{IN_0}$输入端。编码输出均为8421BCD码的反码。

二-十进制编码器由于每一个十进制单独编码，无需扩展位数，故没有扩展使能端。

二、译 码 器

译码是编码的逆过程。编码是将输入信息、数码等编为二进制代码。译码是把二进制代码的特定含义翻译出来。能够完成译码功能的逻辑电路称译码器，其框图如图13-8所示。

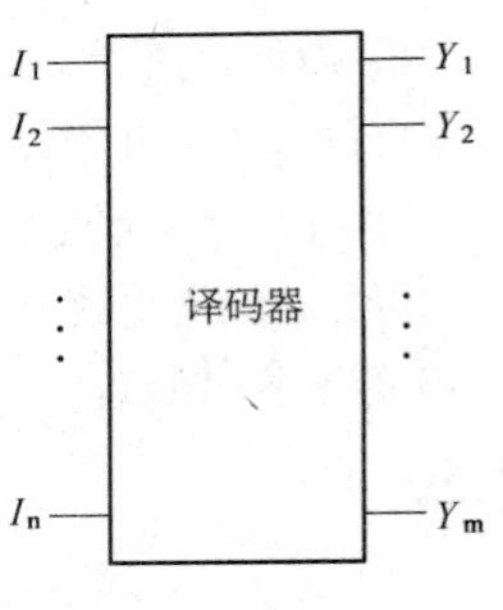

图 13-8　译码器框图

译码器按其功能特点分为两大类，即通用译码器和显示译码器。通用译码器又分为完全译码器和不完全译码器(部分译码器)。在通用译码器中有 n 个输入端，m 个输出端，其中 n 表示二进制代码的位数，m 表示可能出现的状态数，输入和输出之间满足 $2^n \geqslant m$。当 $2^n = m$ 时，称为完全译码器；当 $2^n > m$ 时，称为不完全译码器。在此我们主要学习显示译码器。

在数字系统中，经常需要将数字、文字和符号的二进制代码翻译成人们习惯的形式直观地显示出来，以便查看或读取，这就需要显示电路来完成。显示译码电路通常由译码器、驱动器和显示器件三部分组成。

(一) 数码显示器

1. 半导体显示器

半导体数码管又称LED显示器，它的基本单元是PN结。用磷化镓或砷化镓做成的PN结，当外加正向电压时，就能发出清晰的光线。单个PN结可以封装成一个发光二极管；多个PN结可以按分段式封装成半导体数码管，如图13-9所示。图中 $a \sim g$ 七段为七个发光二极管，它们有共阴极和共阳极两种接法。前者在输入端接高电平时发光；后者接低电平时发光。图(b)为共阴极接法。

半导体显示器的特点是显示清晰，工作电压低（1.5～3V），工作电流小（几 mA～十几 mA），寿命长（>1 000h）响应速度快（1～100ns），颜色丰富，工作可靠。

2. 液晶显示器

液晶是一种介于液体和晶态固体之间的半流体，它既能像液体那样易于流动，又能像晶体那样进行有规则的排列。液晶对于外界条件（如磁场、光线、温度等）的变化，有敏感的反应，并将上述外界条件变化的信息转变为可见信号。在电场作用下，液晶的变化呈现光电效应。

液晶显示器工作电压<3V，驱动电流为 0.5～1μA，外形可做得很薄。因此，液晶显示器广泛用于电子表、计算器及各种仪器仪表中。

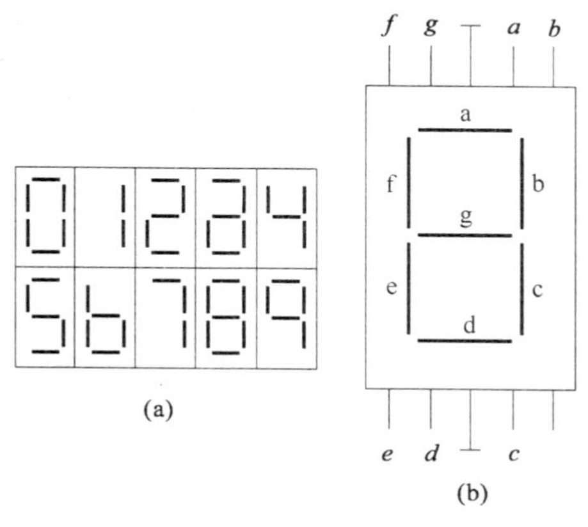

图 13-9　七段数字显示器

（二）显示译码器

集成显示译码器种类繁多，其中最常用的是驱动发光二极管显示器的 74LS247 和 74LS248。74LS247 输出低电平有效，OC 门输出，无上拉电阻，可驱动共阳极数码管；74LS248 输出高电平有效，有上拉电阻，可驱动共阴极数码管。其原理框图如图 13-10 所示。

集成显示译码器又增加了很多功能，图 13-11 所示为 74LS247 的管脚排列图和逻辑符号，其功能表见表 13-5。

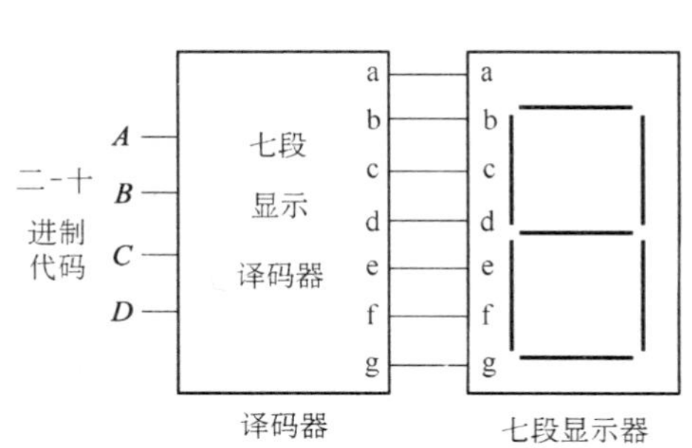

图 13-10　显示译码器原理框图

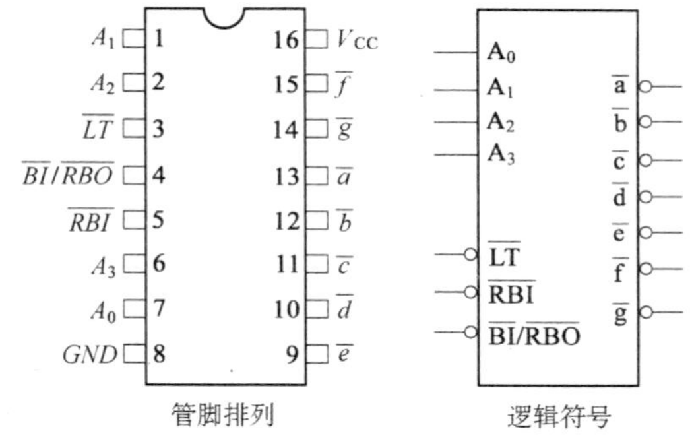

图 13-11　显示译码器 74LS247

$A_3 \sim A_0$ 是 8421BCD 码输入端，高电平有效，$\overline{a} \sim \overline{g}$ 是七段译码器的输出端，低电平有效，可驱动共阳极七段数码管。另外，还有三个控制端，其作用如下：

1. 试灯端 $\overline{LT}$：用来测试数码管的好坏

当 $\overline{LT}=0$、$\overline{BI}=1$ 时，不论 $A_3 \sim A_1$ 状态如何，$\overline{a} \sim \overline{g}$ 均为“0”，数码管七段全亮，显示 8，说明数码管能正常工作；当 $\overline{LT}=1$ 时，电路正常显示。

2. 灭灯输入/灭零输出端：$\overline{BI}/\overline{RBO}$

利用 $\overline{BI}$ 端可控制数码管按照需要进行工作或灭灯。

当 $\overline{BI}=0$ 时，无论其他输入端为何值，所有输出端 $\overline{a} \sim \overline{g}$ 均为“1”，七段全灭；当 $\overline{BI}=1$、$\overline{LT}=1$ 时，电路正常显示。若用一串间歇脉冲信号由 $\overline{BI}$ 输入端送入，且与输入数码同步，则所显示的数字可间歇地闪烁。利用 $\overline{RBO}$ 端可将多位显示中的无用零熄灭，既方便读取结果，又减少电源消耗。

表 13-5

$\overline{LT}$	$\overline{RBI}$	$\overline{BI}/\overline{RBO}$	A_3	A_2	A_1	A_0	$\overline{a}$	$\overline{b}$	$\overline{c}$	$\overline{d}$	$\overline{e}$	$\overline{f}$	$\overline{g}$	说明
0	×	1	×	×	×	×	0	0	0	0	0	0	0	试灯
×	×	0	×	×	×	×	1	1	1	1	1	1	1	灭灯
1	0	0	0	0	0	0	1	1	1	1	1	1	1	灭零
1	1	1	0	0	0	0	0	0	0	0	0	0	1	显示 0
1	×	1	0	0	0	1	1	0	0	1	1	1	1	1
1	×	1	0	0	1	0	0	0	1	0	0	1	0	2
1	×	1	0	0	1	1	0	0	0	0	1	1	0	3
1	×	1	0	1	0	0	1	0	0	1	1	0	0	4
1	×	1	0	1	0	1	0	1	0	0	1	0	0	5
1	×	1	0	1	1	0	1	1	0	0	0	0	0	6
1	×	1	0	1	1	1	0	0	0	1	1	1	1	7
1	×	1	1	0	0	0	0	0	0	0	0	0	0	8
1	×	1	1	0	0	1	0	0	0	1	1	0	0	9

当$\overline{LT}=1$、$\overline{RBI}=0$、$\overline{RBO}=0$，且 $A_3A_2A_1A_0=0000$ 时，所有输出端 $\overline{a}\sim\overline{g}$ 均为“1”，七段全灭。

3. 灭零输入端：$\overline{RBI}$

利用$\overline{RBI}$端可将数码管显示的零去掉。当$\overline{RBI}=0$，且 $A_3A_2A_1A_0=0000$ 时，七段输出均为“1”，显示器不显示数字 0；当 $A_3A_2A_1A_0$ 为其他值时，显示器均能正常显示对应的数字。

三、数据选择器和数据分配器

（一）数据选择器

数据选择器是一种在选择信号作用下，从多路数据中选择一路数据进行传输的组合逻辑电路，又称多路调制器和多路选择开关。其功能示意图如图 13-12 所示。

集成数据选择器有 2 选 1、4 选 1、8 选 1、16 选 1 等类型。

图 13-13 所示为 74LS153 双四选一的管脚排列图和逻辑符号，其功能表如表 13-6 所示。

该集成电路内含两个四选一数据选择器，共用一组选择控制输入端 A_1、A_0，$D_0\sim D_3$ 为

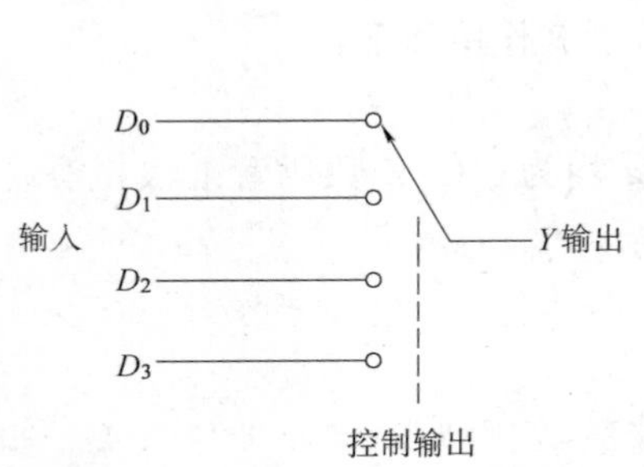

图 13-12　数据选择器功能示意图

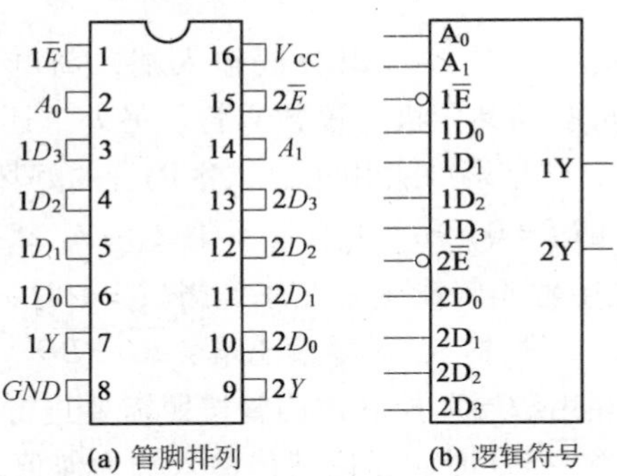

图 13-13　双四选一数据选择器 74LS153

表 13-6

输入				输出
D_i	A_1	A_2	$\overline{E}$	Y
×	×	×	1	0
D_0	0	0	0	D_0
D_1	0	1	0	D_1
D_2	1	0	0	D_2

数据输入端，Y 为输出端，$\overline{E}$ 为使能端，又称选通端，低电平有效。当 $\overline{E}=0$ 时，选择器工作；$\overline{E}=1$ 时，选择器被封锁。

（二）数据分配器

数据分配器是一种在控制信号作用下，将一路数据分配到多个通道进行传输的组合逻辑电路。其功能相当于一个波段开关，工作过程是数据选择器的逆过程，图 13-14 所示为其功能示意图。

带有使能端的译码器都具有数据分配器的功能。一般 2-4 线译码器可作为四路分配器；3-8 线译码器作为 8 路分配器；4-16 线译码器作为 16 路分配器。

图 13-15 所示为 74LS139 双 2-4 线译码器管脚排列图和逻辑符号。

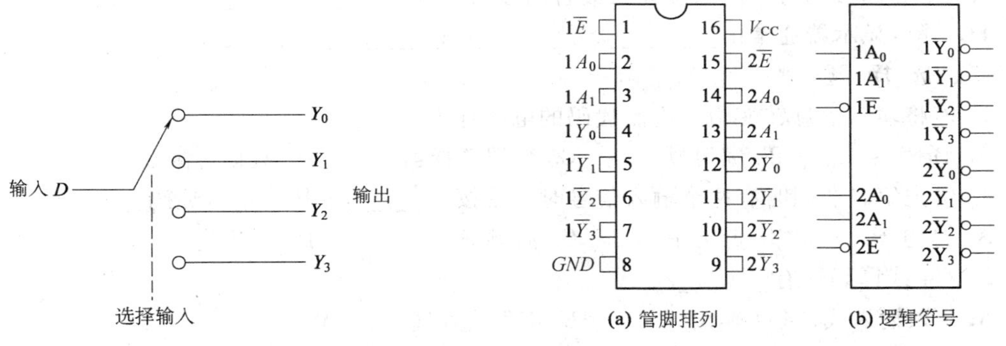

图 13-14　数据分配器功能示意图　　图 13-15　双四路分配器 74LS139

电路内含两个独立的 2-4 线译码器，即 4 路分配器，A_1A_0 为控制输入端，$\overline{D}$ 为数据输入端，$\overline{Y}_0 \sim \overline{Y}_3$ 为数据输出端。当 $A_1A_0=00$ 时，$\overline{Y}_0=\overline{D}$；当 $A_1A_0=01$ 时，$\overline{Y}_1=\overline{D}$；当 $A_1A_0=10$ 时，$\overline{Y}_2=\overline{D}$；当 $A_1A_0=11$ 时，$\overline{Y}_3=\overline{D}$，实现了数据分配功能，其逻辑表达式为：

$$\overline{Y}_0=\overline{D}\,\overline{A}_1\overline{A}_0 \qquad \overline{Y}_1=\overline{D}\,\overline{A}_1A_0 \qquad \overline{Y}_2=\overline{D}\,\overline{A}_1A_0 \qquad \overline{Y}_3=\overline{D}A_1A_0$$

在实际使用时，数据选择器和分配器的配合使用，可以构成一个典型的串行数据传输总线系统，如图 13-16 所示。

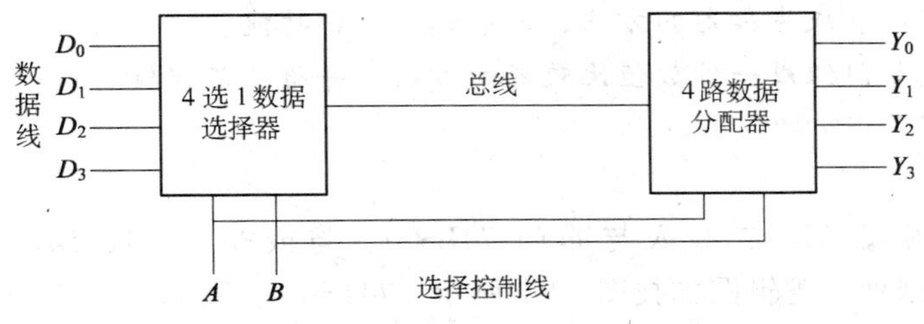

图 13-16　数据总线传送系统

教学评价

一、填　　空

1. 用________表示特定对象的过程称为编码。能够完成编码功能的逻辑电路叫________。

2. 根据编码信号的不同特点和要求，编码器可分为________编码器、________编码器和________编码器。

3. 译码是把________的特定含义翻译出来，是________的逆过程。

4. 译码器按其功能特点分为________译码器和________译码器。

5. 通用译码器分为________译码器和________译码器。

6. 常用的显示器件有________和________。

7. 数据选择器是一种在________信号作用下，从________数据中选择________数据进行传输的组合逻辑电路。

8. 数据分配器是一种在________信号作用下，将________数据分配到________通道进行传输的组合逻辑电路。

9. 数据选择器和数据分配器配合使用，可以构成一个典型的________系统。

10. 半导体数码管按内部发光二极管的接法分为________和________两种。

11. 译码显示器通常由________、________和________三部分组成。

二、选 择 题

1. 能将输入信息转变为二进制代码的电路称为________。

A. 译码器　　B. 编码器　　C. 数据选择器　　D. 数据分配器

2. 优先编码器同时有两个输入信号时，是按________的输入信号编码。

A. 高电子　　B. 低电平　　C. 高频率　　D. 高优先级

3. 2-4 线译码器有________。

A. 2 条输入线，4 条输出线　　B. 4 条输入线，2 条输出线

C. 4 条输入线，8 条输出线　　D. 8 条输入线，2 条输出线

4. 半导体数码管是由________排列成显示数字。

A. 小灯泡　　B. 液态晶体　　C. 辉光器件　　D. 发光二极管

技能训练十七　组合逻辑电路测试

一、实训目的

1. 掌握用与非门组成半加器的方法，并验证其逻辑功能。

2. 掌握用与或非门组成一位数值比较器的方法，并验证其逻辑功能。

二、实训设备

学习机、万用表、四-二输入与非门 74LS00、与或非门 74LS54 及四-二输入与门 74LS08。其外引线排列及逻辑图如技图 17-1 所示。74LS08 管脚排列同 74LS00。

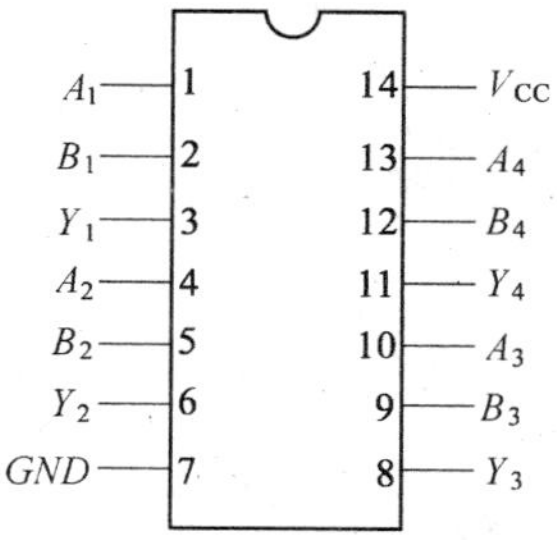

四-二输入与非门 74LS00

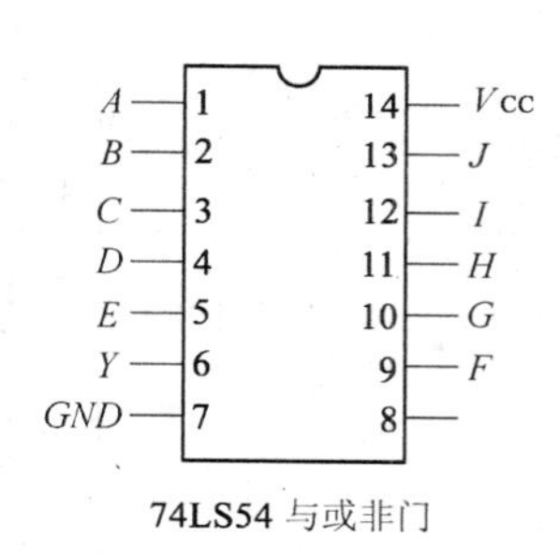

74LS54 与或非门

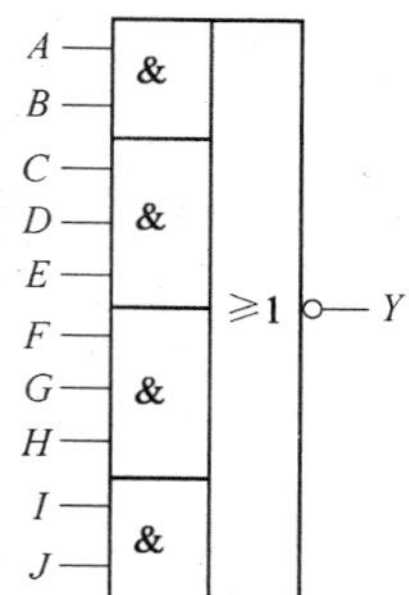

技图 17-1

三、实训内容和方法

1. 用与非门组成半加器

① 写出技图 17-2 所示电路的逻辑表达式；

② 根据表达式列真值表，填写技表 17-1。

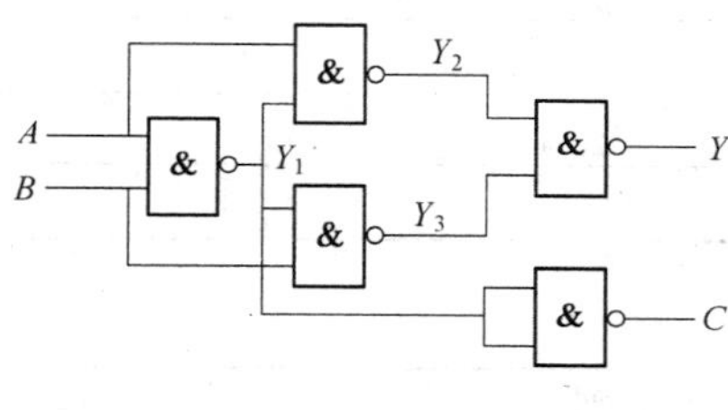

技图 17-2

Y_1 =

Y_2 =

Y_3 =

Y =

C =

③ 在学习机 IC 插座中找到 74LS00 集成电路，接好电源：端子 14 接 +5V，端子 7 接地，按图上连接电路，按技表 17-2 测试其逻辑功能，并与技表 17-1 比较，看是否一致。

技表 17-1

输 入		各级输出值				
A	B	Y_1	Y_2	Y_3	Y	C

技表 17-2

输 入		输 出	
A	B	Y	C
0	0		
0	1		
1	0		
1	1		

2. 测试一位数值比较器的逻辑功能

在学习机 IC 插座中找 74LS00、74LS08 和 74LS54，并按技图 17-3 连接电路，给集成块接好电源，注意与或非门不用端子需要接地，检查无误后，开启学习机电源，测试其功能填入技表 17-3 中。

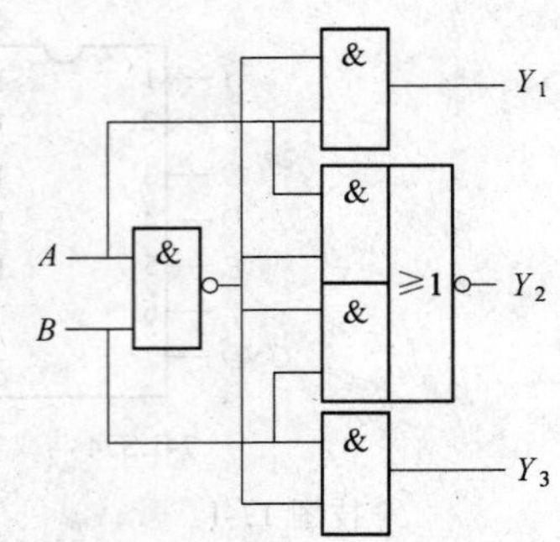

技图 17-3

技表 17-3

输入		输出		
A	B	Y_1	Y_2	Y_3
0	0			
0	1			
1	0			
1	0			

本章小结

1. 组合逻辑电路的特点：任一时刻，电路的输出只决定于该时刻输入状态的组合，而与信号作用前电路的状态无关。其结构特点：输入输出之间无反馈，由门电路组成，无存储电路。

2. 组合电路的分析步骤：已知逻辑图→确定输出输入→写逻辑表达式→化简→真值表→逻辑功能。

3. 逻辑电路已制成一系列中规模集成逻辑部件，如：基本运算器、数值比较器、编码器、译码器、数据选择器、数据分配器等。必须熟悉逻辑功能，才能灵活应用。功能表（真值表）是分析和应用各种逻辑电路的依据。要学会查用集成电路手册。

第十四章

触发器与时序逻辑电路

时序逻辑电路是数字电路的一部分，组成它的基本单元是触发器和逻辑门电路。本章主要介绍触发器的基本知识，JK、D触发器的逻辑功能；介绍常用时序逻辑电路：移位寄存器和计数器；讲解时序逻辑电路的分析方法及移位寄存器的应用。在实训部分通过学生自己动手操作，测试集成JK、D触发器的逻辑功能，加强对所学理论知识的掌握。

第一节　触　发　器

【知识目标】

1. 熟知基本RS触发器的电路组成、逻辑功能和工作原理。
2. 了解触发器的几种常用触发方式及特点。
3. 掌握JK、D触发器的逻辑功能。
4. 掌握集成JK、D触发器的使用常识。

【能力目标】

1. 能识读常用集成触发器的引脚，具有应用集成JK、D组装功能电路的能力。
2. 初步具有查阅手册，合理选用集成触发器的能力。

一、概　　述

在数字电路中，不仅需要对数字信号进行各种运算或处理，而且还经常要求将这些数字信号的运算结果保存起来，这就要求数字电路具有记忆功能。触发器就是具有记忆功能的基本逻辑单元，它具有两个稳定状态(1态和0态)，能够记忆一位二进制信号(1或0)。

(一) 触发器的特点

为了实现这种记忆功能，触发器必须具备以下三个基本特点：

1. 具有两个能够自行保持的稳定状态，以便用来记忆1和0这两种不同的逻辑状态或不同的二进制数据。

2. 具有信号输入端，根据不同输入信号能使触发器被置成1态或0态。

3. 在输入信号消失以后(若没有新的输入信号输入)，能将获得的新状态保存下来。

(二) 触发器的触发信号、现态和次态

触发器必须具有输入端，用于控制触发器的输出状态。触发器的输入端的信号称为触发信号。

触发器接收触发信号之前的状态称为现态，用 Q^n 表示(或用 Q 表示)。触发器接收触发信号之后的状态称为次态，用 Q^{n+1} 表示。现态和次态是两个相邻离散时间里触发器输出端的状态。

触发器的次态 Q^{n+1} 与现态 Q^n 和触发信号之间的逻辑关系，是贯穿本节始终的基本问题，如何获得、描述和理解这种逻辑关系，是本节学习的中心任务。

（三）触发器的分类

触发器由逻辑门加反馈线路构成，可以分为：基本触发器和时钟触发器。基本触发器的次态输出不受时钟脉冲信号（CP）的控制，时钟触发器的次态输出受时钟脉冲信号的控制。

触发器按逻辑功能的不同分为 RS 触发器、JK 触发器、D 触发器、T 触发器等几种。

二、RS 触发器

（一）基本 RS 触发器

基本 RS 触发器是最简单的触发器，是构成其他类型触发器的基本单元，其他各类型触发器是在基本 RS 触发器的基础上发展起来的。

基本 RS 触发器既可以用“与非”门组成，也可以用“或非”门组成。这里讨论用“与非”门组成的基本 RS 触发器。

1. 电路组成

两个“与非”门交叉耦合便构成了基本 RS 触发器，如图 14-1(a)所示。触发器有两个输入端即触发信号端，分别为 $\overline{R}$、$\overline{S}$，字母上的“非”号表示低电平有效；Q、$\overline{Q}$ 是两个输出端，其状态是互补的，即一个为 1，另一个为 0。通常规定 Q 端的状态为触发器的状态，若 Q 端为 1 时，称触发器为 1 态；若 Q 端为 0 时，称触发起为 0 态。图 14-1(b)是基本 RS 触发器的逻辑符号。$\overline{R}$、$\overline{S}$ 的小圆圈表示低电平有效。

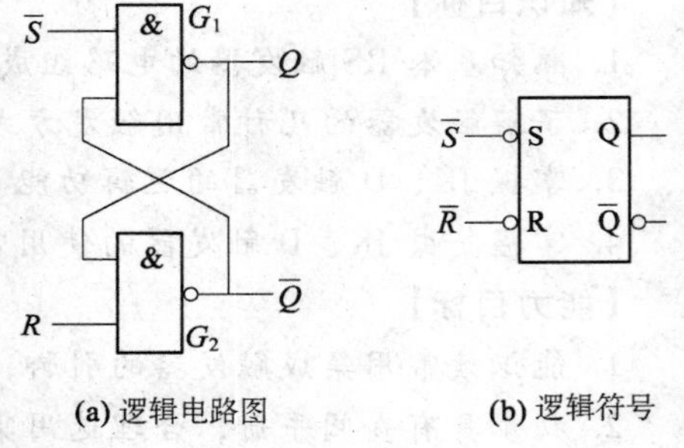

(a) 逻辑电路图　　(b) 逻辑符号

图 14-1　基本 RS 触发器

2. 工作原理

由于基本 RS 触发器有两个触发信号 $\overline{S}$ 和 $\overline{R}$，下面分别分析这两个触发信号的四种组合对触发器状态的影响。

（1）当 $\overline{S}=1$，$\overline{R}=0$ 时，由于 $\overline{R}=0$，门 G_2 的输出 $\overline{Q}=1$，因而门 G_1 的输出 $Q=0$，触发器被置 0。$\overline{R}=0$ 称为置 0 信号，低电平有效。

（2）当 $\overline{S}=0$，$\overline{R}=1$ 时，由于 $\overline{S}=0$，门 G_1 的输出 $Q=1$，因而门 G_2 的输出 $\overline{Q}=0$，触发器被置 1。$\overline{S}=0$ 称为置 1 信号，低电平有效。

（3）当 $\overline{S}=1$，$\overline{R}=1$ 时，触发器保持原状态不变。

（4）当 $\overline{S}=0$，$\overline{R}=0$ 时，触发器的输出状态不确定。这种情况应当避免，否则会出现逻辑混乱或错误。

基本 RS 触发器的真值表见表 14-1。

表 14-1　基本 RS 触发器状态真值表

输入信号		输出状态	功能说明	输入信号		输出状态	功能说明
$\overline{S}$	$\overline{R}$	Q^{n+1}		$\overline{S}$	$\overline{R}$	Q^{n+1}	
0	0	×	禁止	1	0	0	置 0
0	1	1	置 1	1	1	Q^n	保持

3. 集成基本 RS 触发器

图 14-2 所示为 TTL 集成基本 RS 触发器 74LS279。的管脚排列和逻辑符号。在一个芯片中，集成了两个如图 14-2(a)所示的电路和两个如图 14-2(b)所示的电路，共四个触发器单元。注意：$\overline{S}_A$、$\overline{S}_B$ 为与逻辑关系的两个置位输入端。

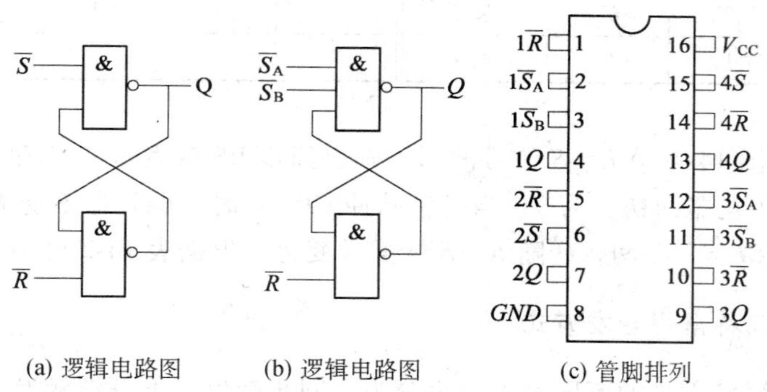

(a) 逻辑电路图　(b) 逻辑电路图　(c) 管脚排列

图 14-2 TTL 集成基本 RS 触发器 74LS279

（二）同步 RS 触发器

基本 RS 触发器在 R、S 端出现置 0 或置 1 信号时，输出状态就随之变化。实际上往往要求触发器按一定时间节拍把 R、S 端的状态反映到输出端。这就要求再增加一个控制端 CP，只有控制端出现脉冲信号时，触发器才动作。至于触发器变换到什么状态，仍由 R、S 端信号决定。采用这种触发方式的触发器称为同步 RS 触发器。

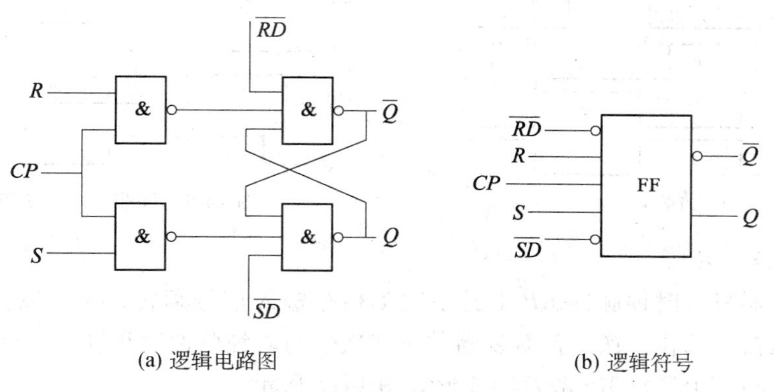

(a) 逻辑电路图　(b) 逻辑符号

图 14-3 同步 RS 触发器

1. 电路结构

电路组成及逻辑符号如图 14-3 所示，R、S 为输入端，CP 为控制端，$\overline{R}_D$ 为异步置 0 端即复位端，$\overline{S}_D$ 为异步置 1 端即置位端。

2. 工作原理

当 $CP=0$ 时，输出保持原来状态不变。

当 $CP=1$ 时，$S=1$、$R=0$ 时，$Q=1$；

$S=0$、$R=1$ 时，$Q=0$；

$S=R=0$ 时，Q 保持原状态；

$S=R=1$ 时，Q 状态不确定。

同步 RS 触发器真值表如表 14-2 所示。

表 14-2　同步 RS 触发器状态真值表

时钟脉冲 CP	输入信号 S	输入信号 R	输出状态	功能说明	时钟脉冲 CP	输入信号 S	输入信号 R	输出状态	功能说明
0	×	×	Q^{n+1}	保持	1	1	0	1	置 1
1	0	0	Q^n	保持	1	1	1	×	禁止
1	0	1	0	置 0					

【例 14-1】　由图 14-4 中 R、S 信号波形，画出同步 RS 触发器的 Q 和 $\overline{Q}$ 的波形。

【解】　设 RS 触发器的初态为 0，当时钟脉冲 $CP=0$ 时，触发器不受 R、S 端信号控制，保持原态不变；在 $CP=1$ 期间，Q 随 R、S 端信号变化。根据表 14-2 可画出 Q 和 $\overline{Q}$ 的波形。

三、触发器的几种常用触发方式

根据时钟脉冲触发方式的不同触发器可分为：同步触发、上升沿触发、下降沿触发等。

（一）同步式触发

同步式触发采用电平触发方式，一般为高电平触发，即在 CP 高电平期间输入信号起作用。若有干扰脉冲窜入，易产生误翻转，导致错误输出。同步式 RS 触发器波形如图 14-5 所示，CP 在高电平期间，输出会随输入信号变化，无法保证一个 CP 周期内触发器只动作一次。

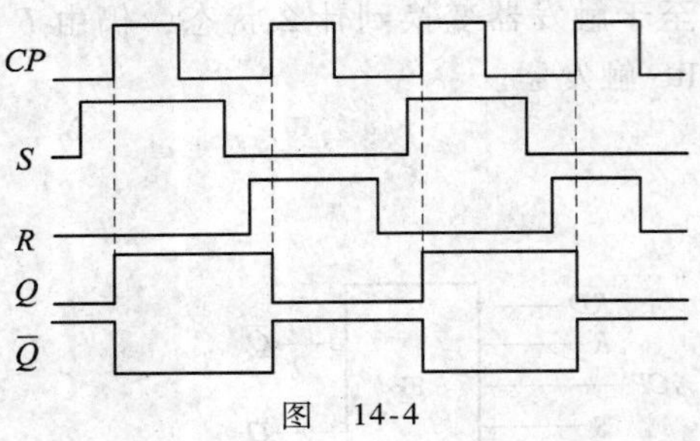

图　14-4

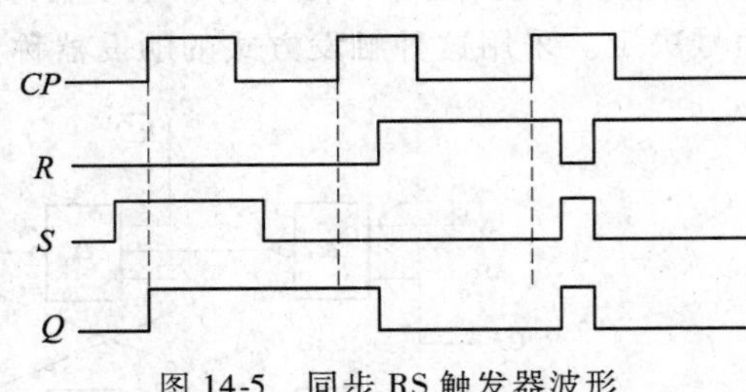

图 14-5　同步 RS 触发器波形

（二）上升沿触发

上升沿触发器只在时钟脉冲 CP 上升沿时刻根据输入信号翻转，它可以保证在一个 CP 脉冲周期内触发器只动作一次，使触发器的翻转次数与时钟脉冲数相等，并可克服输入干扰信号引起的误翻转。上升沿 RS 触发器波形如图 14-6 所示。

（三）下降沿触发

下降沿触发器只在时钟脉冲 CP 下降沿时刻根据输入信号翻转，可以保证一个 CP 周期内触发器只动作一次。下降沿 RS 触发器波形如图 14-7 所示。

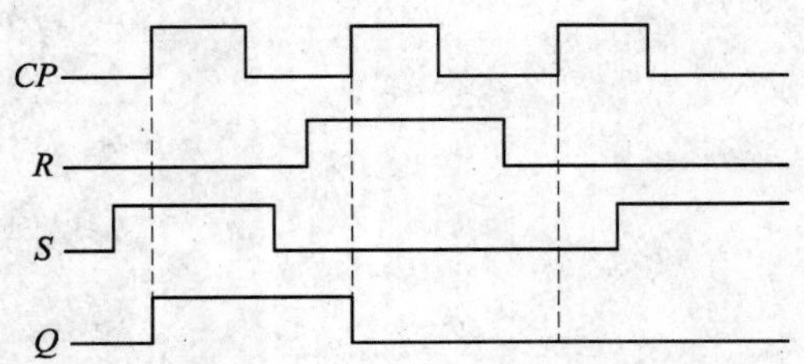

图 14-6　上升沿触发 RS 触发器波形图

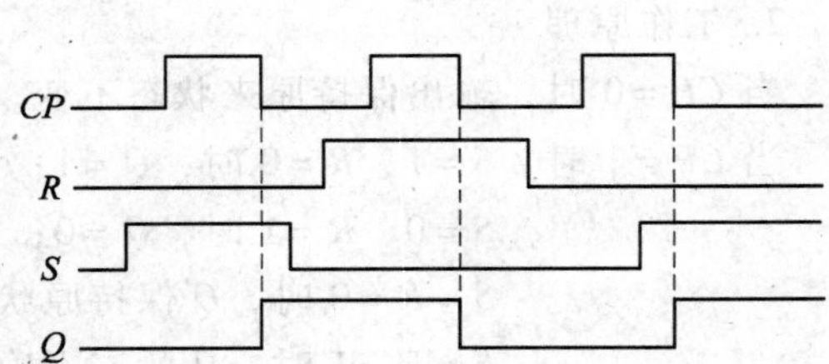

图 14-7　下降沿触发 RS 触发器波形图

（四）为了便于识读以上不同触发方式的触发器，目前器件手册中都用特定符号加以区别，如表 14-3 所示。

表 14-3　RS 触发器的逻辑符号

触发器类型	同　步	上升沿触发	下降沿触发
符号			

RS 触发器存在不确定状态，为了避免不确定状态，在 RS 触发器的基础上，发展了几种不同逻辑功能的触发器，常用的有 JK、D、T 触发器等。

四、JK 触发器

（一）电路组成和逻辑符号

JK 触发器如图 14-8 所示，由两个钟控 RS 触发器组成，将原输入端重新命名为 J 端和 K 端，构成 JK 触发器。JK 触发器逻辑符号如图 14-8（b）所示，该图 CP 端有小圈为下降沿有效，无小圈为上升沿有效。

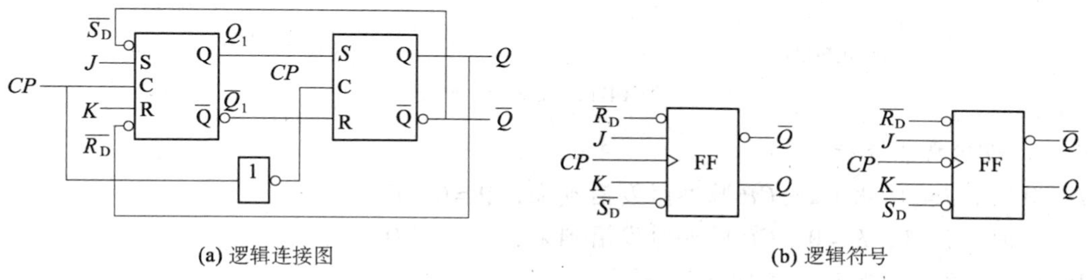

(a) 逻辑连接图　　(b) 逻辑符号

图 14-8　JK 触发器

（二）逻辑功能

JK 触发器避免了不确定状态，其逻辑功能如表 14-4 所示。

表 14-4　JK 触发器真值表

输入信号		次态	功能说明	输入信号		次态	功能说明
J	K	Q^{n+1}		J	K	Q^{n+1}	
0	0	Q^n	保持	1	0	1	置 1
0	1	0	置 0	1	1	$\overline{Q^n}$	翻转

（三）集成 JK 触发器

实际应用中 JK 触发器大多采用集成电路，其型号有 74LS70、74LS76、74H72、74LS73、74H71 等。集成双 JK 触发器 74LS76 的管脚排列如图 14-9 所示。

【例 14-2】　图 14-10 所示为下降沿触发的 JK 触发器的输入波形，设初态为 0，画出输出端 Q 及 $\overline{Q}$ 的波形。

【解】

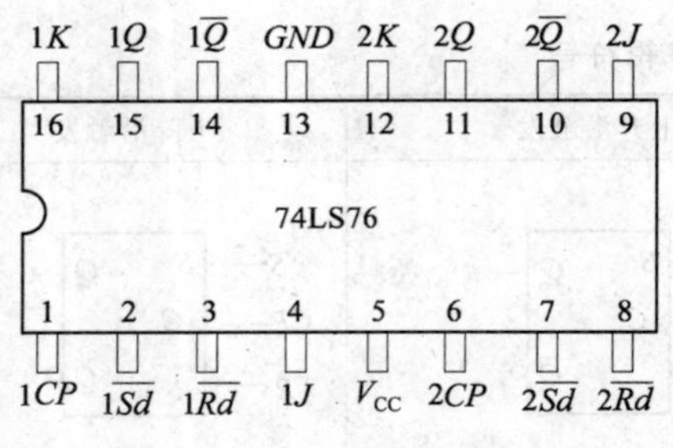

图 14-9　JK 触发器 74LS 管脚排列

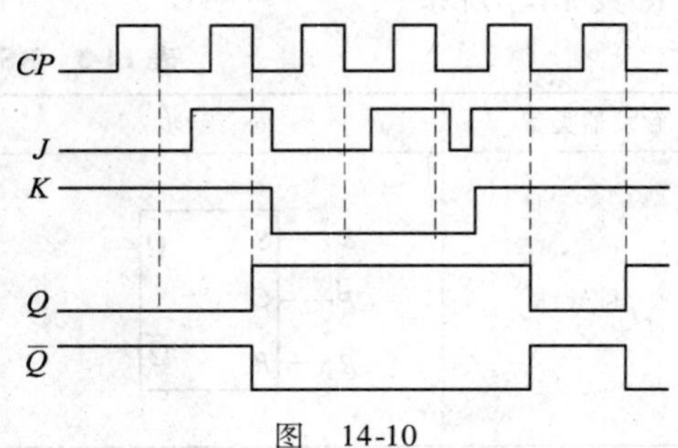

图　14-10

五、D 触发器

（一）电路组成及逻辑符号

D 触发器是由 JK 触发器演变而来的，D 触发器电路及逻辑符号如图 14-11 所示。*CP* 端有小圈为下降沿有效，无小圈为上升沿有效。

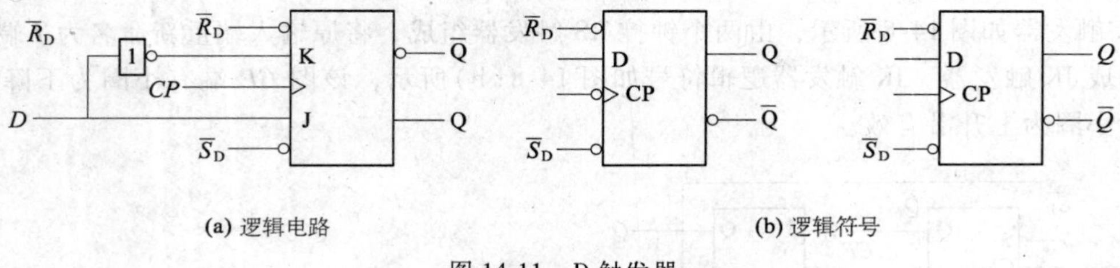

图 14-11　D 触发器

（二）逻辑功能分析

$D=0$ 时，$J=0$，$K=1$，*CP* 脉冲触发沿到来，$Q=0=D$；

$D=1$ 时，$J=1$，$K=0$，*CP* 脉冲触发沿到来，$Q=1=D$。

D 触发器逻辑功能表如表 14-5 所示。

表　14-5

输入 D	输出 Q^{n+1}	功能说明
0	0	CP 脉冲到来后，输出状态与输入状态相同
1	1	

（三）集成 D 触发器

图 4-12(a)所示为 TTL 边沿 D 触发器 74LS74 的管脚排列图，功能表见表 14-6。在一个芯片中，集成了两个触发器单元，它们都是 *CP* 上升沿触发的边沿 D 触发器，异步输入端 $\overline{R}_D$、$\overline{S}_D$ 为低电平有效。

图 4-12(b)所示为 CMOS 边沿 D 触发器 CC4013 的管脚排列图。在一个芯片中，集成了两个触发器单元，都是 *CP* 上升沿触发的边沿 D 触发器，R_D、S_D 均为高电平有效。其功能表如表 14-7 所示。

表 14-7 所示功能表全面地描述了 CMOS 集成边沿 D 触发器 CC4013 的逻辑功能。当 $R_D=S_D=0$ 时，电路按照方程 $Q^{n+1}=D$ 转换状态，*CP* 上升沿时刻有效；当异步输入端工作

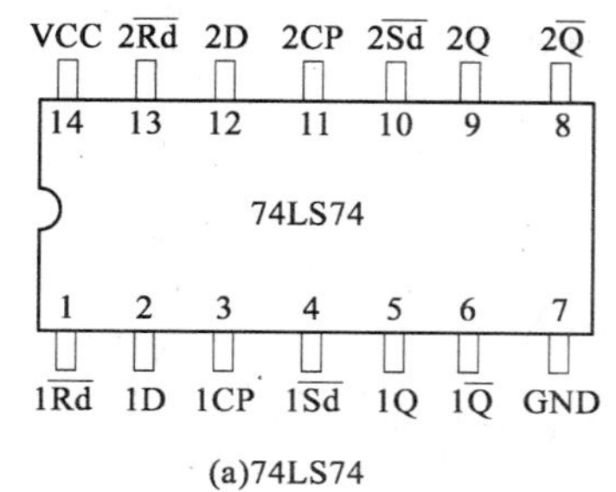

(a)74LS74

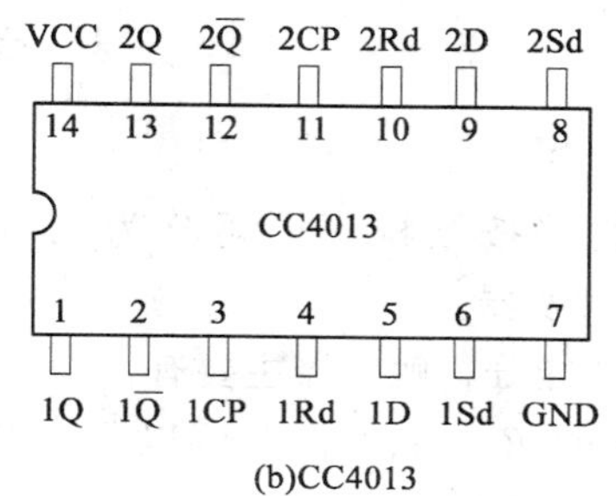

(b)CC4013

图 14-12　集成 D 触发器

时，CP、D 均无效，若 $R_D=0$，$S_D=1$ 则置 1，若 $R_D=1$，$S_D=0$ 则置 0。

表　14-6

输　入				输　出	注
CP	D	$\overline{R}_D$	$\overline{S}_D$	Q^{n+1}	
↑	0	1	1	0	同步置“0”
↑	1	1	1	1	同步置“1”
↓	×	1	1	Q^n	保持(↓无效)
×	×	0	1	0	异步置“0”
×	×	1	0	1	异步置“1”
×	×	0	0	不用	不允许

表　14-7

输　入				输　出	注
CP	D	R_D	S_D	Q^{n+1}	
↑	0	0	0	0	同步置“0”
↑	1	0	0	1	同步置“1”
↓	×	0	0	Q^n	保持(↓无效)
×	×	0	1	1	异步置“1”
×	×	1	0	0	异步置“0”
×	×	1	1	不用	不允许

【例 14-3】 图 14-13 所为上升沿触发的 D 触发器的输入波形，设初态为 0，画出输出端 Q 及 $\overline{Q}$ 的波形。

【解】

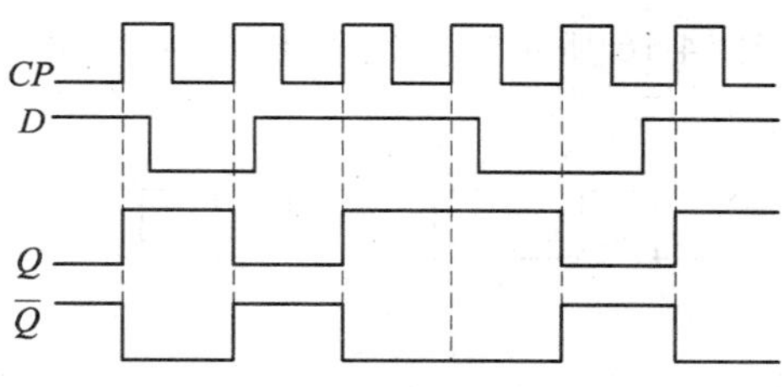

图　14-13

教 学 评 价

一、填　　空

1. RS 触发器按结构不同可分为无时钟输入的________RS 触发器和有时钟输入的________RS 触发器。

2. 按逻辑功能分，触发器主要有________、________、________和________四种类型。

3. 触发器的 $\overline{R}_D$ 端、$\overline{S}_D$ 端可以根据需要预先将触发器________或________，不受________的同步控制。

4. 触发器的触发方式主要有________、________和________等类型。

5. 同步 RS 触发器具有________、________、________三项逻辑功能。

6. JK 触发器具有________、________、________和________四项逻辑功能。

7. 触发器的 $\overline{S}_D$ 端称为________。

8. 基本 RS 触发器禁止________。

9. JK 触发器在 J、K 端同时输入高电平时，处于________状态。

10. 通常规定触发器________端的状态为触发器的状态。

二、判 断 题

1. 基本 RS 触发器输入信号 $S=0$，$R=1$ 时，输出为 0。(　　)

2. 同步 RS 触发器在 CP 信号到来后，R、S 端的输入信号才对触发器起作用。(　　)

3. 将 JK 触发器的 J、K 端连接在一起作为输入端，就构成 D 触发器。(　　)

4. D 触发器的输出状态与输入状态完全相同。(　　)

三、画 图 题

1. 当同步 RS 触发器的 CP、S、R 端加上如图 14-14 所示的波形时，画出 Q 端的输出波形。设初始状态为 0。

2. 设 JK 触发器的初始状态为 0，下降沿触发。CP、J、K 端加上如图 14-15 所示的波形，画出 Q 端的输出波形。

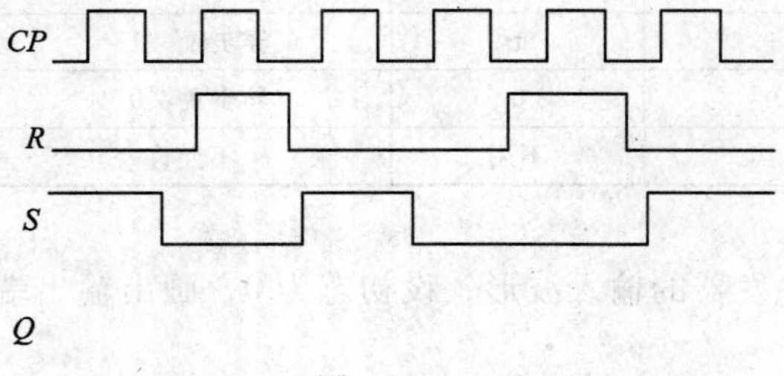

CP
R
S
Q

图　14-14

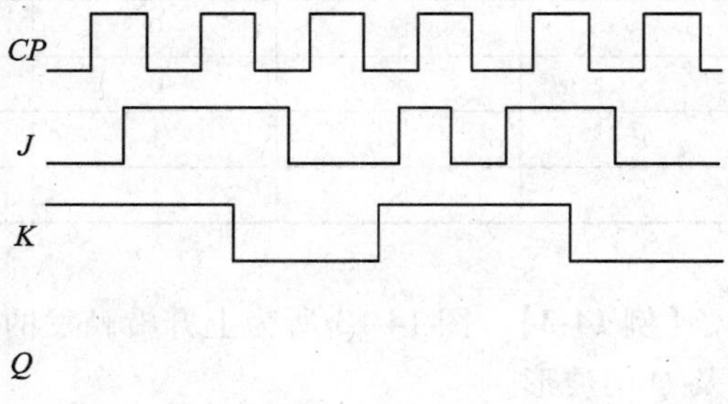

CP
J
K
Q

图　14-15

3. 已知时钟脉冲 CP 如图 14-16 所示，分别画出图 14-17 种各触发器输出端 Q 的波形。设定它们的初始状态均为 0。

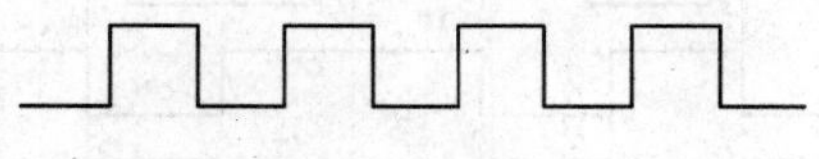

图　14-16

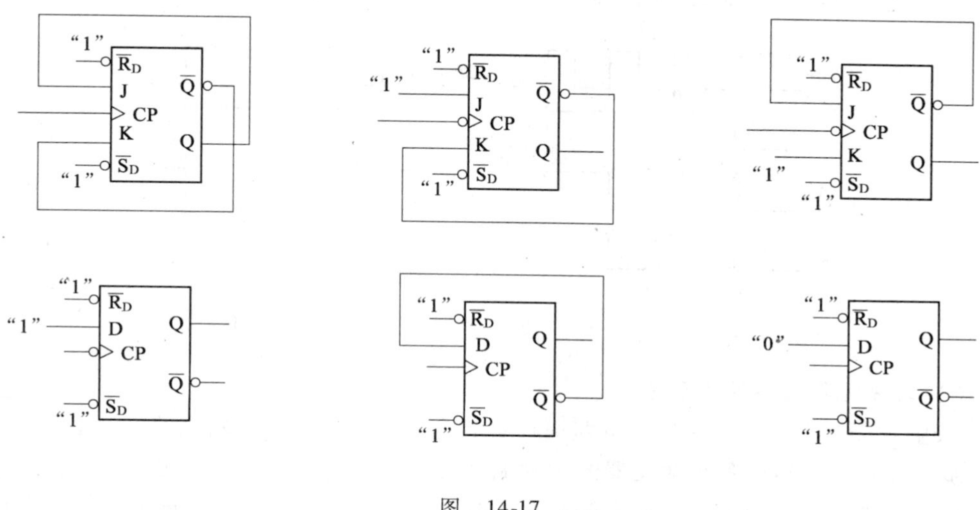

图　14-17

第二节　集成时序逻辑电路

【知识目标】

1. 了解时序逻辑电路的概念和分类。
2. 掌握集成移位寄存器的逻辑功能及应用。
3. 掌握集成计数器的逻辑功能及应用。

【能力目标】

1. 初步具有查阅手册，合理选用集成移位寄存器、集成计数器的能力。
2. 能够阅读集成计数器的功能表，会识别集成电路的管脚。
3. 具有用集成计数器组成任意进制计数器的能力。

一、概　　述

（一）时序逻辑电路的特点

按照逻辑功能和电路组成的不同，经常将数字电路分为两大类：一类是已介绍过的组合逻辑电路，另一类是本节要介绍的时序逻辑电路。

时序逻辑电路是由组合逻辑电路和具有记忆功能的存储电路两部分组成，时序逻辑电路的特点是任一时刻，电路的输出状态不仅取决于该时刻的输入状态，还与前一时刻电路的状态有关。

为了说明时序逻辑电路的特点，下面对一个时序逻辑电路进行分析。

图 14-18 所示电路由一个 JK 触发器和一个门电路组成，Y 为输出信号，A、CP 为输入信号，其中 Q 为触发器的输出信号，也就是门电路的输入信号。

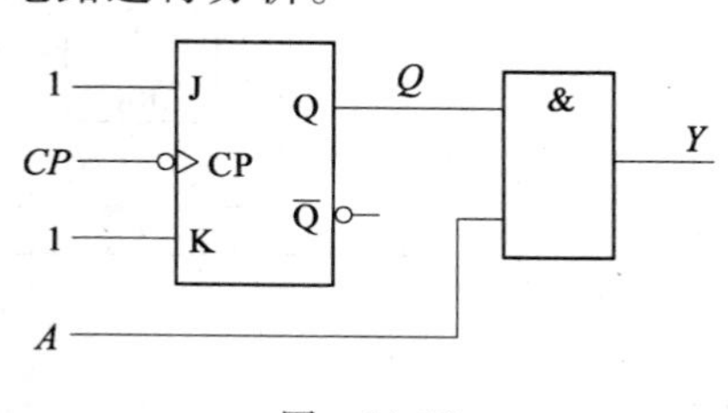

图　14-18

其工作波形如图 14-19 所示。图 14-19(a)图中触发器原来的状态为 0，(b)图中触发器原来的状态为 1。通过分析可知，在输入条件相同的情况下，由于触发器原来的状态不同，输出的结果也有所不同。时序逻辑电路具有记忆特性。

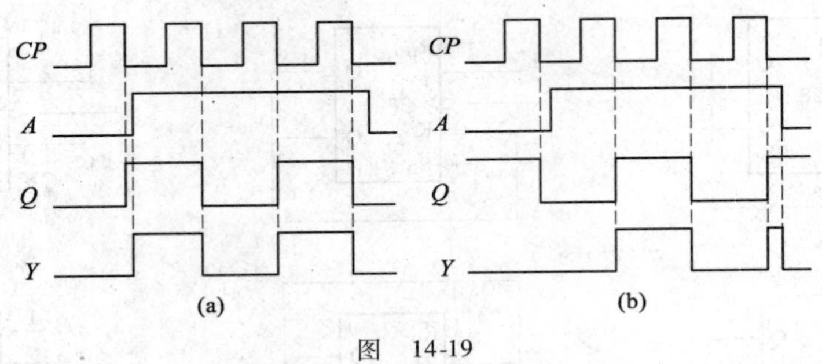

图 14-19

（二）时序逻辑电路的主要分类

1. 按触发器状态转换时刻分：同步时序逻辑电路和异步时序逻辑电路。

同步时序逻辑电路中各个触发器的时钟端都接在同一端上，即各个触发器状态的转换是同一时刻；异步时序逻辑电路中所有触发器的时钟端不全接在同一个时钟上，即各个触发器状态的转换不全在同一时刻。

2. 按逻辑功能分为：计数器、寄存器、时序信号发生器等。

二、移位寄存器

寄存器是一种重要的数字逻辑部件，常用来存放数据和信息。一个触发器可以存储一位二进制代码，那么要存储 n 位二进制代码，则需要用 n 个触发器。

一般寄存器都是在时钟脉冲作用下将数据存入触发器或从触发器中取出，因此寄存器是由触发器和门电路组成。

按其功能可将寄存器分为数码寄存器和移位寄存器。

数码寄存器具有接收数码、保存数码和清除原有数码的功能。

移位寄存器不仅能够存储数码，而且数码在移位脉冲作用下能够依次左右移动。按移位方式可以分为单向移位寄存器和双向移位寄存器。

（一）单向移位寄存器

在移位脉冲作用下，寄存器中的数据只能左移或右移的移位寄存器称为单向移位寄存器。

图 14-20 所示为由 D 触发器构成的四位右移移位寄存器。从 FF_3 触发器的 D 输入端输入数据称为右移，输入端用 D_{SR} 表示，每个触发器的输出端 Q 接下一个触发器的 D 输入端。

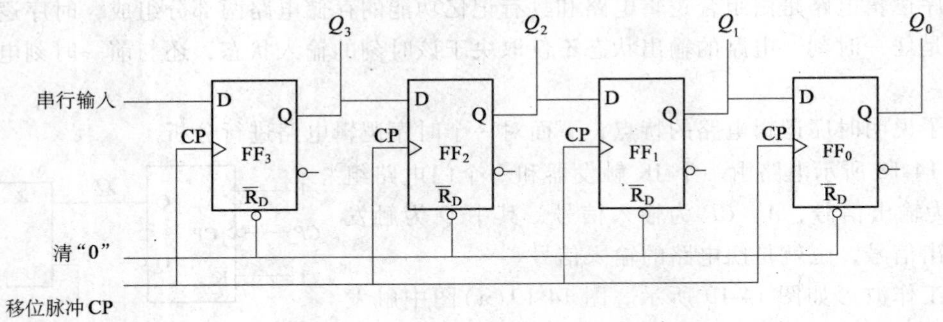

图 14-20　移位寄存器

每当移位脉冲 CP 上升沿到来时，每个触发器的状态向右移给下一个触发器。若输入数码为 1101，在移位脉冲 CP 作用下，二进制数码的移动情况如表 14-8 所示。

表 14-8　四位右移移位寄存器状态转换真值表

CP 个数	输入数据 D_{SR}	移位寄存器中的数码			
		Q_3	Q_2	Q_1	Q_0
0	1	0	0	0	0
1	1	1	0	0	0
2	0	1	1	0	0
3	1	0	1	1	0
4		1	0	1	1

可见，经过四个 CP 脉冲后，1101 恰好全部移入寄存器中，这种一个数码一个数码移入形式称为串行输入。这时，若想得到输出结果，可以从四个触发器的输出端 $Q_3 \sim Q_0$ 并行得到，称为并行输出。也可以再经过三个 CP 脉冲从最后一个触发器的 Q_0 端得到，称为串行输出。

若改变电路中触发器的连接方向即将 Q_0 接 D_1，Q_1 接 D_2，Q_2 接 D_3，D_0 端输入数据，Q_3 作为串行输出端，则构成四位左移寄存器，输入端用 D_{SL} 表示。

按输入、输出方式的不同，可以将移位寄存器分为串行输入并行输出；串行输入串行输出；并行输入并行输出；并行输入串行输出四种方式。

（二）集成移位寄存器

将触发器、控制门等都集成在同一芯片中可形成具有较强功能的移位寄存器。这种集成移位寄存器有左移、右移、清零、保持、并行置数等多种功能。这些功能均在功能表中体现。因此读懂一个集成逻辑部件的功能表是正确掌握和使用集成逻辑部件的前提。

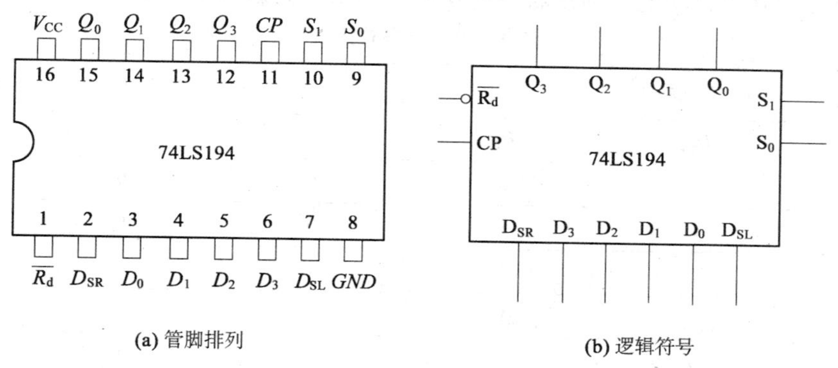

(a) 管脚排列　　(b) 逻辑符号

图 14-21　74LS194

以四位多功能双向移位寄存器 74LS194 为例，它是一个 16 管脚中规模集成芯片，管脚排列图及逻辑符号如图 14-21 所示。74LS194 功能表如表 14-9 所示。

$\overline{Rd}$——清零端；

S_1、S_0——左移、右移控制端；

D_{SR}——右移串行输入端；

D_{SL}——左移串行输入端；

V_{CC}——电源端；

GND——“地”端；

$Q_3 \sim Q_0$——并行输出端；

$D_3 \sim D_0$——并行输入端；

CP——移位脉冲送入端。

$\overline{Rd}$为低电平时，无论其他输入端状态如何，四个输出端都同时被清零，与 CP 脉冲无关。当$\overline{Rd}$为高电平时，在工作方式控制端 S_1、S_0 的控制下可执行另外四种逻辑功能。$S_1S_0=00$ 时，74LS194 执行保持功能，CP 脉冲作用前后其次态不发生变化；$S_1S_0=01$ 时，74LS194 执行右移功能，CP 脉冲每作用一次，数据就右移一次；$S_1S_0=10$ 时，74LS194 执行左移功能，CP 脉冲每作用一次，数据就左移一次；$S_1S_0=11$ 时，74LS194 执行并行置数功能，CP 脉冲作用后，将预先准备好的 $D_3\ D_2\ D_1\ D_0$ 同时置入 74LS194。表中“×”表示任意状态。

表 14-9　74LS194 功能表

输入										输出				功能
$\overline{Rd}$	S_1	S_0	CP	D_{SL}	D_{SR}	D_0	D_1	D_2	D_3	Q_0^{n+1}	Q_1^{n+1}	Q_2^{n+1}	Q_3^{n+1}	
0	×	×	×	×	×	×	×	×	×	0	0	0	0	异步清“0”
1	0	0	×	×	×	×	×	×	×	Q_0^n	Q_1^n	Q_2^n	Q_3^n	保持
1	0	1	↑	×	D_{SR}	×	×	×	×	D_{SR}	Q_0^n	Q_1^n	Q_2^n	右移
1	1	0	↑	D_{SL}	×	×	×	×	×	Q_1^n	Q_2^n	Q_3^n	D_{SL}	左移
1	1	1	↑	×	×	d_0	d_1	d_2	d_3	d_0	d_1	d_2	d_3	并行输入

【例 14-4】 由 74LS194 和“非”门构成的逻辑电路如图 14-22 所示，清零后连续加入 CP 脉冲，试分析其逻辑功能，列出状态转换表，画出状态转换图。

表 14-10　状态转换表

输入信号		输出信号			
CP	D_{SR}	Q_3	Q_2	Q_1	Q_0
0	1	0	0	0	0
1	1	1	0	0	0
2	1	1	1	0	0
3	0	1	1	1	0
4	0	0	1	1	1
5	0	0	0	1	1
6	1	0	0	0	1
7	1	1	0	0	0

【解】 $S_1S_0=01$ 时，74LS194 执行右移功能，右移串行输入信号 $D_{SR}=\overline{Q_1}$。其状态转换

表如表 14-10 所示，从表中可以看出，该电路执行的是右移循环功能，CP 脉冲作用六次输出状态循环一次。状态转换图如图 14-23 所示。

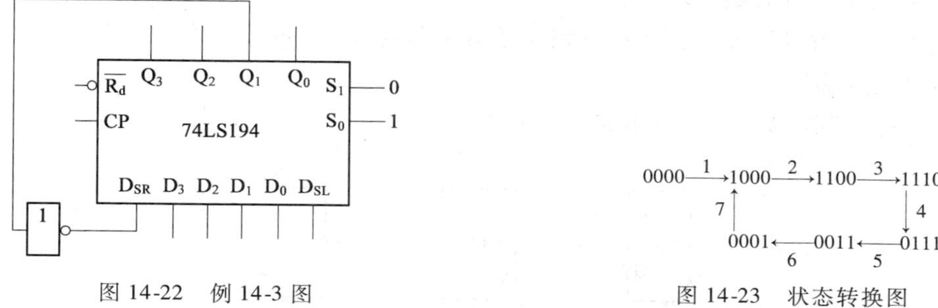

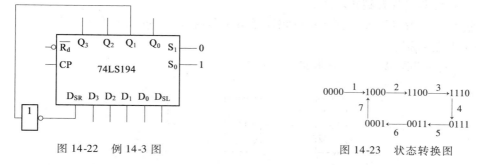

图 14-22　例 14-3 图　　　　图 14-23　状态转换图

该电路可用来控制四路彩灯进行循环闪烁。用“1”信号控制灯点亮，用“0”信号控制灯熄灭，四路彩灯就可以有规律进行循环闪烁。

【例 14-5】　用两个 74LS194 构成八位双向移位寄存器。

【解】　用两个 74LS194 构成八位双向移位寄存器如图 14-24 所示。

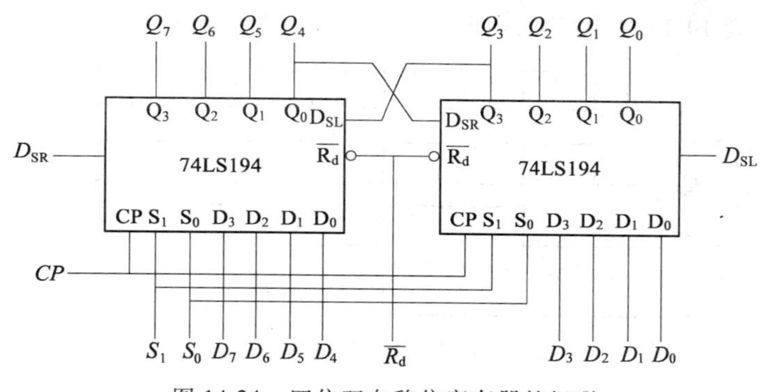

图 14-24　四位双向移位寄存器的级联

三、计　数　器

能够累计并记忆输入脉冲的个数的电路称为计数器。计数器是时序逻辑电路中重要的逻辑部件，用于脉冲信号的计数、分频、定时和执行运算等。

计数器按触发器状态转换时刻可分为同步计数器和异步计数器。同步计数器中所有触发器受同一时钟脉冲控制，各触发器的翻转是同步的；异步计数器中，有的触发器受 CP 脉冲控制，有的触发器的时钟脉冲是其他触发器的输出信号。

按进制不同可分为二进制计数器和非二进制计数器。若以 n 表示二进制代码的位数（即计数器中触发器的个数），N 表示有效状态数（即编码时使用了的代码状态数），则二进制计数器中 $N=2^n$；非二进制计数器中 $N<2^n$。通常把 N 称为计数长度或计数器的模或计数器的容量。若 $n=3$，则 $N=2^3=8$，称模 8 计数器或八进制计数器，也可称三位二进制计数器。

按计数过程中数值增减情况分为加法、减法和可逆计数器。随着计数脉冲的输入做递增计数的称加法计数器；随着计数脉冲的输入做递减计数的称减法计数器；而既可增又可减的称可逆计数器或双向计数器。

(一) 异步二进制计数器

根据二进制数的运算规则，对构成二进制计数器的触发器有如下要求：

(1) 各触发器应具有翻转功能。

(2) 除最低位触发器外，其余各位触发器均应在相邻低位触发器由 1 变 0(加法)或由 0 变 1(减法)时发生翻转。

图 14-25 所示为异步三位二进制加法计数器。

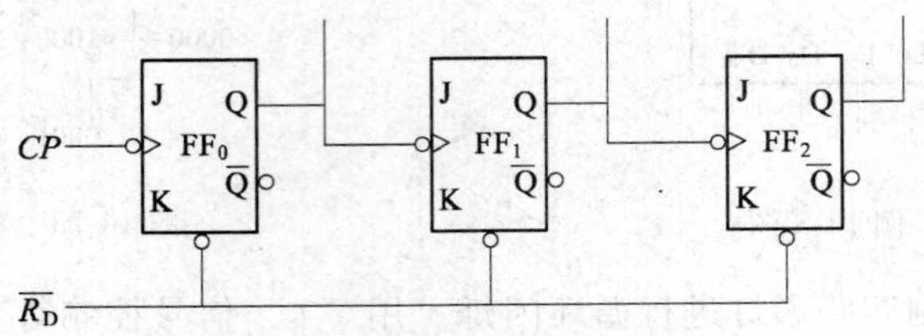

图 14-25　异步三位二进制加法计数器

三个触发器的 J、K 端均悬空，相当于 $J=K=1$，均具有翻转功能。FF_0 在计数脉冲 CP 下降沿翻转；FF_1 在 FF_0 的 Q_0 由 1 变 0 时翻转；FF_2 在 FF_1 的 Q_1 由 1 变 0 时翻转。时序图如图 14-26 所示。表 14-11 为状态转换表。

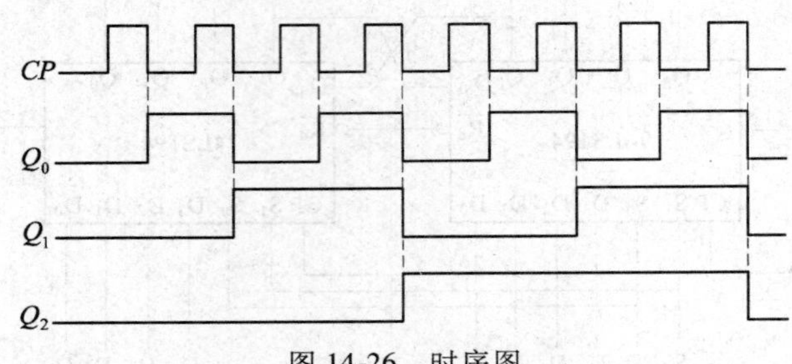

图 14-26　时序图

表　14-11

计数脉冲	Q_2^{n+1}	Q_1^{n+1}	Q_0^{n+1}	计数脉冲	Q_2^{n+1}	Q_1^{n+1}	Q_0^{n+1}
0	0	0	0	5	1	0	1
1	0	0	1	6	1	1	0
2	0	1	0	7	1	1	1
3	0	1	1	8	0	0	0
4	0	0	0				

从时序图看出各个触发器的 CP 信号不同，该计数器为异步计数器；从状态转换表看出计数器的计数周期为八个脉冲，该计数器为八进制计数器；该计数器随着计数脉冲的输入做递增计数，是加法计数器。所以该计数器称为异步八进制加法计数器，又称异步三位二进制加法计数器。

计数器具有分频作用。从图 14-26 种可看出，Q_0 的频率是 CP 脉冲的二分之一，称为二分频；Q_1 的频率是 CP 脉冲的四分之一，称为四分频；Q_2 的频率是 CP 脉冲的八分之一，称为八分频。

若将图 14-25 中的 JK 触发器 FF_1 的 CP 端接在 FF_0 的 $\overline{Q}$ 端，FF_2 的 CP 端接在 FF_1 的 $\overline{Q}$

端，该电路就成为异步八进制减法计数器，电路如图 14-27 所示。

异步二进制计数器的特点：

（1）电路组成简单，连线少且连接规律易于掌握。

（2）由于计数脉冲不是同时加到所有触发器的 CP 端，各级触发器的翻转是逐级进行的，因此工作速度低。

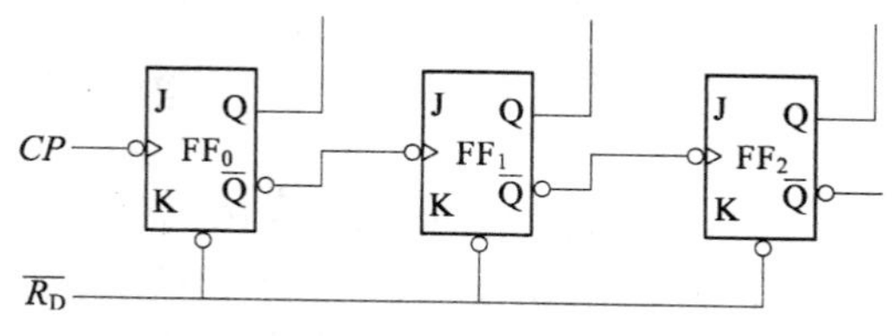

图 14-27 异步三位二进制减法计数器

（二）集成计数器

集成计数器是在基本计数器的基础上，增加了一些附加电路，使其功能更齐全，使用更方便。正确掌握并使用集成计数器的关键是读懂计数器功能表中的各项功能及各项功能下各使用端的有效时刻。

1. 集成二进制计数器

以 74LS161 为例。74LS161 是具有清 0、置数、计数和保持四种功能的四位二进制同步计数器，如图 14-28 所示。

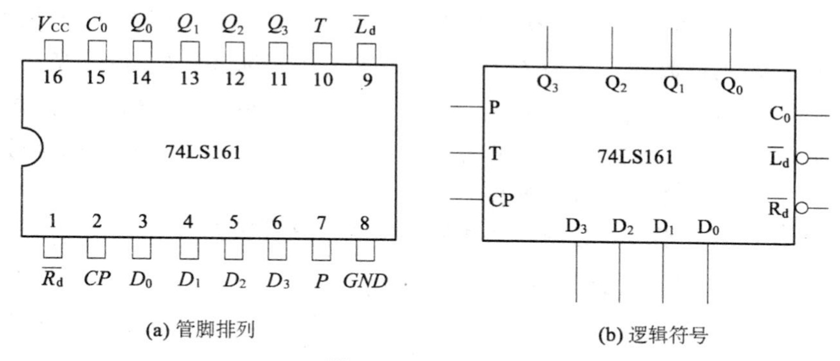

(a) 管脚排列 (b) 逻辑符号

图 14-28 74LS161

图中 Q_3、Q_2、Q_1、Q_0 为计数器输出端，$\overline{L}_d$ 为预置端，$\overline{R}_d$ 为异步清 0 端，CP 为时钟脉冲输入端，C_0 为进位输出端，D_3、D_2、D_1、D_0 预置数的数据输入端，P、T 为使能端。

（1）74LS161 的逻辑功能

表 14-12 74LS161 的功能表

输入									输出				功能
清“0”	使能		置数	计数脉冲	数据输入								
$\overline{R}_d$	P	T	$\overline{L}_d$	CP	D_3	D_2	D_1	D_0	Q_3	Q_2	Q_1	Q_0	
0	×	×	×	×	×	×	×	×	0	0	0	0	异步清“0”
1	×	×	0	↑	d_3	d_2	d_1	d_0	d_3	d_2	d_1	d_0	同步置数
1	1	1	1	↑	×	×	×	×	$(Q_3$	Q_2	Q_1	$Q_0)^{n+1}$	加法计数
1	×	0	1	×	×	×	×	×	$(Q_3$	Q_2	Q_1	$Q_0)^n$	保持不变
1	0	×	1	×	×	×	×	×	$(Q_3$	Q_2	Q_1	$Q_0)^n$	保持不变

表 14-12 所示为 74LS161 的功能表。从表中可知，74LS161 有以下四种功能：

① 异步清 0：当 $\overline{R}_d=0$ 时，无论其他端如何，都使计数器清 0，$Q_3Q_2Q_1Q_0=0000$，因不

需 CP 脉冲故称异步清 0。

② 同步置数：当 $\overline{L}_d=0$ 且 $\overline{R}_d=1$ 时，在置数输入端 $D_3D_2D_1D_0$ 预置某个外加数据 $d_3d_2d_1d_0$。当 CP 上升沿到来时，将数据 $d_3d_2d_1d_0$ 送到相应触发器的输出端，即 $Q_3Q_2Q_1Q_0=d_3d_2d_1d_0$。

③ 加法计数：当 $\overline{R}_d=\overline{L}_d=P=T=1$ 时，输入计数脉冲 CP，电路输出状态按二进制规律递增，直到 $Q_3Q_2Q_1Q_0=1111$ 时，进位输出 $C_0=1$。

④ 保持：当 $\overline{R}_d=\overline{L}_d=1$，$P$ 或 T 中有一个为 0 时，无论有无 CP，计数器状态均保持不变即 $(Q_3Q_2Q_1Q_0)^{n+1}=(Q_3Q_2Q_1Q_0)^n$。

74LS161 的进位的产生如图 14-29 所示。

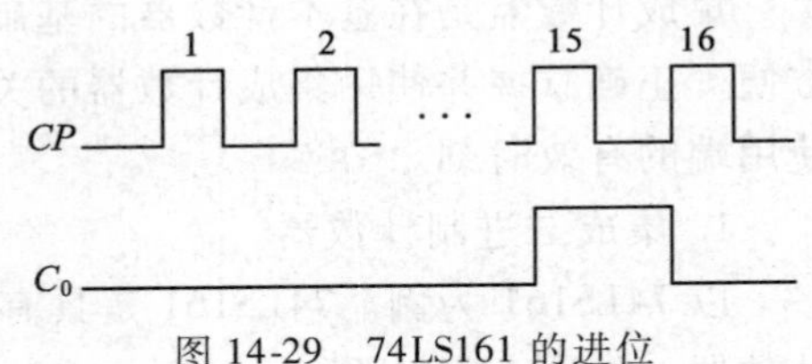

图 14-29　74LS161 的进位

(2) 74LS161 的应用

① 用预置数端复位法构成 N 进制计数器。

图 14-30 所示为利用同步置数和计数功能构成十二进制计数器。数据输入 $D_3D_2D_1D_0=0000$，$\overline{R}_d=P=T=1$，$\overline{L}_d=\overline{Q_3Q_1Q_1}$，输入第 11 个计数脉冲之前，$\overline{L}_d=1$，第 11 个计数脉冲之后，$\overline{L}_d=0$，计数器处于预置数状态，待第 12 个脉冲上升沿到来后，将 $D_3D_2D_1D_0$ 送入计数器，使 $Q_3Q_2Q_1Q_0=D_3D_2D_1D_0=0000$，$\overline{L}_d=1$，又重新开始计数。若要构成十进制计数器，将 Q_3、Q_0 通过与非门反馈到 $\overline{L}_d$ 端，若要构成八进制计数器，将 Q_3、Q_2、Q_1 通过非门反馈到 $\overline{L}_d$ 端。用此方法可以构成十六以内任意进制的计数器。

② 用清零端复位构成 N 进制计数器。

图 14-31 所示利用清零和计数两项功能构成十二进制计数器。

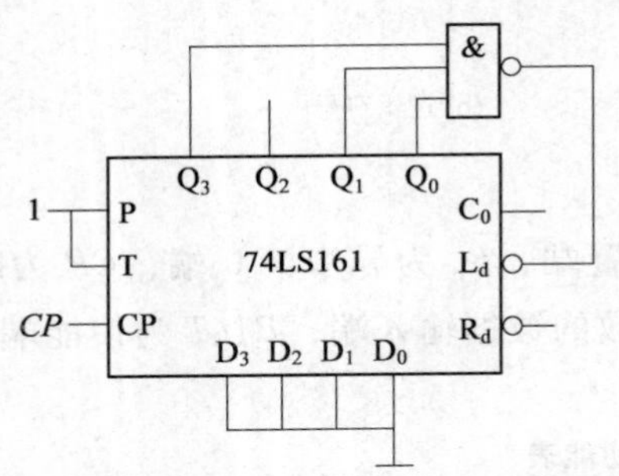

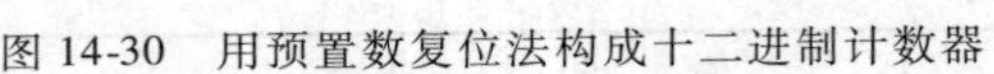

图 14-30　用预置数复位法构成十二进制计数器

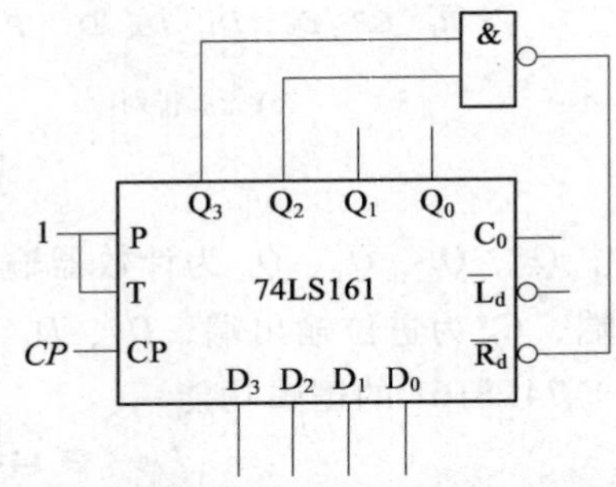

图 14-31　用清零端复位法构成十二进制计数器

$\overline{L}_d=P=T=1$，将输出端 Q_3、Q_2 通过与非门反馈到 $\overline{R}_d$ 端。当输入第 12 个计数脉冲时，计数器状态 $Q_3Q_2Q_1Q_0=1100$，$\overline{R}_d=\overline{Q_3Q_2}=0$，立刻将计数器清零，随后 $\overline{R}_d=1$，计数器又从 0000 开始计数。若要构成十进制计数器，将 Q_3、Q_1 通过与非门反馈到 $\overline{R}_d$ 端，若要构成八进制计数器，将 Q_3 通过非门反馈到 $\overline{R}_d$ 端。用此方法可以构成十六以内任意进制的计数器。

预置数端复位法比清零端复位法工作可靠。

③ 74LS161 多片级联，可以得到 $N>15$ 的任意进制计数器。

两片 74LS161 级联可得到 $N<256$ 种任意进制计数器。图 14-32 所示为用清零端复位法（反馈清零法）构成同步七十二进制计数器。图 14-33 所示为异步七十二进制计数器。

除利用反馈清零法外，还可利用预制数端清零构成 N 进制计数器，方法与单级相似，这里不再叙述。

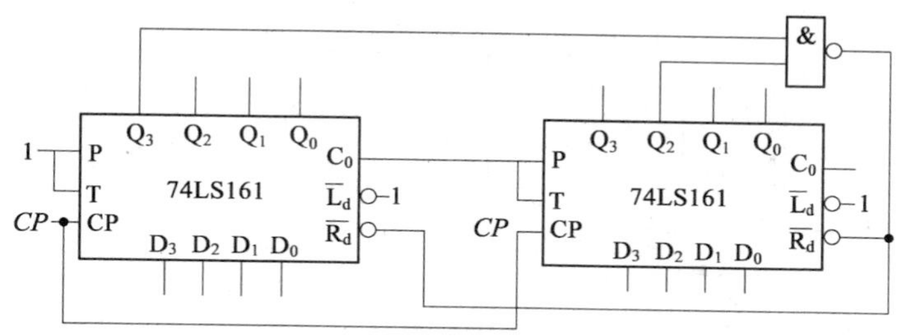

图 14-32　同步七十二进制计数器

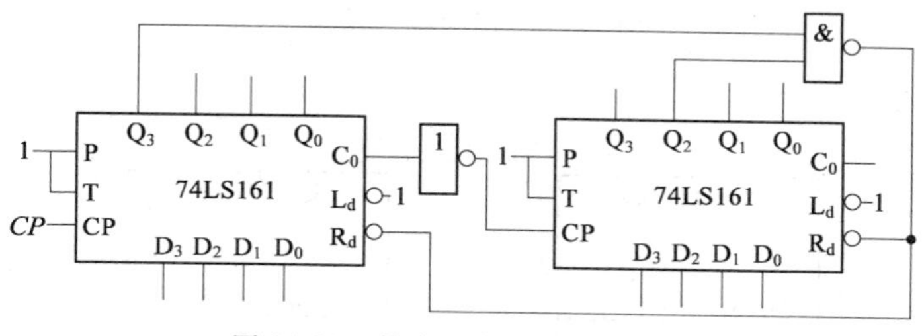

图 14-33　异步七十二进制计数器

2. 集成十进制计数器

74LS90 是典型的异步二-五-十进制计数器，其管脚排列图及逻辑符号如图 14-34 所示。

（1）74LS90 的逻辑功能

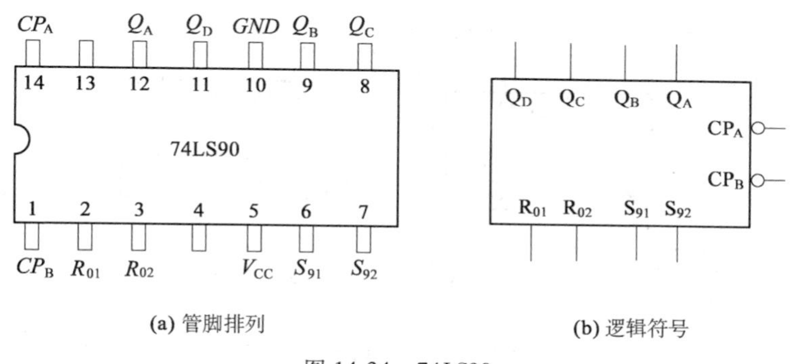

图 14-34　74LS90

$Q_D \sim Q_A$：输出端

R_{01}、R_{02}：异步清零端，高电平有效　　S_{91}、S_{92}：异步置 9 端，高电平有效

CP_A：二进制和十进制计数脉冲输入端　　CP_B：五进制计数脉冲输入端

其逻辑电路图如图 14-35 所示。

（2）74LS90 的应用

① 利用反馈清零法，构成十以内任意进制的计数器，如图 14-36 所示计数器。

② 两片 74LS90 串联使用可构成一百以内任意进制的计数器。图 14-37 所示为二十四进制计数器。

任意进制计数器形成的方法多种多样，但有一个共同的特点，即在计数输入脉冲作用下，计数器的有效输出状态总在固定不变的 N 个状态中循环。

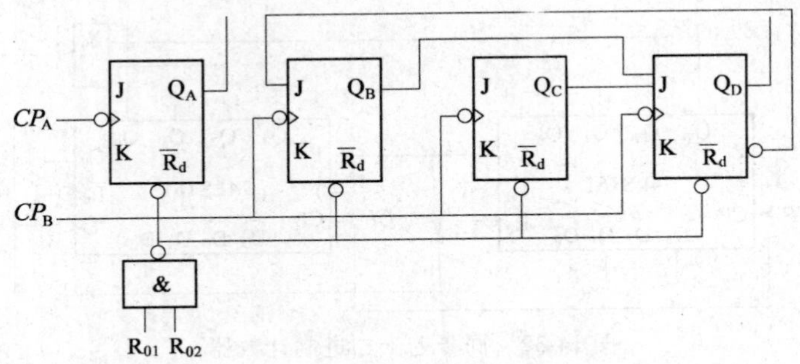

图 14-35　74LS90 电路图

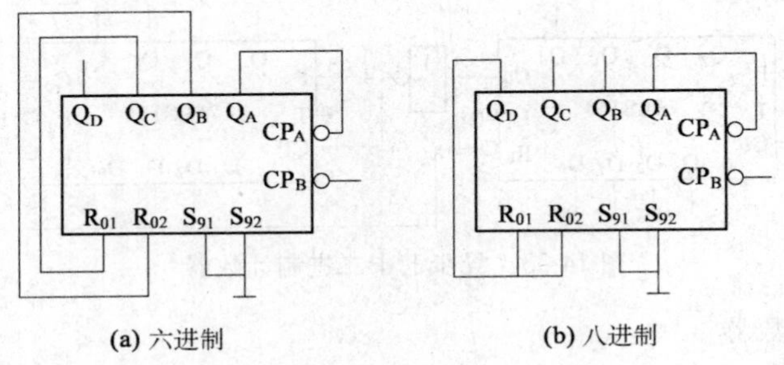

图 14-36　用 74LS90 构成不同进制计数器

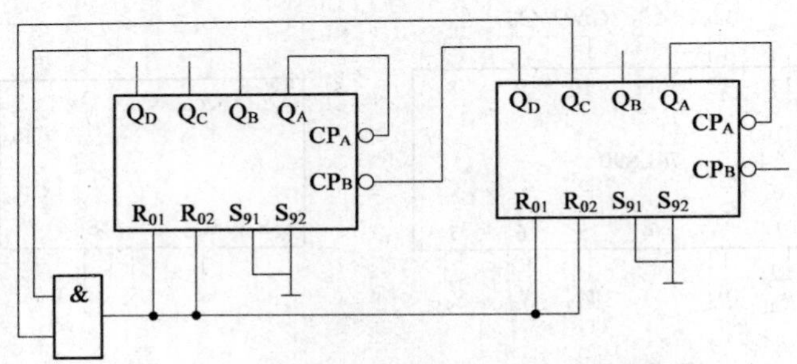

图 14-37　二十四进制计数器

教学评价

一、填　空

1. 数码寄存器主要由________和________所组成，其功能是用来暂存________制数码。

2. 寄存器按其功能可分为________和________两种。

3. 时序电路是由________和________所组成。

4. 根据双向移位寄存器 74LS194 的功能表，完成以下填空：

(1) 已知 $D_0 \sim D_3$ 并行数据输入端的数码是 1100，要求并行置入 $Q_0 \sim Q_3$ 时，控制端 S_1S_0 应为________状态。

(2) 已知串行输入的数码是 101011，从低位到高位依次由输入端 D_{SR} 输入，此时控制端 S_1S_0 应为________状态。且经过四个 CP 脉冲后，$Q_3Q_2Q_1Q_0$ 的状态为________；六个 CP 脉冲后，$Q_3Q_2Q_1Q_0$ 的状态为________。

(3) 已知串行输入的数码是 101011。从高位到低位依次由输入端 D_{SL} 输入，控制端 S_1S_0 是________状态，且经过四个 CP 脉冲后，$Q_3Q_2Q_1Q_0$ 的状态为________；六个 CP 脉冲后，$Q_3Q_2Q_1Q_0$ 的状态为________。

5. 移位寄存器的移位方式有________、________。

移位寄存器数码输入方式分________、________。

移位寄存器数码输出方式分________、________。

6. 用来累计输入脉冲数目的部件称为________。

7. 计数器按 CP 控制触发方式不同可分为________计数器和________计数器。

8. 由 JK 触发器构成的多位二进制异步加法计数器，低位触发器的________端是与高位触发器的________端相连接。

二、判 断 题

1. 由逻辑门电路和 JK 触发器可构成数码寄存器。(　　)

2. 每输入一个时钟脉冲，寄存器中只有一个触发器翻转。(　　)

3. 寄存器的功能是统计输入脉冲的个数。(　　)

4. 用 4 个 D 触发器可以构成 4 位二进制计数器。(　　)

三、选 择 题

1. 下列电路中不属于时序电路的是________。

A. 同步计数器　　B. 数码寄存器　　C. 组合逻辑电路　　D. 异步计数器

2. 如果一个寄存器的数码是“同时输入，同时输出”，则该寄存器是采用________。

A. 串行输入和输出　　B. 并行输入和输出

C. 串行输入、并行输出　　D. 并行输入、串行输出

3. 在相同的时钟脉冲作用下，同步计数器比异步计数器的工作速度________。

A. 快　　B. 慢　　C. 一样　　D. 不确定

4. 计数集成电路 7415161 在计数到________个时钟脉冲时，C_0 端输出进位脉冲。

A. 2　　B. 8　　C. 10　　D. 16

四、分析双向移位寄存器 74LS194

1. 如图 14-38 所示电路。首先并行输入数据，使 $Q_0Q_1Q_2Q_3 = D_0D_1D_2D_3 = 1000$，再将电路置于右移状态，写出状态转换表并画出状态转换图。

2. 图题 14-39 所示电路，先清零，使 $Q_0Q_1Q_2Q_3 = 0000$，再给出 CP 脉冲。写出状态转换表。

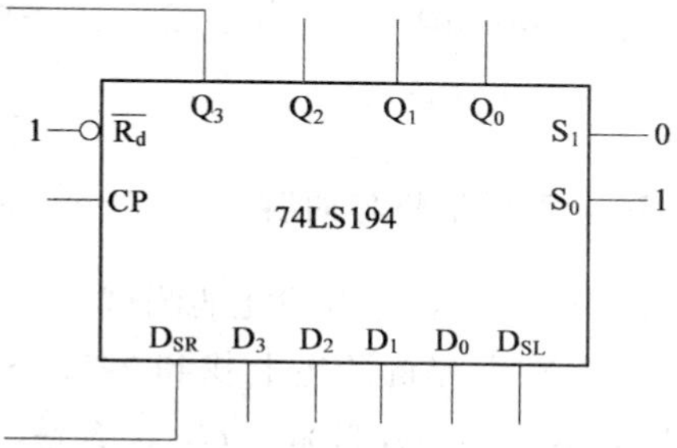

图 14-38

五、分析集成计数器

1. 试画出用 74LS161 构成六进制、八进制、十二进制计数器的逻辑电路图。

2. 试画出用 74LS90 构成的五进制、七进制、九进制计数器的逻辑电路图。

3. 试画出用 74LS161 构成的三十六进制计数器的逻辑电路图。

4. 试画出用 74LS90 构成的三十六进制计数器的逻辑电路图。

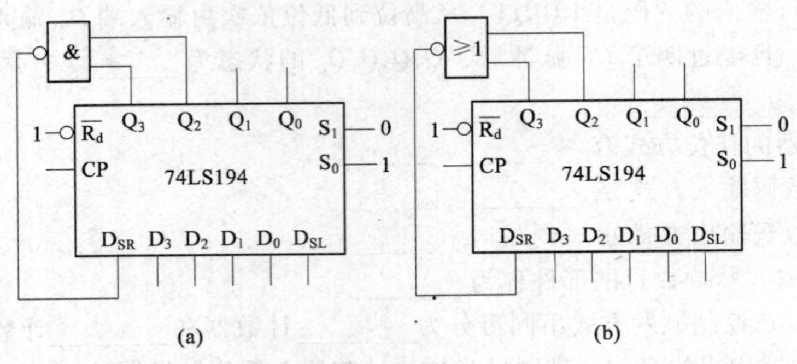

图 14-39

技能训练十八 触发器的功能测试

一、实训目的

1. 进一步掌握各种触发器的逻辑功能。
2. 学会测试触发器的功能。

二、实训设备

学习机、万用表、74LS00、74LS76、74LS74，其管脚排列如技图 18-1 所示。

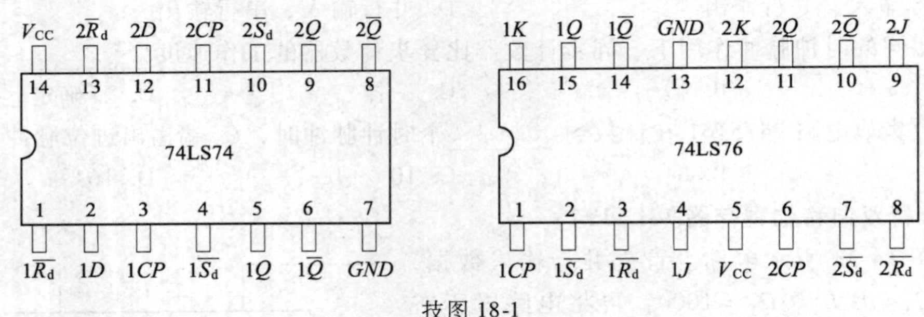

技图 18-1

三、实训步骤与内容

1. JK 触发器逻辑功能的测试

（1）在学习机插座上找到 74LS76，接好电源；J、K、$\overline{S}_d$、$\overline{R}_d$ 各接一个逻辑电平开关；CP 接右下方的单次脉冲，Q、$\overline{Q}$ 各接一个状态显示，完成技表 18-1。从上面测试结果得出：将 JK 触发器异步置 0 的方法是________，置 1 的方法是________。

技表 18-1

$\overline{S}_d$	$\overline{R}_d$	CP	J	K	Q	$\overline{Q}$
0	1	×	×	×		
1	0	×	×	×		

（2）使触发器置0。然后$\overline{S}_d$、$\overline{R}_d$接高电平，按技表18-2顺序测试其次态，填入技表18-2。再使触发器的现态为1，再测试其次态。

技表 18-2

J	K	CP	次态	
			$Q=0$	$Q=1$
0	0	↓		
0	1	↓		
1	0	↓		
1	1	↓		

从以上测试结果可知JK触发的逻辑功能有________。

（3）用上述方法将另一触发器也测试一遍检查其功能是否正常。

2. D触发器逻辑功能的测试

（1）在学习机上找到74LS74，接好电源，D、$\overline{S}_d$、$\overline{R}_d$各接一逻辑电平开关，Q、$\overline{Q}$接状态显示，CP接单次脉冲。

（2）按技表18-3测试，异步置0的方法是________，异步置1的方法是________。

技表 18-3

$\overline{S}_d$	$\overline{R}_d$	CP	D	Q	$\overline{Q}$
0	0	×	×		
1	0	×	×		

（3）$\overline{S}_d$、$\overline{R}_d$接高电平，按技表18-4的顺序进行测试。

技表 18-4

D	CP	次　态	
		初态为0	初态为1
0	↑		
1	↑		

（4）检查另一个D触发器逻辑功能是否正常。

本章小结

1. 触发器同门电路一样也是构成数字电路的最基本单元电路，它的基本特征是：输入信号触发使其处于0态或1态，输入信号去掉后该状态能一直保留下来，直到再输入信号后状态才可能变化，故称触发器是具有记忆功能的单元电路。

2. 基本RS触发器是构成各种触发器的基础，它不受时钟CP的控制。触发器按逻辑功能分为RS触发器、JK触发器和D触发器等。按触发方式分为同步式触发、上升沿触发和下降沿触发等。

3. RS 触发器具有置 0、置 1、保持的逻辑功能；JK 触发器具有置 0、置 1、保持、翻转的逻辑功能；D 触发器具有置 0、置 1 的逻辑功能。

4. 时序逻辑电路由门电路和具有记忆功能的触发器构成，它任一时刻的输出，不仅与当时的输入信号有关，还与电路原来的状态有关。

5. 寄存器是用来存储数码和信息的部件，一般寄存器都具有清零、存储和输出的功能。

6. 计数器用来对脉冲进行计数，计数方式有加法和减法两类，常用的有二进制、十进制计数器，根据触发方式不同又分为同步和异步两种计数器。目前集成计数器品种较多、功能全、价格低廉，得到广泛应用。

第十五章 晶闸管整流技术

晶闸管过去习惯称为可控硅(SCR)，它不仅具有硅整流器的特性，更重要的是它的工作过程可以控制，可以实现小功率信号去控制大功率系统，可以利用弱电控制强电，是一种用途十分广泛的功率电子器件。晶闸管的种类很多，主要有单向晶闸管、双向晶闸管、可关断晶闸管、光控晶闸管和快速晶闸管等，本章重点介绍单向晶闸管的特性及其主要应用。

第一节 晶 闸 管

【知识目标】

1. 了解晶闸管种类、特点。
2. 理解晶闸管工作原理。

【能力目标】

1. 小组协作完成晶闸管单向导通实验测试。
2. 独立完成单向晶闸管简易测试。

晶闸管全称是晶体闸流管，俗称可控硅(SCR)。晶闸管品种很多，其系列产品包括单向晶闸管、双向晶闸管、逆导晶闸管、光控晶闸管、可关断晶闸管等。晶闸管只需几十到几百mA的小电流，就能控制几kA的大电流，使电子技术从弱电领域扩展到强电领域。晶闸管作为电力电子器件，具有体积小、重量轻、效率高等优点，特别是高压大容量、低损耗的性能，使它获得广泛的应用。一般情况下所说的晶闸管是指单向晶闸管。

一、单向晶闸管的结构和符号

单向晶闸管的外形与符号如图15-1所示，它有三个电极，即阳极(A)、阴极(K)和门极(G)。单向晶闸管的内部结构示意如图15-2所示，它由四层半导体($P_1N_1P_2N_2$)组成，形成三个PN结(J_1、J_2、J_3)。从P_1层引出的电极为阳极(A)，N_2层引出的电极为阴极(K)，从P_2层引出的电极为门极(G)。

二、晶闸管的工作原理

图15-3所示为晶闸管实验电路。由电源V_{AA}、晶闸管和负载白炽灯组成的回路称为主电路，由电源V_{GG}、开关S和晶闸管门—阴极组成的回路称为控制电路。

首先，晶闸管阳极(A)经白炽灯接到电源正极，阴极接电源负极，门极(C)不加电压，如图15-3(a)所示。这时白炽灯不亮，说明晶闸管没有导通。然后合上开关S，门极(G)加

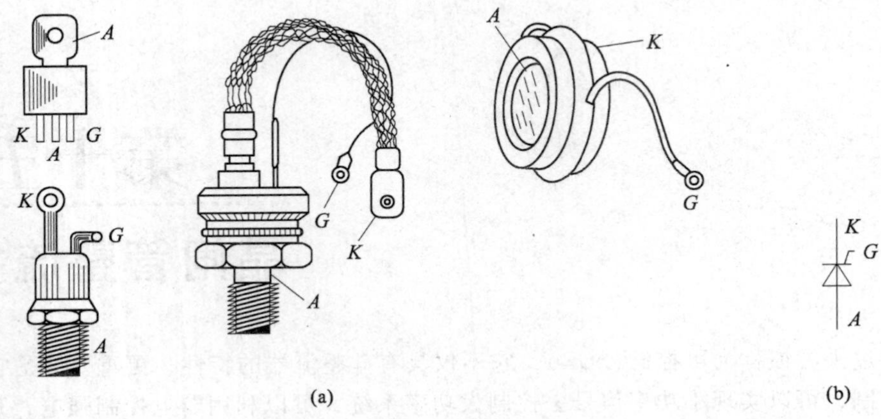

图 15-1　单向晶闸管外形与符号

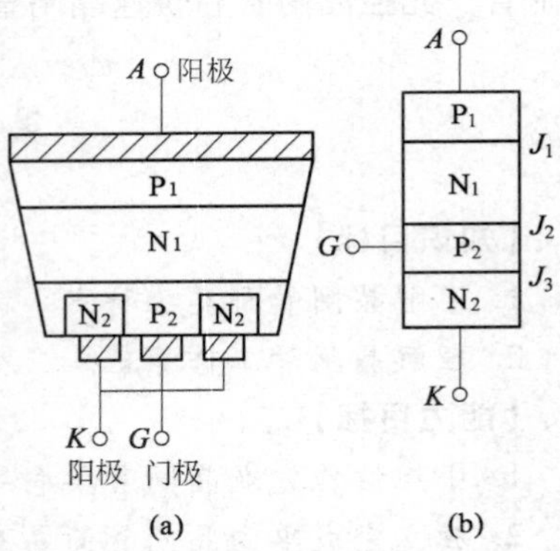

图 15-2　单向晶闸管内部结构示意

正极性电压，于是白炽灯亮了，说明晶闸管已导通，如图 15-3(b)所示。最后将开关 S 断开，切断控制极回路，发现白炽灯仍亮着，说明晶闸管维持导通，如图 15-3(c)所示。

在图 15-3(b)中，若门极加的是负极性电压，则无论阳极加的是正极性电压还是负极性电压，白炽灯都不亮，说明晶闸管不能导通。若门极加正极性电压，而阳极加负极性电压，白炽灯也不亮，说明晶闸管也不能导通。

综上所述，可得出晶闸管有以下特点：

(1) 晶闸管导通的条件是阳极和门极均加正极性电压。

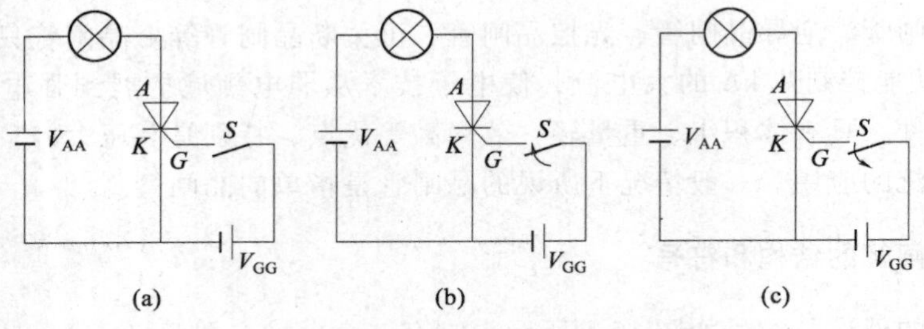

图 15-3　单向晶闸管工作特性

(2) 晶闸管导通后，门极便失去控制作用。

(3) 晶闸管阻断的条件是阳极加负极性电压，使晶闸管中的电流 I_A 小于维持电流 I_H（维持晶闸管导通的最小电流）。

三、晶闸管的伏安特性

晶闸管的伏安特性是指阴极和阳极间的电压 U_A 与阳极电流 I_A 的关系曲线。如图 15-4 所示。当 $I_G=0$，即控制极不加电压时，晶闸管处于正向阻断状态（简称断态）。随着正向阳极电压的增大，当 U_A 达到 U_{BO} 时，晶闸管突然从阻断状态转为导通状态（简称通态），此时

的电压 U_{BO} 称为正向转折电压。导通后的晶闸管，其特性与二极管的正向伏安特性相似。当门极电流 I_G 足够大时，只需很小的正向阳极电压就可使晶闸管从断态变为通态。晶闸管的这种导通称为触发导通。已经导通的晶闸管，如果将阳极电流减小到 I_H 时，将从导通状态变为正向阻断状态。所以晶闸管只能稳定工作在阻断与导通两个状态。

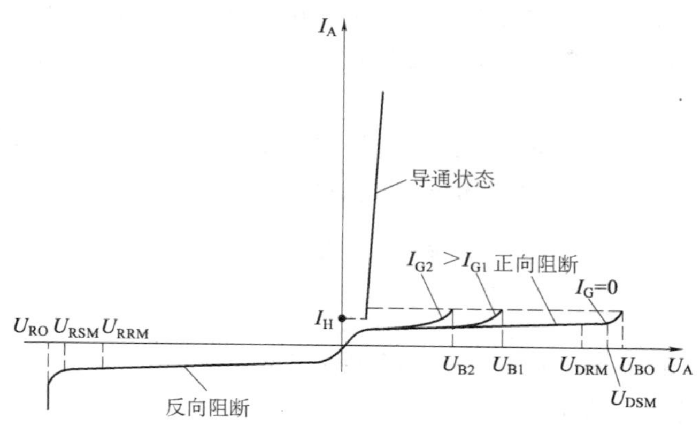

图 15-4　晶闸管伏安特性曲线

晶闸管加反向电压时，只流过很小的反向漏电流。当反向电压升高到 U_{R_0} 时，晶闸管反向击穿损坏。U_{R_0} 称为反向击穿电压。

四、晶闸管的主要参数

为了正确选择和使用晶闸管，必须了解和掌握晶闸管的一些主要参数。

（1）额定电压 U_{TN}　晶闸管工作时，需重复承受正反向电压。在图 15-4 所示的伏安特性上，U_{DSM} 为正向不重复电压，U_{RSM} 为反向不重复电压。两者各乘 90% 所得的值就是正向重复峰值电压 U_{DRM} 和反向重复峰值电压 U_{RRM}。通常把 U_{DRM} 与 U_{RRM} 中较小的一个电压值作为晶闸管的额定电压。

晶闸管工作时，应留有安全裕量，一般应使晶闸管的额定电压 U_{TN} 比实际工作的峰值电压 U_{TM} 大 2 ~3 倍，即

$$U_{TN} \geqslant (2 \sim 3) U_{TM} \tag{15-1}$$

（2）额定电流 $I_{T(AV)}$　$I_{T(AV)}$ 也称额定通态平均电流，等于晶闸管允许通过的正弦半波电流的平均值。

由于晶闸管的过载能力有限，在选用时至少要考虑(1.5 ~2)倍的电流裕量。

（3）通态平均电压 $U_{T(AV)}$　晶闸管流过额定正弦半波电流时，阳极与阴极之间的平均电压称为通态平均电压，简称管压降。

（4）维持电流 I_H　维持晶闸管导通的最小阳极电流称为维持电流。

五、单向晶闸管的简易检测

在检修电子产品中，通常需对晶闸管进行简易的检测，以确定其质量是否良好。简单的检测方法如下：

（一）判别电极

万用表置于 $R\times1k$ 挡，测量晶闸管任意两脚间的电阻，当万用表指示低阻值时，黑表

笔所接的是控制极 G，红表笔所接的是阴极 K，余下的一脚为阳极 A，其他情况下电阻值均为无穷大。

（二）质量好坏的检测

检测时按以下三个步骤进行：

1. 万用表置于 $R\times10$ 挡，红表笔接阴极 K，黑表笔接阳极 A，指针应接近∞。

2. 用黑表笔在不断开阳极 A 的同时接触控制极 G，万用表指针向右偏转到低阻值，表明晶闸管能触发导通。

3. 在不断开阳极 A 的情况下，断开黑表笔与控制极 G 的接触，万用表指针应保持在原来的低阻值上，表明晶闸管撤去控制信号后仍将保持导通状态。

教 学 评 价

一、判 断 题

1. 导通后的晶闸管去掉控制极电压，晶闸管仍然导通。（　　）

2. 晶闸管阻断的条件是阳极加负极性电压，使晶闸管中的电流 I_A 小于维持电流 I_H。（　　）

3. 晶闸管工作状态分为阻断、放大与导通三个状态。（　　）

4. 通常把 U_{DRM} 与 U_{RRM} 中较小的一个电压值作为晶闸管的额定电压。（　　）

二、填 空 题

1. 晶闸管作为电力电子器件，具有体积________、重量________、效率________等优点，特别是________压大容量、________损耗的性能，使它获得广泛的应用。

2. 晶闸管全称是晶体________管，俗称________（SCR）。晶闸管品种很多，其系列产品包括________晶闸管、________晶闸管、________晶闸管、________晶闸管、________晶闸管等。

3. 晶闸管阳极(A)—阴极(K)与负载、电源组成的回路称为________电路，晶闸管阴极(K)、门极(G)与开关、电源组成的回路成为________电路。

第二节　单相可控整流电路

【知识目标】

1. 了解单相半波可控整流电路工作原理。

2. 理解单相桥式半控整路电路工作原理。

【能力目标】

1. 熟练运用晶闸管触发电路的要求选择触发电路。

2. 独立完成单结晶体管触发电路调试。

在今天的生产与生活中经常要使用电压可调的直流电源，如小型直流电动机调速，电动机励磁，直流电焊等。利用晶闸管组成的整流电路可以把交流电转换成大小可调的直流电，这种电路称为可控整流电路。它具有体积小，重量轻，效率高以及控制方便等优点，因此获得广泛的应用。

以下简单介绍单相可控整流的几种典型电路。

一、单相半波可控整流电路

（一）阻性负载单相半波可控整流电路工作原理

图 15-5(a)所示为阻性负载单相半波可控整流电路。在 u_2 的正半周，晶闸管承受正向电压。当 $\omega t=\alpha$ 时，晶闸管门极加上触发脉冲电压，晶闸管导通。若不计晶闸管正向管压降，电源电压全部加到 R_L 上，R_L 中通过相应的电流 I_L。到 $\omega t=180°$ 时，$u_2=0$，流过晶闸管的电流也随之降到零，小于管子的维持电流，晶闸管自行关断。此时的 U_L，I_L 也为零。在 u_2 的负半周，晶闸管因承受反向电压而阻断，直到下一个周期。当第二个触发脉冲到来时，晶闸管再次导通。如此周而复始，负载 R_L 上就能得到稳定的缺角半波电压，这是一个单方向的脉动直流电压。电流的波形与电压波形相似，如图 15-5(b)所示。

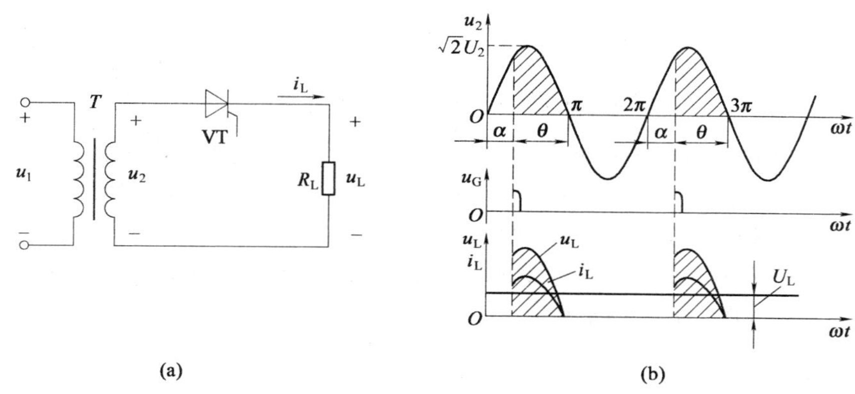

图 15-5　阻性负载下单相半波可控整流电路及波形图

（二）控制角与导通角

在上图电路中，半个周期内，晶闸管在正向电压下不导通的范围称为控制角，也称触发角，用 α 表示。导通的范围称为导通角，用 θ 表示。由图中可以知道，改变 α 的大小即可改变触发脉冲在每个周期内出现的时刻。这种控制方式称为移相控制(简称相控)。在单相半波可控整流电路中，α 的移相范围为 0～180°，θ 的变化范围则为 180°～0。

上述分析假定的负载为阻性负载，而在实际生产和生活中，可控整流装置的负载多为感性负载，如电动机的电枢及励磁绕组等。由于负载性质不同，晶闸管的导通与关断的时刻就会发生变化，下面就感性负载下的单相半波可控整流电路工作特点作出分析。

（三）感性负载单相半波可控整流电路工作原理

图 15-6 所示为感性负载单相半波可控整流电路及波形。由于负载是感性负载，晶闸管导通与关断的时刻与阻性负载相比较有所不同。

1. 在 $0\sim\omega t_1$ 期间：晶闸管 VT 承受正向电压，无触发脉冲，晶闸管阻断。

2. 在 $\omega t_1\sim\omega t_2$ 期间：在 ωt_1 时刻有脉冲出现晶闸管触发导通，电源电压全部施加于负载上，由于感性负载，负载电流 i_L 不能突变，由零开始逐渐增大到 ωt_2 时刻负载电流 i_L 最大。

3. 在 $\omega t_2\sim\omega t_3$ 期间：负载电流 i_L 开始减小。在 ωt_3 时刻 u_2 值为零，但晶闸管在负载自感电动势 e_L 作用下依然维持导通。

4. 在 $\omega t_3\sim\omega t_4$ 期间：由于负载自感电动势 e_L 大于电源电压 u_2，晶闸管依然导通。在 ωt_4 时刻 $e_L=u_2$，晶闸管关断，负载电流 i_L 下降为零。

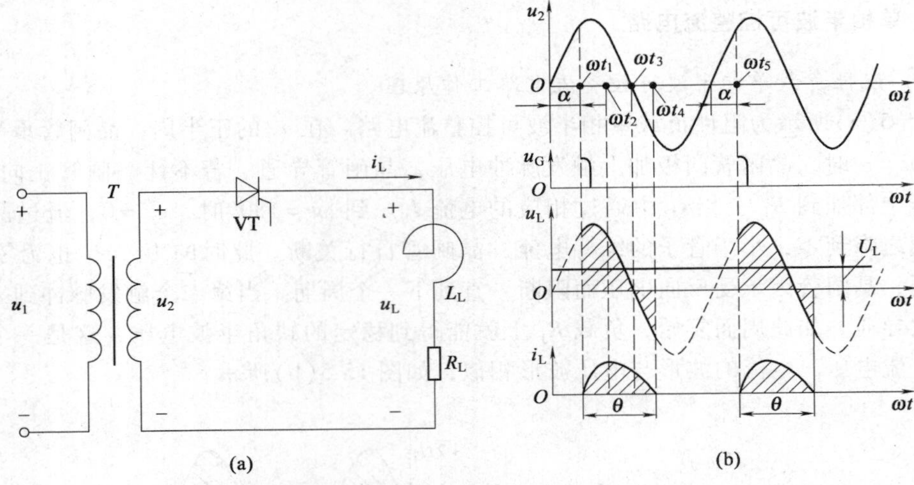

图 15-6　感性负载单相半波可控整流电路及波形

由上述分析可知：在电感性购载电路中，负载电流 i_L 的变化滞后于负载电压 u_L 的变化，电流的峰值减小，导通时间延长，负载端出现负压，输出直流电压平均值 U_L 下降。当 L_L 足够大时，无论控制角 α 多大，导通角 θ 都为 $2\pi-2\alpha$。可是直流电压平均值 $U_L=0$，电路无法正常工作。为了解决单相半波整流电路带大电感负载时的上述问题，可在负载两端并联一个续流二极管 VD，如图 15-7 所示。

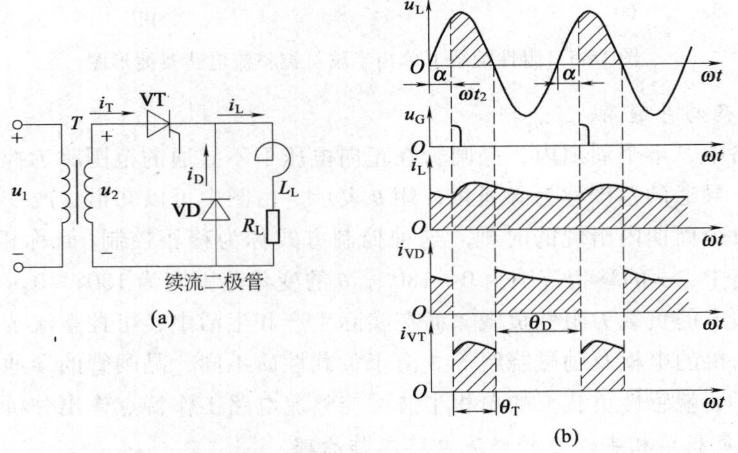

图 15-7　感性负载接续流二极管单相半波可控整流电路及波形

从图 15-7 中可以看到，接续流二极管后，负载电压 u_L 波形于电阻性负载波形一致，负载电流 i_L 波形平滑连续。其工作原理本书不再做详尽分析，感兴趣的同学可以参考其他教材自行学习。

二、单相桥式半控整流电路

大电感性负载单相桥式半控整流电路，电压与电流波形如图 15-8 所示。

在 u_2 的正半周，控制角为 α，发晶闸管 VT_1 导通，负载电流 i_L，经 VT_1 和 VD_2 流通。当 u_2 下降到零开始变负值时，由于电感 L_L 中 e_L 的作用，维持 VT_1 继续导通。但此时，点 1

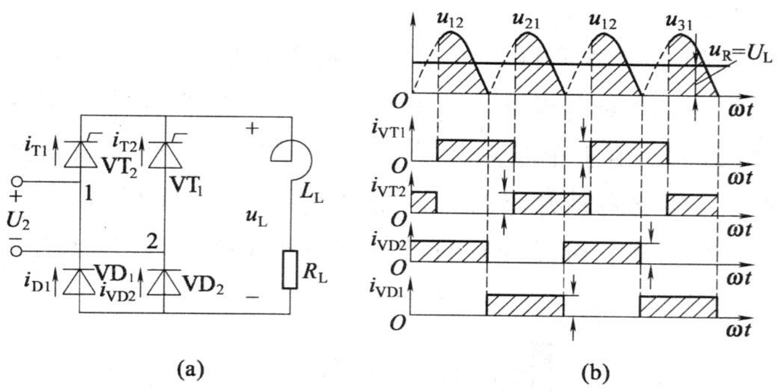

图 15-8 大电感性负载单相桥式半控整流电路及波形

的电位比点 2 的电位低，二极管 VD_1 导通，VD_2 关断，因此，负载电流 i_L，经 VT_1 和 VD_1 构成续流回路，此时输出电压接近于零。在 u_2 的负半周，以同样大小的控制角 α 触发 VT_2 管，由于点 2 的电位比点 1 的电位高，所以 VT_2 导通，VT_1 关断，电流经 VT_2 和 VD_1 流通。当 u_2 由负半周过零变正值时，VD_1 关断，VD_2 起续流作用，输出电压为零。

该整流电路的工作特点是：晶闸管在触发时刻换流，二极管在电源电压过零时刻换流。所以即便不接续流二极管，由于桥内的二极管能自动地起续流作用，负载端与接续流管时一样，U_L、I_L 的计算与电阻性负载时相同。为了提高电路的工作可靠性，在实际运行时，往往还是加接续流二极管。

三、晶闸管触发电路

要实现可控整流的目的，就需在晶闸管的控制极加入一个相位可调的触发信号，使之能对输出电压进行调节。提供触发信号的电路称为触发电路。

（一）对晶闸管触发电路的要求

1. 晶闸管属半控型器件，管子触发导通后，触发电路即失去控制作用，因此触发电压和电流大多采用脉冲形式。

2. 触发信号应有足够的功率。晶闸管是电流控制型器件，门极必须注入足够的电流才能触发其导通。因此触发电路必须有能力提供产品所规定的触发电压和触发电流。

3. 触发脉冲电压边沿陡峭并应有一定的宽度。对于电阻性负载，脉冲宽度应大于 20～25μs；电感性负载的脉冲宽度应大于 1ms。为了快速而可靠地触发大功率晶闸管，常在脉冲的前沿叠加一个强触发脉冲。

4. 触发脉冲的同步及移相范围。为了使晶闸管在每个周期都以相同的控制角 α 触发导通，触发脉冲的周期必须与晶闸管阳极所加的电源电压同步。即触发脉冲的波形与电源电压的波形保持固定的相位关系。为了使电路能调节输出的电压、电流的大小，触发脉冲应能平稳地移相。

5. 防止干扰与误触发。晶闸管的误导通，往往是由于干扰信号进入门极电路而引起的。因此，需要对触发电路采取屏蔽、隔离等抗干扰措施。

触发电路的形式很多，常用的有阻容移相触发电路、晶体管触发电路和集成触发电路等，在简单的晶闸管整流电路中使用最多的是单结晶体管触发电路。

（二）单结晶体管触发电路

由单结晶体管组成的触发电路，具有线路简单、工作可靠、触发脉冲前沿陡、抗干扰能力强以及温度补偿性能好等优点，在单相及要求不高的三相晶闸管装置中得到广泛的应用。

1. 单结晶体管的结构与工作特性

单结晶体管也是一种半导体器件，外形与普通晶体管相似。单结晶体管内部只有一个PN结。从P型半导体上引出的电极称为发射极 e，从N型半导体上引出两个电极，分别为第一基极 b_1 和第二基极 b_2。由于单结晶体管有两个基极，也称为双基极二极管，单结晶体管的PN结称为发射结，当发射结开路时，两基极 b_1 与 b_2 之间相当于一个电阻，用 r_{bb} 表示，约为10kΩ左右。其等效电路、符号与管脚的排列分布如图15-9所示。

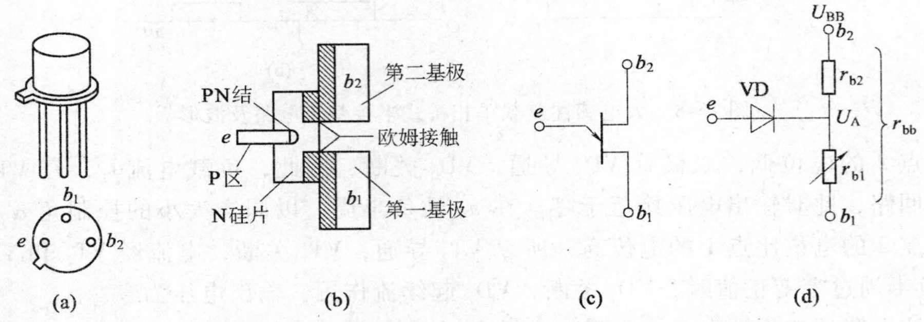

图15-9 单结晶体管外形、内部结构、符号及等效电路

直流电源 U_{BB} 加在单结晶体管的两个基极上，b_2 接电源正极，b_1 接电源负极，r_{b1} 上的分压 U_A 与电源电压 U_{BB} 的关系为：

$$U_A = \frac{r_{b1}}{r_{bb}} U_{BB} = \eta U_{BB} \tag{15-2}$$

其中，$\eta = \frac{r_{b1}}{r_{bb}}$，成为分压比，一般在0.3～0.8之间，是单结晶体管重要参数。单结晶体管发射极特性曲线如图15-10所示。

如果在 e、b_1 两电极间加一个缓慢增大的电压 U_E，当 U_E 增大到 U_P 时，发射极开始有电流 I_E 流入，r_{b1} 随之减小，使 I_E 进一步增大。当 I_E 继续增大时，使 r_{b1} 进一步减小，导电性能急剧增大。因此在元件内部形成强烈的正反馈，使单结晶体管瞬时导通。这种电阻值随电流的增大而减小的特性，称为单结晶体管的负阻特性。单结晶体管完全导通后，电极 e、b_1 之间的电压很快降低，当 U_E 小于定值 U_V 时，管子重新恢复截止状态。

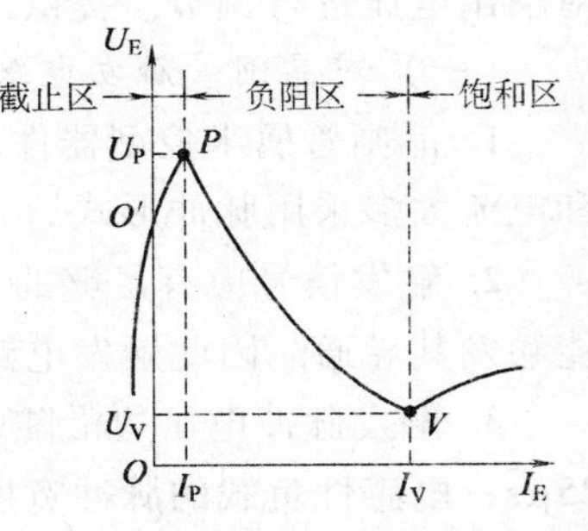

图15-10 单结晶体管发射极特性曲线

利用单结晶体管的负阻特性和 RC 电路的充放电功能，可以组成自激振荡电路，产生频率可调的脉冲信号，其电路如图15-11所示。电源通过电阻 R_P 对电容 C 充电，当 $u_4 > U_P$ 时，管子 e、b_1 之间的电阻突然变小(降为20Ω左右)，电容中的电荷通过 e、b_1 迅速向电阻 R_1 放电。由于放电回路电阻很小，放电时间很短，所以在 R_1 上得到很窄的尖脉冲电压 u_G。当 $u_4 < U_V$ 时管子又恢复截止，电容 C 重新开始充电，电路不断振荡，在电阻 R_1 上输出一系列的尖脉冲 u_G，改变 R_P 可以改变触发角 α。

2. 单结晶体管触发电路

图15-11为单结晶体管触发的单相半控桥式整流电路。同步变压器 T、整流桥和稳压管VG组成同步电路，可保证在每个正半周以相同的控制角触发晶闸管，以得到稳定的直流输出电压。同步电路中，稳压管VG上的电压 U_{BB} 为梯形波，用作触发电路的电源，其波形如

图 15-11 所示。每当电源电压过零时，$U_{BB}=0$，电容器中的电荷很快放完后，从零开始充电，使各半周控制角一致。

当 R_P 增大时，电容器 C 的充电速度变慢，单结晶体管导通的时间推迟，第一个脉冲出现的时刻也推迟，即控制角 α 增大；反之，当 R_P 减小时，α 也减小，从而达到调节整流输出电压的目的。为了简化电路，晶闸管 VT_1 和 VT_2 同时被触发，但只有阳极电压为正的管子才能导通，所以能保证两管轮流导通。图 15-11 为电容 C 两端电压、触发脉冲电压及直流输出电压的波形。

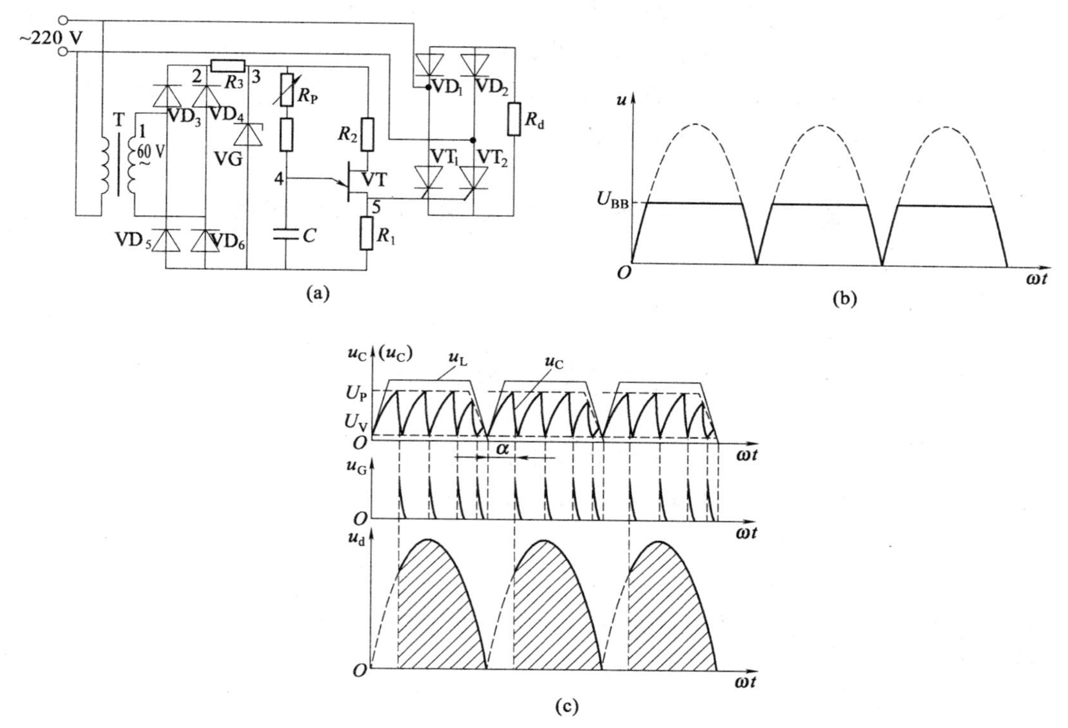

图 15-11　单结晶体管触发的单向半控桥式整流电路

教 学 评 价

一、判 断 题

1. 单相半波可控整流电路中，无论是电阻性负载还是电感性负载晶闸管导通范围相同。(　　)

2. 半个周期内，晶闸管在正向电压下不导通的范围称为控制角，也称触发角。(　　)

3. 改变晶闸管控制角 α 的大小即可改变触发脉冲在每个周期内出现的时刻，这种控制方式称为移相控制。(　　)

4. 在电感性负载的晶闸管整流电路中接续流二极管，可以使负载上电压平均值不为零。(　　)

5. 晶闸管属半控型器件，管子触发导通后，触发电路即失去控制作用。(　　)

6. 触发脉冲电压边沿陡峭并应有一定的宽度。(　　)

7. 为了使晶闸管在每个周期都以相同的控制角 α 触发导通，触发脉冲的周期必须与晶闸管阳极所加的电源电压同步。(　　)

8. 单结晶体管 e、b_1 之间电阻 r_{b1} 值随电流的增大而减小的特性，称为单结晶体管的负阻特性。(　　)

二、填 空 题

1. 单相半波可控整流电路中，在电阻负载下 α 的移相范围为________，θ 的变化范围则为________。

2. 晶闸管属半控型器件，管子触发导通后，________即失去控制作用，因此触发电压和电流大多采用________形式。

3. 触发电路的形式很多，常用的有________移相触发电路、________触发电路和________触发电路等，在简单的晶闸管整流电路中使用最多的是单结晶体管触发电路。

4. 由单结晶体管组成的触发电路，具有线路________、工作________、触发脉冲前沿________、抗干扰能力________以及温度补偿性能________等优点。

第三节　三相全控晶闸管整流电路

【知识目标】

1. 了解三相全控桥式整流电路工作原理。
2. 掌握三相全控桥式整流电路在不同负载下的移相范围。

【能力目标】

1. 熟练掌握三相全控桥式整流电路中晶闸管连接方式及工作顺序。
2. 依据负载上的电压波形熟练判断控制角的大小。

单相可控整流电路的电压脉动大，要求直流电压脉动较小时，应采用三相可控整流电路。在三相可控整流电路中，最基本的是三相半波可控整流电路，应用最广泛的是三相全控桥式整流电路。

三相全控桥式整流电路原理图如图 15-12 所示，其中将其中阴极连接在一起的三个晶闸管(VT_1、VT_3、VT_5)称为共阴极组；阳极连接在一起的三个晶闸管(VT_4、VT_6、VT_2)称为共阳极组。此外，习惯上希望晶闸管按从 1 至 6 的顺序导通，为此将晶闸管按图示的顺序编号，即共阴极组中与 U、V、W 三相电源相接的三个晶闸管分别为 VT_1、VT_3、VT_5，共阳极组中与 U、V、W 三相电源相接的三个晶闸管分别为 VT_4、VT_6、VT_2。从下面的分析可知，按此编号，晶闸管的导通顺序为 $VT_1 \to VT_2 \to VT_3 \to VT_4 \to VT_5 \to VT_6$。

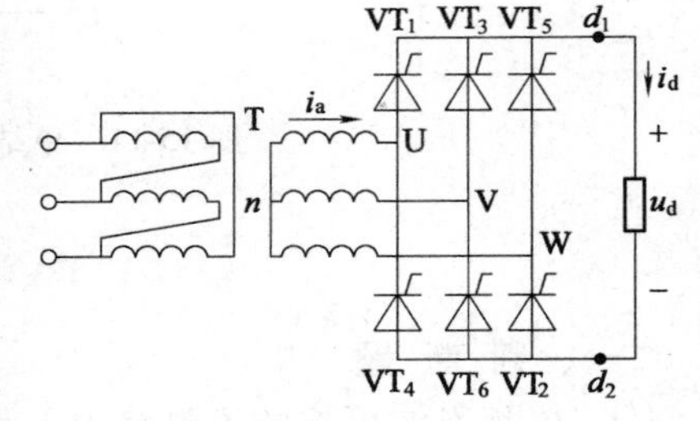

图 15-12　三相全控桥式整流电路

下面分析三相全控桥式整流电路在不同负载下的工作情况。

一、在电阻负载下的工作情况

控制角 $\alpha = 0°$，相当于把电路中的晶闸管换作二极管，晶闸管在自然换相点导通。

1. 在 $\omega t_1 \sim \omega t_2$ 期间，U 相电压为最大值，在 ωt_1 时刻触发 VT_1，则 VT_1 导通，VT_5 因承受反压而关断，此时形成 VT_1、VT_6 同时导通，电流从 U 相流出，经 $VT_1 \to$ 负载 $\to VT_6$ 流回 V 相，负载上得到 U、V 线电压 u_{ab}；

2. 在叫 $\omega t_2 \sim \omega t_3$ 期间，U 相电压保持为最大值，W 相电压为最小，在叫 ωt_2 时刻触发 VT_2，则 VT_2 导通，VT_6 因承受反压而关断，此时形成 VT_1、VT_2 同时导通，电流从 U 相流出，经VT_1→负载→VT_2 流回 W 相，负载上得到 U、W 线电压 u_{ac}；

3. 在 $\omega t_3 \sim \omega t_4$ 期间，V 相电压为最大，W 相为最小，在 ωt_3 时刻触发 VT_3，则 VT_3 导通，VT_1 因承受反压而关断，此时形成 VT_2、VT_3 同时导通，电流从 V 相流出，经 VT_3→负载→VT_2 流回 W 相，负载上得到 V、W 线电压 u_{bc}。

依此类推，在 $\omega t_4 \sim \omega t_5$ 期间，VT_3、VT_4 同时导通，负载上得到线电压 u_{ba}；在 $\omega t_5 \sim \omega t_6$ 期间，VT_4、VT_5 同时导通，负载上得到线电压 u_{ca}。

总之，对于共阴极组三个晶闸管，阴极所接交流电压值最大的一个导通。而对于共阳极组的三个晶闸管，则是阴极所接交流电压值最小的一个导通。这样，任意时刻共阳极组和共阴极组中各有一个晶闸管处于导通状态，施加于负载上的电压为线电压。此时电路工作波形如图 15-13 所示。

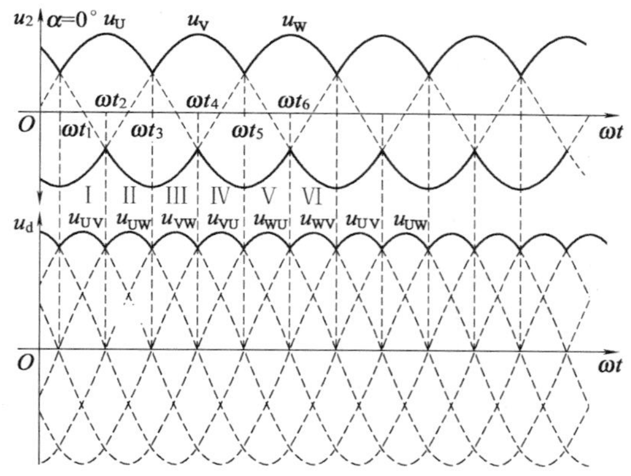

图 15-13　电阻负载 $\alpha=0°$时三相全控桥式整流电路工作波形

通过上述分析可知三相全控桥式整流电路的特点如下：

1. 各晶闸管均在自然换相点处换相。

2. 每个时刻均需两个晶闸管同时导通，形成向负载供电的回路，其中一个晶闸管是共阴极组的，一个是共阳极组的，且不能为同一相的晶闸管。

3. 对触发脉冲的要求：六个晶闸管的脉冲按 VT_1→VT_2→VT_3→VT_4→VT_5→VT_6 的顺序，相位依次差 60°；共阴极组 VT_1、VT_3、VT_5 的脉冲依次差 120°，共阳极组 VT_4、VT_6、VT_2 也依次差 120°；同一相的上下两个桥臂，即 VT_1 与 VT_4、VT_3 与 VT_6、VT_5 与 VT_2 脉冲相差 180°。

为确保电路的正常工作，对触发脉冲宽度有一定的要求，目前常用的是双脉冲触发。即用两个窄脉冲代替宽脉冲，两个窄脉冲的前沿相差 60°，脉宽一般为 20° ~ 30°，称为双脉冲触发。

4. 整流输出电压 u_d 一周期脉动六次，每次脉动的波形都一样，故该电路为六脉冲整流电路。

当触发角 α 改变时，电路的工作情况将发生变化。图 15-14 给出了 $\alpha=30°$时的波形。从 ωt_1 角开始把一个周期等分为 6 段，每段为 60°。与 $\alpha=0°$时的情况相比，一周期中 u_d 波形仍由 6 段线电压构成，每一段导通晶闸管的编号仍符合表 15-1 的规律。区别在于，晶闸管起始导通时刻推迟了30°，组成 u_d 的每一段线电压也因此推迟30°，u_d 平均值降低。

表15-1　三相全控桥式整流电流电阻负载 $\alpha=0°$ 时晶闸管工作情况

时　段	Ⅰ	Ⅱ	Ⅲ	Ⅳ	Ⅴ	Ⅵ
共阴极组通态的晶闸管序号	1	1	3	3	5	5
共阳极组通态的晶闸管序号	6	2	2	4	4	6
输出整流电压 u_d	U_{UV}	U_{UW}	U_{VW}	U_{VU}	U_{WU}	U_{WV}

由图15-15可知，随着 α 增大，电压 u_d 平均值不断降低，当 $\alpha>60°$ 以后输出波形出现不连续。如果继续增大 α 角到120°，整流输出电压 u_d 平均值为零。由此可知，带电阻负载时三相全控桥式整流电路移相范围是120°。

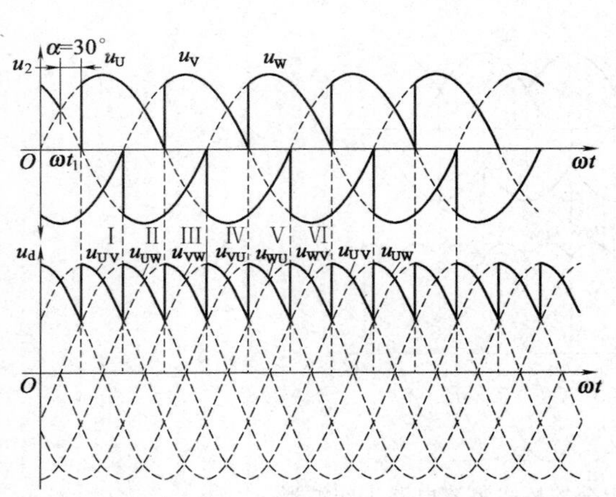

图15-14　电阻负载 $\alpha=30°$ 时三相全控桥式整流电路工作波形

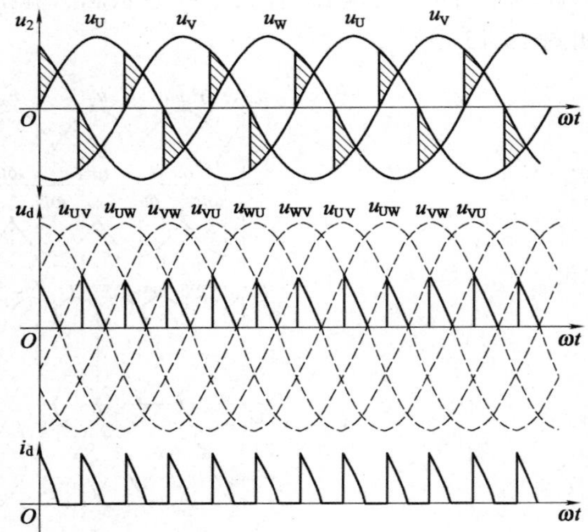

图15-15　电阻负载 $\alpha=90°$ 时三相全控桥式整流电路工作波形

二、在电感负载下的工作情况

三相全控桥式整流电路向电感负载供电时，当 $\alpha\leqslant60°$ 时，u_d 波形连续，电路的工作情况与带电阻负载时相似，各晶闸管的通断情况、输出整流电压 u_d 波形等都一样。由于负载不同，负载电流 i_d 波形不同。电阻负载时 i_d 波形与 u_d 的波形形状相同，而电感负载时，由于电感滤波作用，使得负载电流波形变得平直，当电感足够大的时候，负载电流的波形可近似为一条水平线。图15-16(a)、(b)分别给出了三相全控桥式整流电路带电感负载时 $\alpha=0°$、$\alpha=30°$ 的波形。

当 $\alpha=90°$ 时，整流输出电压 u_d 平均值近似为零，这表明带电感负载时三相全控桥式整流电路移相范围是90°，如图15-17所示。

三、定量分析

对于电感性负载，整流输出电压值为：

$$U_d=2.34U_2\cos\alpha \tag{15-3}$$

对于电阻性负载，整流输出电压值为：

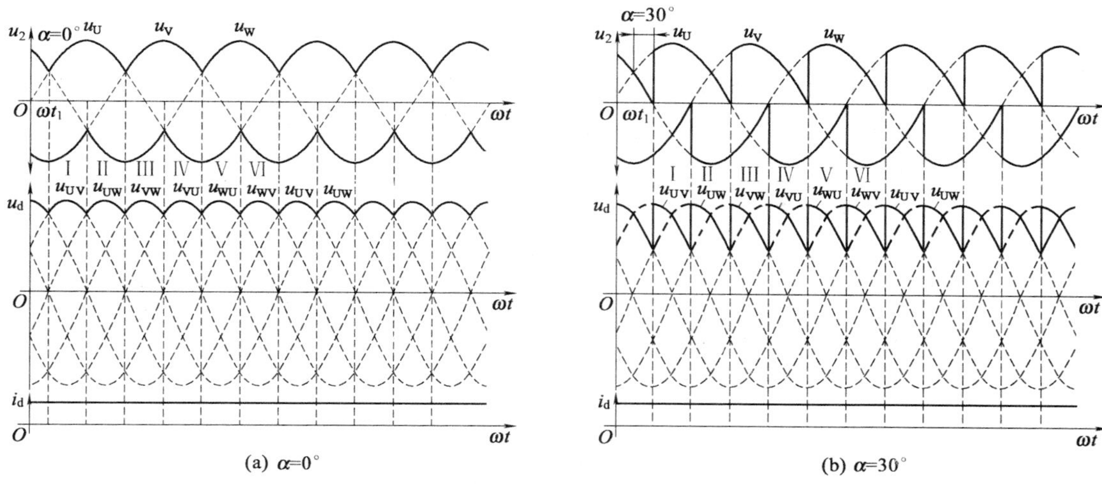

图 15-16　三相全控桥式整流电路带电感负载时的波形

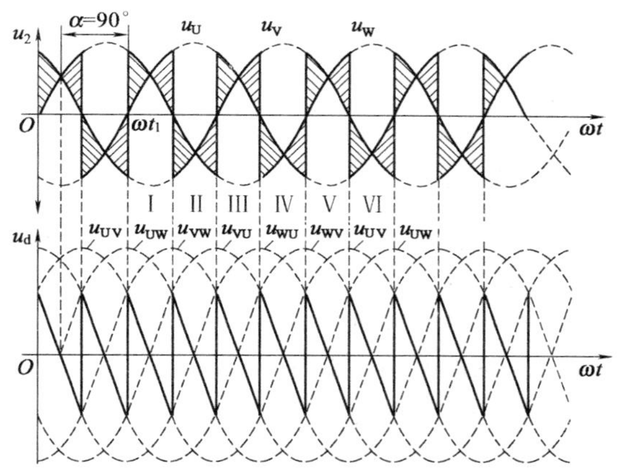

图 15-17　三相全控桥式整流电路带电感负载 $\alpha=90°$ 时的波形

当 $\alpha \leqslant 60°$ 时，

$$U_d = 2.34U_2\cos\alpha \tag{15-4}$$

当 $60° < \alpha < 120°$ 时，

$$U_d = 2.34U_2\left[1+\cos\left(\frac{\pi}{3}+\alpha\right)\right] \tag{15-5}$$

输出电流的平均值为：

$$I_d = U_d/R \tag{15-6}$$

教 学 评 价

一、判 断 题

1. 在三相全控桥式整流电路中，将阴极连接在一起的三个晶闸管称为共阴极组；阳极连接在一起的三个晶闸管称为共阳极组。（　　）

2. 三相全控桥式整流电路输出电压比单相可控桥式整流电路输出电压脉动小。（　　）

3. 三相全控桥式整流电路在电阻性负载下移相范围是 120°。（　　）

4. 三相全控桥式整流电路在电感性负载下移相范围是 120°。（　　）

二、填 空 题

1. 三相全控桥式整流电路，每个时刻均需________个晶闸管同时导通，形成向负载供电的回路，其中一个晶闸管是共________极组的，一个是共________极组的，且不能为同一相的晶闸管。

2. 三相全控桥式整流电路对触发脉冲的要求是六个晶闸管的脉冲按 $VT_1 \rightarrow VT_2 \rightarrow VT_3 \rightarrow VT_4 \rightarrow VT_5 \rightarrow VT_6$ 的顺序，相位依次差________；共阴极组 VT_1、VT_3、VT_5 的脉冲依次差________，共阳极组 VT_4、VT_6、VT_2 也依次差________；同一相的上下两个桥臂，即 VT_1 与 VT_4、VT_3 与 VT_6、VT_5 与 VT_2 脉冲相差________。

3. 三相全控桥式整流电路目前常用的是________脉冲触发。即用两个窄脉冲代替宽脉冲，两个窄脉冲的前沿相差________，脉宽一般为________。

4. 三相全控桥式整流电路在不同负载下的移相范围不同，其中电感性负载下移相范围是________，电阻性负载下移相范围是________。

第四节　电力电子技术应用简介

【知识目标】

1. 了解电力电子技术的范围。
2. 了解电力电子器件的发展与应用。

【能力目标】

依据技术要求合理选择应用电路。

电力电子技术应用非常广泛，在社会的各个方面无不渗透着电力电子技术的新成就。例如直流电动机降压调速，交流电动机变频调速，不间断电源(UPS)，各种开关电源，电解与电镀，电力机车与公共电车以及各种家用电器等。

以电力为研究对象的电子技术称为电力电子技术，它利用各种电力电子器件和控制技术实现对电能(包括电压、电流、频率和波形等)的控制和变换。

电力电子器件的发展可分为两个阶段，即传统电力电子器件和现代电力电子器件。现代电力电子器件，主要有功率晶体管(GTR)，可关断晶闸管(GTO)，功率场效晶体管(MOSFET)和绝缘栅双极晶体管(IGBT)。目前用得较多的是 MOSFET 和 IGBT。电力电子器件的发展方向是大容量、高频、易驱动、低导通压降、模块化和集成化。

电力电子电路的基本功能有四种：可控整流(即 AC/DC 变换)；逆变电路(即 DC/AC 变换)；直流斩波调压(即 DC/DC 变换)；交流变换(即 AC/AC 变换)。

前面三节的内容主要介绍了可控整流(即 AC/DC 变换)的知识，在本节中将主要介绍直流斩波调压(即 DC/DC 变换)、逆变电路(即 DC/AC 变换)、交流变换(即 AC/AC 变换)及新技术的应用等知识。

一、直流斩波电路

直流斩波电路是将一个恒定的直流电压变换成另一固定的或可调的直流电压，也称DC/DC变换电路。它通过周期性地快速接通、关断负载电路，从而将直流电“斩”成一系列的脉冲电压，改变这个脉冲电压接通、关断的时间比，就可以方便地调整输出电压的平均值。直流斩波电路广泛应用于采用直流电机调速的电力牵引上，如采用直流供电的城市地铁车辆、工矿电力机车、城市无轨电车和采用蓄电池的各种电动车等。

基本斩波电路原理图如图 15-18(a)所示。R 为负载，S 为一高速开关。当开关 S 合上时，电源电压 U_d 加到负载上，并持续时间 t_{on}。当开关断开时，负载电压为零并持续时间 t_{off}。斩波器的输出波形如图 15-18(b)所示，$T = t_{on} + t_{off}$ 为斩波器的工作周期，$\alpha = \frac{t_{on}}{T}$ 定义为占空比，则斩波电路输出电压的平均值为

$$U_O = \frac{t_{on}}{t_{on} + t_{off}} U_d = \frac{t_{on}}{T} U_d = \alpha U_d \tag{15-7}$$

实际上，图 15-18(a)的开关 S 不是普通的机械开关，而是由电力电子器件构成的电子开关，一般称这个开关为斩波器。斩波器可由单向晶闸管构成，也可由 GTO、GTR、IGBT 等全控型器件构成。但是，由于单向晶闸管需另加一套关断电路，导致电路复杂，并且可靠性差，斩波器的工作频率也比较低，现在一般很少采用。

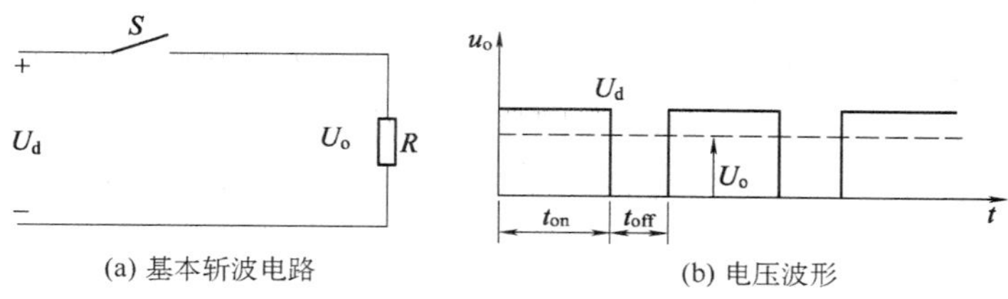

(a) 基本斩波电路　　(b) 电压波形

图 15-18　基本斩波电路及其电压波形

由式 15-7 可知，改变导通时间 t_{on} 或导通周期 T 都可改变斩波器的输出电压。因此，斩波电路有三种电压控制方式：

1. 定频调宽控制(脉冲宽度调制——PWM)

保持斩波周期 T 不变，只改变斩波器的导通时间 t_{on}。这种控制方式的特点是斩波器的基本频率不变，所以滤除高次谐波的滤波器设计比较简单。

2. 定宽调频(脉冲频率调制——PFM)

保持斩波器的导通时间 t_{on} 不变，只改变斩波周期 T。这种控制方式的特点是斩波回路和控制回路变得简单，但频率是变化的，因而滤波器的设计比较困难。

3. 调频调宽混合控制

这种控制方式不但改变斩波器的工作频率，而且改变斩波器的导通时间。这种控制方式的特点是可以大幅度地变化输出，但也存在着由于频率变化所引起的设计滤波器较困难的问题。

二、逆变电路

在生产实践中除了将交流电能变换成为直流电能外，还需将直流电能变换成交流电能，这种对应于整流的逆向过程称为逆变，完成这一变换任务的电路称为逆变电路。在一定条件下，同一晶闸管变流电路既可用作整流又可用作逆变，这两种工作状态可根据不同的工作条件相互转化，故称此种电路为变流电路或变流器。

逆变电路可分为有源逆变和无源逆变两类，有源逆变是将电路的交流侧接在交流电网上，直流电逆变成的与电网同频率的交流电反送至电网；无源逆变是将电路的交流侧直接与负载连接，将直流电逆变成为某一频率或频率可调的交流电供给负载使用。

（一）有源逆变

有源逆变主要应用于直流电动机的可逆调速，转子绕线式异步电动机的串级调速和高压直流输电等。

图 15-19 为接有晶闸管的变流电路。图 15-19(a)电流 I 的方向与变压器二次电动势 e_2 的方向一致，与电动机的电动势 E_M 方向相反。此时变压器从电网取得交流电能变换为直流电能后供给电动机，电动机吸收功率，电路工作在整流状态。

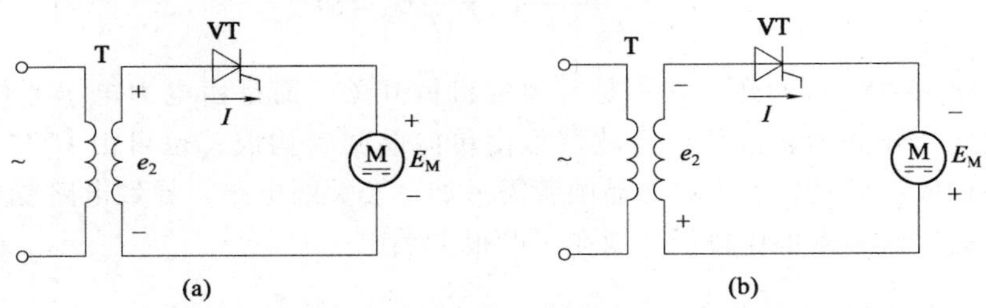

图 15-19　逆变电路功率的传递关系

要改变电路功率的传递方向，即让电路工作在逆变状态，就必须改变电动机电动势的极性，同时让晶闸管在交流电动势 e_2 的负半周导通，如图 15-19(b)所示。这时电流 I 的方向未变，两个电动势的方向均得以改变，电流 I 的方向与电动势 E_M 的方向相同，而与电动势 e_2 的方向相反。此时，电动机输出功率而变压器接受功率，通过晶闸管的作用将直流电能变成交流电能反送至电网。此时电动机作发电机运行，变压器电势 e_2 成为反电动势。

由此可知，有源逆变与可控整流是一个互逆的过程。在学习可控整流电路中，我们知道当控制角 α 的移相范围在 0°～90°时，电路工作在整流状态。如果将控制角 α 的移相范围调节到 90°～180°之间时，按当时的知识的理解电路处于不工作状态，其实则不然，电路工作在逆变状态。

（二）无源逆变

基本的单相桥式无源逆变电路工作原理如图 15-20(a)所示，图中 U_d 为直流电源电压，R 为逆变电路的输出负载，S_1～S_4 为四个高速开关。该电路有两种工作状态：

（1）S_1、S_4 闭合，S_2、S_3 断开，加在负载 R 上的电压为左正右负，输出电压 $u_o=U_d$；

（2）S_2、S_3 闭合，S_1、S_4 断开，加在负载 R 上的电压为左负右正，输出电压 $u_o=-U_d$。

当以频率 f 交替切换 S_1、S_4 和 S_2、S_3 时，负载将获得交变电压，其波形如图 15-20(b)所示。切换周期 $T=1/f$，这样，就将直流电压 U_d 变换成交流电压 u_o。

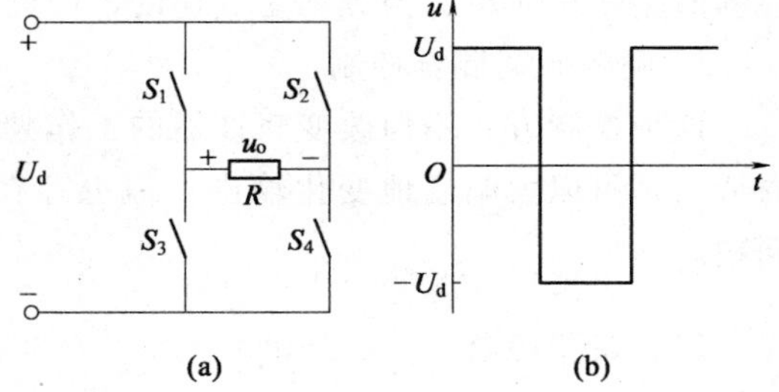

图 15-20　无源逆变电路工作原理

三、交流变换技术

交流变换电路是将一种形式交流电变换成另一种形式交流电的电路，这种电路可以改变输出交流电的电压、电流、频率、相数。

只改变输出交流电电压、电流而不改变频率的电路称为交流电力控制电路，包括：交流调压电路、交流调功电路、交流电力电子开关等。

在改变输出交流电电压、电流的同时还改变频率的电路称为交交变频电路。直接把一种频率的交流电变换成另一种频率或可变频率的交流电，称为直接变频电路；另一种变频电路变换的过程为交流—直流—交流，此种电路称为间接变频电路。

有关交流变换的知识这里只作简单的介绍，详尽知识就不再赘述，感兴趣的同学可以参看有关电力电子技术类书籍。

四、软开关技术

电力电子开关器件在高电压、大电流状态下开通与关断的方式，称为硬开关。由于开关管不是理想元件，在开通时开关管两端的电压不是立即下降到零，电流也不足立即上升到负载电流。在开通过程中，电压与电流有一个交叠区而产生损耗，这种损耗称为开通损耗。同理，开关管在关断时也存在损耗。开通损耗和关断损耗统称为开关损耗。在一定条件下，开关管每次开关损耗是恒定的，总的开关损耗与开关频率成正比。开关损耗的存在限制了变流装置开关频率的提高，从而限制了设备的小型化和集成比。如图 15-21 所示给出了硬开关在开通和关断过程中产生开关损耗的示意图。

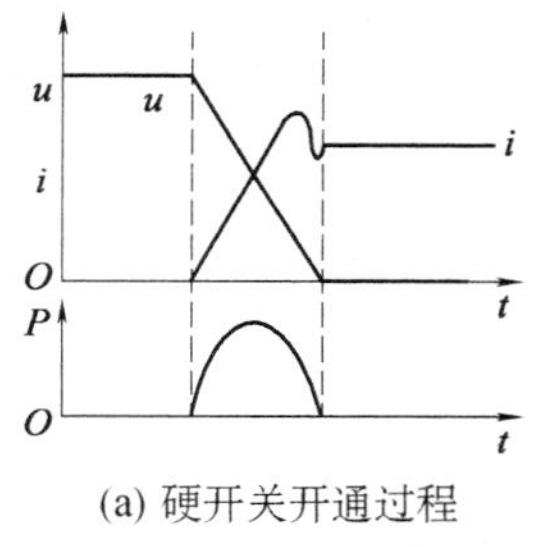

(a) 硬开关开通过程

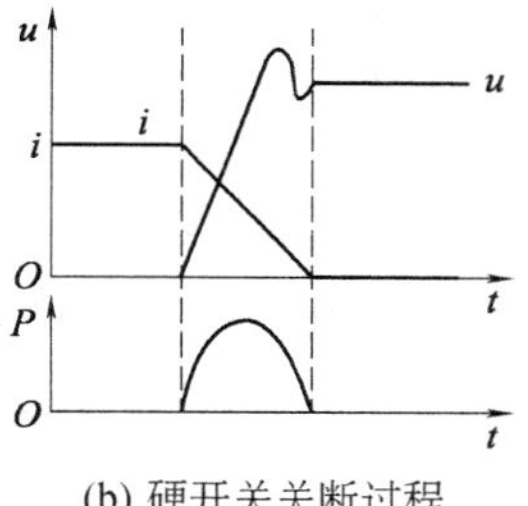

(b) 硬开关关断过程

图 15-21　硬开关

为了减小变流装置的体积和重量，必须实现高频化。因此，必须要解决开关损耗的问题。为了减小电力电子开关器件的开关损耗，提出了采用谐振电路，在电压、电流过零时进行换流的思路。电力电子开关器件在零电压、零电流时开通和关断的方式，称为软开关。如图 15-22 所示给出了软开关在开通和关断过程中产生无开关损耗的示意图。

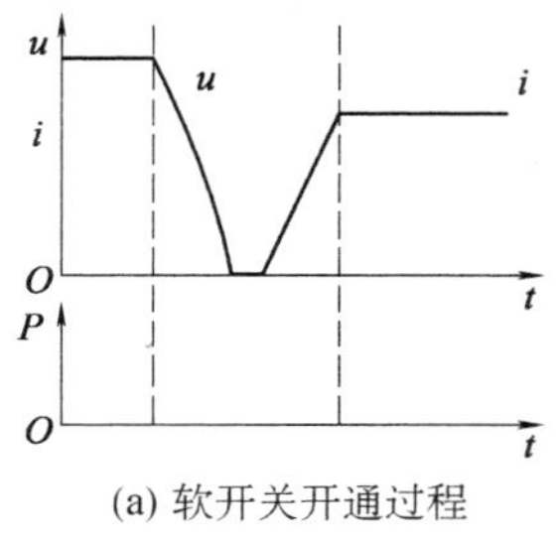

(a) 软开关开通过程

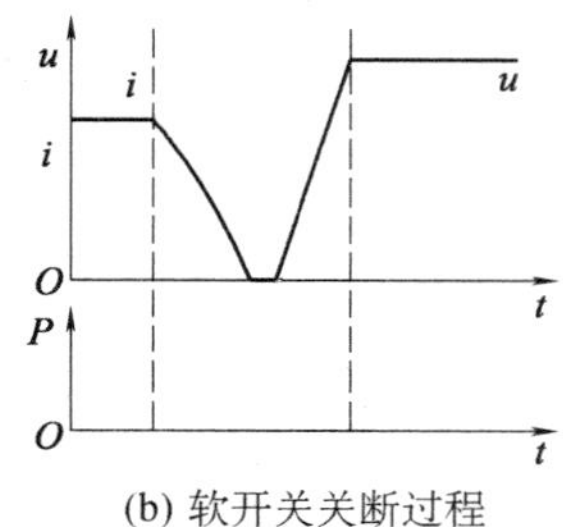

(b) 软开关关断过程

图 15-22　软开关

软开关方式可分为零电压开关(ZVS)和零电流开关(ZCS)两类。各种变流装置采用软开关技术后，开关管的工作频率可以大大提高，体积和开关损耗减小、效率提高，电磁干扰也可减小。

教 学 评 价

一、判 断 题

1. 以电力为研究对象的电子技术称为电力电子技术。(　　)

2. 电力电子器件的发展可分为传统电力电子器件和现代电力电子器件。(　　)

3. 直流斩波电路是将一个恒定的直流电压变换成另一固定的或可调的直流电压。(　　)

4. 交流变换电路是将一种形式交流电变换成另一种形式交流电的电路。(　　)

5. 电力电子开关器件在零电压、零电流时开通和关断的方式，称为软开关。(　　)

二、填 空 题

1. 利用各种电力电子器件和控制技术实现对________、________、________和波形的控制和变换。

2. 现代电力电子器件，主要有________(GTR)，________(GTO)，________(MOSFET)和________(IGBT)。

3. 斩波电路三种电压控制方式是________、________和________。

4. 逆变电路可分为________逆变和________逆变两类，________逆变是将电路的交流侧接在交流电网上，直流电逆变成的与电网同频率的交流电反送至电网；________逆变是将电路的交流侧直接与负载连接，将直流电逆变成为某一频率或频率可调的交流电供给负载使用。

5. ________变换电路是将一种形式交流电变换成另一种形式交流电的电路，这种电路可以改变输出交流电的电压、电流、频率和________。

6. 软开关方式可分为零________开关(ZVS)和零________开关(ZCS)两类。

技能训练十九　单相可控整流

一、实训目的

1. 结合晶闸管工作条件，学习检测晶闸管的好坏。

2. 学会组装单相半控桥式整流电路并会调试单结晶体管触发电路的脉冲相位。

3. 学习使用触发脉冲的移相来控制整流电路的输出电压。

二、实训器材

1. 示波器　1 台
2. 变压器　1 台
3. 万用表　1 只
4. 触发电路板 1 块及电路元件
5. 整流主电路板 1 块及电路元件

三、实训电路

实训参考电路如技图 19-1 所示。

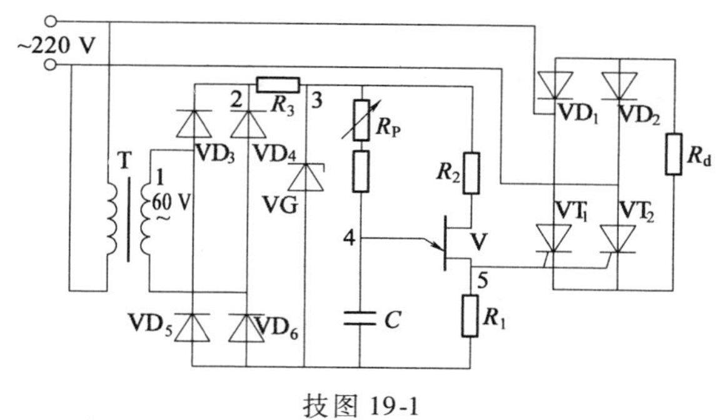

技图 19-1

四、实训电路原理

整流电路中，采用传统电力电子技术电路，使用相控方式。单相半控桥式整流电路中有两个晶闸管控制导通时间，另两个不可控的硅整流二极管作为限定电流的路径，其直流输出电压平均值的表达式为：

$$U_d = 0.9U_2(1 + \cos\alpha/2)$$

为保证触发的晶闸管可靠导通，触发脉冲信号应有一定的宽度，最好在 20 ~ 50μs。单相晶闸管整流系统中常使用单结晶体管触发电路，该电路结构简单，调试容易，可用的移相范围小于 150°，不附加放大环节可触发 50A 以下的晶闸管。

五、实训内容与步骤

1. 用万用表检测晶闸管和单结晶体管，判断其好坏。

2. 触发电路的装配和调试

（1）装配好实训电路。

（2）接通电源，测试并记录 1、2、3、4、5 各点的波形；调节 R_P，观察电容器两端输出波形的变化以及单结晶体管输出脉冲波形的移动情况(4、5 两点)，估算移相范围。

3. 电阻性负载的研究

触发电路调试正常后连接主电路，主电路接入电阻负载(100W/220V 白炽灯或 100Ω/1A 滑线变阻器)并接通电源，调节 R_P，观察并记录晶闸管两端电压 u_T、硅整流二极管两端电压 u_D、负载两端电压 u_d 以及波形，改变控制角的大小，观察波形的变化。

4. 电感性负载的研究

接上电感性负载，用示波器观察接入续流二极管前后，不同控制角 α 时 u_d 的波形。

六、实训注意事项

1. 主电路和触发电路必须共地连接。

2. 感性负载可以用直流电机的励磁绕组或小功率直流电动机电枢(使用过程中接通电动机励磁)代替。

七、实训报告要求

1. 整理试验有关数据及电压电流波形，得出相应结论。

2. 将所得结果与理论值比较，分析误差原因。

技能训练二十　三相全控整流

一、训练目的

1. 熟悉三相桥式全控整流电路的电路连接和控制电路的结构。

2. 掌握同步定相的方法和调试晶闸管装置的步骤，学习锯齿波同步触发电路的调试与测量方法。

3. 了解带不同负载时的输出波形和输出有关量的大小。

二、训练设备

1. 触发电路板　　1 块
2. 整流主电路板　　1 块
3. 双路稳压电源　　1 台
4. 单路稳压电源　　1 台
5. 双踪示波器　　1 台
6. 三相整流变压器 380V/110V　　1 台
7. 直流电动机　　1 台
8. 平波电抗器　　1 台
9. 直流电阻箱(100 ~200Ω)　　1 台
10. 直流电流表(30A)　　1 只
11. 直流电压表(300V)　　1 只

三、实训电路

实训参考电路如技图 20-1 所示。

四、实训电路原理简述

三相桥式全控整流电路具有负载平衡、输出的直流电压和直流电流脉动小，对电网影响小以及控制滞后时间短等特点，广泛应用于各种负载容量较大的生产控制设备中。其输出表达式为

$$U_d = 2.34U_2\cos\alpha$$

由上式可见，改变 α 的大小，能方便地改变整流供电电路的输出电压值，从而实现平滑调压。直流传动控制系统中普遍应用的整流供电电路都是这种电路。

触发电路采用锯齿同步波触发器，电路特点调试方便、触发信号稳定、工作可靠，适用于晶闸管拖动系统、整流供电装置等生产领域。

实验成败的关键之一是触发电路的定相，即选择同步电压信号的相位，保证触发脉冲相位正确。采用锯齿波同步的触发电路时，同步信号负半周的起点对应于锯齿波的起点。

在生产现场应用中，使 $U_d=0$ 的触发角 α 为 90°，当 $\alpha<90°$ 时为整流工作状态，$\alpha>90°$ 时为逆变工作状态，将 $\alpha=90°$ 确定为锯齿波的中点。如此，同步信号的 180°与 u_a 的 0°对应。其他五个晶闸管也具有同样的对应关系。

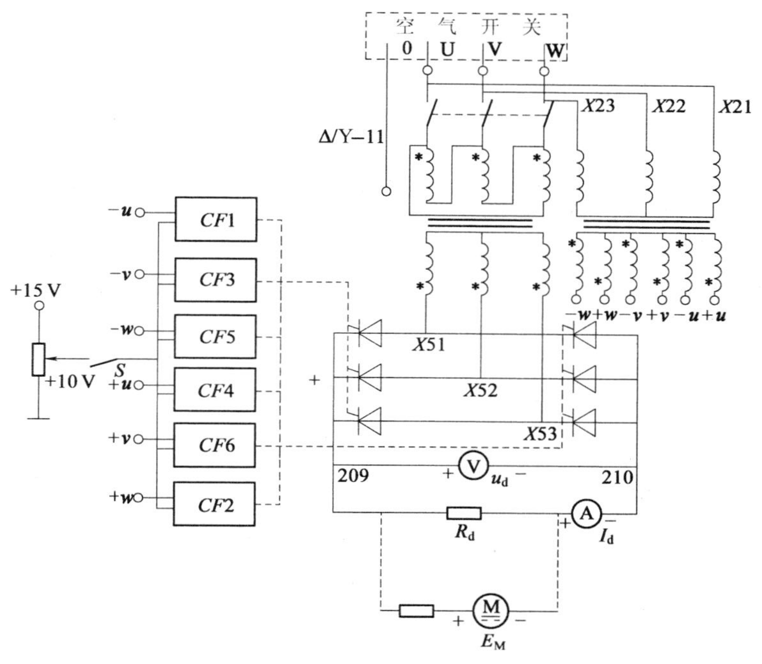

技图 20-1

五、实训内容与步骤

1. 熟悉实训用仪器设备，对需要标识和连接的各种端子要心中有数。

2. 连接主电路、触发电路和同步变压器。

3. 用双线示波器校核相序、相位

（1）校核主变压器二次相电压是否按顺序 120°接入，以 U、V、W 标记三相。

（2）确定主变压器与同步变压器的极性，6 个触发板的同步电压取法可按下表：

（3）校核同步变压器的组别△/Y—12、△/Y—6，以 $+u$、$+v$、$+w$、$-u$、$-v$、$-w$ 标记各相线。

4. 调试触发电路板

（1）连接 ±15V 直流电源和同步电压，将同步变压器各输出接入触发电路板相应端。

（2）调节电位器使各锯齿波触发器的斜率一致，产生双脉冲输出。

（3）通过调节锯齿波同步触发器的给定电压，检测锯齿波同步触发器移相的功能。

（4）用双踪示波器检测锯齿波同步触发器各点波形及相位。

5. 电阻负载（变阻器或白炽灯）

（1）按技图 20-1 线路接线。

（2）调整各触发器锯齿波斜率电位器，用双踪示波器依次测量相邻两块触发板的锯齿波电压波形，间隔应为 60°，斜率基本要一致。

（3）检查无误后，接通主电路，调节给定电压，观测 α 从 90°~0°变化时 u_o、i_o 的波形。画出 $\alpha=0°$、30°、60°、90°时 u_d 与 u_{VT1} 的波形，记录 U_d、I_d 的数值。

6. 阻感负载

（1）将负载换成直流电动机（阻感负载），使触发脉冲初始位置在 $\alpha=90°$处。

(2) 调节给定电压，观测 α 从 90° ~ 0°变化时 u_o、i_o 的波形。画出 $\alpha = 0°$、30°、60°、90°时 u_d 与 u_{VT1} 的波形，记录 U_d、I_d 的数值及电动机的转动情况（$\alpha = 0°$时，U_d 小于等于电动机额定电压）。

六、实训注意事项

1. 装配并连接好电路，必须经指导教师检查认可后，方可闭合电源开关。

2. 本实训所使用电源系 380V，50Hz 交流电，要注意人身安全，防止触电。

3. 不论做电阻性负载或感性负载实验，在接通主电路前都应将给定电压调回到零值，实验过程中对电位器的调节要平滑。

七、实训报告要求

1. 整理实训有关数据及电压电流波形，得出相应结论。

2. 将所得结果与理论值比较，分析误差原因。

1. 晶闸管全称是晶体闸流管，俗称可控硅(SCR)。晶闸管作为电力电子器件，具有体积小、重量轻、效率高等优点，特别是高压大容量、低损耗的性能，使它获得广泛的应用。晶闸管有以下特点：(1)晶闸管导通的条件是阳极和门极均加正极性电压；(2)晶闸管导通后，门极便失去控制作用；(3)晶闸管阻断的条件是阳极加负极性电压，使晶闸管中的电流 I_A 小于维持电流 I_H。

2. 整流电路是电力电子电路的基础，在电力电子技术中占有重要地位。主要内容有：(1)单相半控桥式整流电路工作原理及单结晶体管同步移相触发电路工作原理；(2)三相全控桥式整流电路在不同负载情况下的工作原理。

3. 电力电子技术在整流技术之外的应用，主要包括：逆变电路(即 DC/AC 变换)；直流斩波调压(即 DC/DC 变换)；交流变换(即 AC/AC 变换)等。

参考文献

[1] 李瀚荪. 电路分析基础[M]. 北京：高等教育出版社，2002.

[2] 邱关源. 电路[M]. 北京：高等教育出版社，2000.

[3] 秦曾煌. 电工学[M]. 北京：高等教育出版社，2001.

[4] 李福民. 电工基础[M]. 北京：中国铁道出版社，2003.

[5] 薛涛. 电工基础[M]. 北京：高等教育出版社，2001.

[6] 刘志平. 电工基础[M]. 北京：高等教育出版社，2001.

[7] 杜德昌，许传清. 电工电子技术及应用[M]. 北京：高等教育出版社，2002.

[8] 陈振源. 电子技术基础[M]. 北京：高等教育出版社，2001.

[9] 张龙兴. 电子技术基础[M]. 北京：高等教育出版社，2001.

[10] 张友汉. 电力电子技术[M]. 北京：高等教育出版社，2002.

[11] 李瑞荣. 电力电子技术[M]. 北京：中国铁道出版社，2006.